高等院校电子科学与技术专业系列教材

光纤技术

饶云江　主编
刘德森　主审

科学出版社
北京

内 容 简 介

本书对光纤技术进行了全面的科学总结和归纳。第 1 章回顾了光纤技术、光纤通信与光纤传感技术的发展过程和趋势；第 2 章介绍了光纤光缆的一些基本特性以及现在工厂中常用的一些成缆方法；第 3 章从几何光学和模式理论的角度阐述了光纤的传输理论；第 4 章在传输理论的基础上介绍了新型光纤及其基本传输特性；第 5、6 章分别介绍了基于光纤的常用无源和有源光纤器件的基本原理；第 7 章介绍了光纤传感器的类别、传感原理、复用原理以及解调原理等，此外还介绍了几种常用的光纤传感网络的原理；第 8 章介绍了光通信系统的基本结构和几种比较前沿的光纤通信技术。

本书可作为光通信、光电子技术、光学工程、光学、仪器科学与技术等专业的高年级本科生和研究生教材，也可供相关领域的科研人员和工程技术人员参考。

图书在版编目(CIP) 数据

光纤技术/饶云江主编．—北京：科学出版社，2006
（高等院校电子科学与技术专业系列教材）
ISBN 978-7-03-017356-0

Ⅰ．光… Ⅱ．饶… Ⅲ．光学纤维-高等学校-教材 Ⅳ．TN25

中国版本图书馆 CIP 数据核字（2006）第 056838 号

责任编辑：潘斯斯　杨然 / 责任校对：宋玲玲
责任印刷：张　伟 / 封面设计：陈敬

科学出版社 出版
北京东黄城根北街 16 号
邮政编码：100717
http://www.sciencep.com

北京凌奇印刷有限责任公司 印刷
科学出版社发行　各地新华书店经销

*

2006 年 8 月第　一　版　开本：B5（730×1000）
2023 年 8 月第十四次印刷　印张：21 1/4
字数：398 000

定价：69.00 元

（如有印装质量问题，我社负责调换）

《高等院校电子科学与技术专业系列教材》编委会

序　　言

21世纪，随着现代科学技术的飞速发展，人类历史即将进入一个崭新的时代——信息时代。其鲜明的时代特征是，支撑这个时代的诸如能源、交通、材料和信息等基础产业均将得到高度发展，并能充分满足社会发展和人民生活的多方面需求。作为信息科学的基础，微电子技术和光电子技术同属于教育部本科专业目录中的一级学科“电子科学与技术”。微电子技术伴随着计算机技术、数字技术、移动通信技术、多媒体技术和网络技术的出现得到了迅猛的发展，从初期的小规模集成电路（SSI）发展到今天的巨大规模集成电路（GSI），成为使人类社会进入信息化时代的先导技术。20世纪60年代初出现的激光和激光技术以其强大的生命力推动着光电子技术及其相关产业的发展，光电子技术集中了固体物理、波导光学、材料科学、半导体科学技术和信息科学技术的研究成就，成为具有强大应用背景的新兴交叉学科，至今光电子技术已经应用于工业、通信、信息处理、检测、医疗卫生、军事、文化教育、科学研究和社会发展等各个领域。可以预言，光电子技术将继微电子技术之后再次推动人类科学技术的革命和进步。因此，本世纪将是微电子和光电子共同发挥越来越重要作用的时代，是电子科学与技术飞速发展的时代。

电子科学与技术对于国家经济发展、科技进步和国防建设都具有重要的战略意义。今天，面对电子科学与技术的飞速发展，世界上发达国家像美国、德国、日本、英国、法国等都竞相将微电子技术和光电子技术引入国家发展计划。我国对微电子技术和光电子技术的研究也给予了高度重视。在全国电子科学与技术的科研、教学、生产和使用单位的共同努力下，我国已经形成了门类齐全、水平先进、应用广泛的微电子和光电子技术的科学研究领域，并在产业化方面形成了一定规模，取得了可喜的进步，为我国科学技术、国民经济和国防建设做出了积极贡献，在国际上也争得了一席之地。但是我们应该清醒地看到，在电子科学与技术领域，我国与世界先进水平仍有不小的差距，尤其在微电子技术方面的差距更大。这既有历史、体制、技术、工艺和资金方面的原因，也有各个层次所需专业人才短缺的原因。

为了我国电子科学与技术事业的可持续发展和抢占该领域中高新技术的制高点，就必须统筹教育、科研、开发、人才、资金和市场等各种资源和要素，其中人才培养是极其重要的一环。根据教育部加强高等学校本科教育的有关精神，电子科学与技术教学指导委员会和科学出版社经过广泛而深入的调研，组织出版了这套电子科学与技术本科专业系列教材。

本系列教材具有以下特色：

(1) 多层次。考虑到多层面的需求（普通院校、重点院校或研究型大学、应用型大学），根据不同的层次，有针对性地编写不同的教材，同层次的教材也可能出版多种面向的教材。

(2) 延续传统、更新内容、基础精深、专业宽新。教材编写在准确诠释基本概念、基本理论的同时，注重反映该领域的最新成果和发展方向，真正使教材能够达到培养“厚基础、宽口径、会设计、可操作、能发展”人才的目的。

(3) 拓宽专业基础，加强实践教学。适当拓宽专业基础知识的范围，以增强培养人才的适应性；注重实践环节的设置，以促进学生实际动手能力的培育。

(4) 适应教学计划，考虑自学需要。教材的编写完全按照教学指导委员会最新的课程设置和课程要求的指示精神，同时给学生留有更大的选择空间，以利于学生的个性发展和创新能力的培养。

(5) 立体化。教材的编写是立体的，包括主教材、学习辅导书、教师参考书和多媒体课件等。

本系列教材的编写集中了全国高校的优势资源，突出了多层次与适应性、综合性与多样性、前沿性与先进性、理论与实践的结合。在教材的组织和出版过程中得到了相关学校教务处及学院的帮助，在此表示衷心的感谢。

根据电子科学与技术专业发展战略的要求，我们将对这套系列教材不断更新，以保持教材的先进性和适用性。热忱欢迎全国同行以及关注电子科学与技术领域教育及发展前景的广大有识之士对我们的工作提出宝贵意见和建议。

教育部“电子科学与技术”教学指导委员会主任

中国科学院院士，天津大学教授

前　言

本教材为科学出版社"高等院校电子科学与技术专业系列教材"中的一部。

目前国内已出版很多有关光纤通信的教材，从国外翻译过来的教材也不少，但是真正能全面介绍光纤技术及其在通信和传感中应用的教材非常少。光纤技术和激光技术被誉为20世纪光学工程领域两个最伟大的成就。随着光纤技术在非通信领域（如传感）中应用范围的不断扩大，出现了很多新的光纤、光纤器件和系统以及新的光纤技术应用方向。如何把这些新的技术进展介绍给广大学生，就显得十分必要和重要。作为一门日趋成熟的科学与技术，有必要对光纤技术进行认真的科学总结和归纳，尽量在书中体现出"系统性、科学性、前沿性"，对现有的技术、理论尽可能从简描述，突出重点，深入、详尽地讨论光纤技术并兼顾其新方向、新进展。同时，结合我们自己的研究成果和经历，介绍光纤技术今后的发展方向，给学生以很好的启发。希望本教材能对光纤技术在我国的推广和普及，以及我国光纤技术的发展起到一定的作用。

在内容安排上，本书第1章回顾了光纤技术、光纤通信与光纤传感技术的发展过程和趋势；第2章介绍了光纤光缆的一些基本特性以及现在工厂中常用的一些成缆方法；第3章从几何光学和模式理论的角度阐述了光纤的传输理论；在传输理论的基础上，第4章介绍了新型光纤和光纤的基本传输特性；第5、6章分别介绍了基于光纤的常用无源和有源光纤器件的基本原理；第7章介绍了光纤传感器的类别、传感原理、复用原理以及解调原理等，此外还介绍了几种常用的光纤传感网络的原理；第8章介绍了光通信系统的基本结构和几种比较前沿的光纤通信技术。

本教材的参考学时为60～80学时，可作为光通信、光电子技术、光学工程、光学、仪器科学与技术等专业的高年级本科生和研究生教材。

朱涛老师和周昌学、王久玲两位研究生参与了第1、2、7、8章的编写；冉曾令老师和谷彦菊、李建忠两位研究生参与了第3、4章的编写；汪平河老师和廖弦、邓宏有两位研究生参与了第5、6章的编写。莫秋菊、陈容睿、唐庆涛、杨晓辰等研究生也参与了本书的编写，在此一并致谢。

本书由西南大学刘德森教授审阅。刘教授是我国最早出版导波光学专著的作者之一。刘教授认真审阅了全部文稿，并提出了中肯的意见，使本书增色不少，在此对刘教授表示衷心的感谢。

由于作者水平有限，书中难免存在一些错误，欢迎广大读者指正。

饶云江

2006年4月

目　　录

前言
第 1 章　绪论 …… 1
1.1　历史回顾 …… 1
1.2　光纤技术基础 …… 4
1.3　光纤与通信网络 …… 6
1.4　光纤与传感技术 …… 9
1.5　光纤技术的发展 …… 13
1.6　小结 …… 19
思考与练习 …… 20
参考文献 …… 20
第 2 章　光纤拉制及成缆 …… 22
2.1　光纤的分类 …… 22
2.2　光纤材料 …… 23
2.3　光纤的拉制 …… 26
2.4　光纤成缆技术 …… 34
2.5　小结 …… 49
思考与练习 …… 50
参考文献 …… 50
第 3 章　光纤传输理论 …… 51
3.1　基本结构 …… 51
3.2　光线理论 …… 52
3.3　模式理论 …… 59
3.4　单模光纤中的偏振现象 …… 71
3.5　光在非正规光波导中的传输 …… 80
3.6　小结 …… 86
思考与练习 …… 86
参考文献 …… 86
第 4 章　新型光纤和光纤的基本特性 …… 88
4.1　不同波导结构的石英光纤 …… 88
4.2　其他材料光纤 …… 95
4.3　光纤的传输特性 …… 103
4.4　小结 …… 125

思考与练习…………………………………………………………………………… 126
参考文献…………………………………………………………………………… 127
第 5 章　光无源器件………………………………………………………… 129
5.1　光纤连接器 ……………………………………………………………… 129
5.2　光纤耦合器 ……………………………………………………………… 132
5.3　光隔离器 ………………………………………………………………… 138
5.4　光环行器 ………………………………………………………………… 146
5.5　光纤光栅 ………………………………………………………………… 151
5.6　光学滤波器 ……………………………………………………………… 162
5.7　光开关 …………………………………………………………………… 167
5.8　光波分复用器件 ………………………………………………………… 172
5.9　小结 ……………………………………………………………………… 176
思考与练习…………………………………………………………………………… 176
参考文献…………………………………………………………………………… 178
第 6 章　光有源器件………………………………………………………… 180
6.1　光调制器 ………………………………………………………………… 180
6.2　光源 ……………………………………………………………………… 184
6.3　光探测器 ………………………………………………………………… 201
6.4　光放大器 ………………………………………………………………… 205
6.5　小结 ……………………………………………………………………… 220
思考与练习…………………………………………………………………………… 221
参考文献…………………………………………………………………………… 221
第 7 章　光纤传感技术……………………………………………………… 223
7.1　引言 ……………………………………………………………………… 223
7.2　光纤法珀传感器 ………………………………………………………… 234
7.3　光纤白光干涉传感器 …………………………………………………… 251
7.4　光纤光栅传感器 ………………………………………………………… 258
7.5　光纤陀螺传感器 ………………………………………………………… 268
7.6　其他类型光纤传感器 …………………………………………………… 276
7.7　小结 ……………………………………………………………………… 279
思考与练习…………………………………………………………………………… 279
参考文献…………………………………………………………………………… 280
第 8 章　光纤通信技术……………………………………………………… 281
8.1　光纤通信系统概述 ……………………………………………………… 281
8.2　光复用技术 ……………………………………………………………… 286
8.3　相干光通信 ……………………………………………………………… 304

8.4 光孤子通信技术 …………………………………………………………………… 309
8.5 全光通信网 ……………………………………………………………………………… 318
8.6 小结 ………………………………………………………………………………………… 324
思考与练习………………………………………………………………………………………… 324
参考文献…………………………………………………………………………………………… 324

第1章　绪　　论

20世纪后几十年，以光纤通信为代表的信息技术在信息领域内掀起了一场波澜壮阔的革命，极大地推动了人类向信息社会迈进的步伐。在这场革命中，半导体激光器、光导纤维（俗称光纤）以及掺铒光纤放大器的研制成功极大地推动了光通信的实用化，它们在光通信的发展历史上具有里程碑的意义。其中以光纤作为基础的各种技术发展尤为迅速。

本书将系统地向读者展示基于光纤的各种技术。本章介绍光纤技术的发展历程以及光纤与通信和传感的关系，从而揭示光纤在这两大领域中的广泛应用；第2～4章介绍光纤的成缆技术、基本特性及基本传输理论；第5、6章介绍基于光纤的各种有源和无源器件的基本原理、结构及简单应用；第7、8章详细介绍光纤传感与光纤通信方面的应用技术等，希望能给读者提供一幅比较完整的光纤技术发展蓝图。

1.1　历 史 回 顾

在很久以前，人类就开始用火（实质是利用光）来发送消息。例如，在古代以色列，人们用火来表明一个月的开始；在中世纪早期，俄罗斯士兵用点火通报敌情；我国古代在长城上修建烽火台，通过施放狼烟通报敌人入侵等。可见，人们从远古时代就以最原始的方式试图使用光在两个较远的地点间发送某种信息。因为光的可见性和易于使用，这种传送消息（通信）的方式变得非常实用，但有限的传输距离和传输信息量使得这种原始通信方式难以得到广泛的应用。

20世纪60年代早期激光的发现激发了科学家和工程师对光通信的研究兴趣，但是在空气中进行若干次实验尝试后，由于空气中水分对激光的吸收以及恶劣气候的影响，激光传输距离有限，仍然不能商业应用。很显然，人们必须找寻另外一种传输光信号的媒介或管道，只有有了这种传输光的管道才能使光通信变得实用。

在未找到光传输的管道以前，科学家和工程师先是从提高信号载波的频率入手进行研究，最后发现从无线电频率到微波的转移可以数十倍地提高一个给定系统的信息运载能力，但是，在信号载波超过100GHz后，微波与红外区域相重叠，这时空气中的微波衰减达到相当高的程度，以至于它只能在非常短的距离间传输，很显然，这样的系统仍然不能商业应用。

随后人们开始使用一种波导结构来传输超高频（ultra high frequency，UHF）电磁波，这些波导结构是一种横截面颇似矩形、两端开口的钢制管。在20世纪60

年代后期和 70 年代早期，贝尔实验室的研究人员设计并制作出了每单元拥有 238 000个语音信道的波导装置，尽管这些新的波导设备将原先矩形的横截面重新设计成了圆形，但它们仍是那种旧式的内径为几厘米的两端开口的钢管，从价格、安装、维护等一些实用观点来看，它们仍是十分低效的，所以这种波导装置仍然不能大规模应用。

接下来，研究人员将载波频率提高到光波的频率范围，即是将通信链路的发展推向了光传输这个人类通信史上非常重大的技术发展阶段。

当将载波频率提高到光波的频率范围时，如何对光进行导向呢？首先，需要开发一种实用的导向设备，它可以用像铜线传导电流那样的方式对光进行传输，这也就意味着要发展一种灵活且易于安装与维护的导向设备。相比于钢制波导管，灵活必须是这种潜在导向设备的关键特征。于是研究人员开始考虑光纤——一种由玻璃或塑料制成的透明易弯的长纤维，并且根据斯涅耳定律（反射定律），借助于使用全内反射可以使光能在光纤内部传输。

1870 年，英国物理学家 Joan Tyndall 验证了光可以在一个弯曲的水流中传播。这就证明了全内反射现象的存在。但是，直到 1951 年，研究人员才设计出第一个光导纤维镜（fiber scope），它可以用于传输人体内部器官的图像。1953 年，在伦敦皇家科学技术学院工作的 Narinder Kapany 开发出了用不同光学玻璃作芯和包层的包层纤维，这也就诞生了今天所用光纤的结构，“光纤”这个名词就是 Kapany给出的。但是如果光纤要成为光导设备——基本特征是要能长距离传输，这就有一个新的问题需要解决，即光衰减（随着光的传输，光的能量减小的现象）。那就是说，当光通过长距离从输入端传输到输出端时，在输出端输出的能量一定不能小于接收端探测器能探测的最小光强。

1966 年，华裔科学家高锟（Charles Kao）博士在英国发表了一篇具有里程碑意义的论文“用于光频率的绝缘纤维表面波导管”，这篇论文被认为是打开通往光纤技术大门的钥匙。高锟博士针对当时玻璃纤维传输损耗高达 1000 dB/km 的情况指出：“这样大的传输损耗不是石英玻璃光纤本身固有的基本特性，而是由于材料中带有杂质，如含有过渡金属离子产生的。材料本身的损耗是由瑞利散射决定的，它随波长的四次方而下降，其损耗是很低的。因此，有可能制造出适用于长距离通信的低损耗光纤。如果把材料中金属离子含量的质量比降低到 10^{-6} 以下，则可使光纤的传输损耗下降到 10dB/km 以下，再通过改进拉丝工艺的热处理来提高材料的均匀性，就可以把损耗降至每千米几分贝以下。”

高锟博士的工作是光纤通信领域中的一个真正的突破，因为他明确地指出，要解决的主要技术问题是突破以往普通玻璃光纤在损耗方面的局限。一旦问题清楚了，接下来的任务就是如何制造具有低衰减的光纤。1970 年，康宁公司（Corning Glass Corporation）的 Rober Maurer、Donald Keck 和 Peter Schultz 根据高锟博士的思想，采用化学气相沉积（CVD）工艺第一个制出衰减少于 20dB/km 的光纤，与同轴电缆 5～10dB/km 的损耗相比，还不能说是优秀的指标，但已是通信工程师可以接受的损耗，成为世界上公认的第一根通信用光导纤维。与此同时，以半导体砷化镓为基体的新一代激光二极管、发光二极管以及光探测器等器件也有突破性进展。它们的尺寸及光点大小均同光导纤维较为配合。尤其令人惊奇的是，这种光源发射的光波波长在 0.8～0.9μm，而二氧化硅材料光导纤维的第一个低损耗窗口也正好落在 0.85μm 附近。两方面的研究都有急速进展。最初半导体激光二极管工作寿命极短，仅数小时，并且要在低温环境中工作。到 1973 年，已取得在室温 30℃连续工作 1000h 的好结果，1977 年达到 7000h。同时光纤的损耗也大幅度下降，1976 年在 0.85μm 窗口达到 1.6dB/km，已经是同轴电缆所望尘莫及的，光纤通信开始了工业化生产及商业化应用的新时期。1977 年在美国芝加哥城的两个电话局间开通了世界上第一条商用光纤通信系统。自那时以后，技术又有很多新发展。首先是开发了损耗更低、色散量小的 1.31μm 波长，该波长处光纤的损耗降到 0.5dB/km 左右。由于二氧化硅的材料色散同光纤的波导色散在 1.31μm 处几乎抵消，该波长又称零色散波长。在半导体激光器方面，研究成功 InGaAsP/InP 材料的长波长器件同 1.31μm 窗口相配合，从而使 1.31μm 成为长途干线光纤通信的主角。近几年来，在 1.55μm 波长处的研究又非常活跃。一个原因是二氧化硅材料系的光纤在 1.55μm 处具有最低损耗，可以达到 0.2 dB/km，但可惜的是该点的色散较严重，限制应用带宽。为此，大量研究工作投入到所谓色散位移光纤，即改变普通单模的结构，使其零色散点由 1.31μm 移到 1.55μm，以获得色散及损耗均最低的理想情况。这方面的研究以及与之配合的半导体激光器、探测器等器件均已成功。1.55μm 波段研究工作活跃的另一个原因是近几年掺铒光纤放大器异军突起。用稀土元素铒掺杂的光纤，在 1.48μm 或 0.98μm 波长的较强激光功率泵浦下，通过受激辐射可以将 1.55μm 的信号放大，做成在线光放大器，使长途干线光纤系统的设计大为改进。目前供使用的掺杂光纤放大器工作在 1.55μm。

至 20 世纪 80 年代初，世界各地开通的光纤通信线路已达上千条。除用作电话通信外，也用于数据传输、闭路电视、工业控制与监测，以及军事。1988 年，第一条跨越大西洋海底，连接美国东海岸同欧洲大陆的光缆开通。1989 年 4 月，从美国西海岸经夏威夷及关岛，连接日本及菲律宾的跨太平洋海底光缆开通服务。最近又有第三条跨大西洋海底光缆要投入使用。这些都是耗资若干亿美元的浩大通信工程。在陆地上的推广应用更是日新月异。工业发达国家及我国均已宣布：干线大容量通信线路不再新建同轴电缆，而全部铺设光缆。我国光纤通信起步不晚，但由于有各种限制因素，直到 20 世纪 80 年代中期才开始在推广应用及工业基础方面取得长足进步。干线系统中比较著名的有南沿海工程、沪宁汉干线、芜湖至九江(含过长江的水下光缆)、京汉广等，短距离的系统更是不计其数。在武汉、上海、西安、北京、天津等地建立了几家规模较大、水平较高的光纤、光缆制造厂，另外还有一批与之配套的光电子器件的工厂及研究所，为光纤通信在我国广泛推广应用打下了基础。到 2001 年底全国铺设光缆总长度已达 149.5 万公里，其中长途干线光缆 33.5 万多公里，本地中继网光缆线路 75.5 万多公里，接入网光缆线路 37 万多公里。到 2002 年 3 月，我国"八横八纵"格状国家光通信骨干网也已基本建成。近两年来，我国铺设光缆的方向已经开始转向城域网等局部性网络，随着光通信的发展，我国数据传输速度和质量将进一步得到改善和提高。

1.2 光纤技术基础

虽然透镜可以弯曲光束，反射镜可以偏转光束，但实际上光束在光学仪器之间仍然是沿直线传播的，光的直线传播特性保证了照相机、人的双眼、望远镜和显微镜等结构能正确成像。有时候，我们更希望让光线绕过物体，就可以知道物体之后或者直视观察不到的地方有什么东西，也就可以将光线从一个地方传输到另一个地方，通过这种方式光就可以用来通信、观察、照明等，这就是光纤技术研究的范畴了。下面我们先来了解一些光纤方面的基础知识，这些知识在后续的章节还会详细介绍。

1. 光纤结构

光纤的基本结构十分简单。光纤的纤芯是由折射率比周围包层略高的光学材料制作而成的，如图 1.1 所示。这种光纤结构引起全内反射，从而引导光线在纤芯内传播。

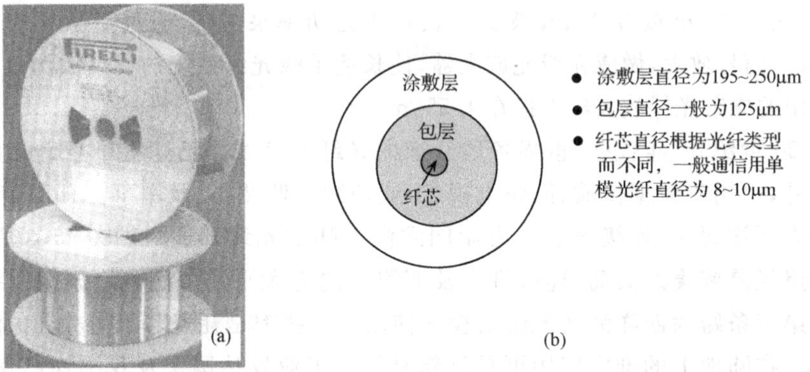

图 1.1 光纤的基本结构

(a) 整圈光纤；(b) 光纤横截面

光纤的基本结构是导光的纤芯和外面低折射率的包层，不同类型光纤的纤芯和包层的几何尺寸差别很大。用于高清晰度图像传输的光纤（传像光纤）其芯径小、包层薄；传输高功率能量的照明光纤则一般具有更粗的纤芯和细薄的包层；用于通信的光纤则是厚包层和小纤芯，纤芯折射率到包层折射率的变化是阶跃变化，纤芯折射率可以是均匀的，也可能是渐变的；还有一些高性能光纤其纤芯和包层之间甚至有多层结构。

通信光纤的标准包层直径是 125μm，塑料护套的直径约 250μm，便于操作和保护光纤内部的玻璃表面，防止刮痕或其他机械损伤。而传像光纤束中单根光纤的直径小到只有几个微米，一些特殊用途光纤则可能有几毫米。

2. 光纤材料

多数光纤几乎是纯石英，加入少量掺杂物的目的是改变纤芯或包层的折射率。从化学的角度讲，通信用最纯的光纤材料当然是纯二氧化硅，即 SiO_2；医用传像光纤和照明光纤则使用低纯度玻璃制造；还有一些光纤是用塑料制造的，虽然没有玻璃光纤透明，但是更灵活易用；少数光纤使用塑料作包层材料，但一般情况下塑料都是用于机械保护的外部涂敷层。

专用光纤也有可能是用其他材料制造的。例如，对于远红外波长，氟化物比石英更透明，因此氟化物有时用于红外波段。这些光纤有时被称为玻璃光纤，因为制造光纤的材料是玻璃态或非晶态物质，但是光纤是由制造材料决定的，如氟化物玻璃光纤。

3. 光纤特性

在机械特性方面，光纤坚硬而又弯曲灵活，强度极大。细光纤比粗光纤更容易弯曲。通信光纤的尺寸可以和人的头发的粗细相比，但这种比较也得是在很粗的头发和很细的光纤之间进行。通信光纤比同样长度的人的胡须要硬得多，把它比作单丝钓鱼线很恰当。和电线不同，光纤被弯曲后还能恢复到原来笔直的形状，但光纤在受到外力牵引时不能一直延伸下去，外力过大就会折断光纤。如果光纤表面布满了裂纹，那么光纤就很容易损伤。塑料涂敷层的作用就是防止光纤表面受到机械损伤。

光纤的光学性质取决于它们的结构和成分，最明显的就是损耗或信号衰减特性，此外还有很多损害光脉冲的消极因素，这些将在第 3 章详细介绍。

4. 图像传输和成束光纤

光纤最初是用于图像传输的。如果光纤束的两头光纤的排列都是相同的，则光纤束可以传输图像。光纤束还可以用来传送照明光，这时光纤的排列就不重要了。

光纤束可软可硬。软光纤束由许多分离的光纤组成，两头固定中间松散(外面可能会有一层保护结构)。硬光纤束将光纤熔合成一个棒，在制造时通常弯曲成想要得到的形状。这种坚硬熔合光纤束比软光纤束的成本低，每根光纤还能做得比散开的光纤更细，但是既不灵活也不柔软，所以很多场合不适用，比如无法用于观察病人的咽喉。

1.3 光纤与通信网络

光纤的带宽和具有吸引力的特征使其成为理想的线缆传输媒介。对于通信系统，光纤是具有强大运载信息能力的工具。它不仅为电信工业带来巨大的收益，还引发了很多革命性的变化。今天，这项技术决定了接入、传输、信令、交换和联网等技术，换句话说，它在现代电信系统中的每个方面都起着关键性的作用。因此可以说，没有低损耗光纤就没有现代电信。

很难用准确的日期来标记这项技术发展的重要转折点，因为它总是处在一个持续变化的状态。所以，对于这个不断发展的技术，昨天的新产物到了今天就变得很平常甚至落伍了。不过，通常可以确定的是，在 20 世纪 90 年代早期第一次大规模使用光纤网络(不是简单的点到点连接，而是实际的网络)，所有的长途和本地电话公司都将光纤作为主要的传输介质，而电话网络依然是电信的灵魂与核心。光纤工业已进入显著的繁荣期。全世界的电信用户都想获得更大的带宽，光纤正好能够满足人们的愿望。在过去的 20 年里，一根光纤所能承载的最大数据率差不多平均每年翻一番，比电子行业的摩尔定律(每 18 个月翻一番)还要快。

1. 全球海底网络

第一条国际海底光纤链路连接了英格兰和比利时，它于 1986 年在北海海底铺设。到 1988 年年底为止，铺设了第一条连接美国和欧洲的跨大西洋海底光缆。那个项目被称为 TAT-8，它是 AT&T、英国电信、法国电信和其他公司共同投资进行的。这个链路先是从新泽西州的 Tuckerton 连到欧洲的大陆架，长度为 5600km，在那里链路分成两个分支，一支经过五百多千米连到英国，另一支经过三百多千米连到法国。这个链路可以运载 80 000 个语音信道。不过这个数字只表明它的运载信息能力，因为显然它不仅传输语音，还传输视频和数据。这条链路使用单模光纤，使用的波长是 1300nm。它的光源采用的是平均寿命可达 106h 的激光二极管。为了对付信号衰减，沿着电缆每隔 50km 安装一个再生中继器。从功能上讲，它是处理数字信号的，它分析到来的信号，判断信号是代表逻辑 0 还是 1，根据判断结果产生新的脉冲，然后将这些脉冲沿着链路继续向前发送。这样，再生中继器不停地重复到来信号的逻辑含义，并产生新的电信号来传输这些逻辑含义。为了完成这个任务，再生中继器先要将光信号转化成电的形式，对电信号进行处理，然后再把电信号转换为光信号在光纤上继续传输。

光纤是个绝缘体，它不能够直接传输电信号和能量。所以一个用来传输电能的单独导线必须包括在海底电缆中。TAT-8 项目中的导线要传输 1.6A 的电流来为系统的中继器提供电能，这是光纤在长距离传输方面的一个缺点。

前几年在连接美国和欧洲的项目(1996)TAT-12 和 TAT-13 中使用最新的波分复用(wavelength-division multiplexing)技术来进一步提高链路的运载信息能力。这些链路可以运载超过 300 000 个语音信道，几乎是 TAT-8 跨越大西洋链路所能运载的 80 000 个语音信道的四倍多。

现在，整个世界已经用一个庞大的光网络连接在一起。一个发展全球网络最好的例子是称作泛美电缆系统(Pan American Cable System)的国际项目，该网络通过国际网关把南美洲的 7 个国家和北美洲、欧洲、亚洲连接起来。其中加勒比海海底部分把位于美国维京岛的圣托马斯的起点与委内瑞拉、阿鲁巴岛、哥伦比亚和巴拿马相连。这段海底电缆有 2700km，共安装 23 个再生中继器，每 120km 一个。太平洋海底部分将巴拿马与厄瓜多尔、秘鲁和智利相连。这一部分长 4400km，共有 40 个再生中继器，每 150km 一个。链路的总长度有 7300km，其中 200km 的电缆在巴拿马陆上铺设。

还有其他几个全球海底项目正在进行之中：Pro. Iect Oxygen(氧气计划)以建立一个全球的海底光纤网络为目标；全球交叉公司(Global Crossing Ltd，GCL)正在建立一个海底和陆地的全球光纤通信网络。除前面描述过的泛美电缆系统外，泛美交叉电信电缆系统(Pan American Crossing Telecommunications Cable System，PAC)也正在连接加利福尼亚、墨西哥、巴拿马和美国维京岛的圣克罗伊，并在那里与 GCL 的大西洋海底网络相连。

随着几年前(2002 年左右)光通信市场泡沫的破灭，全球海底光通信市场迅速跌入谷底。据 TeleGeography 公司统计，全球海底光缆系统的投资额 2001 年曾高达 130 亿美元，但 2002 年一下子跌到 34 亿美元，2003 年预计将只有 12 亿美元。但是，从长远观点看，海底光通信市场还将有一定增长空间。随着通信量的不断增长，当前容量大于需求的状况终将结束，海底光缆系统将再次进入发展期，跨太平洋/亚太海底光通信尤其如此。据美国 Pioneer Consulting 公司的最新预测，从 2002 年到 2012 年，跨太平洋海底光缆的容量将每年增长 42%，2012 年可达到 16Tbit/s；而亚太地区海底光缆容量在同一段时间的复合年增长率为 46%，2012 年将达到 21Tbit/s。目前跨太平洋和亚太地区海底光缆系统的容量利用率分别为 60%和 58%；但 Pioneer Consulting 公司认为，同今后的容量不足比起来，现在的容量过剩并不严重。在出现实际的容量不足之前，将会建一些新的系统，而建设新的海底光缆系统的机会将首先出现在跨太平洋的路由上。

2. 陆地网络

显然全球光纤网络不仅包括海底段也包括陆地部分。不仅整个美国陆地已经布满庞大的光纤网络，所有其他的国家都在经历着同样的过程。另一个典型的例子是泛欧光纤网络。这个项目的目的是使用波分复用技术，用光纤网络覆盖包括东欧和斯堪的纳维亚半岛的整个欧洲。它已经在几次现场试验中成功地将16×10 Gbit/s的信号传输超过500km(数字“16”表示使用的波长的数值,“10Gbit/s”表示单个波长信道的能力),随着光通信技术不断发展,现在信息传输容量已经达到了数Tbit/s,比如在2001年就达到了1Tbit/s,2003年实现了较长距离(8000～9000km) 1.5～2Tbit/s的传输容量。至2010年,大容量光纤传输系统的数字速率可能达到10Tbit/s。到那时,世界上才会普遍使用Tbit/s级数字速率,也将有较多国家和较多厂商能够制造提供10Tbit/s级的大容量光纤传输系统。

3. 卫星系统与光纤网络

我们知道,用卫星通信系统可以很实用地连接地球上的任何一点,那么为什么还需要一个全球光纤网络呢?那是因为与卫星通信相比,光纤通信具有两个主要优势,即它的高运载信息能力和传送信号的高速度。

我们知道,光纤具有超大的运载信息能力,比如一根光纤能达到50Tbit/s的速度。在1996年,第一次成功完成了在超过100km的长距离以超过1 Tbit/s的速度传输的实验。直到今天,仍没有任何迹象表明卫星通信可以达到这样的信息传输能力。由于卫星通信需要将信号从地面站发送到卫星,再从卫星发射回地面站,这就造成了卫星通信的另一个不足——信号延迟。光纤在发送器与接收器间建立了较直接的且短得多的连接,实际上避免了延迟问题。卫星通信还有一个主要的缺陷是,它很容易被大气条件影响。

4. 光纤到户

对于本地电话网络,光纤到户就意味着所有中心局之间和所有远程终端到中心局之间的连接都是用光缆进行的。今天唯一还把铜线作为传输介质的连接就是用户的房屋与最近的中心局或最近的远程终端间的连接。这个“最后一公里”是现代电信网络的瓶颈。因为根本不可能在一夜间就把这些大约有10亿个铜电缆的双绞线连接用遍布全球的光纤进行替换,大家可以想像一下,仅美国一个国家就有超过2.5亿条线路需要更换,这是一个多么庞大的工程和一笔多么高昂的投资。但是,目前整个电信业又总在热心地讨论光纤到社区(fiber-to-the-curb,FTTC),光纤到户(fiber-to-the-home,FTTH),甚至光纤到桌面(fiber-to-the-desk,FTTD)的系统,那是因为光纤到户网与原有的通信网相比具有四大优势:一是光纤到户是无源网络,从局端到用户,中间基本上可以做到无源;二是高带宽、长距离正好符合运营商的大规模运用方式;三是在光纤上承载的业务种类多;四是支持的协议比较灵活。目前,世界数据业务的增长已超过话音业务,随着视频点播、数字电视等服务需求的增加,带宽将成为制约互联网性能的最大瓶颈,而光纤到户很好地解决了这一问题,接入带宽在今后相当长的时间内都能满足用户需求。2004年4月,武汉电信与烽火公司联合开通了“光纤到户·数字家庭”应用试点项目，该试点项目正式推出标志着电信运营企业 FTTH 网络建设正式起步，综合接入业务迈上新台阶，家庭数字化进程将进一步加快。2005 年 8 月，美国开始大范围部署光纤到户，近几年内，FTTH 的持续增长主要由非传统运营商推动，如公用事业公司、市政当局、房屋开发商以及一些竞争性本地交换运营商。然而，现在有很多独立本地交换运营商和至少一个老牌运营商已经开始选择光纤到户，无论在新建楼宇或者重建楼宇时他们都会考虑部署光纤到户。我们相信，随着光通信成本的进一步降低，全球光纤到户的目标必将实现。

5. *局域网*

让我们现在看一下局域网(local area network，LAN)市场以及光纤通信在局域网市场中的角色。我们都知道，个人计算机的能力每更新一代都会有显著提高，而现在这样的更新似乎成为了每年都发生的事情。个人计算机的操作速度已达每秒 100 兆指令 (MIPS)。还应记住的是，计算机的能力越大，它在单位时间内产生和要传输的信息也就越多。

另一个发展的趋势是将计算机进行联网，这样计算机就可以共享资源和信息。局域网、城域网(metro-polian area network，MAN)和广域网(wide area network，WAN)甚至比单个计算机能力的增长在更大程度上改变了计算机技术。

为了使 LAN 有效地工作，需要在网络上以高速度传输大量信息。一个 LAN 所需的最小传输能力据估计为 1 Mbit/s，这也就是所谓的 Amdahl(阿姆得尔)法则。但是，现在这条法则已经不再适用，因为我们现在需要 100 Mbit/s 的速率，而 LAN 通常以低得多的速率运行，影响 LAN 进一步发展的就是它们的联网结构，因为 LAN 绝大部分仍是用铜线相连的。解决方案很明显：换成光纤。到现在为止，在 LAN 中对光纤的进一步使用因其与铜线相比过高的安装费用而受到限制。不过现在所有的光纤器件——光纤、合适的塑料纤维、连接器、光电和接口设备等的价格正在不断下降。这些，再加上由于不需要复杂的编码和压缩，使用于高速纤维光传输的电子器材比较容易设计和制造，而这就使光纤与铜线竞争 LAN 市场时具有优势。

1.4　光纤与传感技术

人类已进入信息时代，信息的获取技术是信息技术的关键，传感器技术是信息技术的重要基础，传感器技术是获取信息的主要技术途径，获取信息是利用信息的先决条件。传感器是一种能按一定规律将各种被检测的物理量转换成便于处理的量(如电、磁等)的器件。世界各国对传感器技术的研究和开发都极为重视，日本将传感器列为20世纪80年代大力发展的五项重要技术之首，又将传感器研发确定为20世纪90年代发展的重点，美、英等国也投入巨资进行传感器技术的研发。

光纤传感器技术经过二十多年的发展，已形成了一个巨大的传感器家族。光纤传感器虽然有很多优点，但交叉敏感性等问题限制了其在实际中的应用。在20世纪80年代，对光纤传感器的研究曾经一度陷入低谷。进入90年代以来，随着光纤及半导体集成光电子技术的发展，例如光纤光栅、各种无源和有源光波导的出现，给光纤传感器的发展注入了新的活力。现在光纤传感器已有了新的内涵，即传感部分不仅使用圆波导，还可利用光波导技术，集成电子技术将各种不同的光波导与光纤集成为一体，形成所谓的光波导传感器。以光作为传感和传导媒介的最大优势是传输容量大，抗电磁干扰，以及作为光波载体的光纤(光波导)所具有的化学惰性和柔软性。在智能材料、智能结构(smart structure)和大型结构监测、高电压、强磁场、核辐射以及生物医学等方面，光纤传感器是最具竞争力的测量手段。

经过这些年的发展，光纤传感器在科研与工业应用中已占有重要的一席之地，其最主要的原因在于光纤与金属导线之间的根本区别。这一区别使光纤具有一些独特的优点。

(1) 抗电磁干扰、电绝缘、耐腐蚀、本质安全。由于光纤传感器是利用光波传输信息，而光纤又是电绝缘、耐腐蚀的传输介质，并且安全可靠，这使它可以方便有效地用于各种大型机电、石油化工、矿井等强电磁干扰和易燃易爆等恶劣环境中。

(2) 灵敏度高。光纤传感器的灵敏度优于一般的传感器，其中有的已由理论证明，有的已经实验验证，如测量水声、加速度、辐射、磁场等物理量的光纤传感器，测量各种气体浓度的光纤化学传感器和测量各种生物量的光纤生物传感器等。

(3) 重量轻、体积小、可挠曲。光纤除具有重量轻、体积小的特点外还有可挠的优点，因此可以利用光纤制成不同外型、不同尺寸的各种传感器。这有利于航空航天以及狭窄空间的应用。

(4) 测量对象广泛。目前已有性能不同的测量各种物理量、化学量的光纤传感器在现场使用。

(5) 对被测介质影响小，有利于在医药卫生等具有复杂环境的领域中应用。

(6) 便于复用，便于成网。有利于与现有光通信技术组成遥测网和光纤传感网络。

(7) 成本低。有些种类的光纤传感器的成本将大大低于现有同类传感器。

光纤传感技术在现代科技的许多领域都具有极佳的应用前景。这些包括工业制造、土木工程、军用科技、环境保护、地质勘探、石油探测、生物医学等。对于各种不同的应用，已开发出多种光纤传感器和系统。目前常用的传感器包括旋度、温度、应变、应力、振动、声音和压力传感器等。下面我们简单介绍几类传感器，以使得读者能对光纤传感器有一个大致的了解，详细的讨论请阅读本书第7章。

1. 光纤光栅传感器

光纤光栅分布拉格光纤光栅(fiber bragg grating,FBG)和长周期光纤光栅两类。布拉格光纤光栅是一种折变周期小于 1μm 的反射式短周期光栅,其反射谱具有线宽小、中心波长长、设计容易等优点;而长周期光纤光栅是一种周期为数十微米到毫米量级的透射式光纤光栅,其透射谱的带宽一般较大,其中心波长或幅度容易受到外界环境的影响。其基本原理请参看本书第 5 章。

应力、应变、温度、浓度等外界环境的变化将引起光纤有效折射率或光栅周期等参数的变化,从而导致光纤布拉格光栅的谐振波长发生变化,因此布拉格光纤光栅是性能优良的敏感元件,测量光栅谐振波长的变化就可获得周围环境参量的变化,并且布拉格光纤光栅的传感信息通常是以波长编码的,这使其克服了强度调制传感器必须补偿光纤连接器和耦合器损耗以及光源输出功率起伏的不足。与传统的电子或机械传感器相比,布拉格光纤光栅传感器具有灵敏度高、动态范围宽、不受电磁干扰、可靠性高、成本低、体积小、可埋入智能结构等一系列优点,特别适用于强磁场、辐射性、腐蚀性或危险性大的环境,这使其可以实现对桥梁、水坝、建筑物、飞行器、舰船、火车、矿井、油田、油罐等的实时监测,以保证其安全可靠,因此布拉格光纤光栅传感技术,特别是多参数复用传感技术越来越受到人们的青睐。

随着光纤布拉格光栅制作工艺的不断提高,特别是 FBG 自动化生产平台的建立,制作出高性能、低成本的可靠 FBG 已经成为可能。同时,随着近几年对波长解调技术的深入研究和不断成熟,已经扩大了光纤布拉格光栅传感器的应用,并为智能传感这一新思路创造了一个新的机遇。智能结构监测、智能油井和管道、智能土木工程建筑,以及智能航空、航海传感都需要高质量、低成本、稳定性好、传感特性精密的光学传感器,FBG 传感器阵列由于其波长编码、可同时测量多个物理量(温度、应力、压力等)以及一路光纤上应用波分复用技术等自身的优点在上述领域已经得到了广泛关注。世界著名的油田设备服务商 Schlumberger 和 Weather Ford 在过去的两年里,分别投资超过一个亿美元购买光纤布拉格光栅传感器技术,广泛应用于陆地油井和海上石油平台监控。同时,美国国家宇航局专门立项用此传感器对飞行器材料和结构进行优化。美国海军用此传感器对舰船潜艇结构进行监控,并在此基础上研究开发超灵敏的光纤布拉格光栅的声呐系统。目前国外国内都在为光纤光栅传感器的发展而努力,国际上已经基本实现了光纤光栅传感器的产业化和工程化,如 MOI、CiDRA、Weatherford 等,而国内主要集中在一些研究单位,如重庆大学、北方交通大学、哈尔滨工业大学、南开大学及黑龙江大学等。

人们在光纤布拉格光栅传感应用中发现其存在一定的局限性,比如对某些参数灵敏度不够高,对单位应变或温度的改变所引起的波长漂移较小,因而需要高分辨率的光谱分析仪器,此外由于光纤布拉格光栅是反射型光栅,以致光纤布拉格光栅传感系统通常需要隔离器来抑制反射光对测量系统的干扰。自长周期光纤光栅问世以来，人们发现长周期光纤光栅是一种透射型光纤光栅，无后向反射，在传感测量系统中不需隔离器。此外，与人们熟知的光纤布拉格光栅不同，长周期光纤光栅的周期相对较长，满足相位匹配条件的是同向传输的纤芯基模和包层模，这一特点导致了长周期光纤光栅的谐振波长和幅值对外界环境的变化非常敏感，具有比光纤布拉格光栅更好的温度、弯曲、扭曲、横向负载、浓度和折射率灵敏度。因此，长周期光纤光栅在光纤传感领域具有和光纤布拉格光栅传感器互补的优点。

2. 光纤法布里-珀罗传感器

光纤法布里-珀罗(以下简称法珀)传感器(optical fiber Fabry-Perot sensor)是目前技术成熟、应用非常广泛的一种光纤传感器。它是在光纤内制造出两个高反射层，从而形成一个腔长为 L 的微腔。当相干光束沿光纤入射到此微腔时，光纤在微腔的两端面反射后沿原路返回并相遇而产生干涉，其干涉输出信号与此微腔的长度相关。当外界参量(力、变形、位移、温度、电压、电流、磁场……)以一定方式作用于微腔，使腔长 L 发生变化，导致其干涉输出信号也发生相应变化。根据此原理，就可以从干涉信号的变化导出微腔的长度，乃至外界参量的变化，实现各种参量的传感。例如，若将光纤法珀腔直接固定在形变对象上，则对象的微小形变就直接传递给法珀腔，导致输出光的变化，从而形成光纤法珀应变/应力/振动等传感器；若将光纤法珀腔固定在热膨胀系数线性度好的热膨胀材料上，使腔长随热膨胀材料的伸缩而变化，则构成了光纤法珀温度传感器；若将光纤法珀腔固定在磁致伸缩材料上，则构成了光纤法珀电压传感器。

3. 光纤白光干涉传感器

在光学测量领域中，基于光纤干涉的测量系统已成为物理量检测中最为精确的系统之一。在这些测量系统中，最常使用的是各类单模(或窄频带)高相干激光设备，如单模氦氖激光器作为光源的长相干测量系统。这类系统的特点是采用激光波长为标准量，在精密测量条件下，可达纳米级至埃米级测量精度，但由于受光学传递函数(OTF)的周期影响，这类系统的单值动态范围一般很小。而且，由于测量系统在重新启动时无法识别出干涉级的级数，因此只能对物理量进行相对测量。同时，这类系统对温度、湿度、压力等外界环境要求苛刻，结构复杂，成本高。相比之下，采用低相干光源的白光干涉测量则能解决其中的一些难题，它不仅可用来对物理量进行绝对测量，而且能使传感器的动态范围得以扩展，分辨率得以提高。近年来，人们在研究及发展白光干涉测量系统方面已进行了大量的工作，使这类系统不断得到完善。

白光干涉测量是使用低相干、宽谱光源，如半导体激光器(LD)或发光二极管(LED)。所以这种传感方法通常称为“白光”干涉测量方法。同所有的干涉原理一样，光程的改变可以通过观测干涉条纹来进行分析。

第一个完整的基于白光干涉技术的位移传感器是在1984年报道的，该工作显示出白光干涉测量技术可以应用于任何可以转换成绝对位移的物理量的测量，并且具有很高的测量精度。在1985～1989年，基于白光干涉原理的传感器被广泛用于压力、温度和应变测量的研究中。

4. 光纤陀螺传感技术

光纤陀螺是一种新型角速度敏感元件，与激光陀螺相比，光纤陀螺无闭锁，易于微型化，可用于不同精度应用场合而保持较低的性能价格比。自1976年Vail和Shorthill首次报道了光纤陀螺后，近二十年来，人们对光纤陀螺中存在的物理现象已理解清楚，一些关键技术问题已经解决。目前，一些低中精度光纤陀螺已在市场上出售，高精度光纤陀螺也正在投入生产。

光纤陀螺分为干涉型和谐振型两种。谐振型陀螺有一些难以解决的技术难题，离实用还有一段距离。

5. 其他光纤传感技术

除了上面介绍的几种光纤传感技术外，近年来，还发展了一些新型的光纤传感技术：① 基于光子晶体光纤传感技术，它可以用于一些气体的检测，可以用于曲率传感，以及用于增强双光子生物传感等；② 基于聚合物的光纤传感技术，它可以用作安全检测传感器、湿度传感器、生物传感器、化学传感器、气体传感器、露点传感器、流量传感器等，此外，聚合物光纤还可以用于传感和测量一系列重要的物理参量，包括辐射、液面、放电、磁场、折射率、温度、风度、旋度、振动、位移、水声、粒子浓度等；③ 基于光纤激光器的有源腔传感器，比如利用Ring-Down腔技术可以进行吸收谱分析的测量，其灵敏度可以达到1ppm*（10^{-6}）。现在Ring-Down腔测量分析技术已经被广泛应用于测量各种吸收，如等粒子体、火焰辐射、超声喷射和气体分子吸收等。

1.5 光纤技术的发展

1. 光纤的发展

在光纤种类方面，从最早研究的多模光纤，到现在的单模光纤、保偏光纤、掺杂光纤、塑料光纤、光纤晶体光纤等已形成数十种不同种类的光纤来满足人们对不同应用场合的各种需求。目前在光纤通信中用得最多的是常规的石英光纤，已有一套相当完善的生产工艺和一系列国际标准，技术已相当成熟，光纤技术研究正快速

---

* ppm为无量纲值，一般表示“$\times10^{-6}$”，也可根据具体情况表示μg/g，mg/L，μL/L，mg/m³…

向具有新型传光机理的光子晶体光纤、具有特种功能的聚合物/塑料光纤和掺杂光纤，以及针对特殊应用背景的特种光纤等方向发展。

1) 聚合物/塑料光纤

聚合物光纤又名塑料光纤，具有较粗的芯径(0.3～3mm)，并且具有柔韧性好、连接方便、耦合效率高等特点，加上其具有高带宽、耐震动、抗辐射、价格便宜、施工方便等优点，已成为短距离信息传输的理想传输介质之一。现已有多种聚合物光纤商用产品面世，并越来越广泛地应用于汽车总线布线、家庭网络、工业自动化、传感器、小型光盘系统和个人计算机中。

国外在聚合物光纤的应用开发上已取得了较大的成果，且在不断增加新的应用研究投入，我国大陆以及台湾地区已经有厂商开始进行研发生产。国内主要有中国科技大学、中国科学院化学研究所、中国科学院理化所、南京玻璃纤维设计院、中国科学院西安光学精密机械研究所等院校和研究所相继开展了聚合物光纤和器件的研究工作。现已有国内研制的聚合物光纤链路系统(主要由聚合物光纤波长转换器、聚合物光纤中继器、聚合物光纤交换机和聚合物光纤网卡等器件组成)投入实际局域网现场应用。2003 年四川汇源光通信股份有限公司开发了 PMMA 阶跃型塑料光纤，采用光学级 PMMA 芯材与低折射率的高透明氟树脂包层材料，通过共挤法生产 PMMA 阶跃型塑料光纤，其应用领域主要有照明装饰、汽车工业、消费电子、短距离数据通信、工业控制、军事、航空航天。

聚合物光纤(POF)的传输带宽、温度稳定性和长期可靠性是其在短距离信息传输应用中的主要问题。人们提出了梯度折射率聚合物光纤(GIPOF)，它既增加了 POF 的带宽又保持了 POF 的大芯径优势，在可见光波段损耗不到 10dB/km，带宽可达 1 GHz·km，并可在 −40～80℃范围内稳定工作。显然，GIPOF 的损耗衰减和带宽还可进一步改善，这与其制造工艺和方法密切相关。澳大利亚新威尔士大学 G. D. Peng 教授带领的研究小组一起致力于单模塑料光纤的研究，目前他们已经拉制出单模塑料光纤样品，并对其基本特性进行了广泛的研究，取得了一些非常有意义的进展，单模光纤的发展为实现家庭、办公室等小型网络的全光纤连接提供了更低成本、更方便的连接工具。

功能聚合物光纤与器件的研究是目前聚合物光纤领域中的研究热点之一，在光纤通信和传感领域具有重要的应用前景。根据聚合物材料多样性、掺杂发光效率高、光学非线性强以及响应时间快等特点，可以研究用于有源和无源聚合物光纤器件的特种功能光纤，包括聚合物光纤跳线/连接器和耦合器、聚合物光纤光栅、聚合物光纤自聚焦透镜阵列、聚合物光纤放大器等。

此外，最近两年在功能聚合物光纤领域中又出现了一种微结构聚合物光纤——聚合物光子晶体光纤，并逐渐成为聚合物光纤的研究亮点。这种微结构聚合物光纤通过沿着光纤轴向均匀而截面上周期性分布的空气孔来限制光线在波导中的传播。微结构聚合物光纤(MPOF)与石英光纤中的光子晶体光纤相比有着独特的优势：在拉纤温度下其材料的表面张力和黏性有着很好的平衡性使空气气孔不易遭到破坏，气孔排列结构的紧密性要求降低，利用聚合物材料本身具有较低的加工温度和良好的裁剪性可选择多种设计材料等。

2）光子晶体光纤

光子晶体光纤（PCF）的概念在1991年首次被提出，五年后，P. Russel教授领导的科研小组制造出了第一根光子晶体光纤的样本，随后引起了全世界的关注，尤其在光纤通信和光纤研究领域。光子晶体光纤按结构特点或导光机理可分为折射率导光型实芯PCF和光子能隙导光型空芯PCF，前者研究得最多。光子晶体光纤衰减是该新型光纤实用化的关键，目前在1550nm波长的衰减最低值已降低到0.37 dB/km。现在丹麦等国家已经能够提供商品化PCF。

光子晶体光纤是在光子晶体研究的基础上发展起来的新型光波导材料，这种新型光纤的突出特性已经突破了传统光纤技术的主要准则，使光纤性能得到飞速提高，具有十分重要的研究和应用价值。

PCF在光纤通信系统中主要有两方面的应用潜力：传输光纤和光纤器件。前者的研究重点是改进制造工艺、降低光纤衰耗等，后者主要是通过调整PCF结构尺寸来实现PCF光器件所需要的性能指标。PCF可以构成光纤激光器和光纤放大器，已取得研究进展的PCF与光纤通信相关的应用还有：光波长变换、拉曼放大器、光孤子激光器、光纤光栅和连续谱超宽带光源等。

PCF现已进入实验室的光纤通信系统传输实验研究阶段。NTT公司的研究人员利用PCF组成10km的线路进行了8×10Gbit/s的波分复用传输实验，试验效果良好；C. Peucheret等人的研究小组利用5.6km的PCF线路进行1550nm的40Gbit/s的传输实验。PCF具有的低损耗、低色散和低非线性效应等特性，使其在光纤通信领域的应用是非常有前途的，将有可能成为光纤通信中的下一代光信号传输介质。

光子晶体光纤在光纤传感领域方面一样具有非常广阔的发展前景，因为光子晶体光纤具有极大的传输带宽，因此它在扩大光纤传感系统容量方面（如采用波分频分方法）具有很大的应用前景；另一方面，可以在光子晶体光纤上写出光纤光栅（FBG和LPFG），掺铒光纤光栅在传感领域具有十分广泛的用途，在光子晶体光纤上还可以加工出法珀腔，因此，也可以将干涉技术应用于传感领域，也可以在光子晶体光纤上加工各种各样的微传感结构。再考虑到光子晶体光纤独特的一维传光模型，光子晶体光纤在光纤传感领域的应用必将更加广泛。

因此，目前有关PCF的研究重点是：理论模型、制造工艺、性能测量、实验研究和工程技术应用探索（如光纤通信与光纤传感）等。

3）其他光纤

光纤通信是如今信息时代“信息高速公路”的支柱，具有低损耗、高带宽的特性的光纤已成为了现代通信网络中的最佳传输介质。通信光纤技术的发展体现在光纤材料、制造工艺、性能和品种等几个方面。通信网络、系统设备和光器件的共同发展必然推动适应不同通信需求的新品种光纤的不断出现。最新通信用光纤主要有：

（1）宽带光传输非零色散位移光纤（G.656光纤）：它实质上是一种宽带非零色散平坦光纤。与G.655光纤相比，其工作波长更宽（1460～1625nm），可承载更多的复用信道数；更合理的正色散值，可抑制FWMF等非线性效应；更小色散斜率，可降低系统色散补偿成本。2003年武汉邮电科学研究院通过调整纤芯与内包层折射率环间的下凹环宽度与深度研究出了G.656光纤。可工作在WDM系统S+C+L波段上的核心网。

（2）色散补偿光纤（DCF）：为了满足长途核心网DWDM系统应用中色散补偿光纤必须补偿传输光纤整个工作波长的色散要求，人们研究出了具有负色散且色散斜率可与传输光纤色散斜率匹配的新DCF。OFS公司根据耦合模理论（不同于传统的包层/芯传输特性理论）研制出了更贴近实际系统（传输光纤+DCF）传输特性的新的DCF。表征DCF关键性能的参量有品质因数（FOM，色散衰减比）、宽波长色散补偿性能（DOS，色散与其斜率比）和非线性效应抑制能力等。新型DCF的研究重点是寻求能够平衡上述性能指标的最佳方案，实现在C+L波段上、甚至在S+C+L波段上的最佳补偿。

（3）无水峰纯硅芯非色散位移光纤：DWDM和CWDM技术在城域网/接入网中的混合应用逐渐增多，在适应城域网多业务、大容量和中等传输距离通信的同时，由于两种技术指标的不同，一直存在兼容互通问题。采用无水峰纯硅芯非色散位移光纤（PSCF，纯硅芯光纤）实现整个波段1280～1675nm通信，是解决问题的一个方面。目前光纤通信中可使用的低水峰光纤有G.652C和G.652D，纯硅芯非色散位移光纤（PSCF）有G.654光纤，在此基础上设法通过改善其制造工艺消除水峰，就可以获得衰减最小和工作波长很宽的无水峰PSCF。日本住友公司已研究出一种满足G.652D性能的无水峰PSCF。

（4）宽工作波长多模光纤：目前的多模光纤工作在850/1300nm的窄工作带宽上，限制了局域网和存储区域网的容量或距离的提高，而一些工程应用如校园网等需要将数据传输更长的距离，可以采用1300/1550nm宽工作波长的50/125μm多模光纤。通过提高芯折射率分布控制精度或共同掺杂的方法可达到扩大多模光纤工作波长范围的目的。

（5）掺稀土光纤：掺稀土光纤以其芯径大小与通信光纤匹配、耦合容易且效率高、可形成传输光纤与有源光纤一体化为特点，在光纤激光器、放大器和传感器中有着广泛的应用。稀土元素具有外电子满壳层结构，其离子通常以三价电离态出现，在光场和磁场方面具有不同于其他光活性离子的重要性质：亚稳态的寿命较长、量子效率高等。目前大多数掺杂光纤与通信光纤使用相同的石英玻璃材料，其中掺铒、掺镱和掺铥光纤有相对较多地应用。

2. 光纤通信技术的发展

在光纤通信方面，现在有三个快速发展的趋势与光纤网络相关。

第一是光网络容量的迅速增加。目前提高网络容量的主要技术是波分复用(wavelength-division multiplexing，WDM)技术和时分复用(time-division multiplexing，TDM)技术。波分复用是指将几个波长不同的信号在一根光纤上传输。时分复用技术是利用一路光载波，将若干个信号源发出的光脉冲在时间上进行等间隔的交叉排列，从而在单根光纤线路中形成一个超高速的综合光脉冲序列。随着光纤技术的发展，光纤可利用的带宽资源已经大大提高，目前全波光纤的可利用带宽已经达到400nm。光带宽资源的增加同时带动了光放大技术的迅速发展，目前宽带光放大技术受到了研究人员的重视，特别是光纤拉曼放大技术。WDM技术也发展为密集波分复用(各通道间的频率间隔在200GHz以下)。单信道的速率已经从2.5GHz发展到40GHz，最近几年已经有单信道速率为640GHz的实验报道。

第二是各种数据业务的迅速增加。今天，除了传统的语音业务外，很多其他的业务(如视频业务)迅速增长。随着这些业务量的迅速增加，光网络也从开始的准同步数字体系(PDH)发展到了同步数字体系(SDH)。目前很多光通信公司都在研究基于SDH的多业务传送平台(MSTP)。光包交换技术和光突发交换技术等在最近几年也取得了长足的发展。

第三是全光网络的发展。全光网络是光通信发展的终极目标，通过全光网络几乎可以将全球的信息方便、快速地互联起来，从而真正实现信息世界的目标。但是全光网络的发展首先要有各个全光器件和子系统的发展，比如全光光开关、增益均衡器，上/下分路器，以及全光交换机等。目前世界大多数国家都为此投入大量资金进行研发。

所有这些发展的结果就是各地之间的传输链路到设备内部的连接在任何地方都能发现光纤。例如，在现代信令机(SS7)中发现光纤链路；公用事业和天然气工业是光纤的用户；汽车业和航天业越来越多地利用光纤进行通信。毫无疑问，你能够根据自己的经验举出很多例子。

3. 光纤传感技术的发展

光纤传感技术是伴随着光导纤维和光纤通信技术发展而形成的一门崭新的传感技术，现在正在成为一个研究热点。我们知道，光纤传感器的传感灵敏度要比传统传感器高许多倍，而且它可以在高电压、大噪声、高温、强腐蚀性等很多特殊环境下正常工作，还可以与光纤遥感、遥测技术配合，形成光纤遥感系统和光纤遥测系统。光纤传感技术是许多经济、军事强国争相研究的高新技术，它可广泛应用于国民经济的各个领域和国防军事领域。

光纤传感器的发展与光纤通信的发展密切相关，因为光纤通信的许多基础技术和元器件如光源、光纤、耦合器、连接器、接收器等都可以用到光纤传感器上。但是，光纤传感器有许多与光纤通信不同的特殊问题，这些问题的研究和解决推动着光纤传感器的发展。

从目前国内外发展态势可以看出光纤传感器的研究有如下的动向：

1）深入研究传感理论和技术，解决实用化问题，发展新原理的光纤传感器

光纤传感器基本原理的研究日益深入，强度、相位、波长调制的传感器更加完善。传感器用于实际测量的主要问题是长时间漂移效应，人们对此进行了深入研究，提出了许多解决办法。漂移效应来自光纤传输线的衰减、耦合器和分束器特性不完善、光源输出不稳定及探测器的响应等。为了从技术上解决漂移问题，人们对光纤传感头的固有调制形式进行了研究，例如，采用参考光路引入参考信号可解决由于光学结构的漂移特性对测量的影响。对于不同调制方法的传感器有着不同的参考光路。采用参考通道和信号通道的波长多路传输和空间多路传输的先进技术，通过必要的调节，可以确保光纤传感系统达到完全平衡。无论采用何种方式，在传感头上使用“比较”技术，使光纤传感器获得长时间的稳定，这样，就可以使光纤传感器实用化。

2）开展多参数传感及分布式传感网络系统的研究

单一光纤传感器的研究已进入到实用化阶段，但它无法适用于多参数、多变量的测量，而实际的被测对象常需要测量几个不同的参量，比如飞机发动机的运行状态监控，就需要同时监控它的温度、应变、压力等各种物理参量，如果采用分离的传感器进行测量，则会提高系统的复杂性和监控成本，也会降低系统的可靠性，如果能够研究设计出可以同时测量几个物理量的传感器，就可以大大降低系统的复杂度和成本。目前多参数传感技术已引起了国内外学者的广泛关注，国内清华大学、重庆大学等高校和研究所也在从事这方面的研究。

另一方面，有些大型结构如桥梁、大坝、坡体等需要大量的传感器对它进行多点、多层次的连续实时监控，这就需要大容量实时性强的传感网络系统，这是目前国内外学者研究的热点，由于光纤传感器具有普通传感器无法比拟的优点而成为了目前最具发展潜力的网络传感器系统。

光纤传感器系统的一种形式是采用多路传输的光学无源传感器系统，其核心问题是如何节省光路，寻求可能更有效利用的信息通道，使其能不畸变地更多地传输由各个光纤传感器取得的信息。利用光纤之间、几个无源传感器之间、数据遥测通道之间的多路传输可达到此目的。

多路传输大致有三种基本结构：其一是采用时分多路传输结构。空间上分离的多个光纤传感器用相同的光纤连接在同一无源信号通道上，所有的传感器都被调制成同一光特性（如强度），在工作时间内实现多路传输；其二是正交传播调制的局部多路传输，这一类结构可分为偏振态调制、波长刻度和两个正交干涉等形式，

这种多路传输系统在国外已实现了多参数的测量；其三是采用光纤被覆技术，如改变光纤上的被覆层能使声传感器变为磁场或其他类型的传感器。在同一根光纤上采用不同的被覆层构成的多路光纤传感器，将在油田勘探、武器制造和工业控制方面得到广泛应用。

光纤传感器具有与光纤遥测技术的内在相容性的优点，它可以与现有的光纤数据传输组成光纤遥测系统。如用一组光纤液面或流量传感器与遥测装置相结合对易燃、易爆等液面和流量进行检测与控制。

3）研究功能完善、可靠性及稳定性高的基础元器件

（1）开发光纤传感器用的特殊光纤。光纤传感器的种类繁多，应用范围极广泛，因此所要求的光纤的种类不是单一的，而是具有多种不同特性，比如低双折射光纤（旋光纤）、高双折射光纤、圆双折射光纤（螺旋光纤）、椭圆双折射光纤、特殊涂敷光纤、特殊掺杂光纤、特殊芯结构光纤、红外光纤、塑料光纤、传像束、光子晶体光纤等。随着科学技术的发展，光纤制造工艺不断地改进，可以预测将会出现更多的特殊光纤以满足光纤传感器的需要。

（2）提高有源和无源器件的稳定性、可靠性。由于近几年来特殊光纤的不断发展，光纤传感器应用的有源、无源器件发展十分迅速，这包括偏振器、耦合器、探测器、光源、连接器以及各种光学器件。目前，国内外用于光纤传感器的基础元器件大部分都已商品化，其稳定性和可靠性大都能满足光纤传感器的要求。

（3）深入研究检测系统。检测系统的目的是把光纤传感器的信号输出转换为正比信号场变化的一个电信号，一般来说，振幅型传感器的检测系统比干涉型传感器的检测系统简单。由于干涉仪传感器输出的是光的相位信息，这一信息可以变化干涉条纹或与相位有一定关系的振幅，因此带来检测系统的复杂性。

我们可以想像，随着世界各国对光纤传感技术的重视，以及众多科研人员的潜心研究，光纤传感器将广泛应用于世界各国的军用和民用产品上。

1.6 小结

本章介绍了光纤技术的发展历程、光纤与通信技术的关系，以及光纤与传感技术的关系，从中你可以了解到经过人们不断的探索和钻研，一项新的技术——光纤技术得到了迅猛发展。它的发展，一方面极大地改变了人们的通信方式，并且，随着时间的推移，这种变化还在不断加强；另一方面也大大地改变了人们获取未知世界秘密的方式，这就是光纤传感器件及系统的发展。

光纤技术是现今世界非常热门的技术，有数十万的研发人员、工程技术人员在为之而努力工作。我们也衷心地希望读者朋友们能够从本书感受到这种变化，并且能从本书出发，为光纤技术的发展贡献自己的微薄之力。

思考与练习

1. 如何定义光信道？

2. 光纤技术是如何发展起来的？

3. 通过本章的学习，对于光纤，你了解了些什么？

4. 光纤在通信中有哪些应用？

5. 光纤在传感中有哪些应用？

6. 除了本章介绍的光纤应用技术，你还知道或者你认为光纤还有些什么用途？

参 考 文 献

陈伟民等．2003．大型民用基础设施健康检测光纤传感器的发展及应用简况．中国光电，1：43～49

靳伟，廖延标，张志鹏等．1998．导波光学传感器：原理与技术．北京：科学出版社

靳伟，阮双琛等．2005．光纤传感技术新进展．北京：科学出版社

李玉权，崔敏．2002．光波导理论与技术．北京：人民邮电出版社

刘德森等．1987．纤维光学．北京：科学出版社

王惠文．2001．光纤传感技术与应用．北京：国防工业出版社

杨祥林．2000．光纤通信系统．北京：国防工业出版社

张志鹏，Gambling W A．1991．光纤传感器原理．北京：中国计量出版社

赵梓森．1998．光纤通信工程．北京：人民邮电出版社

Ahmed K. 1992. The Telecommunications Fact Book and Illustrated Dictionary. Albany, N. Y.: Delmar Publishers

Bennion I, Williams J A R, Zhang L et al. 1994. UV-written in-fiber Bragg gratings. Opt. Quantum Electron, 28: 93～159

Bergano N. 1998. WDM long haul transmission systems. Paper TuF. Proceedings of the Optical Fiber Communication Conference (OFC 1998), SanJose

Bjarklev A, Broeng J, Bjarklev A S. 2003. Photonic Crystal Fibres. Kluwer Academic Publishers

Born M, Wolf E. 1986. Principle of Optics. 6th ed. New York: Pergamon

Butler K H. 1980. Fluorescence Lamp Phosphors. Pennsylvania State University Press

Carroll R, Coccoli C D, Cardarelli D, Coate G T. 1986. The passive resonator fiber optic gyro and comparison to the interferometer fiber gyro. SPIE Proceedings, 719: 169～177

Danielson B L, Whittenberg C D. 1987. Guided-wave reflectometry with micrometer resolution. App. Opt., 26: 2836～2842

Delisle C, Cielo P. 1975. Application de la modulation spectral a la transmission de l'information. Can. J. Phy., 53: 1047～1053

Donald B K, Milton C. 1988. Recollections of a leading fiber-optics pioneer. Photonics Spectra: 30～31

Grattan K T V, Zhang Z Y. 1995. Fiber Optic Fluorescence Thermometry. London: Chapman & Hall

Hill K O, Fujii Y, Johason D C et al. 1978. Photosensitivity in optical fiber waveguide: application to reflection filter fabrication. Appl. Phys. Lett., 32(10): 647～649

John Bray. 1995. The Communications Miracle (The Telecommunications Pioneers from Morse to the Information Super Highway). New York:Plenum Press

Knight J C et al. 1996. All silica single-mode optical fiber with photonic crystal cladding. Optics Letters, 21: 1547～1549

Matthias Berger et al. 1997. An-European optical networking using wavelength division multiplexing. IEEE Communications Magazine: 82～87

Patrick Trischitta, Antonio Medina, Roberto Remedi. 1997. The pan american cable system. IEEE Communications Magazine: 134～140

Peng G D et al. 1996. Broadband tunable optical amplification in Rhodamine B-doped step-index polymer optical fibre. Opt. Communications, 129:353～357

Peng G D, Li A D. 2001. Laser activity in polymer optical fibres doped with new organic material. Proc. of Progress in Electromagnetics Research Symposium, PIERS'2001, Osaka, Japan, 497

Rai Y J. 1997. In-fibre Bragg grating sensors. Meas. Sci. Technol., 28:355～375

Rao Y J, Wang Y P, Ran Z L, Zhu T. 2003. Novel fiber-optic sensors based on long-period fiber gratings written by high-frequency CO_2 laser pulses. J of Lightwave Technology, 21: 1320～1325

Rao Y J, Zhu T, Wang Y P, Jiang J, Hu A Z. 2004. Novel long-period fiber gratings written by high-frequency CO_2 laser pulses and applications in optical fiber communication. Optics Communications, 229: 209～221

Takada K et al. 1987. New measurement systems for fault location in optical waveguide devices based on an interferometric technique. Appl. Opt., 26: 1603～1606

Vali V, Shorthill R W. 1976. Fiber ring interferometer. Applied Optics, 15: 1099～1100

Youngquist R C, Carr S, Davies D N. 1987. Optical coherence domain reflectometry: a new optical evaluation technique. Opt. Lett., 12: 158～160

Zhu Y et al. 2003. Health monitoring system for dafosi cable-stayed bridge. Proc. of SPIE, 5057

第 2 章　光纤拉制及成缆

随着通信技术的进一步发展，光纤光缆已逐步取代电缆成为国家通信的主干线。那么，光纤是如何拉制的，又是如何成缆的？本章将从光纤的种类、材料和制作方式，以及光缆的类型、设计要求和制造工艺等方面对光纤的拉制和成缆进行全面介绍。

2.1　光纤的分类

光纤的基本结构十分简单，是由光折射率较高的纤芯和折射率较低的包层所组成。纤芯和包层的折射率差异引起光在纤芯发生全内反射，从而使光在纤芯内传播。为了保护光纤不受外力和环境的影响，在包层的外面一般都加有涂敷层。图 1.1 是典型的通信用光纤截面图，对于单模光纤，其标准包层直径是 125μm，加上涂敷层后，光纤直径约为 250μm。事实上，不同类型的光纤虽然由纤芯、包层和涂敷层三个基本部分组成，但各自的几何尺寸差异却很大，要理解光纤的具体结构和制作，必须先对各类型光纤有一个大体的了解。

光纤的分类方式多种多样，一般按照光纤内部光能传输的稳定样式数，即模式数的不同可分为多模光纤和单模光纤。能以多种模式传光的光纤即为多模光纤，而只能传输单一模式的光纤则称为单模光纤。

多模光纤又可分为阶跃多模光纤和渐变光纤。阶跃多模光纤是一种具有大的芯径和大的数值孔径的光纤，纤芯与包层界面上折射率呈阶跃分布，即纤芯和包层的折射率各自保持常数，纤芯折射率较高，包层折射率较低，一般由多组分玻璃化合物或掺杂石英玻璃制成。大芯径和大的数值孔径有利于提高光纤收集光功率的效率，在图像传输和照明中使用广泛；但芯径和数值孔径的增大也使光纤的模式色散增加，不利于长途通信。渐变光纤的横截面折射率则是渐变的，芯径相对较小，具有更好的抗弯曲性能。制备这种光纤选用的材料纯度比大多数阶跃光纤材料纯度高，加上折射率梯度分布，使得这种光纤具有小的色散和低的衰减，其性能特征比阶跃型多模光纤要好。但和光波长有关的折射率微小变化会引起残余色散，不同模式间相互干扰还会产生模噪声，从而限制了渐变光纤的性能，使这种光纤同样不适合于长距离通信。

单模光纤以其损耗低、频带宽、容量大、成本低、易于扩容等优点，成为一种理想的长距离通信介质得到广泛的应用。随着光纤放大器、时分复用技术、波分复用技术和频分复用技术的发展，单模光纤的传输距离、通信容量和传输速率都得到了很大的提高。但复用技术也使光纤的色散和非线性效应更为显著，为解决光纤的色散问题，研究人员开发出了几种折射率特殊分布的单模光纤：非色散位移光纤、色散位移光纤、截止波长位移光纤、非零色散位移光纤、色散平坦光纤、色散补偿光纤。对于不同类型的单模光纤在本书第 4 章有较详细的讨论。

此外，光纤按其本身的材料组成不同，可分为石英光纤（表 2.1 总结了石英光纤的重要光学特性）、多组分玻璃光纤、液芯光纤、塑料光纤、氟化物光纤、硫硒碲化合物光纤。按光纤横截面上折射率分布状况，可分为阶跃光纤、梯度光纤、W 型光纤、三角形光纤等。按传输光的工作波长可分为短波长光纤、长波长光纤和超长波长光纤。按光纤用途不同，除通信用的光纤外，还有军事上的高强度导弹用的光纤、医学上激光手术刀用的传能光纤、内窥镜用的传像光纤、特种传感器用的偏振光纤。

表 2.1 大芯径阶跃折射率石英光纤的特性*

光纤类型	纤芯包层直径 /μm	0.82μm 处的衰减 /(dB/km)	0.82μm 处的带宽 /MHz·km	数值孔径 NA
石英包层	100/120	5	20	0.22
硬包层	125/140	20	20	0.48
塑料包层，低 OH^-	200/380	6	20	0.40
塑料包层，高 OH^-	200/380	12	20	0.40
石英包层	400/500	12	—	0.16
硬包层	550/600	12	—	0.22
石英包层	1000/1250	14	—	0.16
塑料包层，低 OH^-	1000/1400	8	—	0.40

* 芯径超过 200μm 的光纤的带宽未给出额定值，因为它们很少用于通信。

2.2 光纤材料

1. 光纤材料的选择

材料是光纤的核心，如果没有高度透明的材料，光纤通信是不现实的。在选择制造光纤的材料时主要考虑的因素有：纯度高、透明度高、折射率径向分布易于精确控制等，同时要注意材料自身的机械强度和化学稳定性。

多年以来，研究人员在光纤选材上做了大量的工作，研制出多种可用于制作光纤的材料，各有其优缺点。气体材料在可见光和近红外区域光衰减很小，但折射率难以控制。一些液体材料的光衰减也很小，但液体的折射率随温度变化明显，同样难以对折射率实现精确控制。相比之下，固体材料的光衰减虽然较大，但光学特性稳定，也容易实现对折射率的控制，是使用最多的光纤材料。固体材料可分为非晶体材料和晶体材料。晶体材料（如石英、蓝宝石、碱金属卤化物晶体）的光衰减比非晶体材料低，但晶体材料的大规模生产极为困难，而且晶体材料的折射率也不易控制。非晶体材料中的玻璃是理想的光纤材料，因为某些氧化物玻璃和氟化物玻璃在可见光和红外区域具有很小的光衰减，这些玻璃极易制成纤维，并且可通过改变这些玻璃的组成比例很容易地控制其折射率分布。由 SiO_2 组成的石英玻璃对可见光和近红外光有很高的透光能力，并且这种玻璃具有良好的化学稳定性和较高的机械强度，通过添加不同的掺杂剂，也很容易改变石英玻璃的折射率。而且，石英玻璃来源充足、价格低廉，是制作光纤的首选材料。

2. *光纤材料的提纯*

制备石英光纤的主要原料是一些高纯度卤化物，如四氯化硅（$SiCl_4$）、四氯化锗（$GeCl_4$）、三氯化磷（PCl_3）、三氯化硼（BCl_3）、三氯化铝（$AlCl_3$）等。这些液态试剂沸点低、易汽化，常含有一些金属氧化物、非金属化合物、含氢化物和络合物等。其中金属杂质的吸收峰值波长区域从紫外波段 0.2μm 起，经过可见光波段，一直到红外的 1.1μm 附近，它们将严重影响光纤 0.85μm 短波长波段的衰减。而 OH^- 有很大的变形性，容易产生振动吸收，其影响程度和范围都很大，OH^- 吸收衰减是影响光纤波长波段（1.0～1.8μm）衰减的主要因素。为了得到低损耗光纤，必须降低试剂中金属杂质的总浓度，尽量消除 OH^- 离子的影响，因此必须对卤化物原料进行严格的提纯。

目前广泛采用的提纯技术有：精馏法、吸附法或精馏吸附混合等方法。如含高纯度 SiO_2 的熔石英就可用精馏吸附混合合成法制成，即在氢氧火焰中燃烧 $SiCl_4$，产生氯化物蒸气和二氧化硅，然后沉淀成白色、蓬松的粉尘状物。这是由于 $SiCl_4$ 的沸点为 57.6℃，温度逐渐上升并稳定在 57.6℃时，$SiCl_4$ 变成蒸气与氧气反应，而其他铁、铜等金属氯化物沸点比 $SiCl_4$ 高得多，在 57.6℃时仍然是液态。用精馏法得到的熔石英可将杂质降低至十亿分之一的水平，能满足生产光纤的需要。然而，精馏不能有效地除去沸点与 $SiCl_4$ 相近的杂质和某些极性杂质。例如，$SiCl_4$ 中的 OH^- 对光纤的损耗影响最大，它主要来源于 $SiHCl_4$ 和其他含氢化合物，这些物质大多有极性，容易形成化学键被吸附剂吸收。而 $SiCl_4$ 是非极性分子，有稳定的电子结构，不易形成化学键，不易被吸附剂吸收。因此，可利用被提纯物和杂质的化学键极性不同，选择适当的吸附剂，用吸附方法实现提纯的目的。整个精馏吸附混合法提纯流程如图 2.1 所示。

对于气态原料，采用吸附法除去杂质，按照气体原料本身的特性选择气体净化器，如钯管、分子筛等。当气体原料通过一级或多级净化器后，可以达到要求的纯度。

经过提纯的材料要进行纯度分析，检验它们是否符合要求。目前通过蒸馏、吸附提纯方法，可以将原料中的绝大部分过渡金属杂质浓度减少至 10^{-9} 以下，从而可以忽略过渡金属离子对损耗的影响。通过改进工艺，对 OH^- 的除去也十分有效，基本上可消除 OH^- 离子的影响，打开了长波长“低衰减窗口”（1.30μm、1.55μm），使得光纤的损耗谱实现了“全窗口”谱线。

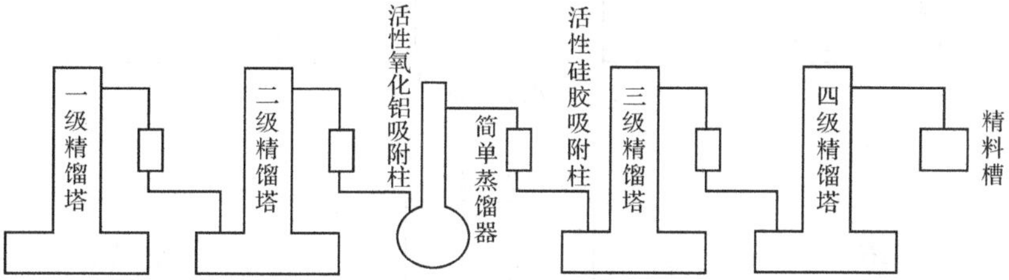

图 2.1 精馏吸附混合法提纯流程图

3. 光纤材料的折射率控制

提纯后的石英是制造光纤的基本材料，但也不能用纯石英来制造光纤，因为光纤需要高折射率的纤芯和低折射率的包层，而所有纯石英具有单一的折射率，从 0.55μm 处的 1.46 减小到 1.81μm 处的 1.444。因此需要对石英掺杂，以改变它的折射率，但掺杂必须小心选择，以避免吸收光或对光纤质量和透明性产生其他有害影响。

图 2.2 是常用的各种掺杂剂对石英玻璃折射率变化的作用示意图。从图中可以看出大部分掺杂剂能使石英的折射率增加，使得添加有这类型掺杂剂的石英可用于光纤的高折射率纤芯，而纯石英用作有较低折射率的包层。最常见的纤芯掺杂剂是锗，它在化学上与硅相似，锗对光的吸收相当低，二氧化锗（GeO_2）与石英一样，也能用于制造玻璃。从图 2.2 可知，仅有几种材料能降低石英的折射率，其中最常用的是氟，它降低石英的折射率后可用作光纤的底折射率包层，从而使采用纯石英纤芯成为可能。硼也可以降低纯石英的折射率，但不像氟那样明显。

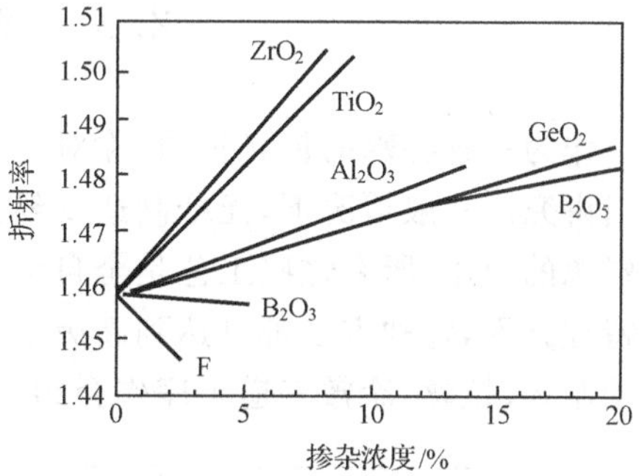

图 2.2 各种掺杂剂对石英玻璃折射率变化的作用

实质上，目前常见的匹配包层、凹陷包层、塑料包层阶跃折射率石英光纤就是通过在纯石英中添加不同掺杂剂来实现的，如图 2.3 所示。匹配包层光纤是对光纤纤芯掺杂，使其折射率高于纯石英的折射率，而纯石英可用于整个包层；凹陷包层光纤以更少的掺杂使光纤纤芯的折射率增加较小，同时对包层掺杂（通常用氟），以降低包层的折射率；塑料包层光纤以纯石英作纤芯，折射率低于石英的塑料作包层。前两种设计通常用来制造单模阶跃光纤，后一种设计可制造多模阶跃光纤。

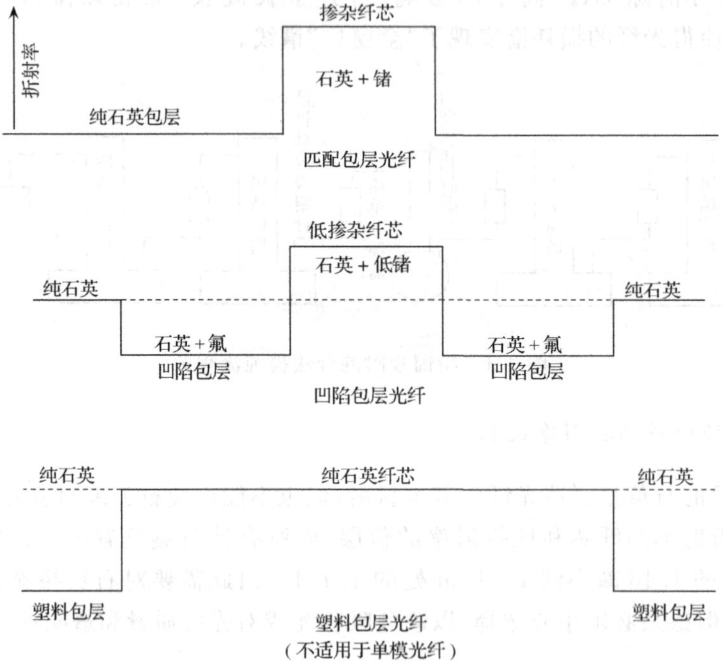

图 2.3　三种阶跃光纤掺杂方式和折射率曲线

2.3　光纤的拉制

作为一种特殊的传光物质，除对光纤结构、材料有特殊要求外，其制作工艺也相当讲究。一般情况下，光纤制造要经过如图 2.4 所示的流程。根据原材料和其他资源的使用，所有这些工艺是全自动且高效的。在获得折射率分布图和所需尺寸特性方面，每种方法都可达到高级别的精度。下面将针对光纤拉制工艺中最主要的制棒、拉丝、涂敷三道工序作介绍。

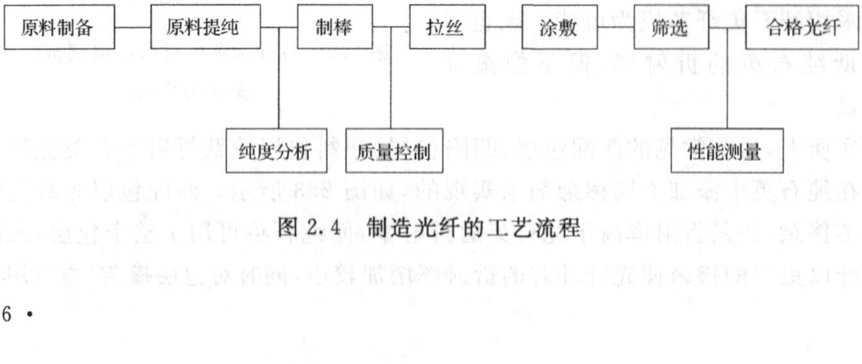

图 2.4　制造光纤的工艺流程

1. 制棒

把原材料通过提纯使之符合光纤制作要求后，就可以开始制纤了。首先是制棒，即制作预制棒。制作出的预制棒一般是直径 10～20cm，长 50～100cm 的圆柱形硅化合物。预制棒结构是由外部折射率较低的包层和具有特定折射率分布图、损耗和其他特性的纤芯组成，简单地说这就是一根加粗加大的光纤。

制作光纤预制棒的工艺很多，大体可分为气相沉积法和非气相沉积法。气相沉积法是预制棒制备最常采用的方法。它是将液态的 $SiCl_4$、掺杂剂和氧气混合，在反应室内发生氧化反应生成氧化物的粉尘，即掺杂的高纯度石英玻璃，这些粉尘沉积在基底棒或管上形成预制棒。由于粉尘是层层覆盖堆积升高的，因此可以通过控制掺杂剂浓度，精确地控制各层粉尘的折射率分布，以得到梯度折射率或阶跃折射率分布。气相沉积法根据粉尘状物沉积方式和最终熔化为预制棒方式的不同，可分为棒外气相沉积法、改进的气相沉积法、等离子气相沉积法、轴相气相沉积法。气相沉积法可以制造优质光纤，但该方法所需原料昂贵、工艺复杂、光纤材料品种单一。而多组分玻璃法、凝胶法、机械成形光纤预制棒法等非气相沉积法则相对弥补了这些不足，下面将对各种制棒工艺做逐一介绍。

1）化学气相沉积法（CVD）

美国康宁公司 1970 年首先得到 20dB/km 的低损耗光纤所采用的方法——化学气相沉积法，它是光纤制造采用的基本工艺。这种工艺必须满足两个要求，即高纯度和精确控制折射率分布。在 CVD 工艺中，亚微米的石英玻璃颗粒是通过下列一个或两个化学反应所生成：$SiCl_4+O_2 \longrightarrow SiO_2+2Cl_2$；$SiCl_4+2H_2O \longrightarrow SiO_2+HCl$。为形成具有光学质量的玻璃，还必须将沉积产生的高纯度石英玻璃粉末进行烧结处理。目前受人们关注的是改进的化学气相沉积法和等离子体激活化学气相沉积法。

2）改进的化学气相沉积法（MCVD）

这一工艺由贝尔实验室在 1974 年开发出来，被广泛用于渐变折射率光纤的生产。MCVD 法的特点是在石英反应管内沉积内包层和芯层的玻璃，整个系统处于封闭的超提纯状态下，所以用这种方法可以生产高质量的单模和多模光纤。在这一工艺中，预制棒同样要分两步制造，即沉积和成棒。

沉积时先将一根空心的石英玻璃管安装在同轴旋转的车床上，将 $SiCl_4$、掺杂剂气体和氧气输入石英玻璃管，用氢氧焰喷灯沿轴向匀速移动，加热石英玻璃管外表面，如图 2.5 所示。在 1600℃左右的高温下，$SiCl_4$、掺杂剂气体和氧气发生反应生成氧化物粉尘，氧化物粉尘沉积在石英玻璃管内壁，经氢氧焰喷灯的高温熔融成一层超薄的石英玻璃层。氢氧焰灯每往返移动一次，就在石英玻璃管内生成一层沉积层。重复移动氢氧焰灯，可以沉积出许多成分略有不同的薄层。在每一步的沉积过程中，输入气体的掺杂细微变化，形成一系列折射率呈微小梯度变化的薄层，可以制作出折射率从纤芯到包层按渐减方式分布的梯度折射率光纤。阶跃折射率光纤更容易制造，因为整个纤芯的掺杂相同。

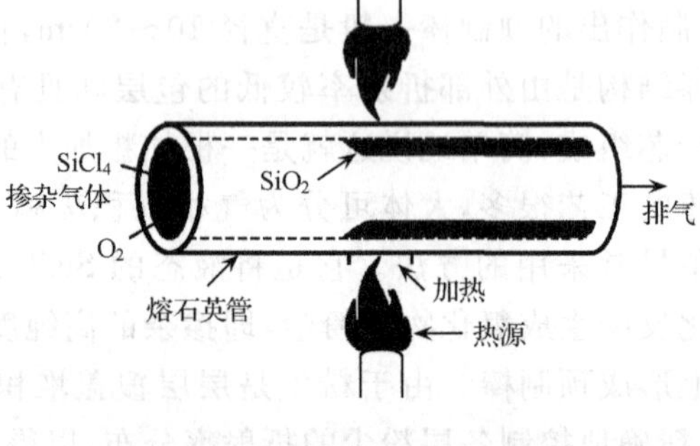

图 2.5　改进的化学气相沉积法制造预制棒

成棒是将沉积有氧化物粉尘的石英玻璃管加热到 2000℃，使玻璃粉尘融化。冷凝后，玻璃管熔缩成实心的光纤预制棒。

3）等离子气相沉积法(PCVD)

这是由菲利浦公司、荷兰消费电子和电信公司在 1975 年联合开发出来的。它不同于 MCVD 的地方在于加热反应区的方法不是通过燃烧灯把热量从外部传输进去，而是利用微波激活气体，使气体电离成为等离子，即离子化气体，简称等离子体。带电离子重新结合时，释放出的热量可用于熔化高熔点制纤材料。PCVD 法工艺流程如图 2.6 所示。

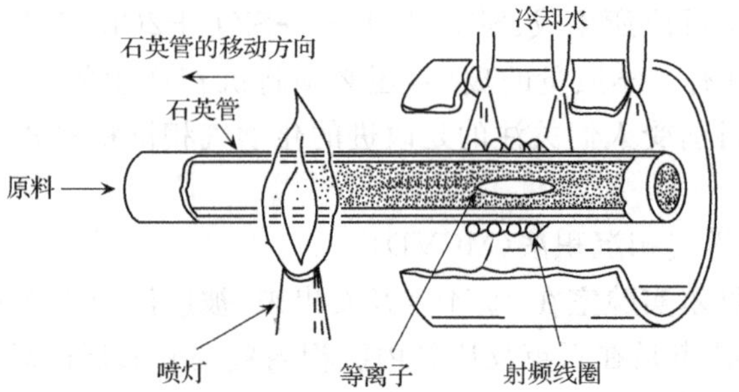

图 2.6　等离子气相沉积法制造预制棒

在沉积阶段，当炉体内的实际温度为 1200℃时，离子区内的粉尘电子可获得约 60000℃的能量。因此，电子以非常高的速度移动，当它们与离子重新组合时，相当可观的能量将以热能形式释放出来。借助低压等离子产生的热量使流进空心石英玻璃管内的 $SiCl_4$、掺杂剂气体和氧气发生反应，使所需的氧化物直接沉积在基底硅管上，而不形成粉尘。因此，在这一工艺中并不需要固化阶段。因为不受粉尘粒子(0.1μm)尺寸的限制，PCVD 法得到的沉积层厚度很薄，大约 1μm，在石英管内可沉积高达上千层的氧化物。该方法适用于制造精密、复杂折射率分布的光纤。这就是 PCVD 方法的关键优点。

PCVD 工艺的最后步骤跟 MCVD 技术的最后步骤相似:基底管塌缩形成玻璃预制棒。

4) 棒外气相沉积法(OVD)

这是由康宁公司(Corning)在 1972 年研发出来的第一个批量光纤制作工艺。OVD 法通过沉积和固化两个步骤完成预制棒的制作。

在沉积阶段,用高纯度氧作载体将 $SiCl_4$ 气体送进火焰喷灯嘴,在高温下发生水解反应,生成构成纤芯和包层材料的玻璃氧化物粉尘,用氢氧焰喷灯局部加热旋转棒外表面,使这些氧化物粉尘沉积于旋转棒的周围,如图 2.7 所示。在沉积过程中,通过改变每层的掺杂剂种类和掺杂浓度可以制成不同折射率分布的光纤预制棒。旋转棒并不是光纤的一部分,仅仅起着衬底的作用。率先沉积的玻璃粉尘将形成光纤的纤芯,随后沉积的玻璃粉尘形成光纤的包层。旋转棒的热膨胀系数与沉积在其上面的玻璃层的不同,因此在玻璃熔结成预制棒之前,可以容易地将旋转棒取出。该阶段结果是产生一个粉尘预制棒。

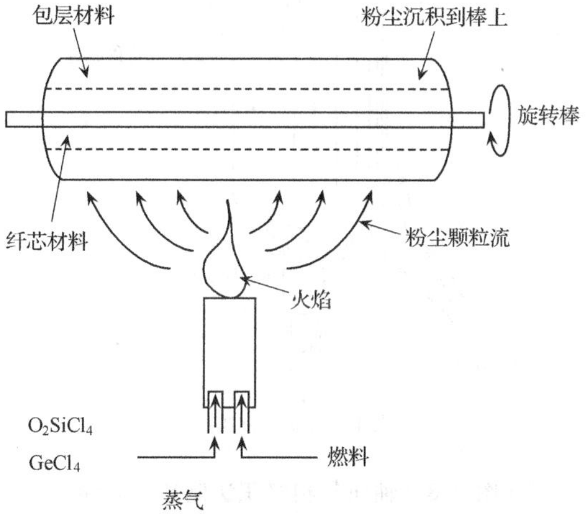

图 2.7 棒外气相沉积法制造预制棒

固化是将沉积制得的具有一定强度和气孔的圆柱形粉尘预制棒送入固化炉内,在 14 000～16 000℃的高温下,烧缩粉尘预制棒使之成为透明无气泡、中心孔封闭的固体玻璃预制棒。在烧结期间,要不断地用氯气作为干燥剂喷吹多孔预制棒,使其脱水,保证光纤的低衰减特性。

5) 轴向气相沉积法(VAD)

日本科学家在 1977 年开发出了 VAD 法。VAD 法是把 $SiCl_4$、掺杂剂气体送入氢氧火焰喷灯,使之在氢氧火焰中水解,生成氧化物粉尘,即石英玻璃微粒。这些粉尘沉积在基底棒或种子棒的下端部,而不是表面,如图 2.8 所示。最初沉积的玻璃粉尘形成纤芯，然后沿轴向向外沉积的玻璃粉尘形成包层，同时新的纤芯材料在预制棒的末端形成，基底棒旋转且向上移动。轴向气相沉积法没有中心孔。为了获得一定折射率分布的预制棒，可以通过设计喷灯结构、喷灯与基底棒的距离、控制反应炉温度和采用同时使用几个喷灯等措施来实现。多孔预制棒在提升过程中，经反应炉上部石墨环形加热棒干燥熔缩，并以氯气喷吹多孔预制棒，可得到低衰减的光纤预制棒。

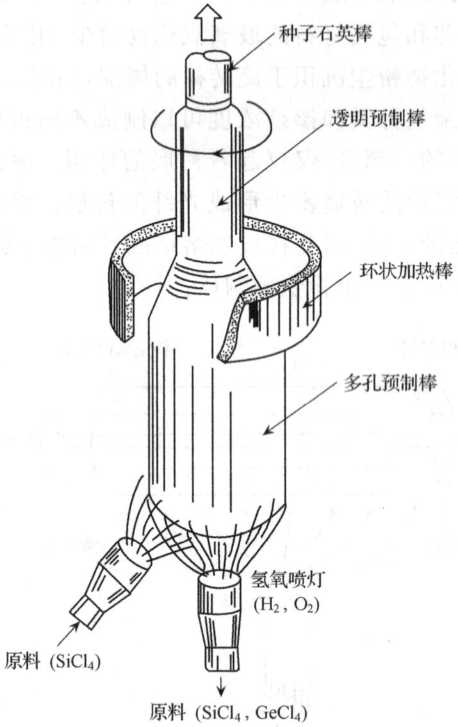

图 2.8　轴向气相沉积法制造预制棒

6）多组分玻璃法

多组分玻璃的成分是以重量占百分之几十的 SiO_2 为主，还包含有碱金属、碱土金属、铝、硼的氧化物等玻璃的总称。其特点是：折射率一般比石英玻璃高，$n=1.49\sim1.54$，可用来制作大数值孔径（NA＝0.2～0.6）的光纤；熔融温度比石英系玻璃要低一些，在 1400℃以下；抗压抗拉强度也低于石英玻璃。

熔制玻璃时，一般先按组分在洁净室里配好比例，然后均匀搅拌装填到一个坩埚里加温熔融合成透明的玻璃坯料，再将此玻璃坯料拉制成棒形，为下一步在双坩埚内再熔融拉制成光纤做准备。目前已经能制备 0.85μm 波段的小于 3dB/km 的低衰减光纤，而新型的干燥技术能将玻璃中的 OH^- 含量减少到 1ppm 以下。这种工艺适合大数值孔径、低损耗光纤的批量生产。

7）凝胶法

凝胶法是一种生产塑料光纤预制棒的方法。它利用高分子聚合物中分子体积不同而发生选择性扩散来制造梯度折射率分布的塑料光纤预制棒。

凝胶法的原理及工艺为：首先将高折射率掺杂剂与塑料光纤材料聚苯乙烯混合放入作为包层的光学塑料 PMMA 的空心管中，再将该管置于烘箱内加热聚合。聚合过程中 PMMA 管内壁被聚苯乙烯单体混合液溶解形成凝胶相，由于掺杂剂的分子体积比聚苯乙烯分子体积大，所以聚苯乙烯分子比掺杂剂更易于扩散到凝胶相中。随着选择性扩散的进行，到聚合完成时，掺杂剂浓度会沿 PMMA 管中心呈现出一梯度折射率分布，这样就得到了梯度折射率分布的塑料光纤预制棒。

8）机械成形光纤预制棒法（MSP）

机械成形预制棒工艺被人们确认为低成本的光纤生产工艺。其生产过程是：采用预先制好的、掺杂不同的纯石英粉，分别用在纤芯和包层区，并用填充机将这些纯粉料填充到石英管中，利用高温工艺使粉料坯块稳定为一疏松的预制棒。再把这一疏松棒取出来放入高温中，用氯化脱水处理，最后烧结成玻璃预制棒。为了生产单模光纤，可以将此预制棒再拉伸为细棒。然后再用原先的石英粉料外包该细棒，再把这疏松包层烧结处理后就可形成为具有单模几何结构的预制棒。该工艺可拉制出 1.30μm 处衰减为 0.49dB/km、1.55μm 处衰减为 0.27dB/km 的单模光纤。OH^- 在 1.38μm 处吸水峰已降到了 1dB/km。

根据不同的光纤制造需要，还可以有其他特殊的制棒方法。如制造玻璃包层光纤的最简单方法是将具有较高折射率的棒插入折射率较低的管中，将它们加热，使管熔化到棒上，形成一个更粗的固体棒，即是所需要的预制棒，如图 2.9 所示。为了使光纤能更好地传输光，纤芯-包层界面必须非常干净和光滑，这就要求插入到管中的棒的表面必须是火焰抛光的，而不是机械抛光的。尽管机械抛光的表面看起来非常光滑，裂纹和碎片也很少，但当其表面成为纤芯-包层界面时，就能够散射光，会降低传输性能。这种方法只能用于生产图像传输和照明用光纤，而不能生产通信光纤。另外，还可以用浇铸法制造用于拉制长距离通信光纤的预制棒；用挤出法制造用于拉制晶体光纤的预制棒。

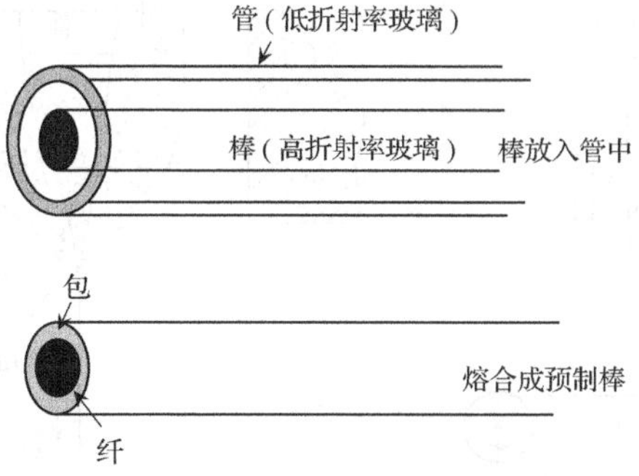

图 2.9　玻璃棒熔融制造预制棒

2. 拉丝

以上提及的预制棒相当于一根大尺寸的光纤,必须拉丝将制得的预制棒直径缩小才能得到真正的光纤。这一过程是在称为"拉丝塔"的机械内完成的。拉丝塔一般是一对高楼,比光纤制造工厂地面上的其他建筑要高。在拉制过程中,一般都能保持芯包比和折射率分布不变。这是因为玻璃中的分子扩散要比晶体中的难得多,即使加热到2000℃的高温去熔融预制棒,已掺入棒体中的掺杂剂也不会扩散,保持原预制棒中折射率分布。典型的拉丝工艺是管棒法拉制,如图2.10所示。预制棒由送料机构以一定的速度均匀地送往管状加热炉中,预制棒尖端热到一定温度时,棒体尖端的黏度变低,靠自身重量逐渐下垂变细而成纤维。这一工艺的关键是拉伸速率。一方面,拉伸越慢,制造商控制光纤质量越好。另一方面,拉伸越快,给定时间内可生产的光纤越多。在工业操作中,既需要质量又需要生产率。通过牵引装配线来改变光纤拉伸速率,一般可以从200m/min到2000m/min。为了达到这一速度,拉伸机械的所有旋转部分必须达到极高的耐受度和张力级别,以使光纤能被高度精确地控制。

用于拉丝的高温炉必须是气流扰动小和十分清洁的,保证高温炉不会释放灰尘颗粒玷污预制棒。用来将预制棒加热至2000℃的方法很多,但一般都用石墨电阻炉。为防止石墨在高温下氧化,通常是在氩气一类的惰性气体中把预制棒加热到高温。炉内氩气的紊乱是导致炉内温度变动的原因,所以要对流量进行控制,以谋求温度稳定。除了用石墨电阻加热外,还可以采用石墨高频感应加热法、氧化锆加热法、大功率二氧化碳气体激光器加热法等。

另一种拉制玻璃光纤的方法是双坩埚拉丝法。双坩埚是由一套两个同心套装的铂合金坩埚组成,如图2.11所示。坩埚中央底部有喷嘴。内坩埚装有折射率较

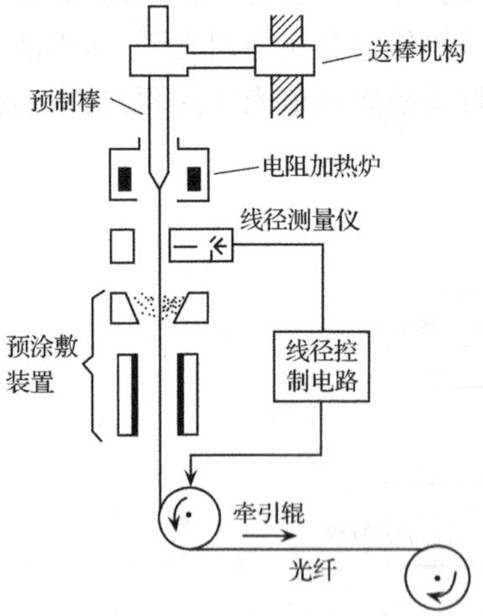

图2.10 管棒法拉丝装置

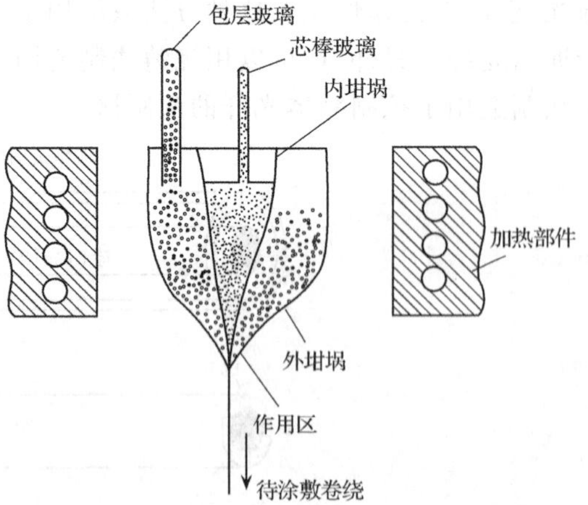

图2.11 双坩埚法拉丝装置

高的纤芯玻璃，外坩埚装有折射率较低的包层玻璃。通过调节坩埚喷嘴的尺寸来控制光纤芯和包层外径，用调配玻璃组分的方法来改变纤芯和包层的折射率差。拉丝时，通过从双坩埚喷嘴流出的纤芯和包层之间所发生的掺杂剂离子交换和扩散来控制纤芯折射率分布形状。进行连续拉丝时，坩埚顶部要不断加入玻璃棒，使坩埚内始终充满熔体。拉丝的温度一般在 1000℃以下。拉丝速度每分钟可达几百米。双坩埚的加热一般用直流电流加热、感应加热等方式。这种双坩埚工艺今天已非常少见，可与一些特殊材料结合使用。

3. 涂敷、塑封和成筒

预制棒拉制成光纤后，如果将裸光纤直接裸露在空气中，光纤表面的缺陷扩大，使局部应力集中到这里，就造成裸光纤机械强度极低。为了保证光纤的机械强度，隔绝因外界污染而产生微小裂纹，必须立即对光纤进行涂敷、固化后才可与其他表面接触。涂敷通常是在拉丝过程中进行时，当光纤向下拉制时，光纤通过涂敷器，就可在光纤表面上均匀地涂上 30～150μm 厚的热固化硅树脂或紫外光固化丙烯酸酯。

涂敷器可选用简单的无外部加压的开口形式。运动的光纤通过开口杯的可调模口时，会粘附一些液体涂料，涂层厚度由模口大小和光纤直径决定，但在高速拉丝时，开口杯涂敷器不能进行均匀涂敷。而压力涂敷器可以克服这一缺点。目前光纤涂敷工艺中已普遍采用压力涂敷器涂敷方法。这种方法适用于高速拉丝，且不会在涂料中搅起气泡。图 2.12 给出了这两种涂敷器的结构图。

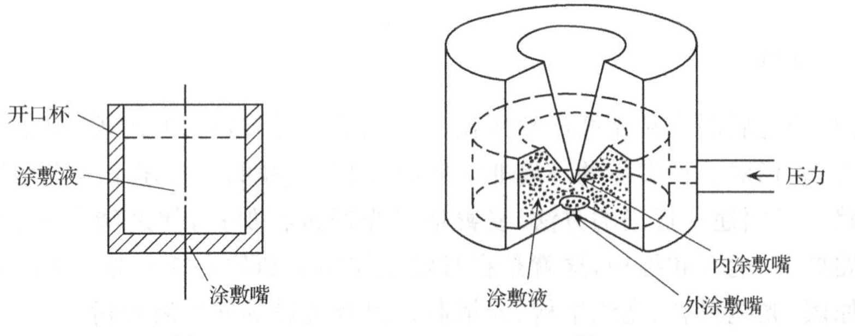

图 2.12　涂敷器结构图

(a) 开口杯；(b) 压力涂敷器

有时为加强对光纤的保护，通常涂层都采用两次以上的涂敷，即对光纤涂敷一层缓冲层。缓冲层可以保护光纤免遭引起微弯损耗的外力作用。两层涂层要使用两个分离的涂敷器，涂敷固化阶段可采用涂敷—固化—涂敷—固化形式，也可采用涂敷—涂敷—固化形式。里面的一层用折射率比石英玻璃偏大的变性硅酮树脂，可以用来吸收透过包层的多余的光。外面的第二层是普通的硅酮树脂，而且涂层较厚，有利于提高光纤的低温性能和抗微弯性能。固化方式根据涂敷材料的种类可分为热固化和用紫外灯固化两种方式。涂层厚度可通过测径仪控制，一般光纤涂层厚度在 50～100μm。两层涂层中第一层是软的，模量为几千克每平方米，能阻止光纤受外部压力而产生的微弯；第二层是硬的，模量为几百千克每平方米，能防止磨损和提供机械强度。

为了便于操作和提高光纤成缆时的抗张力，增加光纤的机械强度，要在涂敷的基础上再套上尼龙、聚乙烯或聚酯等塑料，这就是对光纤的塑封。塑封时，涂敷后的光纤从安装在模具内部并与模具同心的导向管穿过去，在模具出口处涂敷上熔化了的尼龙，经过冷却水槽，尼龙就被冷却固化，再送到收丝的转轮上。模具出口处的尺寸决定于塑封的厚度和外径。塑封有紧套和松套两种。紧套管是在涂敷的光纤上再紧紧地套上一层尼龙或聚乙烯或聚酯等塑料，塑料是紧贴在涂敷层上的，光纤不能自由活动。紧套塑封后，由于冷却固化，尼龙、聚乙烯等塑料会收缩，光纤会产生微弯，使传输损耗增大。为减少这种因套塑引起的附加损耗，应该使尼龙的冷却速度、挤压速度和光纤的拉伸速度之比达到最佳值，同时要注意避免套塑时光纤的振动。松套就是在涂敷层的外面再包上塑料套管，光纤可以在套管中自由活动。使光纤在低温下塑料管收缩时也可在管内滑动自如，从而改善了光纤的低温特性。

光纤涂敷、塑封后，经过强度筛选就可以将光纤绕到收丝筒上成筒，成筒光纤要进行几何参数和传输性能的测试，测试合格后，入库待成缆用。

2.4 光纤成缆技术

2.4.1 光缆概述

涂敷、塑封后的成品光纤虽然机械强度比裸光纤有很大的改善，但不管涂敷层如何完美，它仍对多种多样的环境非常敏感，因此这样的光纤还不能直接用于通信工程线路。必须通过适当的方法，妥善地对光纤进行保护，使之能方便、安全地应用于线路施工、运行和维护，这就是在日常工作中碰到的光纤光缆。下面几节将围绕成缆原因、光缆材料、光缆结构、光缆制作以及铺设等问题展开讨论。

1. *成缆原因*

光纤成缆的一个原因是使光纤操作起来更加容易。接触过光纤的人都知道具有保护性的塑料涂敷层的通信光纤的外径仅为 250～900μm，不易操作，而且外部没有颜色编号层的光纤非常透明，放到很多表面上比较难以发现，对不同种类的光纤也难以直接辨认。成缆则能使多根光纤的操作变得容易，大部分通信系统至少需要两根光纤，每根光纤传输一个方向的信号。而有些通信系统需要多根光纤，有些用在大通信量路由器的光缆则由数百根光纤组成。光纤成缆就是将光纤置于一个易见、易操作的结构之中。光缆还可以作为将光纤互联的连接器和与其他设备连接的装配点，使光纤连接更容易。

光纤成缆的另一个重要原因是为了保护光纤，使之免受在光缆铺设和使用过程中有意或无意施加的力对光纤的自然破坏作用。光纤在拉制过程中必然会形成许多随机分布的微裂纹，这使得光纤的抗拉强度大大降低，不能承受大的拉力。同时，微裂纹在应力作用下会逐渐扩展，使得光纤最后在很小的应力作用下也会断裂。光纤受到侧向压力时，会在受力局部产生微弯（曲率半径小于光纤半径量级的弯曲），从而造成光纤损耗增加，还会引起光纤表面微裂纹缺陷的扩散，降低光纤的机械强度和使用寿命。而水则使石英玻璃中的Si-O键的结合力降低，同样导致光纤抗拉强度降低和使用寿命缩短。光纤宏弯（曲率半径大于光纤半径量级的弯曲）会使光纤损耗增加，弯曲半径越小，损耗越大。当宏弯半径较小时还会在靠近曲率中心一侧的光纤表面伴随产生微弯。此外，水和潮气中的 OH^- 会增加光纤损耗，水与金属间的化学反应所产生的氢会引起光纤的氢损。还有冲击、磨损、扭曲、化学腐蚀以及动物啃啮等，都可能给光纤带来致命的破坏。光缆则能保护光纤在使用过程中不受或尽可能小地受到拉力，对光纤进行侧压保护、避免光纤与水汽接触、有助于限制光纤产生半径过小的宏弯等，从而保护光纤在铺设和使用过程中免受机械破坏。

2. 光缆材料

材料的选择对光缆的特性起重要作用。根据光缆适用环境、铺设方式的不同，制造光缆的材料也各不相同。如穿过空气空间的室内光缆，防火安全非常关键；室外环境中，抗潮湿和温度容限是关键；架空光缆必须能承受住严重的温度极限、日光照晒和风力；沿输送管牵引的光缆必须能承受住表面磨损和沿其长度方向的张力等。影响光缆性能的除了光纤，就是构成光缆的各种材料的性能和它们的综合性能。归纳起来光缆是由光纤、高分子材料、金属材料及复合材料共同构成的。

1）高分子材料

光缆中采用的高分子材料很多，根据材料的性能不同用于光缆的各个部件。常见的有工程塑料（PBT）、通用聚乙烯（PE）、聚氯乙烯（PVC）、黑色聚乙烯或黑色聚烯烃、芳纶纤维（Kevlar）、聚酯带（PET）、热塑性橡胶等。

工程塑料是一种特性与高聚分子量密切相关的材料。当分子量足够大时，材料的抗拉强度、弯曲强度、冲击强度、杨氏模量就很高；PBT是脂类高聚物，具有脂类高聚物耐溶剂、耐油、耐化学腐蚀等特性。PBT以其优良的机械性能、尺寸稳定性和耐化学性能，被广泛地用作光纤的松管材料。

通用聚乙烯按密度的不同有柔顺性和延展性较好的低密度聚乙烯（LDPE），刚性、韧性和耐磨性好的高密度聚乙烯（HDPE），兼有LDPE的柔韧性和HDPE的高强度的中密度聚乙烯（MDPE），以及有较好耐环境应力开裂、刚性、耐热性和耐低温的线性低密度聚乙烯(LLDPE)。这些聚乙烯材料因具有抗潮性而成为室外光缆的标准材料，它在温度变化较大时仍能保持稳定，主要用来制作光缆的护套，用于对缆芯的机械保护、防潮、防化等，适应各种铺设方式和应用环境，保障光缆有足够长的使用寿命。PE也可以与有协同效应的无机阻燃剂和其他助剂加工成光缆的阻燃护套。但聚乙烯不符合室内消防安全法规，因此用在室内的到达服务面板上的长度很短。

聚氯乙烯中的氯原子能捕捉燃烧时产生的OH^-游离基，具有良好的阻燃效果。它与增塑剂和稳定剂以一定比例混合塑化制作成含卤的阻燃料，用来作为光缆的阻燃护套。但含卤阻燃料在燃烧时产生大量的氯化氢气体和烟雾，造成二次伤害，需要特别注意。PVC阻燃护套具有良好的柔顺性和延展性，以及对热敏感的特性。这是室内光缆的一种最常见的材料，因需要不同而有各种等级。

黑色聚乙烯或黑色聚烯烃通常用来制作光缆的耐电痕护套。应用于强电场环境中的光缆，由于放电作用会导致光缆表面产生电痕、电蚀，从而造成外护层的损伤和光缆使用寿命的降低，因此必须使用耐电痕的护套。黑色聚烯烃具有很强的耐电痕能力，可适用于110kV以上的电力线路。

芳纶纤维是一种芳香族的聚酰胺纤维，由许多细丝胶合或平行集束而成。由于制造使分子高度定向，故具有很高的杨氏模量，可达100GPa以上。芳纶是取代金属材料的非金属光缆中承担主要抗拉作用的较理想的材料，广泛用作室内布线光缆、野战光缆、ADSS及强电环境中的其他非金属光缆中的主要抗拉元件。同时，芳纶还具备耐磨、耐切割、柔软、防弹、重量轻等良好性能。

聚酯带的化学名称是聚对苯二甲酸乙二醇脂，具有良好的耐热性、化学稳定性、尺寸稳定性、低温柔性和绝缘性等优点。聚酯带用于层绞式光缆中松套管的环绕包扎，起到稳定多根松套管几何结构和一定的防护作用。

缆用热熔胶是由具有高弹性、高伸长率的热塑性橡胶为基础材料，与树脂、调节剂和稳定剂等在电热反应釜中经熔融、均化制成。热熔胶具有黏接力强、黏接应力分布均匀、固化速度快、热稳定性好、韧性好、低温柔性好、抗老化性能以及与其他材料相容性好等优点。

此外，还有防止水和潮气渗入光缆的填充油膏和用吸水树脂黏接聚酯纤维无纺布构成的阻水带等高分子材料。

2）金属材料

光缆中最常用的金属材料是钢丝。钢丝在光缆中用作加强件和铠装件，起到增强抗拉、耐侧压、抗弯、抗冲击、防机械损伤等功能。同时由于具有很高的杨氏模量，限制了高分子材料最为明显的热胀冷缩现象，能有效地改善光缆的温度特性。

钢丝种类很多，光缆中常用的有高碳钢丝。高碳钢丝具有更高的杨氏模量和更低的延伸率，通常用作抗拉加强件；低碳钢丝通常用作铠装层。经过镀锌或磷化处理，提高了钢丝的化学稳定性。其中磷化钢丝具有很好的防止析氢的作用。光缆中也常使用由多股细钢丝绞合而成的钢绞线作为加强件。对各类钢丝的性能指标要求主要有含碳量、硫磷含量、直径公差，以及杨氏模量、抗拉强度、弯曲和扭转等多项机械性能。

3）复合材料

光缆中最常用的复合材料是由金属和塑料组成的金属复合带，如钢塑复合带和铝塑复合带。金属复合带是以镀锡钢带、镀铬钢带或工业纯铝箔为基材，经一定工艺过程，将塑料类材料双面涂敷或热贴合在金属带上而成。将钢塑复合带或铝塑复合带对缆芯进行扎纹包铠装，再与 PE 护套层构成综合性护套。金属复合带中钢带或铝箔与塑模的剥离强度、复合带间的热封强度、铠装接缝的黏结强度、扎纹纵包复合带与 PE 护层的黏结强度等，都对光缆的综合性能有一定影响，与光缆的渗水性能有密切关系。复合带的耐水、耐油及与填充油膏的相容性等也很重要。此外，对金属复合带的外观质量、各层尺寸和物理机械性能也有相关要求。光缆经复合铠装后，除具有防水隔潮、耐侧压、耐冲击性能外，还可保护缆芯免受机械损伤及对光缆加以电磁屏蔽。

3. 光缆结构

由于光缆要在各种不同的环境中使用，其结构实际上是变化多端的。光纤紧缓冲器和松管光缆具有中心件，光缆围绕中心件制造，通常这些中心件是加强件，但有时它们也可能是填充件。加强件还可以捆扎在内部的光纤或子缆周围。带状光纤的装配有所不同，它是将平坦的光纤带堆积在缆或子缆的中心，并用加强件包围起来。单纤或双纤（双工）光缆一般也用加强件包围着。可能暴露于啮齿动物或机械危害面前的光缆还需要铠装，但所有光纤光缆都有一个共同的元素，即首先把分离的光纤封装在三个不同元素——松管、紧包缓冲层和带状构造中的其中一个之内，如图 2.13 所示。这些结构元素能容纳一根或多根光纤，而且，它们能在光缆内组合在一起。光纤数目越多，组合的层次就可能越高。这些内部装配称为子缆（subcables）或引出（分支）光缆（breakouts），因为它们可以从主光缆中分离出来，并且连接到其他点。可以对每组内分离的光纤用颜色编号，同样，也可以对子缆进行编号，以便于识别。

在最简单的松管设计中，将一根塑料涂敷光纤装在一个长管中，管的内径比光纤直径大得多，光纤安装在管内的一个宽松的螺旋管中，因此能相对管壁自由移动。这种设计能保护光纤免受铺设或服务中施加于光缆上的应力（包括温度改变）所带来的影响，这些应力会造成弯曲损耗，甚至损坏光纤。松管光缆还有其他几种变形，同一个管能够容纳多根光纤，既可以将各个光纤分别穿过松管，也可以将光纤首先装配成一个或多个光纤带，然后再将其安装到松管内。光纤通常用颜色编号，松管无须是沿光纤长度方向延展的物理意义明确的圆柱体，沿镶嵌在一个粗管中的实心圆柱结构的长度方向开槽，或者将有皱褶的结构压到一起并使光纤从空

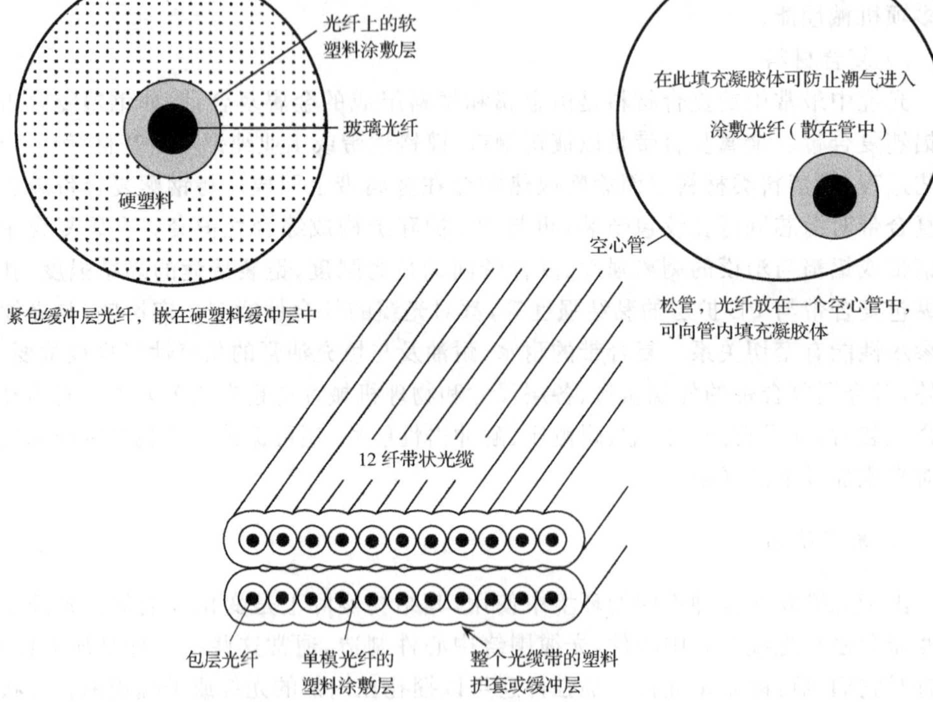

图 2.13 松管、紧包缓冲层、带状光缆

隙中穿过,都可以制成松管。其最终结果是相同的:光纤与施加于光缆结构上的应力隔离开。松管中可以不使用任何填充物,但是,若松管光缆在室外使用,它们一般用胶状物质填充,凝胶体起着缓冲器的作用,能防止潮气进入,并使光纤能在松管中活动。松管光缆能在室外使用,因为它们能将光纤与外部应力(如温度变化)有效隔离,防止光纤损坏并使光纤损耗更低。它们可以安装在电杆上、输送管中或直接掩埋。单个松管可以包含许多光纤,这使得在一个紧凑的光缆结构中实现高光纤密度成为可能。光缆可以利用符合室内应用规则的阻燃材料制造,尤其是在需要高光纤数目的情况下。

紧包缓冲层光纤涂敷后镶嵌在塑料层中,涂敷层是能够变形的软塑料,这样就减小了施加于光纤上的力,而较硬的外缓冲层起保护作用。紧包缓冲层结构能确保光纤在可预见的位置,这使得连接器的安装更为容易。紧包缓冲层结构能产生多个子单元,这些子单元能分配给许多终端,而无需使用接插板。对于所含光纤数目较少的光缆来说,紧包缓冲层光缆要比松管光缆更细,但在光纤数目增加时,由于单个松管中能塞进更多根光纤,这使得紧包缓冲层光缆的这一优点不复存在。室内使用的紧包缓冲层光缆的一个主要优点是,它能与符合消防和电气法规的材料兼容，尽管损耗要比松管光缆大一点，但由于室内传输距离足够短，损耗大一些没有问题。

带状光缆中光纤的排布在某种程度上是紧包缓冲层光缆的一个变形。光缆带是这样制成的：将几个带有涂敷层的光纤平行放置，彼此接触，然后用塑料缓冲器或扩套覆盖，形成一个多光纤带。紧包缓冲层光纤的结构是不可分的，而带状光缆是含有4～12根光纤的单元，类似于家庭用电话的平坦四芯电缆。带状光缆本身能作为光缆的基础，换句话说，可以将一个或多个带状光缆堆放在松管内，装配成一个松管光缆。如果将这些松管光缆作为子缆，则可以制成含有相当高光纤数目的光缆。带状光缆结构简单，这使得这种光缆间的接续较为容易，因为带状光缆中每一根光纤都有确切的位置，多纤连接器还能较容易地安装在带状光缆上。另外，带状光缆中光纤的排列可以相当密集，这在某些应用中比较重要。然而，在带状光缆的铺设过程中，带中不同光纤所受的应力是不均匀的，这会导致不同光纤间的损耗不同和其他的潜在问题。

以上是封装光纤的三种主要方式，除封装光纤外，光缆还有其他结构组成，下面介绍光缆常见的基本结构及各部分的主要作用。

(1) 中心加强件及垫层。一般采用钢丝以增强光缆的抗拉强度。当中心加强件直径较大时，还会在钢丝外加一层塑料垫层，以弥补钢丝直径的不足，同时也可起到一定的缓冲和增大摩擦的作用。

(2) 填充绳。一种直径和松套管一致的塑料绳，当光纤芯数和松管套数量较少时，用以保证光缆的圆度。

(3) 阻水油膏。触变型油膏，填充在松套管内和松套管外缝隙处，主要起轴向阻水作用。

(4) 铝(钢)塑复合带。通常为波纹形状双面覆膜的铝(钢)带。具有径向阻水、防机械损伤、增强抗侧压、抗弯、抗冲击能力和对光缆加以电磁屏蔽等多种功能。

(5) 内护层。塑料内保护层，具有径向阻水、抗弯、抗侧压、增大层间摩擦力等作用。

(6) 钢丝铠装层。螺旋状紧密绞合于内护层外的钢丝，主要作用是显著增强光缆的耐侧压和抗拉能力，也能增强光缆的抗弯和抗扭绞能力。

(7) 外护层。光缆最外层的塑料保护层。具有径向阻水、耐磨、防机械损伤、抗弯、防腐、阻燃等多种综合功能。

因实际用途、使用条件和对光缆技术性能要求的不同，实用光缆的结构多种多样，各组成部分的作用也有差异，这要视具体情况而定。

2.4.2 光缆类型

光缆种类繁多，根据不同的分类方式，有不同的光缆种类。本节首先就常用的分类方法作一简单介绍，然后再介绍一些典型光缆。

1. 光缆的分类

(1) 按铺设方式的不同,可将光缆分为直埋光缆、管道光缆、架空光缆和水底光缆。

直埋光缆是大部分野外线路都采用的光缆类型,应用极为广泛。由于它直接挖沟埋于地下,因此对抗侧压、阻水、防腐蚀和虫害等性能有较高的要求。

管道光缆通常利用城市地下管网,将光缆直接挂放于管道侧壁;或者将光缆直接放置于电信线路专用的、埋设于地下的水泥多孔预制管道中;另外穿越隧道的光缆也可以归为管道光缆。这类型光缆通常也对抗拉、阻水、防腐蚀有较高要求。

架空光缆一般利用现有输电塔杆或专门架设的架杆,将光缆架设于塔杆上。在具体架设方式上,有自承和利用钢索悬承两种方式。架空光缆要求重量轻、余长(光纤恰好不产生应变时,光缆所允许的最大应变量,用百分数表示)大、温度特性好,对防振、防弹、防电腐蚀性能也有一定要求。

水底光缆指在江河、湖泊、海洋等水下挖沟掩埋的光缆。这类光缆对抗侧压、抗拉、阻水、防腐蚀等性能有较高要求,尤其是深水海底光缆,对以上性能的要求几乎是所有光缆中最高的。此外,由于施工、维护的不便,水底光缆还应有较长的使用寿命和较高的运行安全性。水底光缆重量重、价格高、施工困难且费用高,通信线路应尽量避免或减少使用水底光缆。

(2) 按光纤状态不同可分为紧结构光缆、松结构光缆和半松半紧结构光缆。

紧结构光缆的特点是光纤在光缆中无自由活动空间。这类光缆通常具有直径小、重量轻、价格低、使用方便等优点,缺点是损耗较大、机械和温度特性较差、应用环境有限、使用寿命较短等。常用作光纤跳线、紧急抢修光缆和接入网用户光缆。

松结构光缆的特点是光纤在光缆中有一定的自由活动空间。优点是光缆附加损耗小、机械和温度特性较好、适应环境变化能力强、使用寿命较长,但此类光缆直径较大、重量重、价格高、生产工艺环节多、施工安装复杂,多用于野外。

半松半紧结构光缆中光纤自由度介于前面两种光缆之间。高芯数带光纤光缆即属于此类。

(3) 按缆芯结构不同可分为中心束管式、层绞式和骨架式。如图 2.14 所示。

中心束管式是一种结构简明、生产工艺简单的光缆。光纤位于光缆中心,使光纤得到较好的保护。对于弯曲、侧压和冲击等外力的影响,所有光纤基本处于等同的地位。不足之处在于芯数较少,此外,因松套管不易做得很大,难以获得大的光纤余长。

层绞式是含有光纤的松管以螺旋方式绞合于中心加强件上,中心加强件、多单元松套管、扎纱线合并而成的光缆。它与中心束管式光缆相比,生产工艺复杂、成本高、光缆直径大、重量重,但机械和温度性能更好、光纤余长容易控制。

骨架式将光纤置于骨架槽中,光纤可以是单根、多根或光纤带,在骨架槽中有

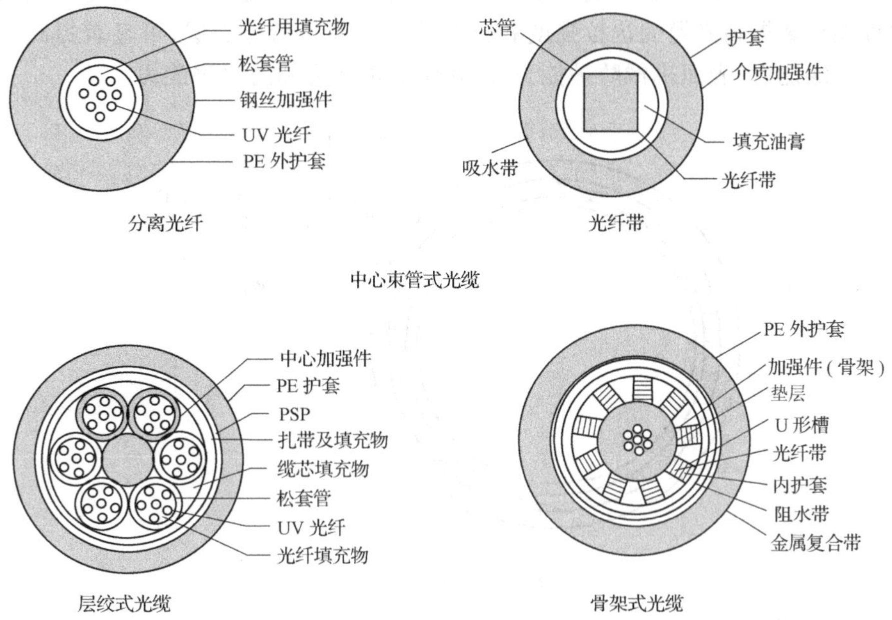

图 2.14　中心束管式、层绞式和骨架式光缆

一定的活动空间，光纤、骨架和骨架外的包带合并而成光缆。骨架式的物理性能与层绞式相近，但工艺更复杂，目前使用已日渐减少。

按光缆选材的不同还可分为光电混合光缆、无卤阻燃光缆、非金属光缆、电力特种光缆、野战光缆、复合光缆等。

2. 典型光缆

同种光纤可用在许多不同的环境中，但对光缆却不是这样。光缆是为特定条件下使用而设计的，目的是为其中的光纤提供一个受约束的环境。光缆的设计要符合特定环境下的特殊要求，设计光缆时要考虑各种因素，如光缆所处的自然环境和它所提供的服务，这导致市场上出现了多种类型的光缆。下面介绍一些常见的典型光缆。

1) 室外光缆

室外光缆是为了承受住恶劣的室外条件而设计的，大部分挂在高架电杆上，或直接埋在地下，或铺设在被称为输送管的地下管道中，但在被保护区域的少数光缆暴露在表面环境条件下。大部分光缆带有聚乙烯护套，能防止潮气进入，同时能经受住温度极限和强日光照射。

2) 直埋光缆

这是农村野外地区常采用的光缆类型。如图 2.15 所示，直埋光缆在结构上一般采用松套结构，以保证光缆受侧压、受拉及因温度变化产生长度应变时，对光纤不产生或尽可能小地产生影响。缆芯多采用层绞式，容纳芯数较多，且金属的中心加强件能显著提高光缆的抗拉强度和抗弯能力。聚乙烯外护层，可显著提高光缆的对地绝缘能力、表面机械防护能力、防化学腐蚀能力和防虫害能力。

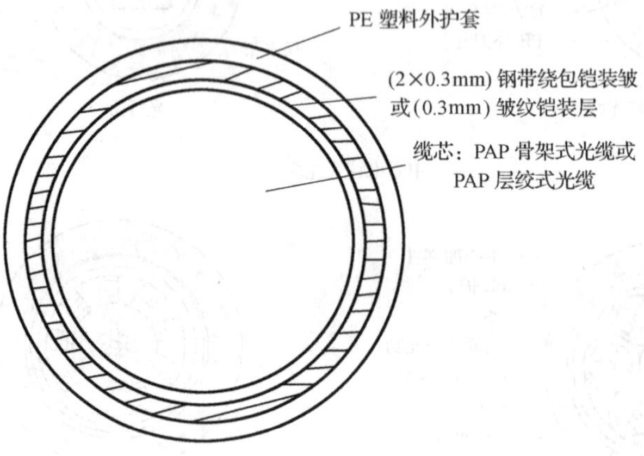

图 2.15　直埋光缆

3) 通风道光缆

通风道光缆是一种特殊的建筑物内光缆，是为在建筑物内包括天花板上的空间，供热和通风管等空间中的使用而设计的，其制造材料能阻止火焰扩散，燃烧时几乎不冒烟，而且能保护电器设备在火中不受损坏，因此称之为“少烟，无卤素(LSNH)”材料(卤素产生毒素)。有的通风道光缆能直接在空气中铺设，不需要特殊的管道。特种材料与其他光缆材料相比，价格昂贵，而且柔韧性和抗磨损能力也差一些，但这种光缆的铺设成本较低，而且安全性能好，这就抵消了较高的材料成本。

4) 铠装光缆

在野外地区，啮齿类动物是所有掩埋光缆的天敌，所以埋在这些地区的光缆应采用铠装光缆。铠装光缆与室外光缆类似，只是外面有一层铠甲，可以起机械保护作用和防止啮齿动物破坏。铠装光缆可以采用钢制和全介质中心件，这种光缆可以铺设在输送管中，或者架空铺设，或者直接埋在地下(这种情况下需要额外的保护措施，以防止泥土的破坏作用)。正常情况下，铠甲内外都用聚乙烯层包围着，以保护铠甲免受腐蚀，而且内部加有衬垫，防止弯曲破坏。

5) 架空光缆

架空光缆一般吊挂在室外的电杆上，有时还可以铺设在地下输送管内，这种光缆一般含有多根光纤，并有保护光纤免受应力影响的内应力件(钢筋或合成纱)。架空光缆的铺设一般有两种方式，一种是将光缆悬挂在相邻的两个电杆上，通过内加强件或与光纤单元平行安装的加强件支撑；另一种方式是在电杆间安装结实的“吊线”，用细金属丝将光缆捆绑在“吊线”上，捆绑可以以更密的间隔支撑光缆的重量，降低沿光缆长度方向施加的应力，而如果只用电杆支撑，应力可能会很大。大多数架空光缆由于经受不住第一种铺设方式中两杆间的巨大应力，一般都需要按照后一种“捆绑安装”方案铺设。

6）水底光缆

水底光缆工作在淡水或海水底，从本质上讲它是一种更坚固而且阻水的直接掩埋光缆。部分水底光缆埋在河、湖或海的底部，主要是为了防止捕鱼拖网和船只抛锚造成的损坏。而用于沿海大城市之间、跨洋国际间通信的水底光缆比较复杂，其结构如图 2.16 所示。海底光缆铺设在一个极其复杂的海洋环境中，系统又长，根据海洋环境的不同需要特殊的结构设计。在深海海底不需要外面的保护铠甲，因为捕鱼拖网不会对光缆造成损坏。但所受到的海水压力和铺设打捞时所受到的张力就很大，多层设计能使光缆承受住巨大的海水压力。水底光缆结构还与所铺设的深度有关，对于铺设在不同深度的海底光缆要提出不同的技术要求：长度长、耐水压高、抗张力强、防腐蚀性好。

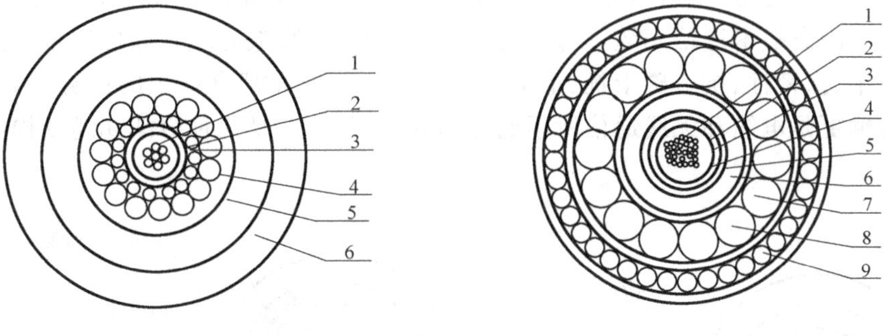

（日）电电公社深海结构

1. 光纤；2. 铜管(1)(Φ 5.2 mm)；
3. 钢绞线；4. 铜管(2)(Φ 1.2 mm)；
5. 低密度聚乙烯；6. 高密度聚乙烯

（日）电电公社浅海结构

1. 两层绞合；2. 中心线；3. 聚丙烯麻；
4. 聚乙烯；5. 铜管；6. 聚乙烯
7. 聚丙烯麻；8. 内铠层；9. 外铠层

图 2.16　水底光缆

7）全介质光缆

全介质光缆不含金属元件，这种光缆采用绝缘的加强件，如芳香尼龙细丝或 Kevlar 合成纤维，全介质结构能防止雷击或接地环路问题，适合于长期处于强电场环境和多雷地区。全介质光缆有极高的抗拉强度要求，除了使用芳纶材料外，结构中还考虑了较大光纤余长的设计方案。因为增大光纤余长可以允许光缆应变增大，在同样抗拉强度要求下，增大余长可以减少价格昂贵的芳纶用量。

8）光/电混合光缆

光/电混合的复合光缆或混合光缆同时含有光纤和铜导线，能将不同的通信服务和电力发送到同一点。例如，光纤可以将工作站与局域网相连，同时铜导线将语音电话服务传送给同一用户。图 2.17 给出了复合光缆的例子。复合光缆通常采用层绞式结构，电线部分置于一个层绞单元中。少数复合光缆采用中心束管式结构，宜将光纤置于光缆中心，电线置于外层。

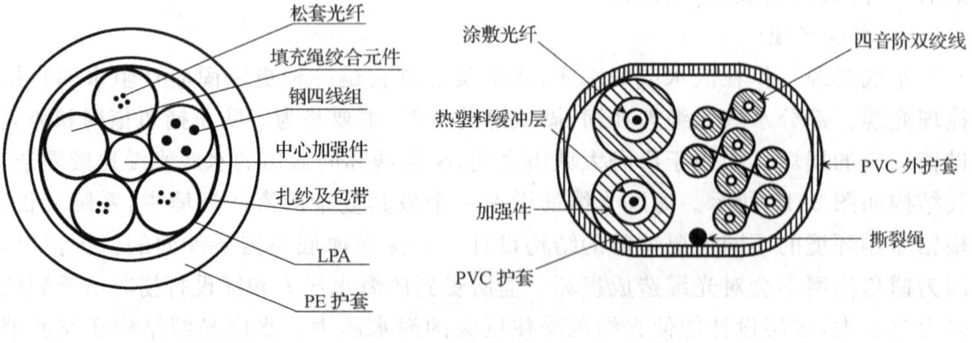

图 2.17　光/电混合光缆

9）军用野战光缆

军用野战光缆是一种特别适用于军事的、方便地在野外各种地形条件下进行收放的短距离战术通信光缆。与普通通信光缆相比，野战光缆在通信质量、传输容量和速率、保密性、抗电磁干扰、重量和综合造价等方面都有很大的优势。其视频信息传输更是电缆和无线通信所不能比拟的。图 2.18 是几种野战光缆结构图。

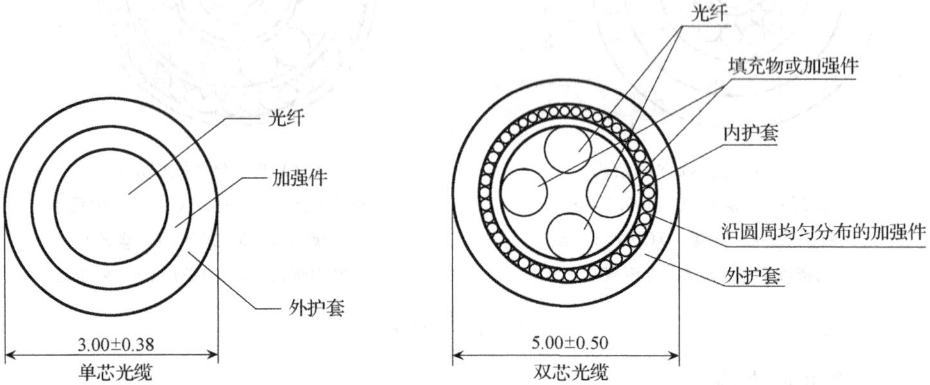

图 2.18　野战光缆

2.4.3　光缆的制造与铺设

光缆的使用环境千差万别，铺设方式也各不相同，因此，针对光缆不同的使用环境和铺设方式，在制造光缆时首先必须明确光缆的一些基本设计原则和设计内容，从而制定出科学、优质、经济的光缆结构设计方案和光缆加工工艺流程。

1. 光缆设计原则和设计内容

光缆的结构设计是一项十分重要的技术工作，需要遵循一定的设计原则。总的说来，要针对光纤所需要保护的各个方面，围绕光缆的附加损耗、机械性能、温度性能、阻水性能等方面的要求，使用恰当的方法、原理和步骤，遵照国家和行业的有关技术要求和规范，对光缆结构进行科学的设计。在设计光缆结构时，要结合实际应用环境，尽可能地使线路的施工和维护更方便、要求更低。要考虑到环境及其变化的情况，使光缆具有足够的耐环境能力，保证线路的长期安全性和长的使用寿命。同时，在设计光缆时还需要体现良好的经济性。在中长距离的野外通信中，光缆投资占整个工程的投资比重很大，这就要求在充分保证光缆各项技术性能要求的前提下，尽可能地降低光缆造价，从而获得比较高的性价比，减少资金投入。

在光缆的设计内容上，主要要考虑保障光缆的低附加损耗、机械性能、温度性能、阻水性能等特性，以及余长的设计、缆芯的选择等。

光纤的损耗必然会因成缆而有所增加，增加的损耗成为光缆附加损耗。附加损耗的大小是光缆质量最重要的评价标准。在光缆结构中，许多组成部分及其性能都会直接或间接地影响附加损耗的大小。松套管中的光纤，会因宏弯和管壁侧压而损耗加大，这是附加损耗的主要来源。光缆其他结构部分的不完善或较低的性能，会在光缆受到较大侧压、拉力、冲击、扭曲、较低或较高温度等情况下，导致光纤损耗增加或不稳定。因此，在光缆结构设计中，始终要把光缆附加损耗放在首要位置上，充分保障其达到相关指标要求，这是光缆结构设计中最核心的内容和最基本的要求。

根据光缆的铺设方式、应用环境等因素对光缆所提出的机械强度要求，合理地选用高机械强度的材料和光缆结构，对光缆所需要的机械强度进行相应的设计。在光缆的诸多机械性能中，最重要的是抗拉和抗侧压性能。抗拉强度主要由杨氏模量较大的加强构件提供；抗侧压能力主要由护层和铠装层提供。增加余长也可显著增加光缆的抗拉强度。其他机械特性，如冲击、磨损、扭曲、反复弯曲等，视要求给予适当考虑。

光缆需适应温度变化范围和高低温损耗指标要求也是设计时需要考虑的因素之一。以合理设计光纤余长为主要方法，并适当选用组成材料以求降低光缆等效温度系数，使光缆具有良好的温度性能，尤其是低温性能。

还有对光缆阻水性能的要求，要求具有实际而恰当的径向和轴向阻水结构。径向阻水功能主要由阻水带、套管和铝(钢)塑复合带等材料和结构提供；轴向阻水功能主要由松套管内的纤膏和松套管外填满缝隙的缆膏提供。

另外，应用环境可能还会在其他一些方面对光缆的性能提出特殊或更高的要求，如阻燃、防虫、防弹、电绝缘、防化学腐蚀和电腐蚀，自承式架空光缆的蠕变问题，市内布线光缆的柔弯等，应视其具体要求，在光缆的材料选用、坚固组成和参数设计等方面予以恰当的考虑。

通常根据光缆的铺设方式、芯数多少、性能需要和用户要求，确定采用中心束管式还是层绞式或者骨架式的缆芯结构。中心束管式具有容纳芯数较少、结构简单、制造容易、造价低廉、余长较小、直径小、重量轻等特点；层绞式具有容纳缆芯较多、结构复杂、制造容易、造价较高、余长较大且容易控制、直径大、重量重、抗弯性能好等特点；骨架式除具有与层绞式类似的特点外，还具有耐侧压等特点。

2. 光缆制造工艺

不同类型的光缆有不同的制造方法，图 2.19 是常用的松套管室外光缆的生产流程，通过对该光缆生产工艺流程的了解就可以知道大多数光缆的一般制造方法和生产过程，了解相应的技术要求、关键工艺环节和生产设备等情况。这里只就工艺流程中几个主要步骤予以介绍。

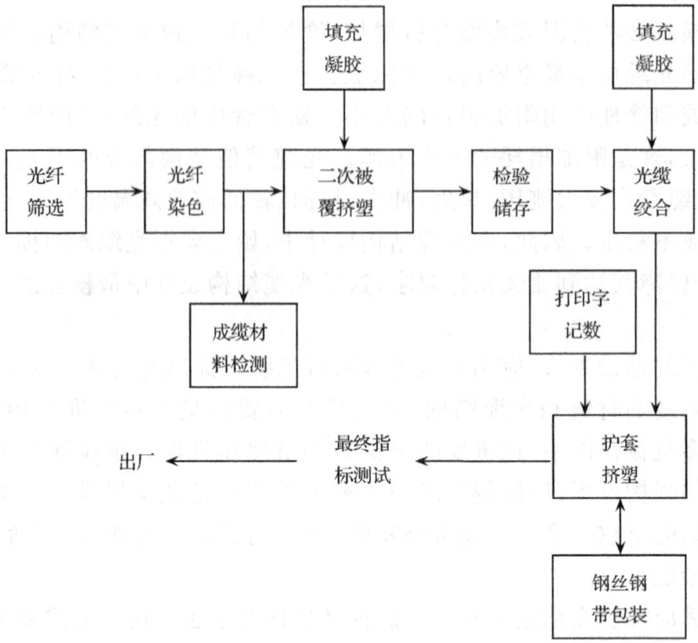

图 2.19　光缆制造工艺流程图

1）光缆材料的预备

首先选择好具有良好传输特性的光纤，对光纤进行严格认真的筛选，通过张力筛选合格的光纤，才能用来成缆。另外，对成缆用的各种塑料、强度元件材料、金属包扎带、填充胶等进行抽样试验，检查所用光纤的外形和备用长度是否合格。同时，按不同应用环境和不同架设方式，选择专用的成缆材料。

其次，光缆中的光纤单元，单元内的光纤、导电线组及组内的绝缘芯线都使用全色谱来识别，也可用领示色谱来识别。用于识别的色标应该鲜明，遇到高温时不褪色，也不迁移到相邻的其他光缆元件上。染色时可以是全染的单色，也可印成色带或色环的单色或复色标。

2）二次被覆挤塑

一般二次被覆用的塑料都选用高弹性模量、低线性膨胀系数的塑料，并精确控制挤塑成一定尺寸的管子，单纤入管的张力和余长都必须设计并严格控制好，这样才能保证套塑后的光纤在低温时有优良的温度特性。如果是多心光纤挤塑到一个较大直径的管子中去，更要注意各光纤的张力一致，余长一样，汇集成一束进入大松管内。在上述挤塑中都要向管内填充一种矿物质的凝胶，以防潮防水。二次被覆挤塑后的松套管的光纤要储存数天，让外套的塑料管产生一个微小的收缩，并缓慢固化定形。二次被覆工艺如图 2.20 所示，光纤放纤机上的各盘光纤以恒定的速度和适当的放纤张力，在敷件和烘干及 SZ 绞合装置上集束、注入纤膏，并挤出套管。挤出后的松套管经过热水槽固化，再经过盘式牵引机牵引至冷水槽冷却，最后由松套管收线机盘收线。

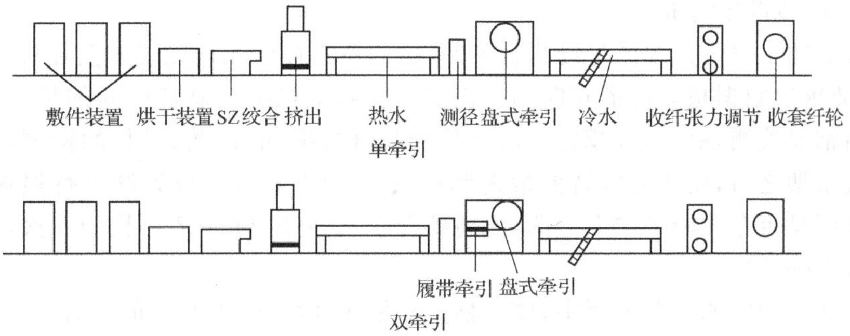

图 2.20　光纤二次被覆工艺线

3）光缆绞合

用松套的光纤管在绞合机设备上环绕着中心强度元件进行绞合。此绞合设备是一种盘绞结构的设备，可容纳 12 根松套光纤管。在盘绞过程中，用上了拉力控制的全退扭的放线设备。在层绞式光缆中，在绞合定型之前使用热熔胶，将管子固定在中心加强元件上，用包扎带进行特别的固定。而在骨架式光缆绞合时，也包扎好，并用黑色 PE 塑料套上第一层护套，以固定光纤进入 V 型槽道内，防止光纤位移到骨架的脊背上，引起光纤受压力而加大附加损耗。光缆绞合工艺如图 2.21 所示。

4）挤光缆外护套

要求每加一层护套，都要再经过挤塑线挤一次护套。因此，要求挤塑机能挤各种不同的护套材料，这通常是用改变螺杆的设计来实现的。在挤外护套的工艺中要加填充凝胶，以防轴向和纵向的水流和污染的液体流入缆芯。根据使用环境的不同，在挤塑中使用纵向涂塑钢带进行压波纹搭接，金属搭接层的宽度一般为

6mm。在挤塑线上，在收线之前使用计米和印码设备，在外护套表面沿长度方向上印制永久性白色标志，包括计米长度、光缆型号、制造厂家、生产批号等。

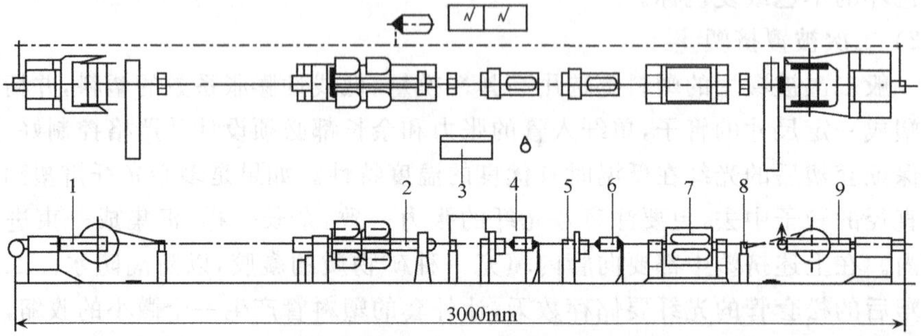

1. 旋转放线机；2. 具有回绞和电子张力控制的 12 轴心驱动的放线支架；3. 控制台；4. 电子柜；5. 包扎开孔头（同心）；6. 包扎机纸带缓冲器支架；7. 旋转履带；8. 模具支撑；9. 旋转收线（盘绞机）

图 2.21　光缆绞合工艺线

5）成品指标测试

最后的工序是光缆的最终指标的测试，向用户提供光纤光缆的全部特性、测试数据，要求以数据报表的形式向用户提供。实际上在工艺制造中间的每一道工序完成后都要检测，例如，成缆之前对成品光纤进行损耗、色散、段长的检测；在第二次被覆挤塑之后，要用光纤背向散射测试仪（OTDR），对每根光纤进行损耗测试，检查光纤是否存在断纤和微弯曲，成缆绞合后，也要用 OTDR 再检测一次，防止光缆出现意外情况。

在整个制缆的工艺流程中，要严格控制放线、收线张力及其他外力对光纤的作用，保证在制造过程中光纤不断，光纤所受应力小、残余应力小；还要严格控制机械外力引起的微弯损耗，使其对光纤的传输性能无甚影响；此外，还需要选用合理的塑料挤出工艺，避免因工艺不当引起塑料热收缩而导致微弯损耗，保证光缆具有长期稳定的传输性能。

3. 光缆的铺设方法

铺设光缆的基本方法取决于所铺设光缆的类型，铺设不同类型的光缆要采用特殊的技术。铺设铜电缆的大部分方法也适用于光缆，室外光缆沿电信承运商租借或拥有的道路右侧铺设，如沿着铁路或高速公路，光缆在这些地方铺设后容易做标记。下面就一些常见的铺设方法作简单介绍。

水底铺设是将光缆穿过水域的铺设方法。根据河流宽度、流速、施工技术及设备条件选择不同的铺设方法。水浅、流速小、河床平坦、河道窄和大河流的岸滩部分可用人工抬放法，由人力将光缆抬到沟槽边，从起始点依次序将光缆放至沟底。当河宽小于 20m，水的流速小于 0.3m/s，水深小于 2.5m 时，可采用浮具布放法，将光缆安装于浮具上，对岸用绞车或人工将光缆牵引过河，到对岸后，由中间向两岸逐步将光缆自浮具上卸入水中。不通航的河流或近岸浅滩部位也可采用该方法。当河道宽度大于300m、流速小于3m/s、河床深度大于6m时，通常可用拖轮快放法，采用大马力的放缆船，快速不停地将光缆放入水中，直到布放完毕。抛锚慢放法是借助于收前锚、放尾锚的方法，使缆船一边慢慢向前移动，一边由施工人员将光缆沿弧线布放至河床上。该方法适用于水面较宽、流速较大且通航不频繁的河流及直接沉放的深水域。若河床土质坚硬，或卵石、砂岩风化石较多的河床，则可采用挖冲机铺设法，这是一种以水下的机械切割为主，以水力为辅，挖冲、布缆、掩埋同时进行的一种理想的水底光缆铺设方法。而在深海盆地中，可以将光缆直接铺设在海底。

直接铺设是将光缆置于预先挖掘的合格的光缆沟内的铺设方法。光缆沟挖掘合格后，由端头牵引和中间辅助牵引机沿光缆沟牵引光缆的方法，或由人工抬放的方法将光缆放入光缆沟内，然后用土覆盖。

光缆输送管是铺设在为铺设光缆而挖出的缆沟中的塑料管。输送管的尺寸和柔软性多种多样，有些输送管的直径仅一两英寸，可以缠在大的线轴上，其他一些输送管直径达几英寸，而且比较坚硬。输送管通常直接用土壤覆盖，但有时也可以镶嵌在混凝土中，以增加结构的完整性，同时防止设施受到破坏。输送管在铺设时里面不带光缆，管道路由可以直接在两个端点之间进行，或者通过检修孔处的一系列地下接入点路由。铺设光缆时，将牵引绳索穿过输送管连到光缆上，然后牵引光缆通过输送管。若路由中存在检修孔或其他接入点，光缆可被牵引着在这些点之间通过。管道铺设的方法适用于长途、市话、农话通信光缆线路。

自承式架空光缆直接悬挂在电杆上，其他架空光缆可以悬挂在吊线上(吊线是架在电杆间的结实的钢制金属丝)，若利用了吊线，就可用一种特殊的捆绑金属线将光缆与吊线绑在一起，这对许多架空光缆来说是一种普遍的铺设方式，因为这减小了对强度的要求。

室内光缆可以铺设在墙内，穿过光缆竖井或者建筑物内的其他地方，在新建筑物中铺设这种光缆最为容易。只有为铺设在地毯下而设计的特殊光缆才铺设在人们行走的地板上。

暂时的轻负载光缆是由携带移动设备的人铺设的，移动设备需要与某个固定设备进行宽带连接(一般为视频信号)。

2.5 小　　结

根据本章介绍的内容我们知道，光纤作为一种特殊的传光物质，需要以纯度高、透明度高、折射率径向分布易于精确控制的物质作制作材料。又因为SiO_2组成的石英玻璃对可见光和近红外光有很高的透光能力，通过添加不同的掺杂剂，也很容易改变石英玻璃的折射率，且具有良好的化学稳定性和较高的机械强度、来源充足、价格低廉，因此它成了目前制作光纤的首选材料。在制作工艺上，主要由制棒、拉丝、涂敷三道工序组成。根据制棒方式不同可分为：化学气相沉积法、改进的化学气相沉积法、等离子气相沉积法、棒外气相沉积法、轴向气相沉积法、多组分玻璃法、凝胶法以及机械成形光纤预制棒法。

为增强光纤的机械强度，使之能适应多种多样的环境，必须通过适当的方法，妥善地对光纤进行保护，使之能方便、安全地应用于线路施工、运行和维护，这就是光纤成缆部分介绍的主要内容。光缆的使用环境千差万别，铺设方式也各不相同，因此，针对光缆不同的使用环境和铺设方式，在制造光缆时首先必须明确光缆设计的一些基本原则和设计内容，从而制定出科学、优质、经济的光缆结构设计方案和光缆加工工艺流程。总的说来，要针对光纤所需要保护的各个方面，围绕光缆的附加损耗、机械性能、温度性能、阻水性能等方面的要求，使用恰当的方法、原理和步骤，遵照国家和行业的有关技术要求和规范，对光缆结构进行科学的设计。光缆的铺设主要取决于所铺设光缆的类型，铺设不同类型的光缆要采用特殊的技术。

思考与练习

1. 比较几种单模光纤的折射率分布异同并说明其各自传光特点。
2. 简述光纤的拉制流程，比较各种制棒方式的优劣。
3. 分析光纤成缆原因。
4. 简述各类光缆的适用范围及其相应的铺设方法。

参 考 文 献

靳伟，阮双琛等. 2005. 光纤传感技术新进展. 北京：科学出版社

李立高. 2004. 光缆通信工程. 北京：人民邮电出版社

廖延彪. 2000. 光纤光学. 北京：清华大学出版社

马欣昕. 2004. 光缆与铜缆双绞线的比较. 智能建筑与城市信息，11(96)：84～85

吴平，严映律. 2003. 光纤与光缆技术. 成都：西南交通大学出版社

杨可贵. 2005. 现代海底光缆新特点. 光通信技术，1：62～64

尹树华，张引发等. 2005. 光纤通信工程与工程管理. 北京：人民邮电出版社

袁国良. 2004. 光纤通信原理. 北京：清华大学出版社

张炜，李乙钢等. 2005. 光子晶体光纤在光纤光栅中的应用与研究进展. 光电子技术，25(1)：1～7

张文进，张耀明. 2004. 双坩埚法拉制光纤中的暗丝和黄丝现象. 玻璃纤维，5：14～17

赵梓森. 2001. 光纤通信工程. 北京：人民邮电出版社

Bob Chomycz. 2003. 光缆现场安装指南. 胡先志译. 北京：人民邮电出版社

Jeff Hecht. 2004. 光纤光学. 贾东方，余震虹等译. 北京：人民邮电出版社

第3章 光纤传输理论

3.1 基本结构

光纤是一种高度透明的玻璃纤维，由纯石英拉制而成。从横截面上看光纤由三部分组成，即折射率较高的纤芯，折射率较低的包层以及表面涂层。另外，其折射率(RI)分布在纵向上通常是相同的。根据芯区折射率径向分布的不同，可分为两类光纤。折射率在纤芯中保持恒定，在芯与包层界面突变的光纤称为阶跃光纤；折射率在纤芯内按某种规律逐渐降低的光纤称为渐变光纤。不同折射率分布的光纤其传输特性完全不同。图3.1给出了这两种光纤横截面的折射率分布。

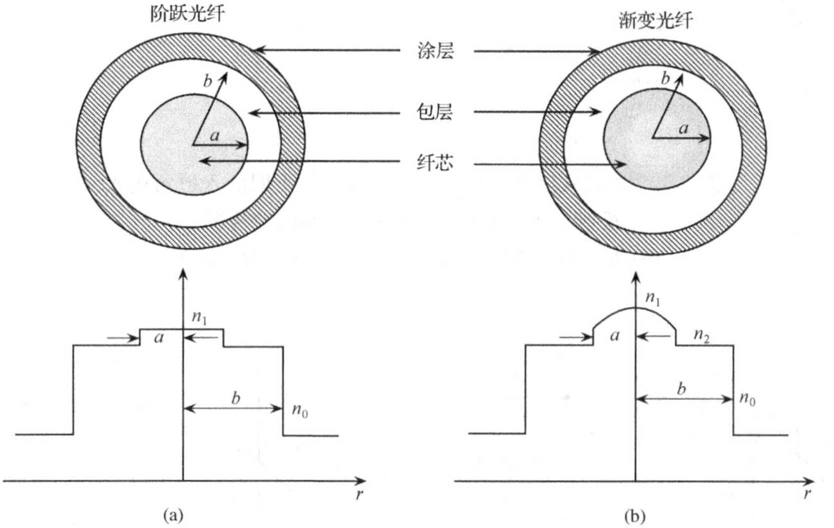

图3.1 阶跃光纤(a)与渐变光纤(b)的横截面和折射率分布

作为信息传输波导，实用光纤有多模光纤和单模光纤两种基本类型。只能传播一种模式的光纤称为单模光纤。标准单模(single mode, SM)光纤折射率呈阶跃型分布，纤芯直径较小，模场直径只有8～10μm，光线沿轴直线传播。多模(multimode, MM)光纤纤芯直径较大，可以传播数百到上千个模式，根据折射率在纤芯和包层的径向分布的不同，又可分为阶跃多模光纤和渐变多模光纤。根据纤芯直径$2a$和光波波长λ比值的大小，光纤的传输原理可用光线理论和电磁场及模式理论进行分析。对于多模光纤，$2a/\lambda$远大于光波波长λ；对于单模光纤，$2a$与λ可比拟。以下将用光线理论和电磁场及模式理论对光纤中的传输加以简要阐述。

3.2 光线理论

3.2.1 传输条件

光波从折射率较大的介质入射到折射率较小的介质时，在边界发生反射和折射，当入射角超过临界角时，将发生全反射，如图 3.2 所示。因此，对于特定的光纤结构，只有满足一定条件的电磁波可以在光纤中有效地传输，这些特定的电磁波称为光纤模式。光纤中可传导的模式数量取决于光纤的具体结构和折射率的径向分布。

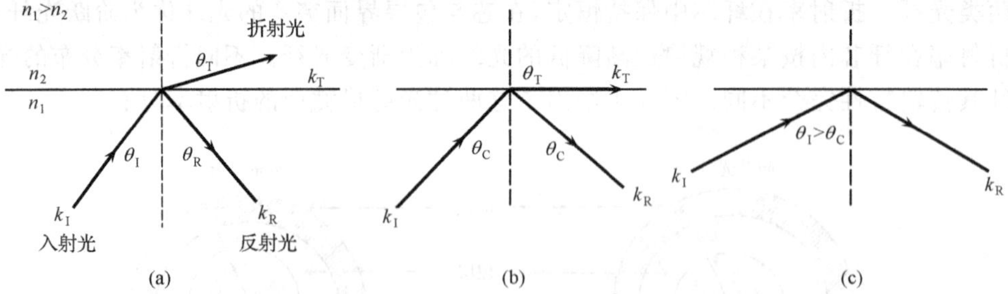

图 3.2　光波从折射率较大的介质以三种不同的入射角进入折射率较小的介质，出现三种不同的情况

(a) $\theta_I < \theta_C$；(b) 临界角 $\theta_I = \theta_C$；(c) 全反射 $\theta_I > \theta_C$

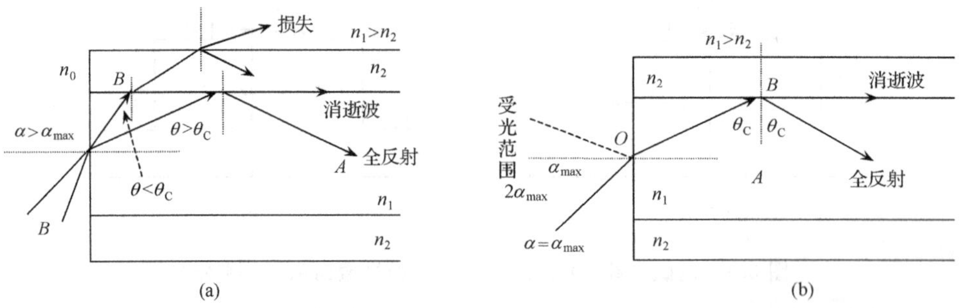

图 3.3　光纤传输条件

(a) 不同入射角 θ 的光线；(b) $\theta=\theta_C$ 的光线

为简单和直观起见，以阶跃光纤为例，我们用几何光学方法分析多模光纤的传输原理和导光条件。如图 3.3 所示，子午光线(通过光纤中心轴的任何平面都称为子午面，子午面内的光线称为子午光线)在光纤端面以不同角度 α 从空气入射到纤芯($n_0<n_1$)，只有一定角度范围内的光线在射入光纤时产生的折射光线才能在光纤中传输。假如在光纤端面的入射角是 α，在波导内与垂直于光纤轴线的夹角是 θ

$=\theta_C$（临界角）的光线将发生全反射，而 $\theta<\theta_C$ 的光线将进入包层泄漏出去。于是，为了光能够在光纤中传输，入射角 α 必须要能够使进入光纤的光线在光纤内发生全反射而返回纤芯，其传输路径呈折线型，由图 3.3 可知，最大的 α 角应该是 $\theta=\theta_C$。在 n_0/n_1 界面，根据斯涅耳定律，得到

$$\frac{\sin\alpha_{\max}}{\sin(90°-\theta_C)}=\frac{n_1}{n_0} \tag{3.1}$$

全反射时 $\sin\theta_C=n_2/n_1$，将此式代入上式，得到

$$\sin\alpha_{\max}=\frac{(n_1^2-n_2^2)^{1/2}}{n_0}$$

当光从空气进入光纤时 $n_0=1$，所以

$$\sin\alpha_{\max}=(n_1^2-n_2^2)^{1/2} \tag{3.2}$$

定义数值孔径（numerical aperture，NA）为

$$\mathrm{NA}=\sqrt{n_1^2-n_2^2}=n_1\sqrt{2\Delta} \tag{3.3}$$

式中，$\Delta=(n_1-n_2)/n_1$ 为纤芯与包层相对折射率差。设 $\Delta=1\%$，$n_1=1.5$，得到 NA＝0.21或者 $\theta_C=12.1°$。

因此，用数值孔径表示的光线最大入射角 $\alpha_{\max}$是

$$\sin\alpha_{\max}=\frac{\mathrm{NA}}{n_0},\quad \sin\alpha_{\max}=\mathrm{NA}\qquad (n_0=1) \tag{3.4}$$

角度 $2\alpha_{\max}$称为入射光线的孔径角，它与光纤的数值孔径和发射介质的折射率 n_0 有关。式(3.4)只应用于子午光线入射。多模光纤的大多数导模的入射光线是斜射光线，由于斜射入射光线具有较大的孔径角，所以它对入射光线所允许的最大可接收角要比子午光线入射得大。

当 $\theta=\theta_C$ 时，光线在波导内以 θ_C 入射到纤芯与包层交界面，并沿交界面向前传播，如图所示。当 $\theta<\theta_C$ 时，光线将折射进入包层并逐渐消失。因此，只有与此相对应的在孔径角为 $2\alpha_{\max}$的圆锥内入射的光线才能在光纤中传播。

3.2.2 子午光线的传播

根据光的反射定律：入射光线、反射光线和分界面的法线均在同一平面，光线在光纤的纤芯-包层分界面反射时，其分界面法线就是纤芯的半径。因此，子午光线的入射光线、反射光线和分界面的法线均在子午面内，如图 3.4 所示。这是子午光线传播的特点。

由图 3.4 可求出子午光线在光纤内全反射应满足的条件，图中 n_1、n_2 分别为纤芯和包层的折射率，n_0 为光纤周围介质的折射率。要使光完全限制在光纤内传输，则应使光线在纤芯-包层分界面上的入射角 ψ 大于（至少等于）临界角 ψ_0，即

$$\sin\psi_0=\frac{n_2}{n_1},\quad \psi\geqslant\psi_0=\arcsin\left(\frac{n_2}{n_1}\right)$$

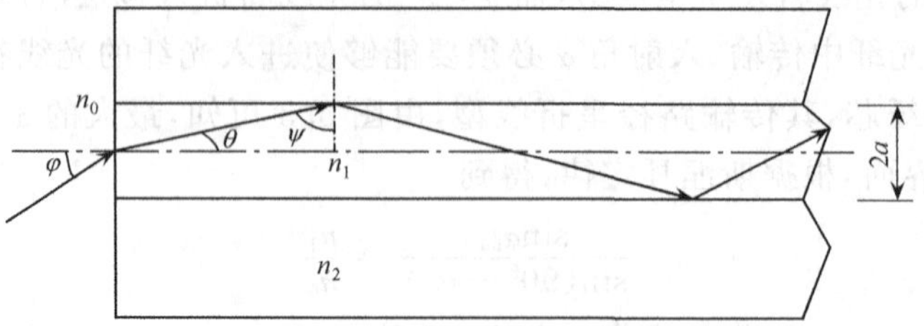

图 3.4　子午光线的全反射

或

$$\arcsin\theta_0 = 90° - \psi_0$$

式中，$\theta_0=90°-\psi_0$。再利用 $n_0\sin\varphi=n_1\sin\theta$，可得

$$n_0\sin\varphi_0 = n_1\sin\theta_0 = \sqrt{n_1^2-n_2^2}$$

由此可见，相应于临界角 ψ_0 的入射角为 φ_0；ψ 反映了光纤集光能力的大小，通称为孔径角。与此类似，$n_0\sin\varphi_0$ 则定义为光纤的数值孔径，一般用 NA 表示，即

$$\mathrm{NA}_{子} = n_0\sin\varphi_0 = \sqrt{n_1^2-n_2^2} \tag{3.5}$$

下标"子"表示是子午光线的数值孔径。由于子午光线在光纤内的传播路径是折线，所以光线在光纤中的路径长度一般都大于光纤的长度。由图 3.4 中的几何关系可得长度为 L 的光纤中总光路的长度 S' 和总反射次数 η' 分别为

$$S' = LS = \frac{L}{\cos\theta} \tag{3.6}$$

$$\eta' = L\eta = \frac{L\tan\theta}{2a} \tag{3.7}$$

式中，S 和 η 分别为单位长度内的光路长和全反射次数，a 为纤芯半径，其表达式分别为

$$S = \frac{1}{\cos\theta} = \frac{1}{\sin\psi} \tag{3.8}$$

$$\eta = \frac{\tan\theta}{2a} = \frac{1}{2a\tan\psi} \tag{3.9}$$

以上关系式表明，光线在光纤中传播的光路长度只取决于入射角 φ 和相对折射率 n_0/n_1，与光纤直径无关；全反射次数则与纤芯直径 $2a$ 成反比。

图 3.5 表示阶跃型光纤内子午光线的传播。光线以锯齿状在纤芯中以全反射的方式传播。在图 3.5 中可以看到，周围环境的折射率 n_0 与纤芯的折射率不同（$n_1>n_0$），则入射光进入纤芯后发生折射。若入射角过大，则芯中的光线进入包层，而不能满足传播条件。

单模光纤中，子午光线的数值孔径的定义式

$$\mathrm{NA} = n_0\sin(\theta_{0,\max}) = \sqrt{n_1^2-n_2^2} = n_1\sqrt{2\Delta} \tag{3.10}$$

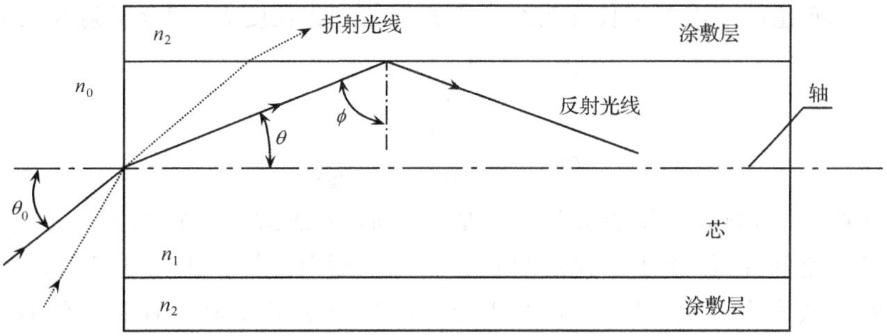

图 3.5　阶跃折射率光纤内的子午光的传播

NA 是光纤的一个重要参数，它描述了光纤采集或接收光的能力，为标量，通常没有单位，在 0.14～0.50 之间。通信光纤的 NA 典型值为 0.1～0.20，对应的接收角为 5.7°～11.5°。但是，对于非通信应用，如内窥镜，NA 可能远大于 0.5(即 $\theta_0>30°$)。大多数通信设计中采用式(3.10)中子午光线的 NA 定义。

3.2.3　斜光线的传播

光纤中不在子午面内的光线都是斜光线。它和光纤的轴线既不平行也不相交，其光路轨迹是空间螺旋折线。此折线可为左旋，也可为右旋，但它和光纤的中心轴是等距的。由图 3.6 中的几何关系可求出斜光线的全反射条件。图中 QK 为入射在光纤中的斜光线，它与光纤轴 OO' 不共面；H 为 K 在光纤横截面上的投影；$HT\perp QT$，$OM\perp QH$。由图中几何关系得斜光线的全反射条件为

$$\cos\gamma\sin\theta=\sqrt{1-\left(\frac{n_2}{n_1}\right)^2} \tag{3.11}$$

再利用折射定律 $n_0\sin\varphi=n_1\sin\theta$，可得在光纤中传播的斜光线应满足如下条件：

$$\sin\varphi\cos\gamma\leqslant\frac{\sqrt{n_1^2-n_2^2}}{n_0}$$

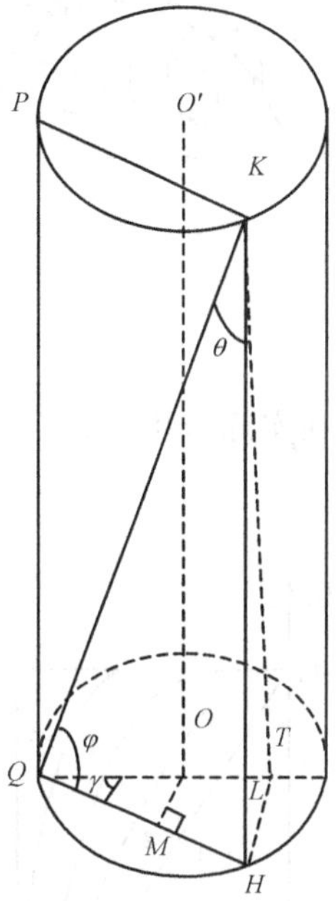

图 3.6　斜光线的全反射光路

斜光线的数值孔径则为

$$\mathrm{NA}_{斜}=n_0\sin\varphi_a=\frac{\sqrt{n_1^2-n_2^2}}{\cos\gamma} \tag{3.12}$$

γ 为入射面(KQH)与子午面(PQH)的夹角。由于 $\cos\gamma\leqslant1$，因而斜光线的数值孔

径比子午光线的要大。

由图 3.6 还可求出单位长度光纤中斜光线的光路长度 $S_{斜}$ 和全反射次数 $\eta_{斜}$ 为

$$S_{斜} = \frac{1}{\cos\theta} = S_{子} \tag{3.13}$$

$$\eta_{斜} = \frac{\tan\theta}{2a\cos\gamma} = \frac{\eta_{子}}{\cos\gamma} \tag{3.14}$$

与子午光线不同,斜光线绕着光纤轴线成螺旋形(螺旋线)传播,如图 3.7 所示。斜光线是三维空间光线,而子午光线只是在二维平面内传播。由图 3.7 可以看出,沿光纤的螺旋线发生一次反射,方向角改变 2γ,其中 γ 是反射点处的二维投影光线与纤芯半径的夹角。不同于子午光线,斜光线由光纤出射至空气的出现点依赖于光线发生全反射的次数,与光纤的入射条件无关。

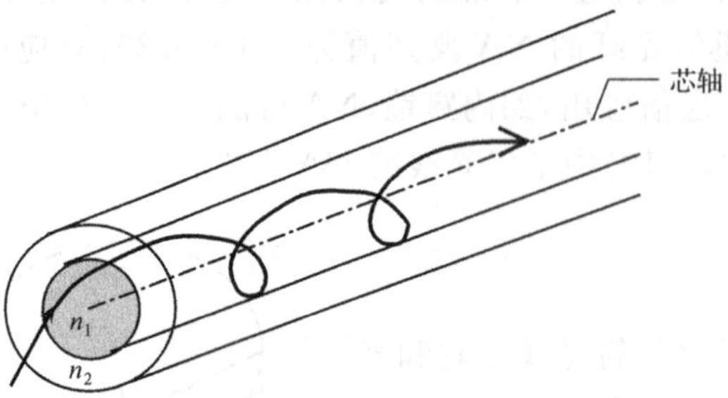

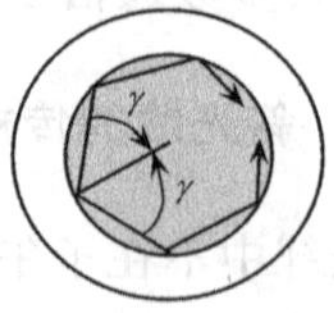

图 3.7

(a) 光纤长度方向上的斜光线路径;(b) 光纤的截面视图

在实际应用中,斜光线的数目远远多于子午光线,但考虑子午光线就足够了。

3.2.4 变折射率光纤的光线理论

在变折射率光纤中,折射率分布随离轴距离的增加而不断改变,其一般形式是

$$n^2(r) = n^2(0)\left[1 - 2\Delta\left(\frac{r}{a}\right)^{\alpha}\right] \tag{3.15}$$

式中

$$\Delta = \frac{n^2(0) - n^2(r)}{2n^2(0)}$$

a 是纤芯半径,$n(0)$ 是光纤轴上的折射率,$n(r)$ 为离轴距离 r 处的折射率。图 3.8给出了 $n(r)$ 和 r 的关系曲线。α

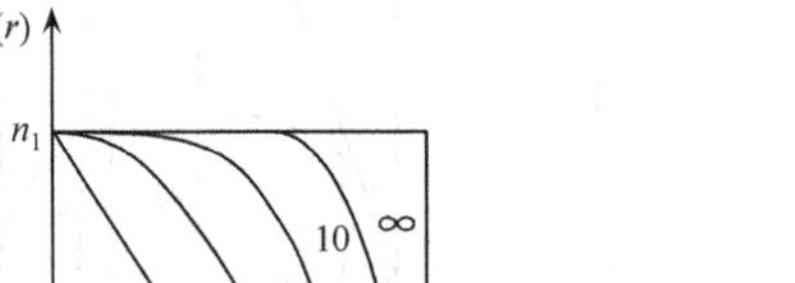

图 3.8 α 不同时,$n(r)$ 和 r 的关系曲线

为正数，从图 3.8 可知，当 $\alpha\to\infty$ 时，折射率分布变成普通的阶跃型；当 $\alpha=2$ 时，就是聚焦光纤；当 $\alpha=1$ 时，纤芯中的折射率随 r 增大而线性减小。

在理想情况下，变折射率光纤中的折射率分布为轴对称。为此用柱坐标 (r,φ,z)，取光纤轴为 z 轴。这时光线方程式 $\frac{d}{ds}\left[n(r)\frac{dr}{ds}\right]=\nabla n(r)$ 的径向分量为

$$\frac{d}{ds}\left(n\frac{dr}{ds}\right)-nr\left(\frac{d\varphi}{ds}\right)^2=\frac{dn}{dr} \tag{3.16}$$

轴向分量和圆周分量分别是

$$n\frac{dr}{ds}\frac{d\varphi}{ds}+\frac{d}{ds}\left(nr\frac{d\varphi}{ds}\right)=0 \tag{3.17}$$

$$\frac{d}{ds}\left(n\frac{dz}{ds}\right)=0 \tag{3.18}$$

上式中 r 为径向坐标，s 是光线的几何路径。

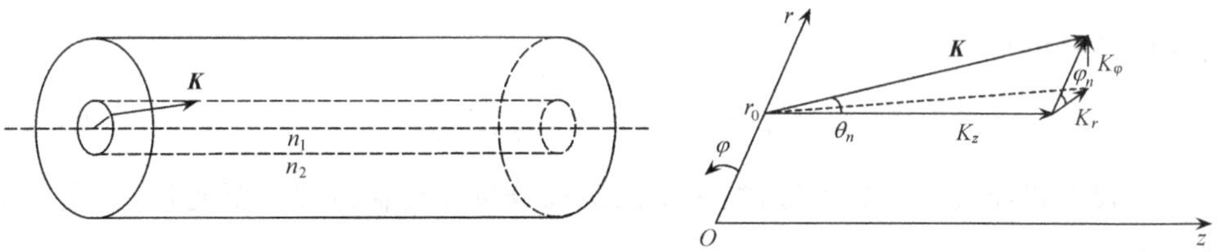

图 3.9　光纤端面处光的波矢及其分量

为求解上述光线方程，首先应确定初始条件。如图 3.9 所示，一条光线从折射率为 n_0 的自由空间入射到光纤的端面 $(z=0)$ $r=r_0$ 和 $\varphi=0$ 处，入射角为 θ_0，入射平面和光纤的夹角是 $\varphi=\varphi_0$，折射角为 θ_n，由折射定律有

$$n(r_0)\sin\theta_n=n_0\sin\theta_0=\sin\theta_0 \tag{3.19}$$

由图 3.9 可见，光纤入射端处折射光线波矢量的圆柱分量为

$$K_r=n(r_0)K\sin\theta_n\cos\varphi_0 \tag{3.20}$$

$$K_\varphi=n(r_0)K\sin\theta_n\sin\varphi_0 \tag{3.21}$$

$$K_z=n(r_0)K\cos\theta_n \tag{3.22}$$

初始条件是

$$\begin{aligned}&\varphi\,|_{r=r_0}=z\,|_{r=r_0}=0\\&\left.\frac{dr}{ds}\right|_{r=r_0}=\sin\theta_n\cos\varphi_0\\&\left.r\frac{d\varphi}{ds}\right|_{r=r_0}=\sin\theta_n\sin\varphi_0\\&\left.\frac{dz}{ds}\right|_{r=r_0}=\cos\theta_n\end{aligned} \tag{3.23}$$

在这些条件下，方程(3.18)可直接积分，得

$$n(r)\frac{\mathrm{d}z}{\mathrm{d}s}=n(r_0)\cos\theta_n \tag{3.24}$$

在传播过程中，波矢量沿光线路径的轴向分量可写成

$$K_z=n(r_0)K\frac{\mathrm{d}z}{\mathrm{d}s} \tag{3.25}$$

把初始条件式(3.23)代入上式，可得

$$K_z=n(r_0)K\cos\theta_n \tag{3.26}$$

把上式和式(3.22)比较，可知波矢量的轴向分量在传播过程中始终不变。为求解式(3.17)，将它乘以 r，再对 s 从 r_0 到 r 积分，得到

$$n(r)r^2\frac{\mathrm{d}\varphi}{\mathrm{d}s}=n(r_0)r_0\sin\theta_n\sin\varphi_0 \tag{3.27}$$

但在传播过程中，波矢量沿光线路径的圆周分量是

$$K_\varphi=n(r_0)Kr\frac{\mathrm{d}\varphi}{\mathrm{d}s} \tag{3.28}$$

由式(3.27)可得

$$K_\varphi=\frac{r_0}{r}n(r_0)K\sin\theta_n\sin\varphi_0 \tag{3.29}$$

比较上式和式(3.21)可知，波矢量的圆周分量在传输过程中要变化，其变化系数为 r_0/r。

下面求波矢量的径向分量。由式(3.16)可得

$$n^2(r_0)\cos^2\theta_n\left[\frac{\mathrm{d}^2r}{\mathrm{d}z^2}-r\left(\frac{\mathrm{d}\varphi}{\mathrm{d}z}\right)^2\right]=\frac{1}{2}\frac{\mathrm{d}}{\mathrm{d}r}[n^2(r)] \tag{3.30}$$

由式(3.24)和式(3.27)可得

$$\frac{\mathrm{d}\varphi}{\mathrm{d}z}=\frac{r_0}{r^2}\tan\theta_n\sin\varphi_0 \tag{3.31}$$

将上两式合并，再乘以 $z\dfrac{\mathrm{d}r}{\mathrm{d}z}$，并对 z 积分，最后可得

$$r^2\frac{\mathrm{d}r}{\mathrm{d}z}=\left[\frac{n^2(r)}{n^2(r_0)\cos^2\theta_n}-1-\tan^2\theta_n\sin^2\varphi_0\left(\frac{r_0}{r}\right)^2\right]^{\frac{1}{2}}$$

或

$$z=\int_{r_0}^{r}\frac{\mathrm{d}r}{\left[\dfrac{n^2(r)}{n^2(r_0)\cos^2\theta_n}-1-\tan^2\theta_n\sin^2\varphi_0\left(\dfrac{r_0}{r}\right)^2\right]^{\frac{1}{2}}} \tag{3.32}$$

由上式可知，只要知道折射率分布 $n(r)$、输入点坐标 r_0、折射角 θ_n、入射平面和轴的夹角 φ_0 就可求出 r 与 z 的关系，即光线在梯度折射率光纤中传输的轨迹和特性。

渐变光纤在短途光纤通信(接入网)、光纤传感等领域有重要的应用。它是一种多模光纤，具有很好的聚光、准直、成像等特性，因而有时也叫自聚焦(透镜)光

纤。它的折射率服从平方律分布规律

$$n^2(r) = n_0^2(1 - Ar^2) \tag{3.33}$$

式中，n_0 为轴线折射率，r 为离轴距离，A 为自聚焦透镜的聚焦常数。

自聚焦光纤置于空气中时光线轨迹的矩阵方程为

$$\begin{bmatrix} r(z) \\ r'(z) \end{bmatrix} = \begin{bmatrix} \cos\sqrt{A}z & 1/\sqrt{A}\sin\sqrt{A}z \\ -\sqrt{A}\sin\sqrt{A}z & \cos\sqrt{A}z \end{bmatrix} \begin{bmatrix} r(0) \\ r'(0) \end{bmatrix} \tag{3.34}$$

式中，$r(z)$为光线在入射面透镜内侧离轴的距离，$r'(z)$为光线在入射面透镜内侧斜率，$\begin{bmatrix} r(0) \\ r'(0) \end{bmatrix}$为输入矢量，$\begin{bmatrix} r(z) \\ r'(z) \end{bmatrix}$为输出矢量。

从矩阵方程可知：一切在自聚焦棒轴线上的入射光线不依赖其入射角度，只要自聚焦棒的长度取 $z=P/4=\pi/2\sqrt{A}$（即 1/4 节距），经自聚焦透镜变换的光均为平行光，式中 P 为自聚焦透镜的节距。自聚焦棒的半径 R 应满足

$$R \geqslant \frac{\mathrm{NA}}{n(0)} \times \sqrt{A} \tag{3.35}$$

式中，NA 为光纤的数值孔径。

根据自聚焦透镜的传光原理，对于 1/4 节距的自聚焦透镜，当汇聚光从自聚焦透镜一端面输入时，经过自聚焦透镜后会转变成平行光线，如图 3.10 所示。自聚焦光纤很长时，光线在里面传播相当于一个不断聚焦的过程。

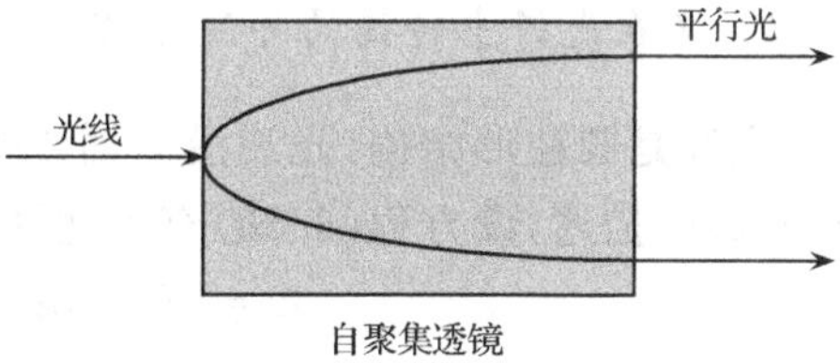

图 3.10　自聚焦透镜准直原理示意图

3.3　模式理论

光纤中的模式是指光纤中的光在传播过程中所呈现出的空间分布形式，它是由入射光的角度和频率以及光纤参数决定的，在光纤参数一定时就只由入射光的角度和频率（前提是光纤不受扰动且均匀）确定。不同模式在空间可能具有交叠性，在受到扰动时它们会发生耦合（能量交换）和分布形式发生改变。

3.3.1　阶跃光纤的模式理论

1. 电磁波在光纤中传播的基本方程

光波是电磁波，用电磁理论分析光纤的结构特性，必须从麦克斯韦方程组出发。先假设光强较弱，不考虑光纤材料的非线性特性，并假定光纤材料是各向同性，不存在电流和自由电荷，则麦克斯韦方程组具有下述形式：

$$\nabla \times \boldsymbol{E} = -\partial \boldsymbol{B}/\partial t \tag{3.36a}$$

$$\nabla \times \boldsymbol{H} = \partial \boldsymbol{D}/\partial t \tag{3.36b}$$

$$\nabla \cdot \boldsymbol{H} = 0 \tag{3.36c}$$

$$\nabla \cdot B = 0 \tag{3.36d}$$

式中，$\boldsymbol{D}=\varepsilon\boldsymbol{E}$，$\boldsymbol{B}=\mu\boldsymbol{H}$，$\varepsilon$ 为光纤介质的介电常数，μ 为磁导率。

由方程组可导出确定电磁场波动特性的关系式，对式(3.36)进行运算后得

$$\nabla^2\boldsymbol{E}-\varepsilon\mu\frac{\partial^2\boldsymbol{E}}{\partial t^2}+\left(\frac{1}{\mu}\nabla\mu\right)\times\nabla\times\boldsymbol{E}+\nabla\left(\frac{1}{\varepsilon}\boldsymbol{E}\cdot\nabla\varepsilon\right)=0 \tag{3.37a}$$

$$\nabla^2\boldsymbol{E}-\varepsilon\mu\frac{\partial^2\boldsymbol{H}}{\partial t^2}+\left(\frac{1}{\varepsilon}\nabla\varepsilon\right)\times\nabla\times\boldsymbol{H}+\nabla\left(\frac{1}{\mu}\boldsymbol{H}\cdot\nabla\mu\right)=0 \tag{3.37b}$$

光纤中 $\mu=\mu_0$ 且处处相等，$\nabla\mu=0$，则上式变为

$$\nabla^2\boldsymbol{E}+\nabla\left(\frac{1}{\varepsilon}E\cdot\nabla\varepsilon\right)=\varepsilon\mu_0\frac{\partial^2\boldsymbol{E}}{\partial t^2} \tag{3.38a}$$

$$\nabla^2\boldsymbol{H}+\nabla\left(\frac{1}{\varepsilon}\nabla\varepsilon\right)\times\nabla\times\boldsymbol{H}=\varepsilon\mu_0\frac{\partial^2\boldsymbol{H}}{\partial t^2} \tag{3.38b}$$

上式为描述光波在非均匀介质中传播的基本方程，即矢量亥姆霍兹方程。

2. 光在光纤中传播的导波方程

光纤是圆柱形结构，光波沿 z 轴传播，可在 z 轴与光纤轴线一致的柱面坐标系 (r,φ,z) 中描述，设方程(3.38)有下述形式的解：

$$\boldsymbol{E} = E_0(r,\varphi)\exp[\mathrm{j}(\omega t-\beta z)] \tag{3.39a}$$

$$\boldsymbol{H} = E_0(r,\varphi)\exp[\mathrm{j}(\omega t-\beta z)] \tag{3.39b}$$

式中，β 为轴向传播常数。

将 $\boldsymbol{E}$ 和 $\boldsymbol{H}$ 分解为横向和纵向分量

$$\boldsymbol{E}(r,\varphi) = E_t(r,\varphi)+E_z(r,\varphi)\boldsymbol{i}_z \tag{3.40a}$$

$$\boldsymbol{H}(r,\varphi) = H_t(r,\varphi)+H_z(r,\varphi)\boldsymbol{i}_z \tag{3.40b}$$

式中，$\boldsymbol{i}_z$ 为 z 方向的单位矢量。

将式(3.39)和式(3.40)代入式(3.38)，得

$$(\nabla_t^2+k_0^2n^2-\beta^2)\boldsymbol{E}=-(\nabla_t-\mathrm{j}\beta\boldsymbol{i}_z)\cdot(E_t\nabla_t\ln n^2) \tag{3.41a}$$

$$(\nabla_t^2+k_0^2n^2-\beta^2)\boldsymbol{H}=-[(\nabla_t-\mathrm{j}\beta\boldsymbol{i}_z)\times H]\times\nabla_t\ln n^2 \tag{3.41b}$$

在上述推演中应用了关系

$$\nabla_tA=\left(\nabla-\frac{\partial}{\partial_z}\right)A,\quad \nabla_t^2A=\left(\nabla^2-\frac{\partial^2}{\partial_z^2}\right)A,\quad \frac{\nabla_t\varepsilon}{\varepsilon}=\nabla_t\ln n^2$$

$$\frac{\nabla\varepsilon}{\varepsilon}=\frac{\nabla_t\varepsilon}{\varepsilon},\quad \nabla\left(\varepsilon\cdot\frac{\nabla\varepsilon}{\varepsilon}\right)=\nabla\left(\varepsilon_t\cdot\frac{\nabla_t\varepsilon}{\varepsilon}\right)$$

ε 与 z 无关，所以式(3.41)可以转化为

$$(\nabla_t^2+k_0^2n^2-\beta^2)E_t=-\nabla_t\cdot(E_t\nabla_t\ln n^2) \tag{3.42a}$$

$$(\nabla_t^2 + k_0^2 n^2 - \beta^2) H_t = (\nabla_t \times H_t) \times \nabla_t \ln n^2 \tag{3.42b}$$

$$(\nabla_t^2 + k_0^2 n^2 - \beta^2) E_z = \mathrm{j}\beta E_t \cdot \nabla_t \ln n^2 \tag{3.43a}$$

$$(\nabla_t^2 + k_0^2 n^2 - \beta^2) H_z = (\nabla_t H_z - \mathrm{j}\beta H_t) \cdot \nabla_t \ln n^2 \tag{3.43b}$$

式中，$k_0 = 2\pi/\lambda$ 为自由空间的波数，$n^2 = \varepsilon/\varepsilon_0$，$n$ 为介质折射率。

式(3.41)和式(3.42)是场的横向分量应满足的矢量波动方程，而式(3.43)是纵向分量应满足的波动方程，显然是个标量波动方程。

求解式(3.42)可得到场的横向分量，代入式(3.43)则又可得到场的纵向分量，但是矢量波动方程不易直接求解，而式(3.43)中 E_z 和 H_z 满足标量波动方程，求解比较容易，因此下面先由式(3.43)求解 E_z 和 H_z，然后再通过纵横关系求解横向场分量。

$$E_r = -\frac{\mathrm{j}}{k_0^2 n^2 - \beta^2}\left(\beta \frac{\partial E_z}{\partial_r} + \sqrt{\frac{\mu_0}{\varepsilon_0}} \frac{k_0}{r} \frac{\partial H_z}{\partial \varphi}\right) \tag{3.44a}$$

$$E_\varphi = -\frac{\mathrm{j}}{k_0^2 n^2 - \beta^2}\left(\frac{\beta}{r} \frac{\partial E_z}{\partial \varphi} - \sqrt{\frac{\mu_0}{\varepsilon_0}} \frac{k_0}{r} \frac{\partial H_z}{\partial r}\right) \tag{3.44b}$$

$$H_r = -\frac{\mathrm{j}}{k_0^2 n^2 - \beta^2}\left(\beta \frac{\partial H_z}{\partial r} - \frac{k_0 n^2}{r} \frac{\partial E_z}{\partial \varphi}\right) \tag{3.44c}$$

$$H_\varphi = -\frac{\mathrm{j}}{k_0^2 n^2 - \beta^2}\left(\frac{\beta}{r} \frac{\partial H_z}{\partial \varphi} + \sqrt{\frac{\varepsilon_0}{\mu_0}} k_0 n^2 \frac{\partial E_z}{\partial \varphi}\right) \tag{3.44d}$$

由式(3.43)求解纵向场分量时，由于该式不是齐次方程，求解不容易。但是对阶跃光纤，在 $r=0\sim a$ 的芯区和 $r>a$ 的包层中，ε 和 n 是均匀的，因而有 $\nabla_t \varepsilon = 0$，$\nabla_t n = 0$，$\nabla_t \ln n^2 = 0$，于是式(3.43)变成齐次标量波动方程

$$[\nabla_t^2 + k_0^2 n^2 - \beta^2] E_z = 0 \tag{3.45a}$$

$$[\nabla_t^2 + k_0^2 n^2 - \beta^2] H_z = 0 \tag{3.45b}$$

在渐变光纤中，虽然 $n = n(r)$，但一般这种变化很缓慢，而 $\nabla_t \ln n^2$ 很小，可以忽略不计，这样也满足式(3.45)。这种近似在光纤理论中称为标量近似，求得的光波电磁场的解称为标量近似解。在横截面内折射率变化很小，意味着光纤导光能力很弱，满足这种条件的光纤称为弱导光纤。

3. 阶跃光纤中的光场

阶跃光纤中，芯区半径为 a，介电常数、折射率、磁导率分别为 ε_1、n_1 和 μ_1，且分布均匀，包层中介电常数、折射率、磁导率分别为 ε_2、n_2 和 μ_2，而 $\mu_1 = \mu_2 = \mu_0$。在柱坐标系中 ∇_t 可展开为

$$\nabla_t^2 = \frac{1}{r}\frac{1}{\partial r}\left(r\frac{\partial}{\partial r}\right)+\frac{1}{r^2}\frac{\partial^2}{\partial \varphi^2} \tag{3.46}$$

在圆周对称光纤中，场沿圆周 φ 以 2π 为周期，采用分离变量法，设场 ψ_z（E_z 或 H_z）有如下形式的解：

$$\psi_z(r,\varphi) = \psi(r)\exp(\mathrm{j}m\varphi) \tag{3.47}$$

式中，m 为整数，表示场沿圆周变化的周期数。

将式(3.47)代入式(3.45a)，可得

$$\frac{\partial^2\psi}{\partial r^2}+\frac{1}{r}\frac{\partial\psi}{\partial r}+\left(k_1^2-\beta^2-\frac{m^2}{r^2}\right)\psi = 0 \quad (纤芯) \tag{3.48a}$$

$$\frac{\partial^2\psi}{\partial r^2}+\frac{1}{r}\frac{\partial\psi}{\partial r}+\left(k_2^2-\beta^2-\frac{m^2}{r^2}\right)\psi = 0 \quad (包层) \tag{3.48b}$$

式中，$k_1^2 = \omega^2\varepsilon_1\mu_0 = k_0^2n_1^2, k_2^2 = \omega^2\varepsilon_2\mu_0 = k_0^2n_2^2$。

上式是贝塞尔函数的微分方程，显然可能有多种 $\psi(r)$ 与多个分立 β 的组合都使方程成立，每一种组合称为一个导波模式。在不同的区域，($k_{1,2}^2-\beta^2$)有不同的值，方程的解将取不同的形式。在 $r\leqslant a$ 的芯区，由于存在完全内反射，光场在 z 向传播的速度必小于平面波在 n_1 介质中的速度，因而有 $\beta<k_0n_1$ 或 $k_1^2-\beta^2>0$，场在 r 方向应是振荡形分布，且在 $r=0$ 处场幅为有限值，所以在芯区场的横向变化可用第一类贝塞尔函数表示，这个场称为受导模或导模，可表示为

$$E_z^{\mathrm{I}} = AJ_m(ur)\mathrm{e}^{\mathrm{j}m\varphi}\mathrm{e}^{-\mathrm{j}(\omega t-\beta z)} \quad (纤芯) \tag{3.49}$$

式中

$$u^2 = k_1^2-\beta^2 = k_0^2n_1^2-\beta^2 \tag{3.50}$$

在 $r\geqslant a$ 的包层内，场在 z 向的传播速度大于平面波在 n_2 介质中的速度，因而有 $\beta>k_0n_2$，或($k_2^2-\beta^2$)<0。场在 r 方向为衰减场或消逝场，且在 $r\to\infty$ 处，$\psi\to 0$，所以在包层区场的横向变化可用第二类变态贝塞尔函数表示

$$E_z^{\mathrm{II}} = CK_m(\omega r)\mathrm{e}^{\mathrm{j}m\varphi}\mathrm{e}^{-\mathrm{j}(\omega t-\beta z)} \quad (包层) \tag{3.51}$$

式中

$$\omega^2 = \beta^2-k_2^2 = (\beta^2-k_0^2n_2^2) \tag{3.52}$$

采用同样的方法，可求得磁场的解

$$H_z^{\mathrm{I}} = BJ_m(ur)\mathrm{e}^{\mathrm{j}m\varphi}\mathrm{e}^{-\mathrm{j}(\omega t-\beta z)} \quad (纤芯) \tag{3.53}$$

$$H_z^{\mathrm{II}} = DK_m(\omega r)\mathrm{e}^{\mathrm{j}m\varphi}\mathrm{e}^{-\mathrm{j}(\omega t-\beta z)} \quad (包层) \tag{3.54}$$

以上各式中，A、B、C、D 为由入射光强决定的待定常数。

将两区中求得的 E_z 和 H_z 代入式(3.44)，即可得到电磁场的各横向分量。需要指出，由变态贝塞尔函数的渐近表示可知，当 $\omega r\to\infty$ 时，$K_m(\omega r)\to\mathrm{e}^{-\omega r}$，因此当 $\omega r\to\infty$ 时，$k_m(\omega r)$必为零，所以对导引模必有 $\omega>0$，$\beta>k_2$，若 $\omega=0$，$\beta=k_2$，则不满

足 $k_m(\omega r)|_{r\to\infty}=0$ 的条件，导引模将不再约束在纤芯中沿轴传输，能量将向横向辐射出去，所以定义 $\omega=0$ 为导引模的截止条件。

另外，从 $J_m(ur)$的性质可知，在纤芯中 u 必须是实数，否则场将衰减。因而由式(3.50)必有 $k_1>\beta$，这样，导引模传播常数 β 就介于 k_1 和 k_2 之间，即 $k_2\leqslant\beta\leqslant k_1$，$\beta$ 的具体值将由本征方程决定。

4. 阶跃光纤的本征方程与模式

式(3.49)、(3.51)、(3.53)和式(3.54)分别给出了纤芯和包层内的光波电磁场的表达式，式中 A、B、C、D 四个常数尚未确定，一般利用 E 和 H 在纤芯包层界面正切分量连续的边界条件确定，利用在 $r=a$ 处 E_z、E_φ 和 H_φ 连续的边界条件可得到 A、B、C、D 满足的四个齐次方程组成的方程组，仅当系数矩阵的行列式为零时，方程组才有非奇异解，这个条件提供了确定传播常数 β 的本征方程，其形式为

$$\left(\frac{J'_m(ua)}{uJ_m(ua)}+\frac{K'_m(\omega a)}{\omega K_m(\omega a)}\right)\left(\frac{J'_m(ua)}{uJ_m(ua)}+\frac{n_2^2}{n_1^2}\frac{K'_m(\omega a)}{\omega K_m(\omega a)}\right)=\left(\frac{m\beta}{k_0 n_1 a}\right)^2\left(\frac{1}{u^2}+\frac{1}{\omega^2}\right) \tag{3.55}$$

本征方程是一个复杂的超越方程，必须用数值方法求解。求解发现，只存在介于 k_1 和 k_2 之间的某些离散的 β 值，当给定参数 a、k_0、n_1 和 n_2 后，即可求得传播常数 β。通常，对每个整数 m，都存在多个解，一般以渐减的数字顺序排列这些解，对于给定的 m，都有 n 个解($n=1,2,\cdots$)，记为 β_{mn}，每一个 β_{mn} 值对应于由式(3.49)～式(3.54)确定的、能在光纤中传播的光场的一个空间分布，这种空间分布在传播过程中只有相位的变化，没有形状的变化，且始终满足边界条件。这种空间分布称为模式。根据不同的 m 与 n 组合，将存在许多模式。

光纤中的电磁场模式和平面波导相比，有其明显的特点，除 $m=0$ 的个别情况外，其 E_z 和 H_z 都不为零。而平面波导中，两者之一可为零，因而光纤的模式称为混合模。根据是磁场的贡献为主($H_z>E_z$)还是电场的贡献为主($E_z>H_z$)，可标记为 HE_{mn} 或 EH_{mn}。对于 $m=0$ 的轴对称特殊情况，HE_{0n} 和 EH_{0n} 可分别标记为 TE_{0n} 和 TM_{0n}。它们相应于横电模($E_z=0$)或横磁模($H_z=0$)传播。另一种模式标记为 LP_{mn}，用于弱导光纤中，这种光纤中 E_z 和 H_z 都近似为零。LP 模代表一种线偏振模。

在光纤这样的弱导结构中，HE-EH 模成对出现，而且它们的传播常数基本相等，称之为简并模。这些简并模具有相同的传播常数，不管它具体是 HE、EH、TE 或 TM 模，都用线偏振模(LP 模)表示。由模场结构可以看到，属于同一个 LP 模的模式的横向场强(E_x 或 E_y)相等，因此将其定义为线偏振模。

HE、EH、TE 及 TM 模与 LP_{1m} 模间的关系见表 3.1。假设有一个观察者在芯内沿一圆周，在方位角 φ 内做巡回运动，但并不转动，则脚标 1 代表 E 场转到他面前时转过的 2π 的倍数。脚标 m 代表 E 场沿 r 放射状地从纤芯中心到芯-包层界

面经过的半正弦的半周期数。

表 3.1 低阶 LP 模的组成

LP 模	传统模式
LP_{01}	HE_{11}
LP_{11}	HE_{21}, TE_{01}, TM_{01}
LP_{21}	HE_{31}, EH_{11}
LP_{02}	HE_{12}
LP_{31}	HE_{41}, EH_{21}
LP_{12}	HE_{22}, TE_{02}, TM_{02}
LP_{0n}	HE_{1n}
LP_{1n}	HE_{2n}, TE_{0n}, TM_{0n}
LP_{1n} （$n\neq 0$ 或 1）	$HE_{1+1,n}$, $EH_{1-1,n}$

一个模式由它的传播常数 β 唯一确定，由 β 可引入 $\bar{n}=\beta/k_0$，称为模式折射率或有效折射率，当 $\bar{n}$ 处于 n_1 与 n_2 之间时表明该模式在折射率为 $\bar{n}$ 的介质中传播。

由式(3.50)与式(3.52)可知，当 $\omega=0$ 时，$u=k_0(n_1^2-n_2^2)^{1/2}$，$\omega=0$ 对应于导引模的截止条件。为决定截止条件，定义一个用 $\frac{a}{c}(n_1^2-n_2^2)^{1/2}$ 对频率归一化的参量

$$V = k_0 a(n_1^2-n_2^2)^{1/2} \approx (2\pi/\lambda)an_1\sqrt{2\Delta} \tag{3.56}$$

称为归一化频率($V\sim\omega$)或简称 V 参数。再引入一个归一化传播常数 b，定义为

$$b=\frac{\beta/k_0-n_2}{n_1-n_2}=\frac{\bar{n}-n_2}{n_1-n_2} \tag{3.57}$$

给定参数 a、k_0、n_1 和 n_2，从式(3.55)～式(3.57)可求出导模的传播常数 β 和 b 与 V 参数的关系。图 3.11 给出了一些低阶模归一化传播常数 b 与归一化频率的关系曲线，可见 V 值越大，能够传播的模式越多。可传播的模式数与 V 的关系可近似表示为

$$M\approx\frac{1}{2}V^2 \tag{3.58}$$

例如，一个 $a=25\mu m$，$\Delta=5\times10^{-3}$ 的典型光纤，在 $\lambda=1.3\mu m$ 处，$V=18$，$M=162$。模式数 M 随 V 的变化很大，当 $V=5$ 时，模式数 $M=7$；当 V 低于一定数值时，除了 HE_{11} 模外，其他模式均截止，只传输单个模式，这种光纤称为单模光纤。

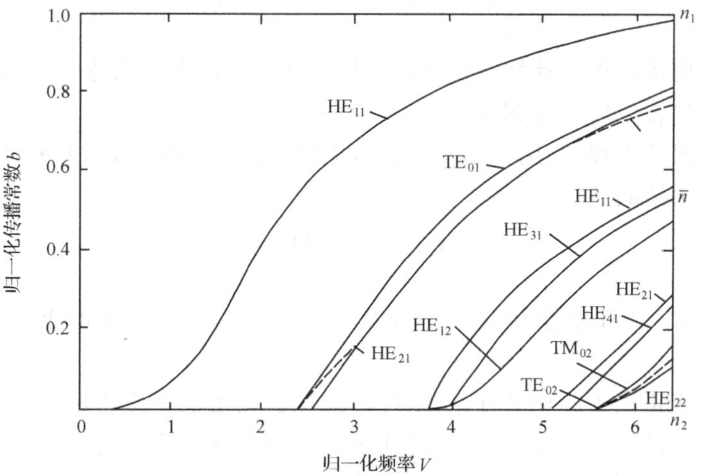

图 3.11 归一化传输常数 b 与归一化频率的关系，右边坐标尺为模式折射率

3.3.2 单模光纤的模式理论

1. 阶跃折射率分布光纤的单模条件

单模光纤只能传输一个模式，即 HE_{11} 模，称为光纤的基模。如图 3.11 所示，归一化频率 V 决定了光纤传输的模式数，各模式的截止条件取决于 V，并用 V_c 来表示，基模不会截止。

单模由 TE_{01} 和 TM_{01} 达到截止时的归一化频率 V 决定，当 $m=0$ 时，由式(3.55)可获得 TE_{01} 和 TM_{01} 两个模的本征方程

$$uJ_0(ua)K_0'(\omega a)+\omega J_0'(ua)K_0(\omega a)=0(\text{TE}_{01}\text{ 模}) \tag{3.59}$$

$$un_2^2J_0(ua)K_0'(\omega a)+\omega n_1^2J_0'(ua)K_0(\omega a)=0(\text{TM}_{01}\text{ 模}) \tag{3.60}$$

当 $\omega=0$ 时模式截止，$ua=V$，因此两模式的截止条件为

$$J_0(V)=0 \tag{3.61}$$

$J_0(V)=0$ 的最小 V 值为 $V=2.405$，光纤设计在 $V<2.405$，就只能承载基模 HE_{11}。

利用式(3.56)，可以估计用于光波系统的单模光纤的纤芯半径 a 在 1.3～1.6 μm 波长范围，一般按 $\lambda=1.2\mu m$，$n_1=1.45$，$\Delta=5\times10^{-3}$ 设计，则当 $a=3.2\mu m$ 时，能满足 $V<2.405$。若将 Δ 降至 3×10^{-3}，则纤芯可增至 $a\approx4\mu m$。实际上大多数单模光纤设计在 $a\approx4\mu m$，欲使光纤设计在可见光谱区仍能工作于单模，则 a 应减小两倍。

由式(3.56)和式(3.58)可知，阶跃折射率光纤中的传输模式数 M 取决于光纤芯径 D、纤芯折射率 n_0、包层折射率 n_1 和光波长 λ。传输模式数可由下式求得：

$$M = 0.5\left(\frac{\pi D \times \mathrm{NA}}{\lambda}\right)^2 = 0.5\left(\frac{\pi D}{\lambda}\right)^2 (n_1^2 - n_2^2) \tag{3.62}$$

因为使用接收角表示数值孔径对单模光纤而言没有准确意义，所以也用纤芯、包层折射率代替数值孔径 NA。

求解模式数方程，利用贝塞尔函数可以得出最大芯径 D，它表示对于某个特定波长要实现单模的条件

$$D < \frac{2.4\lambda}{\pi \sqrt{n_1^2 - n_2^2}} \tag{3.63}$$

只要芯径稍大，光纤就能传输两个模式，芯径足够小的光纤才能传输单一光波模式。

纤芯面积正比于芯径平方，所以纤芯面积也正比于波长平方，如果其他条件不变，那么用于传输 0.65μm 红光的光纤纤芯面积只有传输 1.3μm 近红外光的光纤的 1/4。因此，光波长越短，将光耦合进单模光纤就越困难。

尽管芯径只是单模传输方程中用到的物理参数，但是介质波导纤芯并不能约束所有的光，一部分被传导的单模会延伸到包层中，但深度很小，如图 3.12 所示。这些溢出光会在某处反射回纤芯，这个反射处和光轴的距离被称之为模场直径，定义为光强度减小为纤芯峰值 $1/e^2$(0.135)的位置和光轴之间的距离。

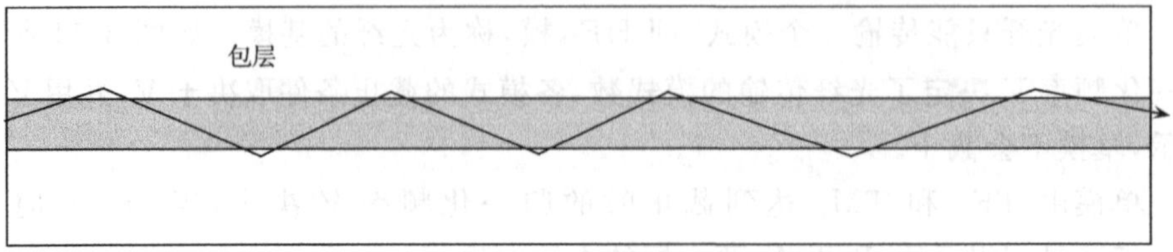

图 3.12　单模光纤中有少部分光会延伸到包层中去

模场直径由波长决定，随波长的增加而增大。阶跃折射率单模光纤的模场直径通常比芯径大约 10%～15%。一种广泛使用的阶跃折射率单模光纤的芯径为 8.2μm，1310nm 处的模场直径为 9.2μm，1550nm 处为 10.4μm，其数值孔径（波长 1310nm 处）为 0.14。

2. 截止波长

前面讲过，单模传输光纤的最大芯径取决于波长，如果方程以波长为变量，对于特定芯径的单模传输，求解可知存在一个特殊的波长值，必须大于此值才能实现单模传输，这个波长值称为截止波长，计算公式为

$$\lambda_c = \frac{\pi D \sqrt{n_1^2 - n_2^2}}{2.4} \tag{3.64}$$

式中，D 为光纤直径，单模波长必须大于 λ_c；假如波长减小，低于 λ_c 时就会出现多模传输。

如果想要高性能传输系统中的信号只有单一模式，就得让所有的传输波长都大于截止波长。为了稳定可靠，必须有一个误差容限，即设计光纤时必须使截止波长比所有的工作波长短。例如，普通阶跃折射率单模光纤通常用于1310nm波段，其规定的截止波长一般为1.26μm。

单模光纤的截止波长表示所能传输单模的最短波长，若波长比此更短，光纤将会传输双模或多模。

3. 单模光纤的模折射率与归一化传播常数

由式(3.57)可知模折射率为

$$\bar{n} = n_2 + b(n_2 - n_1) \approx n_2(1 + b\Delta) \tag{3.65}$$

利用式(3.65)和图3.10中 HE_{11} 模的 b-V 曲线，可求得工作波长处 HE_{11} 的模折射率 $\bar{n}$ 和归一化传播常数 b。b 的一个解析近似表达式为

$$b(V) \approx (1.1428 - 0.9960/V)^2 \tag{3.66}$$

在 $V=1.5\sim2.5$ 时，其精度在0.2%以内。

4. 单模场结构

基模的场分布可通过已求得的 E_z 和 H_z，用式(3.44)求得。当 $\Delta \ll 1$ 时，场的轴向分量 E_z 和 H_z 很小，因而弱导光纤中 HE_{11} 模电场的 E_x 分量表示为

$$E_x = E_0 \begin{cases} J_0(ur)/J_0(ur)\exp(\mathrm{i}\beta z), & r < a \\ K_0(ur)/K_0(ur)\exp(\mathrm{i}\beta z), & r \geqslant a \end{cases} \tag{3.67}$$

式中，E_0 为取决于传输功率的一个常数，这种模式沿 x 轴线偏振。显然，光纤也承载另一个沿 y 轴线偏振的模式。因此，由于单模光纤有相同的折射率分布，它们实际承载两个正交偏振模。

5. 单模光纤的双折射特性

一般的轴对称单模光纤可以同时传输两个线偏振正交模式或两个圆偏振正交模式。若光纤是完全轴对称，这两个正交模式在光纤中将以相同的速度向前传播，因而在传播过程中偏振态不会变化。而实际上并不存在这样的理想光纤，光纤内部的应力和外界施加的压力都会造成这两种偏振模式下折射率的微小差别，因而两正交模式在传播过程中会发生耦合，其结果是：①使光波的偏振态在传播过程中发生变化；②使光波在传播过程中发生“偏振模色散”，从而限制了单模光纤的信息传输速率。因此，一般单模光纤不能用于传输偏振光，为此发展了能维持光波偏振态的保偏光纤，其包括高双折射光纤和低双折射光纤。图3.13为双折射 B 为常数的偏振态周期性变化的图形，图中快轴代表模折射率小的轴，慢轴则为模折射率

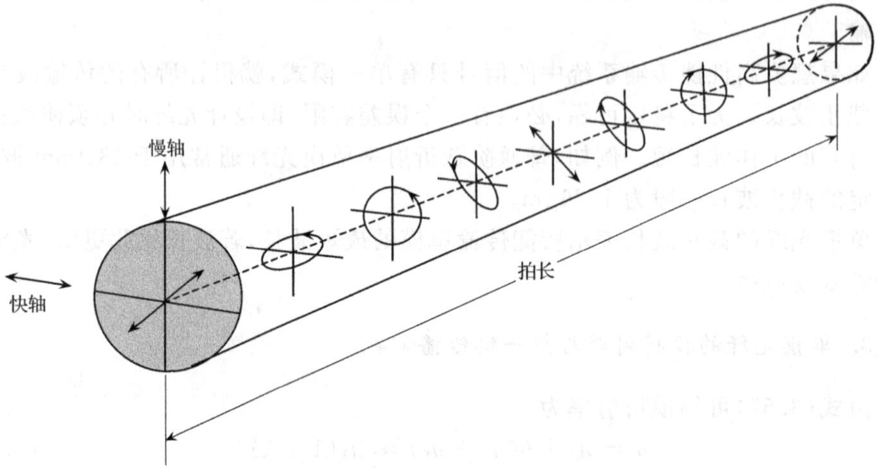

图 3.13　45°线偏振光在双折射光纤中偏振态的演变

大的轴。

一般单模光纤双折射的定义为两个正交模式传播常数之差，即 $\Delta\beta=\beta_x-\beta_y$，其特征参量有三个：

(1) 模双折射，又称归一化双折射，其定义为

$$B=\frac{\Delta\beta}{\beta_{xy}}=\frac{\beta_x-\beta_y}{\frac{1}{2}(\beta_x+\beta_y)}=\frac{n_x-n_y}{n} \tag{3.68}$$

一般单模光纤的 B 值为 $10^{-5}\sim10^{-6}$，当 $B<10^{-6}$ 时为低双折射光纤(LB)，$B>10^{-5}$ 时为高双折射光纤(HB)，对于 HB 光纤，习惯用拍长 L_{P} 来表征其模双折射，拍长定义为

$$L_{\mathrm{P}}=\frac{2\pi}{\Delta\beta}=\frac{\lambda}{n\beta} \tag{3.69}$$

一般高双折射光纤 L_{P} 之值为 1～10mm。对于 LB 光纤，习惯用两模间的相位延迟 δ 来表征其模双折射，δ 定义为

$$\delta=\frac{\beta_x-\beta_y}{l} \tag{3.70}$$

式中，l 为产生 $\Delta\beta=\beta_x-\beta_y$ 的光纤长度，目前低双折射光纤 δ 之最佳值为 $1°/m$。

(2) 模耦合参量 h，它表明光纤的保偏能力，其值由单模光纤的消光比 η 确定

$$\eta=10\lg\frac{P_y(l)}{P_x(l)}=10\lg\frac{h\tanh(\delta l)}{\delta+(a_y-a_x)\tanh(\delta l)} \tag{3.71}$$

式中，P_x、P_y 分别为两正交模的功率，l 为光纤长度，a_x、a_y 分别为两正交模的传输损耗，$\delta=[(a_y-a_x)^2+h^2]^{1/2}$。若 $a_x=a_y$，则有 $\delta=h$，上式简化为

$$\eta=10\lg(\tanh(hl)) \tag{3.72}$$

（3）传输损耗。

保偏光纤按 B 值大小分为低双折射光纤和高双折射光纤两类，后者又有单偏振光纤（single polarization fiber，SP）（只传输两个正交模中的一个）和双偏振光纤（twin polarization fiber，TP）（能同时传输两个正交偏振模）之分。按模双折射产生原因也可以分为几何形状效应（geometric effect，GE）和应力感应（stress induced effect，SE）光纤。保偏光纤现有的几种主要结构类型见表 3.2，图 3.14 给出了几种典型的保偏光纤的截面图。

表 3.2　保偏光纤的主要结构类型

		GE	SE
HB	SP	边槽型（side pit） 边隧道型（side tunnel）	蝴蝶结型（bow tie） 熊猫型（panda） 扁平包层型（flat cladding）
	TP	边槽型，边隧道型 椭圆纤芯型（elliptical core） 哑铃纤芯型（dumbbell core） 四区纤芯型（four section core）	蝴蝶结型，熊猫型，扁平包层型 圆包层型（elliptical cladding） 椭圆套层型（elliptical jacket）
LB		旋转型（spun）	扭转型（twisting）

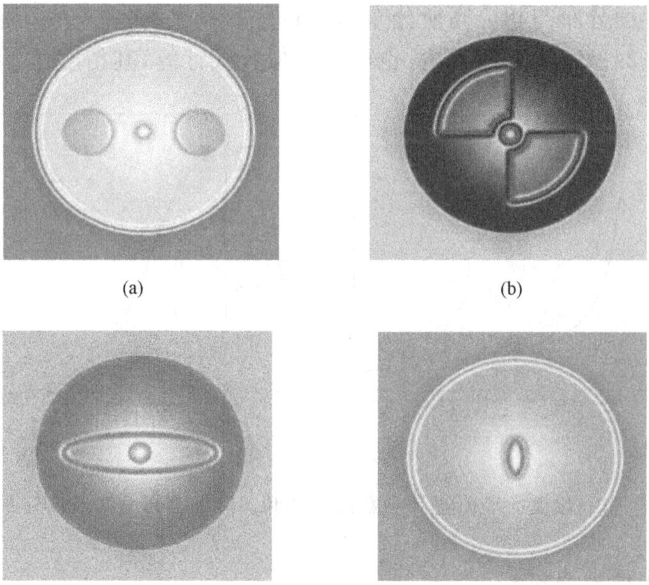

(a)　(b)　(c)　(d)

图 3.14　几种典型的保偏光纤的截面图

（a）熊猫型；（b）蝴蝶结型；（c）椭圆套层型；（d）椭圆纤芯型

6. 模场半径

光纤中模场按式(3.67)随 r 而变,在纤芯内($r<a$)按贝塞尔函数规律而变,而且场分布不局限在纤芯内,有相当部分处于包层中,因而单模光纤纤芯直径的概念实际上没有多大意义,而常用模场直径($2w$)的概念,它是基模场强在空间分布集中程度的一种度量:模场直径的大小对光纤连接及与其他光器件的耦合有重要的影响。模场直径通过远场强度分布 $F^2(q)$来定义,即著名的Petermann-II定义

$$2w=\left(\frac{2}{\pi}\right)\left(2\int_0^{\infty}q^3F^2(q)\mathrm{d}q\Big/\int_0^{\infty}F^2(q)\mathrm{d}q\right)^{-1/2} \tag{3.73}$$

$$q=\frac{1}{\lambda}\cdot\sin\theta \tag{3.74}$$

式中,θ 是远场分布角,λ 是波长。需要指出,这一定义是建立在远场扫描法的基础上的,使用比较麻烦。一般将光场作为高斯分布来近似计算模场半径,即

$$E_x=A\exp\left(-\frac{r^2}{w^2}\right)\exp(\mathrm{j}\beta z) \tag{3.75}$$

式中,w 为模场半径,可由下式近似求得

$$\frac{w}{a}=0.65+1.619V^{-3/2}+2.879V^{-6} \tag{3.76}$$

图3.15展示了归一化模场半径 w/a 对 V 参数的依存关系,图中也给出了 $V=2.4$时实际场分布与相应高斯分布的比较。曲线显示,在 $V\approx2$ 附近,两者符合相当好。在 $1.2<V<2.4$ 区间内,也可用近似公式计算,其精度在1%以内。

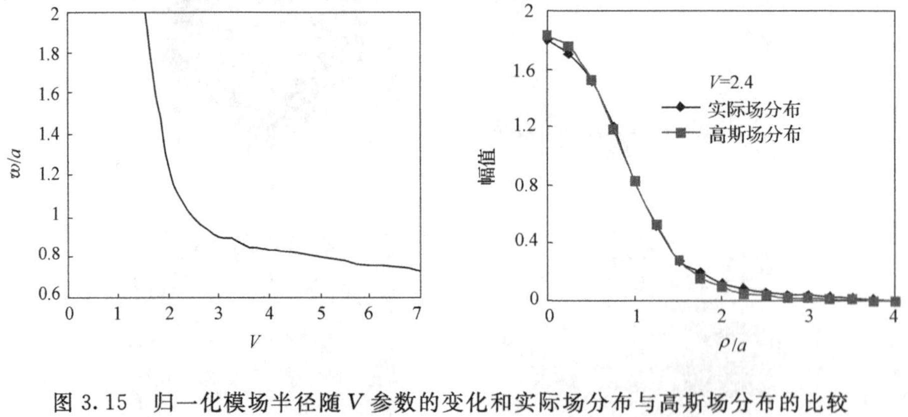

图3.15 归一化模场半径随 V 参数的变化和实际场分布与高斯场分布的比较

7. 纤芯中的功率流

模场半径描述场强在空间分布的集中程度,与此相应,导模纵向传输的功率流在芯包两区中同时传输,大部分集中在芯区传输,小部分在包层内传输,其分配比随模式而变。

在弱导光纤中，LP_{mn}只有横向场分量，纵向传输的功率流可方便地用轴向坡印亭矢量积分求得，即

$$P_{芯} = 1/2\int_0^a\int_0^{2\pi}(E_xH_y^* - E_yH_x^*)r\mathrm{d}r\mathrm{d}\varphi \tag{3.77}$$

$$P_{包} = 1/2\int_0^\infty\int_0^{2\pi}(E_xH_y^* - E_yH_x^*)r\mathrm{d}r\mathrm{d}\varphi \tag{3.78}$$

将 LP_{mn} 模的场量代入积分，求得

$$P_{芯}/P = 1-(u^2/V^2)\left[1-\frac{J_m^2(ua)}{J_{m+1}(ua)J_{m-1}(ua)}\right] \tag{3.79}$$

式中，$P=P_{芯}+P_{包}$。

另有一近似解析表示，直接将芯包区中功率流分配与模场半径联系，即

$$P_{芯}/P \approx 1-\exp(-2a^2/w^2) \tag{3.80}$$

尽管在 $V=2$ 时，光纤运用于单模，但只有 75%的模功率集中在芯区传输，而 $V=1$ 时，只有 20%的模功率集中在芯区中传输，因此大多数单模光波系统的光纤，参数 V 都设计在 2.0～2.4。

3.4 单模光纤中的偏振现象

在理想的单模光纤回路中(其他类型的光纤，如梯度折射率光纤不适合高级IM/DD(强度调制/直接检测)及连续光通信，所以这里不予考虑)往往存在两个正交、独立的简并模(也就是正交偏振)。由于二者都由相同的传播常数或相同的传播速度来定义，所以这些模发生简并。通常，光纤中的电场往往是这样两个本征偏振或本征模的线性叠加。由于本征模是独立的，所以它们的传播互不干扰。

3.4.1 本征模

在实际的单模光纤中，可以观察到多种不对称性，例如光纤芯不圆或承受不对称的侧压力等。从而，两个正交偏振不再简并，它们以不同的速度，而不是相同的速度传播。因此，这些模实际上就变成了不同的模，叫作本征模。

除了非圆纤芯和不对称侧压力以外，沿光纤还可以发现其他多种内在的和外在的变形。典型的附加变形有弯曲、扭转及折射率分布的不对称。而且，纤芯和包层热膨胀系数的不同也会导致内部受力不对称，所以温度变化也会影响光在光纤中的传播质量。与光纤类型无关，所有这些扰动都会破坏圆形波导的几何形状，并影响本征模的传播速度。

除了传播速度改变，前面提到的光纤变形也会产生我们不希望看到的模式耦合。发生模式耦合，就会有能区相互交换，其结果是两个模相互影响，而不再相互独立。那么它们就不再是本征模，因为只有相互独立的模才叫作本征模。但是，这也表明耦合模通常可以用两个独立的本征模来表达，同时还要考虑光纤扰动。这

些新定义的本征模正交偏振不同于没有考虑光纤扰动时候的本征模偏振。偏振的正交方向叫作基准轴。例如,如果光纤是椭圆芯的,那么基准轴就是光纤截面椭圆的长半轴和短半轴。

本节首先假设不存在模式耦合。就是说,在单模光纤中,一个本征模比另一个本征模传播得慢。为了集中讨论偏振的影响,我们假设本征模的基准轴与笛卡儿直角坐标系的 x 和 y 方向一致。在这个坐标系中,传播常数分别为 β_x 和 β_y。光纤轴线,即光的传播方向是 z 方向。我们再假设光纤扰动只是由轴向不对称引起的,即随位置 z 的变化而变化。

下面来考查一下偏振的传播,它是一个双折射 $\Delta\beta$ 和位置 z 的函数。为了避免一般性,我们认为光纤输入端,也就是 $z=0$ 处是线性偏振的平面光学波。这个波可以用电场来描述

$$\boldsymbol{E}(t)=\begin{pmatrix}E_x(t)\\E_y(t)\end{pmatrix}=\hat{E}\mathrm{e}^{\mathrm{j}2\pi ft}\begin{pmatrix}\cos\theta\\\sin\theta\end{pmatrix}=\hat{E}\mathrm{e}^{\mathrm{j}2\pi ft}\boldsymbol{e}$$
$$=\underbrace{\hat{E}\cos\theta\mathrm{e}^{\mathrm{j}2\pi ft}\boldsymbol{e}_x}_{\text{本征模}\,x}+\underbrace{\hat{E}\cos\theta\mathrm{e}^{\mathrm{j}2\pi ft}\boldsymbol{e}_y}_{\text{本征模}\,y} \tag{3.81}$$

式中,$f=c/\lambda$ 代表光的频率,$\hat{E}$ 代表场强,假设为常数。那么,在本章中,激光器的相位和幅值噪声都忽略不计。光纤输入场的线性偏振用单位偏振向量 $\boldsymbol{e}$,即 $|\boldsymbol{e}|=1$定义。该向量的方向(也就是定位)由偏振角 θ 决定。最后,e_x、e_y 分别代表了 x 和 y 方向的单位向量。

电场向量 $\boldsymbol{E}(t)$的实部在 xy 平面内的运动轨迹(也就是偏振)如图 3.16 所示。在光纤输入端($z=0$),依照前面讨论过的线性偏振输入,该向量描述的是一条直线。

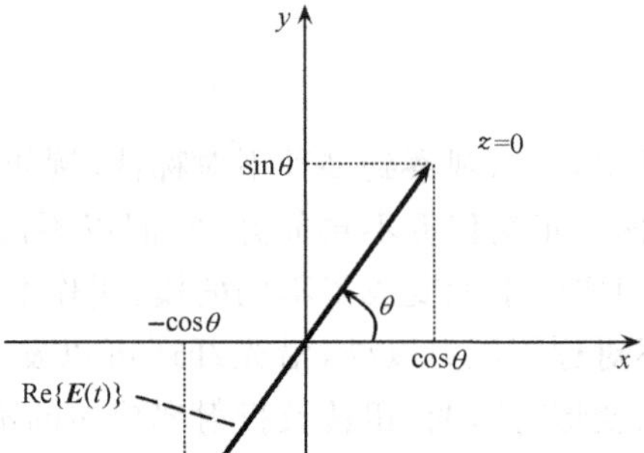

图 3.16 光纤输入端线偏光波的电场矢量轨迹曲线(即偏振态)($z=0$)

当考查光纤任意位置 $z\neq0$ 处的轨迹曲线形状时,我们会发现它通常不是直线,往往是椭圆,其电场为

$$
\boldsymbol{E}(z,t)=\begin{pmatrix}\underline{E}_x(z,t)\\ \underline{E}_y(z,y)\end{pmatrix}=\hat{E}\mathrm{e}^{\mathrm{j}2\pi ft}\begin{pmatrix}\cos\theta\mathrm{e}^{-\mathrm{j}\beta_x z}\\ \sin\theta\mathrm{e}^{-\mathrm{j}\beta_y z}\end{pmatrix}=\hat{E}\mathrm{e}^{\mathrm{j}2\pi ft}
$$

$$
=\underbrace{\hat{E}\cos\theta\mathrm{e}^{\mathrm{j}2\pi ft}\mathrm{e}^{-\mathrm{j}\beta_x z}\boldsymbol{e}_x}_{\text{本征模}\,x}+\underbrace{\hat{E}\sin\theta\mathrm{e}^{\mathrm{j}2\pi ft}\mathrm{e}^{-\mathrm{j}\beta_y z}\boldsymbol{e}_y}_{\text{本征模}\,y} \tag{3.82}
$$

与式(3.81)不同，单位偏振向量 $\underline{\boldsymbol{e}}(z)$不仅是复数，还是位置函数。由公式(3.82)定义的光波是椭圆偏振的。

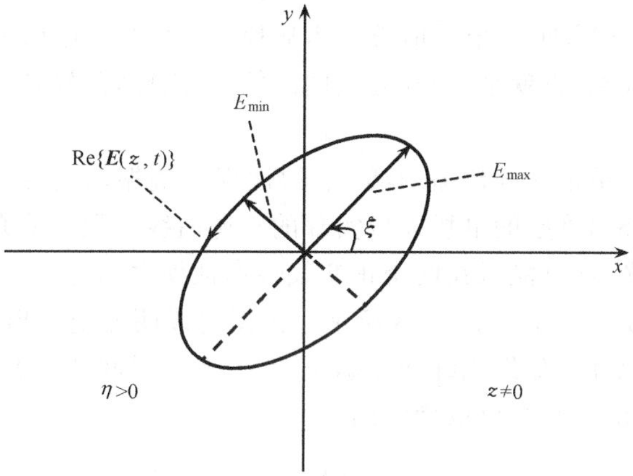

图 3.17　光纤 $z\neq 0$ 位置上椭圆偏振光波的电场矢量轨迹曲线(偏振态)

图 3.17 是偏振光波的典型轨迹曲线，我们称之为偏振椭圆或偏振态(SOP)。场矢量沿每个偏振椭圆周期性地旋转，周期为 $1/f$。偏振椭圆的两个特征参量为 x 方向与椭圆半长轴之间的仰角 ξ 和椭圆度 η。由于 η 的定义是半轴之比 $E_{\min}/E_{\max}$的反正切，所以 η 也代表一个角度。为了计算仰角 ξ 和椭圆度 η，需要计算式(3.82)中电场的两个正交分量 $\underline{E}_x(z,t)$和 $\underline{E}_y(z,t)$之间的相位差。

$$
\Delta\varphi(z)=\Delta\beta z \tag{3.83}
$$

该相位差随位置 z 而变化。利用简单的三角关系，仰角 ξ 和椭圆度 η 可以最终表达为

$$
\eta=\pm\arctan\left(\frac{E_{\min}}{E_{\max}}\right)=\pm\arctan\left[\frac{\sin(2\theta)\sin(\Delta\varphi(z))}{1+\sqrt{1-\sin^2(2\theta)\sin(\Delta\varphi(z))}}\right] \tag{3.84}
$$

和

$$
\xi=\frac{1}{2}\arctan\left[\frac{\sin(2\theta)\cos(\Delta\varphi(z))}{\cos(2\theta)}\right] \tag{3.85}
$$

η 和 ξ 的范围分别是 $-\pi/4\leqslant\eta\leqslant\pi/4$ 和 $-\pi/2\leqslant\xi\leqslant\pi/2$。如果电场向量沿偏振椭圆逆时针旋转，则椭圆度 η 为正；如果旋转是顺时针的，则 η 为负。若观察者正对着光波传播的方向，那么这就意味着观察者从接收机方向向光纤芯看进去。考虑椭圆度 η，就可以定义另一个描述偏振椭圆的重要参量，叫作偏振度。也就是

$$P=\frac{1-\tan^2(\eta)}{1+\tan^2(\eta)}=\sqrt{1-\sin^2(2\theta)\sin^2(\Delta\varphi(z))} \tag{3.86}$$

偏振度的扩展范围为 0～1。$\eta=0$ 代表圆偏振，$0<\eta<1$ 代表椭圆偏振，而 $\eta=1$ 则代表线性偏振。当更细致地分析特征量 P、ξ 和 η 时，就可以看到位置变量 z 的周期性，其周期为

$$L_b=\frac{2\pi}{\Delta\beta} \tag{3.87}$$

L_b 描述的是测量长度，叫作光纤拍长。明显地，每经过一个 L_b 距离后，往往可以观察到与光纤输入端，也就是 $z=0$ 处相同的偏振，当然，前提是沿光纤全长没有额外的光纤变形。

为了描述光沿单模光纤传播距离 L_b 的过程中偏振态的变化，我们在图 3.18 中给出了由式(3.82)确定的电场矢量实部的轨迹曲线。假设从光纤输入端($z=0$)进入的是线偏振光，而且能量在两个正交线性本征模之间等分。于是，光纤输入端的线性偏振角为 $\theta=\pi/4$，如图 3.18 所示。由图可以明显地看出，光的偏振沿光纤表现出极大的变化性。如果光纤变形确定，且变形随时间和温度随机变化，则和实际系统一样，偏振的变化是可以确定的。

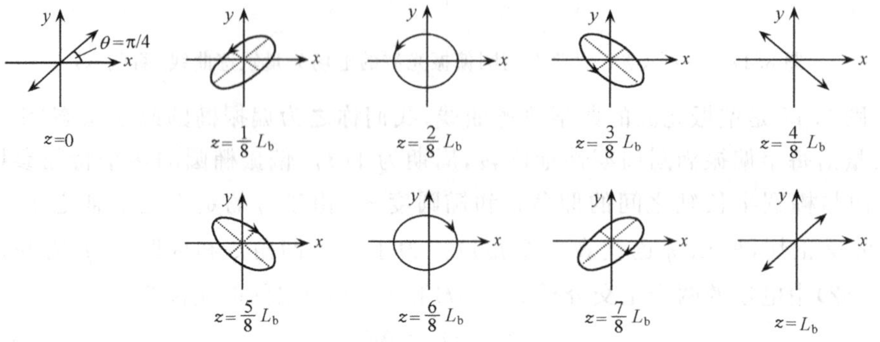

图 3.18　光纤输入端($z=0$)的线偏振态为 $\theta=\pi/4$ 时光纤不同位置 z 上的偏振态

让我们来考虑光纤输入端的两个偏振模中只有一个存在而另一个不存在的情况。在这种情况下，传播中的偏振态是变化的。作为一个示例，图 3.19 假设 x 方向的本征模较为活跃，也就是 $\theta<\pi/4$。显然，这张图中偏振态的变化比图 3.18 中的小。而圆偏振根本就不发生变化。

当光纤输入端只有线性正交本征模中的一支被激活时，会得到一个很重要且特殊的情况。光纤输入端线性偏振的角度由 $\theta=k\pi/2$ 决定，其中 $k\in\{\cdots,-1,0,1,\cdots\}$。在这种情况下，偏振椭圆所有的特征量，也就是 η、ξ 和 P 都依赖于位置变量 z。所以，光纤输入端的线性偏振光往往定义了两个正交的特征方向(即基准轴)，在原理上它们恰好保持光纤内的偏振态。然而，它首先要求在光纤输入端只有一个本征模被激活，其次要求在传输过程中没有其他不可知的扰动发生。

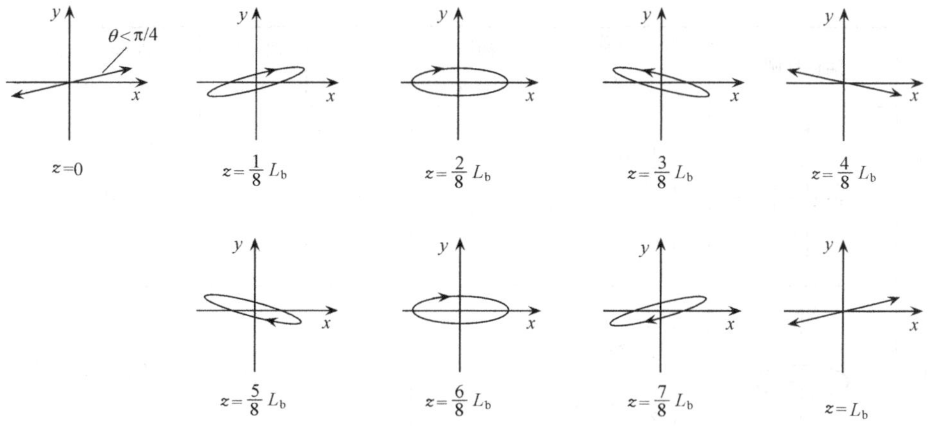

图 3.19　在光纤输入端($z=0$)的线偏振为 $\theta<\pi/4$ 时光纤不同位置 z 上的偏振态

实际上，虽然光纤不同位置上的扰动不同，但都会产生某种光纤变形。每种变形都会改变基准轴的方向。因此，即使在光纤输入端只有一个本征模被激活，偏振也只在一小段光纤内保持恒定。一旦出现额外的光纤变形，则通常由不同于光纤输入端的新基准轴决定进一步的偏振传播。所以，当系统用的是标准单模光纤时，偏振态的稳定传播往往是不可能的。

3.4.2　偏振表示方法

1. 单位向量表示法(琼斯矩阵法)

为了总结上述讨论，表 3.3 举例说明了几种偏振类型及其关系，以及特征量，即仰角 ξ、椭圆度 η 和偏振度 P。从而，偏振椭圆的形状及其特征参量值主要由单位偏振向量定义。通常，该向量表示为一个列矩阵，称为琼斯矩阵，它可以方便地将几个具有相同频率、相同相位系数、不同偏振态的波叠加(此时不用归一化)，可以方便地表示偏振态的传输状况

表 3.3　典型偏振态及其与基本量 ε、η、P 的关系(Ψ_0 为任意的，但是常量角度)

	偏振椭圆	单位传输向量 $\underline{e}$	椭圆度 η	仰角 ξ	偏振度 P	Poincaré 坐标 (S_1,S_2,S_3)
(1)	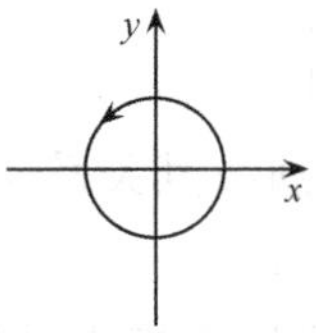	$\begin{pmatrix} \frac{1}{\sqrt{2}}e^{j\Psi_0} \\ \frac{1}{\sqrt{2}}e^{(j\Psi_0-90°)} \end{pmatrix}$	45° 逆时针	未定义	0	(0,0,0)

续表

	偏振椭圆	单位传输向量 $\underline{e}$	椭圆度 η	仰角 ξ	偏振度 P	Poincaré 坐标 (S_1, S_2, S_3)
(2)	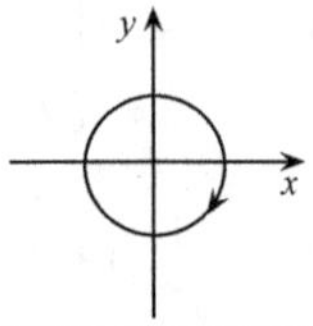	$\begin{bmatrix} \frac{1}{\sqrt{2}} e^{j\Psi_0} \\ \frac{1}{\sqrt{2}} e^{(j\Psi_0+90°)} \end{bmatrix}$	−45° 顺时针	未定义	0	(0,0,−1)
(3)	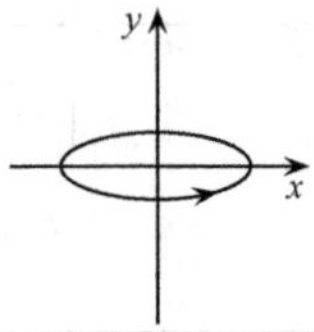	$\begin{bmatrix} \frac{\sqrt{3}}{2} e^{j\Psi_0} \\ \frac{1}{2} e^{(j\Psi_0-90°)} \end{bmatrix}$	30°	0°	0.5	$\left(0.5, 0, \frac{\sqrt{3}}{2}\right)$
(4)	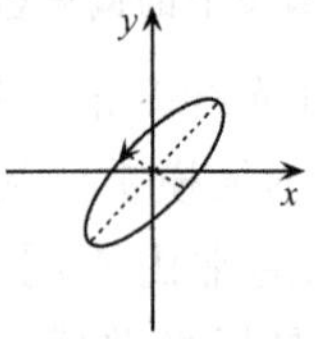	$\begin{bmatrix} \frac{1}{\sqrt{2}} e^{j\Psi_0} \\ \frac{1}{\sqrt{2}} e^{(j\Psi_0-45°)} \end{bmatrix}$	22.5°	45°	$1/\sqrt{2}$	$\left(0, \frac{1}{\sqrt{2}}, \frac{1}{\sqrt{2}}\right)$
(5)	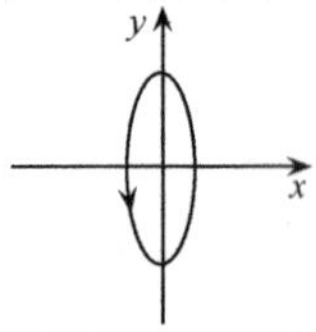	$\begin{bmatrix} \frac{1}{2} e^{j\Psi_0} \\ \frac{\sqrt{3}}{2} e^{(j\Psi_0-90°)} \end{bmatrix}$	30°	90°	0.5	$\left(-0.5, 0, \frac{\sqrt{3}}{2}\right)$
(6)	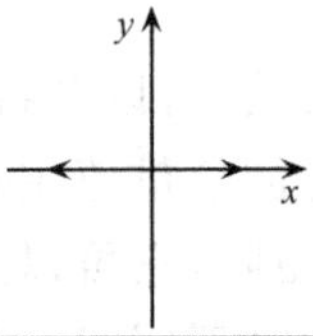	$\begin{pmatrix} 1e^{j\Psi_0} \\ 0 \end{pmatrix}$	0°	0°	1	(1,0,0)
(7)	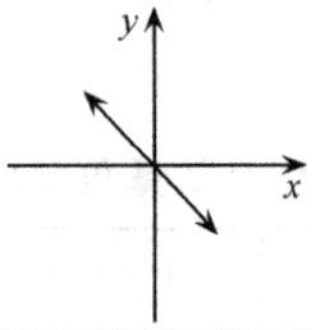	$\begin{bmatrix} -\frac{1}{\sqrt{2}} e^{j\Psi_0} \\ \frac{1}{\sqrt{2}} e^{j\Psi_0} \end{bmatrix}$	0°	−45°	1	(0,1,0)

$$\underline{e}(z,t) = \begin{bmatrix} \underline{e}_x(z,t) \\ \underline{e}_y(z,t) \end{bmatrix} = \begin{bmatrix} |\underline{e}_x(z,t)| e^{j\Psi_x(z,t)} \\ |\underline{e}_y(z,t)| e^{j\Psi_y(z,t)} \end{bmatrix} \tag{3.88}$$

这说明它在这里是时间 t 和位置 z 的函数。该向量是单位向量,所以其关系通常是

$$\underline{e}(z,t)\underline{e}(z,t) = |\underline{e}_x(z,t)|^2 + |\underline{e}_y(z,t)|^2 = 1 \tag{3.89}$$

这是令人满意的。如例 3.1 所示,将式(3.84)代入式(3.86),可以直接推导出单位偏振向量和特征量 ξ、η、P 之间的关系

$$\theta(z,t) = \arccos(|\underline{e}_x(z,t)|) = \arcsin(|\underline{e}_y(z,t)|) \tag{3.90}$$

和

$$\Delta\varphi(z,t) = \Psi_x(z,t) - \Psi_y(z,t) \tag{3.91}$$

还要注意，不考虑光纤变形的类型和数量，任何电场的偏振态都可以完全用单位偏振向量描述。

$$\underline{\boldsymbol{e}}(z,t) = \begin{pmatrix} \underline{E}_x(z,t) \\ \underline{E}_y(z,t) \end{pmatrix} = \hat{E}\mathrm{e}^{\mathrm{j}2\pi ft}\underline{\boldsymbol{e}}(z,t) \tag{3.92}$$

例 3.1 假设有一线偏振光波从单模光纤的输入端入射，传播常数不同是光纤唯一的缺陷。在这种情况下，单位偏振矢量为

$$\underline{\boldsymbol{e}}(z,t) = \begin{pmatrix} \underline{e}_x(z,t) \\ \underline{e}_y(z,t) \end{pmatrix} = \begin{pmatrix} \cos\theta\,\mathrm{e}^{-\mathrm{j}\beta_x z} \\ \sin\theta\,\mathrm{e}^{-\mathrm{j}\beta_y z} \end{pmatrix} = \underline{\boldsymbol{e}}(z,t)$$

于是，可以得到如下的简单关系式：

$$|\underline{e}_x(z,t)| = \cos\theta, \quad |\underline{e}_y(z,t)| = \sin\theta$$

$$\Psi_x(z,t) = \beta_x z, \quad \Psi_y(z,t) = \beta_y z$$

在连续光通信系统中，光纤输出端接收到光波的偏振态是很重要的。这种情况下，位置变量 z 是固定的，等于光纤长度 $L(z=L)$，因此就不再需要确切知道在光纤中的位置。单位偏振向量 $\underline{\boldsymbol{e}}(z,t)=\underline{\boldsymbol{e}}(L,t)=\underline{\boldsymbol{e}}(t)$ 现在只是时间函数，因为时间取决于不同的光纤扰动，如内部压力或温度的短暂变化。此外，还有多种不随时间变化的变形，如椭圆形纤芯等，从而使光纤输出端的偏振态不稳定，因此也不可预知。

假设光纤的几何变形随时间不变，偏振椭圆也恒定不变，输入端的电场矢量到达接收机($z=L$)时依然要改变方向。该向量沿偏振椭圆做周期性运动，从而该矢量的方向及长度都发生变化。因此，即便在理想情况下，接收到的激光波与相干光学探测器偏振态的匹配也不可避免。

2. Stokes 参数和 Poincaré 球

还有另一种描述偏振波动很有效的方法。每一种类型的偏振都可以用三个参数定义：仰角 ξ、椭圆度 η 和旋转方向(顺时针或逆时针)。这些参数可以用三个正交坐标系 S_1、S_2 和 S_3，即所谓 Stokes 参数的形式来表达。偏振度 P 是附加特征量，但因为 P 是 ξ 或 η 的函数，见式(3.86)，所以 P 不是一个真正的必须参数。考虑规格化的 Stokes 参数

$$S_1 = |\underline{e}_x(z,t)|^2 - |\underline{e}_y(z,t)|^2 = \cos2\eta\cos2\xi \tag{3.93}$$

$$S_2 = \underline{e}_x(z,t)\underline{e}_y^*(z,t) + \underline{e}_x^*(z,t)\underline{e}_y(z,t) = \cos2\eta\sin2\xi \tag{3.94}$$

$$S_3 = -\mathrm{j}(\underline{e}_x(z,t)\underline{e}_y^*(z,t) - \underline{e}_x^*(z,t)\underline{e}_y(z,t)) = \sin2\eta \tag{3.95}$$

现在，每个偏振态的特征量都可以在一个叫作 Poincaré 球的表面上表示出来。因此每种可能的偏振态都对应该球面上一个确切的特征点 $P:=P(S_1,S_2,S_3)=P(2\xi,2\eta)$，如图 3.20 所示。

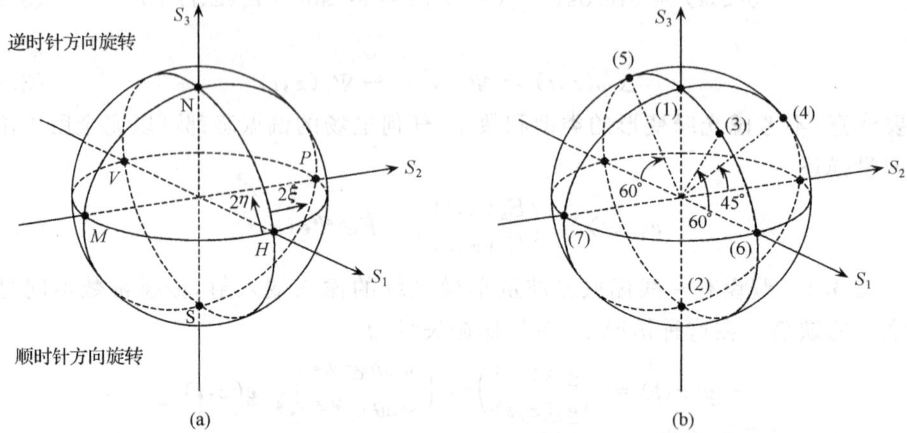

图 3.20 Poincaré 球上的偏振态

(a) 典型偏振状态；(b) 与表 3.3 相对应的偏振状态

对于线偏振($\eta=0$)光波，特征点 P 通常位于 Poincaré 球的“赤道”上。点 H 和 V 分别代表水平和垂直方向的偏振，而点 P 和 M 则代表了仰角 $\xi=\pm 45°$ 的线偏振。如果光波是圆偏振的，那么点 P 就位于球的“北极”(逆时针旋转)或“南极”(顺时针旋转)。相同仰角 ξ 的椭圆偏振光波位于子午线上，而具有相同椭圆度 η 的光波位置通常是相互平行的。如果偏振的两个状态 $\underline{e}_1(z,t)$ 和 $\underline{e}_2(z,t)$ 相互正交，也就是 $\underline{e}_1(z,t)\times\underline{e}_2^*(z,t)=0$，那么它们沿直径方向相反。

用 Poincaré 球可以快速分析波动振幅 $a_p(t)$。为此，必须利用公式(3.93)和公式(3.95)将单位偏振矢量 $\underline{e}_l$ 和 $\underline{e}_r(t)$ 描述为 Poincaré 球上的两个点(图 3.21)。它们是

$$P_l = P_l(S_{1l},S_{2l},S_{3l}),\quad P_r(t) = P_r(S_{1r}(t),S_{2r}(t),S_{3r}(t)) \qquad (3.96)$$

单位偏振矢量 $\underline{e}_r(t)$ 点 $P_r(t)$ 根据时间关系在球表面无规律地移动，而 P_l 保持不变。

$P_r(t)$ 和 P_l 之间的空间距离用角度 $\angle P_r(t)P_l$ 值直接度量，以评价波动振幅的大小。经过一些数学简化后，得到

$$a_p(t) = |\ \underline{e}_r(t)\underline{e}_l^*\ | = \cos\left(\frac{1}{2}\angle P_r(t)P_l\right) \qquad (3.97)$$

式中

$$\angle P_r(t)P_l = S_{1l}S_{1r}(t) + S_{2l}S_{2r}(t) + S_{3l}S_{3r}(t) \qquad (3.98)$$

随着 $\angle P_r(t)P_l$ 的增大，连续光通信系统的性能会迅速恶化。也就是说，当两种偏振态之间的空间分隔增加时，系统性能就会恶化。当两个偏振态相同，即 $\underline{e}_r(t)=\underline{e}_l$ 时，相应的点 $P_r(t)$ 和 P_l 相互重叠，如图 3.21(a)所示。因此，不考虑普通点在球上的位置，$a_p(t)$ 达到最大值，$a_{p,\max}=1$。

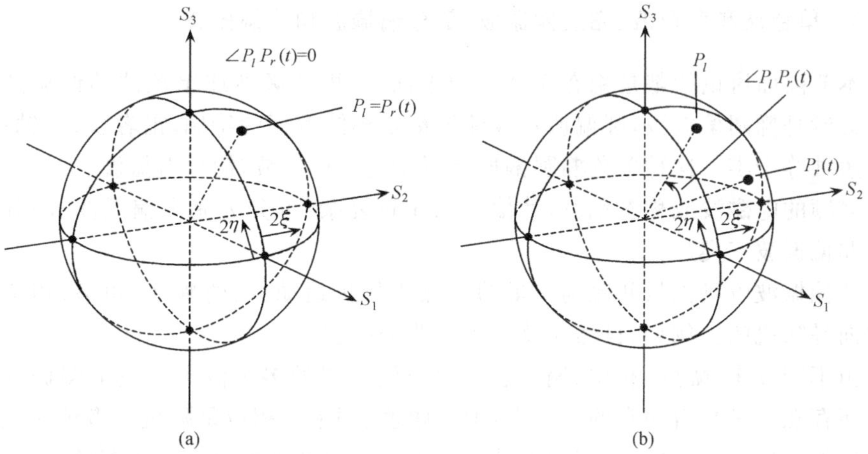

图 3.21 (a) 理想及(b) 事实情况下接收到的偏振及本地激光光波

为了更加明了,表 3.4 表示了空间角度$\angle P_r(t)P_l$ 对 $a_p(t)$的影响。这里,假设$\angle P_r(t)P_l := \angle P_rP_l$ 为常数。根据这个表格,当空间角度小于 15°时,偏振态变化的影响在实际中是可以忽略的。此时,$a_p(t)$相对其最大值 $a_{p,\max}=1$ 的变化小于 1%。即使该角度相对较大,如 50°,偏振态变化仍保持在 10%以下。另一方面,如果$\angle P_r(t)P_l$ 超过 50°,就会观察到其变化的影响相当大。由于铺设的光缆会受到多种不同的扰动,所以角度变化大于 50°很有可能。因此,当不得不使用连续光通信系统时,适当的偏振匹配技术或多偏振接收机绝对需要。

表 3.4 收到的偏振态及激光光波对 $a_p(t)$的影响

$\angle P_r(t)P_l$	$a_p(t)$	注 释
0°	1	理想情况,相同的偏振态
10°	0.996	影响极小
15°	0.991	影响极小
20°	0.985	影响小
50°	0.906	影响小
90°	0.707	影响大
180°	0	信号消失,正交偏振态

如前文所述,Poincaré 球是一个强有力的工具,利用它可以清楚描述偏振的变化。而且,Poincaré 球简化了接收光波和激光器光波的偏振变化对性能影响的分析过程。结合适当的软件,Poincaré 球还代表一个对偏振测量设备很适用的工具,可以确定偏振波动的统计值,研究单模光纤在单光缆中的偏振行为。在 Poincaré 球的赤道上表示线偏振;北半球代表左旋椭圆偏振,北极点代表左旋圆偏振;南半球代表右旋椭圆偏振,南极点代表右旋圆偏振。

3.4.3 单色波和多色波、完全偏振波、部分偏振波和非偏振波

本节前面讨论的都是稳态简谐均匀平面波，即单频波或单色波的偏振波。单色波必然是椭圆偏振波，圆偏振及线偏振都是椭圆偏振的特例，前者长、短轴相等，后者短轴等于零。这种单色椭圆偏振波属于完全偏振波，简称偏振波。

多频的电磁波或称多色波，其偏振态比较复杂，可分为完全偏振波、部分偏振波和非偏振波三类。

非偏振波电场矢量和磁场矢量的端点作随机运动，它的幅度、频率、相位及场的取向是随机的。例如，自然光就是多色非偏振波。

由不同频率、幅度、相位、偏振态的单色波合成的多色波属于完全偏振的多色波。还存在一种具有固有的偏振态，但其幅度、频率及相位是随机的多色完全偏振波。例如，自然光通过一个起偏器就可以近似地得到这种完全偏振多色波。

部分偏振波介于完全偏振波与非偏振波之间，既有椭圆偏振成分又有非偏振成分，这是最一般的情况。完全偏振与非偏振是两个极端。

衡量部分偏振波的参数是偏振度。它是部分偏振波中完全偏振波分量的功率流密度与全部功率流密度之比，也就是场强的平方比。

3.5 光在非正规光波导中的传输

我们已经讨论了两正交偏振传播速度变化所带来的影响。速度变化的主要原因在于光纤几何变形，如椭圆纤芯。事实上，实际的标准光纤中也常常会存在模式耦合。

模式耦合的成因和结果往往由附加的光纤扰动引起。由于有模式耦合，我们通常可以观察到能量的相互交换。其结果就是两个模，即正交偏振不再相互独立。因此，耦合模不是前面讨论过的独立传播的本征模。

假定存在这样的新本征模，不管发生何种类型的光纤扰动都不会有能量交换。显然，新的正交本征模及其传播速度主要依赖于光纤特性，特别是几何变形。

主要光纤变形应当是我们所希望的，并且是具有完好定义的光纤变形，而所有其他扰动都是自然任意的，并且是我们所不希望的。在这种重要且特别的情况下，偏振传播被完全定义，其特性只由基本的光纤变形决定。因此，倘若在光纤输入端两个本征模中只有一个被激活，那么偏振态在光纤全长上保持不变。

非正规光波导的主要特征是折射率分布在纵向上不均匀，有的光波导同时在横向上也是非对称的，会产生模式耦合，也就不存在严格意义下的模式，如果不均匀性没有破坏弱导条件，这些非正规波导可以用正规波导中的模式叠加而求解；当不满足弱导条件时必须用有限时域差分方法求解。其中目前研究最多的两种非正规光波导是布拉格光纤光栅和长周期光纤光栅。

3.5.1 光在光纤布拉格光栅中的传输

在光纤光栅出现至今的短短二十多年里，由于研究的深入和应用的需要，各种用途的光纤光栅层出不穷，种类繁多，特性各异。

根据光纤光栅周期的长短，通常把周期小于 1μm 的光纤光栅称为短周期光纤光栅，又称为光纤布拉格光栅或反射光栅，而把周期为几十至几百微米的光纤光栅称为长周期光纤光栅，又称为透射光栅。短周期光纤光栅的特点是传输方向相反的模式之间发生耦合，属于反射型带通滤波器。长周期光纤光栅的特点是同向传输的纤芯基模和包层模之间的耦合，无后向反射，属于透射型带阻滤波器。

1. 布拉格光纤光栅的耦合模理论(未破坏弱导条件)

将光敏光纤放置在不同样式的模板下用紫外光曝光就可以在光纤中形成所需的折射率扰动，这样就可产生光纤光栅。由曝光形成的总导模有效折射率 n_{eff}变化可以用下式表示：

$$\delta n_{\text{eff}} = \overline{\delta n}_{\text{eff}}\left[1 + s\cos\left(\frac{2\pi}{\Lambda}z + \varphi(z)\right)\right] \tag{3.99}$$

式中，s 是折射率调制的条纹可见度，Λ 是光栅周期，$\varphi(z)$ 描述光栅啁啾，$\overline{\delta n}_{\text{eff}}$表示直流“DC”有效折射率变化(即一个光栅周期内的平均有效折射率变化)。

常用耦合模理论来定量分析布拉格光栅衍射效率和光谱特性。将光栅中的横向电场分解为理想模式之和，这些模式可以通过求解无微扰光纤而得，其下标为 m，得到

$$E^{\text{T}}(x,y,z,t) = \sum_m [A_m(z)\exp(\mathrm{i}\beta_m z) + B_m(z)\exp(-\mathrm{i}\beta_m z)]e_m^{\text{T}}(x,y)\exp(-\mathrm{i}\omega t) \tag{3.100}$$

式中，$A_m(z)$与 $B_m(z)$分别表示第 m 阶模场沿$+z$ 与$-z$ 方向缓慢变化的幅度，传输常数β可以简单地描述为$\beta=(2\pi/\lambda)n_{\text{eff}}$。横向模场 $e_m^{\text{T}}(x,y)$可表示纤芯、包层或辐射模。在理想情况下，各阶次模式之间没有能量交换，然而由于光栅中周期性介电微扰的引入导致了模间耦合的产生。在这种情况下，$A_m(z)$与 $B_m(z)$沿纵向的变化为

$$\begin{aligned}\frac{\mathrm{d}A_m}{\mathrm{d}z} &= \mathrm{i}\sum_q A_q(C_{qm}^{\text{T}} + C_{qm}^{\text{L}})\exp[\mathrm{i}(\beta_q - \beta_m)z] \\ &\quad + \mathrm{i}\sum_q B_q(C_{qm}^{\text{T}} - C_{qm}^{\text{L}})\exp[-\mathrm{i}(\beta_q + \beta_m)z]\end{aligned} \tag{3.101}$$

$$\begin{aligned}\frac{\mathrm{d}B_m}{\mathrm{d}z} &= -\mathrm{i}\sum_q A_q(C_{qm}^{\text{T}} - C_{qm}^{\text{L}})\exp[\mathrm{i}(\beta_q + \beta_m)z] \\ &\quad - \mathrm{i}\sum_q B_q(C_{qm}^{\text{T}} + C_{qm}^{\text{L}})\exp[-\mathrm{i}(\beta_q - \beta_m)z]\end{aligned} \tag{3.102}$$

第 m 阶与第 q 阶模式的横向耦合系数可以用如下积分式表示：

$$C_{qm}^{\mathrm{T}}(z)=\frac{\omega}{4}\iint_{\infty}\Delta\varepsilon(x,y,z)e_q^{\mathrm{T}}(x,y)\cdot e_m^{\mathrm{T}*}(x,y)\mathrm{d}x\mathrm{d}y \tag{3.103}$$

式中，$\Delta\varepsilon(x,y,z)$表示介电微扰，对于 δn 的折射率变化可表示为 $2n\delta n$，远小于折射率 n。纵向模间耦合系数的定义如同横向耦合系数的定义，但一般情况下 $C_{qm}^{\mathrm{L}}\ll C_{qm}^{\mathrm{T}}$。

在许多情况下，紫外光照射后的折射率变化 $\delta n(x,y,z)$在纤芯区近似均匀而在包层可以忽略。按此假设，可以用$\overline{\delta n_{\mathrm{co}}}(z)$来替代$\overline{\delta n_{\mathrm{eff}}}(z)$。再定义两个新参数，即自耦合系数与交叉耦合系数，如下所示：

$$\zeta_{qm}(z)=\omega\frac{n_{\mathrm{co}}}{2}\overline{\delta n_{\mathrm{co}}}(z)\iint_{\mathrm{core}}e_q^{\mathrm{T}}(x,y)\cdot e_m^{\mathrm{T}*}(x,y)\mathrm{d}x\mathrm{d}y \tag{3.104}$$

$$k_{qm}(z)=\frac{s}{2}\zeta_{qm}(z) \tag{3.105}$$

式中，$\zeta_{qm}(z)$为直流耦合系数（自耦合系数），$k_{qm}(z)$为交流耦合系数（交叉耦合系数）。因此总耦合系数可表示为

$$C_{qm}^{\mathrm{T}}(z)=\zeta_{qm}(z)+2k_{qm}(z)\cos\left[\frac{2\pi}{\Lambda}z+\varphi(z)\right] \tag{3.106}$$

下面详细讨论布拉格光纤光栅的耦合理论。

布拉格光纤光栅是一种反射型光栅，光栅中的模式属于反向模式的耦合，对式(3.100)与式(3.102)进行简化得到如下等式：

$$\frac{\mathrm{d}A^+}{\mathrm{d}z}=\mathrm{i}\zeta^+A^+(z)+\mathrm{i}kB^+(z) \tag{3.107}$$

$$\frac{\mathrm{d}B^+}{\mathrm{d}z}=-\mathrm{i}\zeta^+B^+(z)-\mathrm{i}k^*A^+(z) \tag{3.108}$$

式中，$A^+(z)=A(z)\exp(\mathrm{i}\delta_{\mathrm{d}}z-\varphi/2)$，$B^+(z)=B(z)\exp(-\mathrm{i}\delta_{\mathrm{d}}z+\varphi/2)$，$\zeta^+$表示直流“DC”自耦合系数，其表达式为

$$\zeta^+=\delta_{\mathrm{d}}+\zeta-\frac{1}{2}\frac{\mathrm{d}\varphi}{\mathrm{d}z} \tag{3.109}$$

式中 δ_{d} 表示模式间的失谐量，它与 z 没有关系，其表达式为

$$\begin{aligned}\delta_{\mathrm{d}}&=\beta-\frac{\pi}{\Lambda}\\&=2\pi n_{\mathrm{eff}}\left(\frac{1}{\lambda}-\frac{1}{\lambda_{\mathrm{d}}}\right)\end{aligned} \tag{3.110}$$

式中，$\lambda_{\mathrm{d}}=2n_{\mathrm{eff}}\Lambda$ 是布拉格光纤光栅的设计波长，为有效折射率调制无限小($\delta n_{\mathrm{eff}}\to 0$)的弱光栅的谐振波长。复数因子 ζ 用来描述光栅的吸收损耗，此损耗系数可表示为 $a=2\mathrm{Im}(\zeta)$。对单模布拉格光栅反射，可将直、交流耦合系数简化为

$$\zeta=\frac{2\pi}{\lambda}\overline{\delta n_{\text{eff}}} \tag{3.111}$$

$$\kappa=\kappa^*=\frac{\pi}{\lambda}s\,\overline{\delta n_{\text{eff}}} \tag{3.112}$$

当光栅纵向均匀时，δn_{eff} 为常数并且 $\mathrm{d}\varphi/\mathrm{d}z=0$，因此，$\kappa$、$\zeta$、$\zeta^+$ 全为常数，这就将式(3.107)、式(3.108)简化为全部常数因子一阶模式耦合的普通差分方程，当边界条件已知时，就可以得到差分方程的闭合解。设长为 L 的均匀布拉格光栅在 $z=-\infty$ 处有前向传输的光注入，在 $z\geqslant L/2$ 时没有反射光。幅度反射系数 $\rho=B^+(-L/2)/A^+(-L/2)$ 与能量反射系数 $R=|\rho|^2$ 表示如下：

$$\rho=\frac{-k\sinh\sqrt{(kL)^2-(\zeta^+L)^2}}{\zeta^+\sinh\sqrt{(kL)^2-(\zeta^+L)^2}+\mathrm{i}\sqrt{k^2-\zeta^{+^2}}\cosh\sqrt{(kL)^2-(\zeta^+L)^2}} \tag{3.113}$$

$$R=\frac{\sinh^2\sqrt{(kL)^2-(\zeta^+L)^2}}{-\frac{\zeta^{+^2}}{k^2}+\cosh^2\sqrt{(kL)^2-(\zeta^+L)^2}} \tag{3.114}$$

由式(3.111)可见，布拉格光纤光栅的最大反射率为

$$R_{\max}=\tanh^2(kL) \tag{3.115}$$

这个最大值发生在 $\zeta^+=0$ 时，即在波长 $\lambda_{\max}$ 处，其中

$$\lambda_{\max}=\left(1+\frac{\overline{\delta n_{\text{eff}}}}{n_{\text{eff}}}\right)\lambda_{\mathrm{d}} \tag{3.116}$$

布拉格光纤光栅的带宽为谐振波长两侧反射率第一次为零的波长间距，由式(3.115)可得

$$\frac{\Delta\lambda_0}{\lambda}=\frac{s\,\overline{\delta n_{\text{eff}}}}{n_{\text{eff}}}\sqrt{1+\left(\frac{\lambda_{\mathrm{d}}}{s\,\overline{\delta n_{\text{eff}}}L}\right)^2} \tag{3.117}$$

当折射率变化非常小时，即 $s\,\overline{\delta n_{\text{eff}}}$ 非常小，则 $s\,\overline{\delta n_{\text{eff}}}\ll\lambda_{\mathrm{d}}/L$ 并且

$$\frac{\Delta\lambda_0}{\lambda}\to\frac{s\,\overline{\delta n_{\text{eff}}}}{n_{\text{eff}}}=\frac{2}{N} \tag{3.118}$$

上式说明弱光栅的带宽由光栅长度所决定。然而，对于 $s\,\overline{\delta n_{\text{eff}}}\gg\lambda_{\mathrm{d}}/L$ 的强光栅，上式转化为

$$\frac{\Delta\lambda_0}{\lambda}\to\frac{s\,\overline{\delta n_{\text{eff}}}}{n_{\text{eff}}} \tag{3.119}$$

当折射率变化很大时，光线不能穿过整个的光栅区域，反射光谱的带宽将不再由光栅长度决定，而取决于折射率的改变，也就是说带宽无论是在反射带边缘、第一零点还是在最大反射强度一半处测量都是相似的。

2. 非均匀光栅中的双模耦合

在实际应用中，经常都要用到非均匀布拉格光栅，其中最重要的一个原因就是以此来消除均匀布拉格光栅中非常明显的边瓣，它们已经在密集波分复用系统中应用。同样地，啁啾可用于控制光栅的色散特性，可用于短光纤激光器中的脉冲位相压缩和整形，还可用在可调谐锁模外腔式半导体激光器中以获得稳定可靠的连续波输出。

从非均匀光栅的双模耦合中我们考虑用两种不同的方法来求光栅的反射及透射谱。首先对模式耦合方程进行数值积分，再将光栅分成离散均匀的小段，通过将这些均匀小段的闭合解形式的一连串矩阵相乘得到总矩阵，这是一个非常繁杂的计算方法。另外有一种与此相似的方法是 Rouard 法，此方法将光栅的每半周期视为一层薄膜，与分段法相似，它也需要大量矩阵的连乘，不过，此法矩阵的数量与光栅周期数呈比例关系，它非常适用于长度为厘米级、拥有 10^5 或以上个周期的光纤光栅的计算。本书对非均匀光栅的模式耦合理论不作详细介绍。

3.5.2 光在长周期光纤光栅中的传输

长周期光纤光栅(long period fiber grating, LPFG)的理论是在光纤布拉格光栅理论的基础上发展起来的。长周期光纤光栅的模式耦合属于同向传输的纤芯基模和包层模之间的耦合。早在光纤光栅出现之前，人们就已经用耦合模理论研究了平面波导中的光栅，其中的许多方法和结论可用于研究长周期光纤光栅，只是需要具体考虑光纤中传输模式的不同。经过 Lam、Sipe、Erdogan 等人的努力，目前已经形成了一套比较完善的分析长周期光纤光栅传输特性的耦合模理论。

由于耦合模理论采用的一些近似只有在折射率调制不太大时才成立，因此对于折射率调制较大(10^{-2}量级以上)的情形，该模型的精确度变差，且其数值运算复杂，计算量较大。在耦合模理论基础上，发展起来了一种用分段传输矩阵分析长周期光纤光栅传输特性的方法，该方法没有太多的近似，精确度较高，且适合于数值运算，计算量相对较小，因此特别适合计算一些长的或非均匀的光纤光栅。耦合模理论和传输矩阵法是分析包括长周期光纤光栅在内的光纤光栅，特别是非均匀光纤光栅的基本方法，是一种严格的理论分析方法，可用于研究各类复杂结构的光纤光栅。

长周期光纤光栅的模式耦合主要是指纤芯基模和同向传输的各阶包层模之间的耦合。由光纤的模式理论可知光纤的包层模式很多，为了讨论的方便和易于理解，本节主要讨论长周期光纤光栅中纤芯基模和一个包层模之间的耦合，并且本节中的许多分析方法和结论对通常的长周期光纤光栅的模式耦合(纤芯基模与同向各阶次包层模之间的耦合)也是适用的。

定义长周期光纤光栅的设计波长 λ_D，即光纤有效折射率调制无限小($\delta n_{eff}\rightarrow 0$)

时的谐振波长（也称初始谐振波长）为

$$\lambda_D \equiv \Delta n_{eff} \Lambda \tag{3.120}$$

式中，Δn_{eff}表示光纤基模（mode 1）和同向包层模（mode 2）之间的有效折射率差，即

$$\Delta n_{eff} = n_{eff1} - n_{eff2} \tag{3.121}$$

定义长周期光纤光栅模式间的失谐量 δ 为

$$\delta \equiv \pi \Delta n_{eff} \left(\frac{1}{\lambda} - \frac{1}{\lambda_D} \right) \tag{3.122}$$

定义长周期光纤光栅的直流“DC”自耦合系数（“DC” self-coupling coefficient）$\hat{\sigma}$ 为

$$\hat{\sigma} \equiv \delta + \frac{\sigma_{11} - \sigma_{22}}{2} - \frac{1}{2} \frac{d\varphi}{dz} \tag{3.123}$$

式中，σ_{11} 和 σ_{22} 为直流“DC”耦合系数。

通过同步近似，长周期光纤光栅的模式耦合方程可近似表示为

$$\frac{dR}{dz} = i\hat{\sigma} R(z) + ikS(z) \tag{3.124}$$

$$\frac{dS}{dz} = - i\hat{\sigma} S(z) + ik^* R(z) \tag{3.125}$$

式中，R 和 S 分别表示纤芯基模和同向包层模的幅度；$\hat{\sigma}$ 和 k 分别表示直流“DC”自耦合系数和模式间的交流“AC”交叉耦合系数（“AC” cross-coupling coefficient）。

在长周期光纤光栅的耦合区，模式之间的耦合导致纤芯基模的功率逐渐转换到包层模中。设长为 L 的长周期光纤光栅的边界条件为：在光栅的入射端只有一个模式，即在光栅的入射端纤芯基模的能量最大 $R(0)=1$，而包层模的能量为零 $S(0)=0$。对于均匀单模长周期光纤光栅，$\overline{\delta n_{eff}}$是常数且 $d\varphi/dz=0$，因此 k、σ、$\hat{\sigma}$ 也是常数。所以，式（3.124）和式（3.125）是常系数一阶微分方程。结合边界条件解由式（3.124）和式（3.125）构成的方程组可求得均匀单模长周期光纤光栅纤芯基模中未耦合部分的能量和已耦合到包层模中的能量的比例，即自耦合率 $t_=$ 和交叉耦合率 $t_\times$ 分别为

$$t_= = \frac{|R(z)|^2}{|R(0)|^2} = \cos^2\left(\sqrt{k^2 + \hat{\sigma}^2} z\right) + \frac{1}{1 + \frac{k^2}{\hat{\sigma}^2}} \sin^2\left(\sqrt{k^2 + \hat{\sigma}^2} z\right) \tag{3.126}$$

$$t_\times = \frac{|S(z)|^2}{|R(0)|^2} = \frac{1}{1 + \frac{\hat{\sigma}^2}{k^2}} \sin^2\left(\sqrt{k^2 + \hat{\sigma}^2} z\right) \tag{3.127}$$

由式（3.127）可知，当直流“DC”自耦合系数 $\hat{\sigma}=0$ 时，长周期光纤光栅的交叉耦合率取最大值，即

$$t_{\times,\max} = \sin^2(kL_g) \tag{3.128}$$

3.6 小　结

光纤是一种高度透明的玻璃纤维，是工作在光波波段的一种介质波导。根据芯区折射率径向分布的不同，可分为阶跃光纤和渐变光纤；按照传输的模式数量可分为单模光纤和多模光纤。不同的折射率分布及不同模式的光纤，传输特性完全不同。

光纤传输的条件要满足光线在纤芯和包层界面上的全反射条件，同时还需满足传输过程中的相干加强条件。对于特定的光纤结构，只有满足一定条件的电磁波可以在光纤中有效的传输，这些特定的电磁波称为光纤模式，光纤中可传导的模式数量取决于光纤的具体结构和折射率的径向分布。

对于多模光纤，纤芯直径 $2a$ 和光波波长 λ 比值 $2a/\lambda$ 远大于光波波长 λ；对于单模光纤，$2a$ 与 λ 可比拟。根据纤芯直径 $2a$ 和光波波长 λ 比值的大小，光纤的传输原理可用光线理论和电磁场及模式理论进行分析。

在理想的单模光纤回路中往往存在两个正交、独立的简并模（也就是正交偏振）。由于二者都由相同的传播常数或相同的传播速度来定义，所以这些模发生简并。通常，光纤中的电场往往是这样两个本征偏振或本征模的线性叠加。由于本征模是独立的，所以它们的传播互不干扰。假设不存在模式耦合，单模光纤中，一个本征模比另一个本征模传播得慢；如果存在模式耦合，通常可以观察到有能量的相互交换，其结果是两个模，即正交偏振不再相互独立。

思考与练习

1. 给出数值孔径的定义，并分析影响数值孔径的诸因素。
2. 试比较多模光纤和单模光纤的结构和传输特性的差别。
3. 简述光在非正规波导中的传输。

参 考 文 献

刘德森. 1987. 纤维光学. 北京：科学出版社

Ainslie B J, Day C R. 1986. A review of single-mode fibers with modified dispersion characteristics. IEEE J. LT-4,8: 967～979

Bonek Ernst, Furch Bernhard, Otruba Heinrich. 1985. Optical Fiber Production. UNIDO Report No. IS542

Chraplycy A R. 1990. Limitations on light wave communications imposed by optical-fiber nonlinear ties. IEEE J. LT-8,10: 1548～1557

Donald G, Baker. 1987. Monomode Fiber Optic Design. New York: Van Nostrand Reinhold

Fleming J W. 1978. Material dispersion in light guide glasses. Electron. Lett., 14 (11): 326～328

Gambling W A, Matsumura H, Ragdale C M. 1979. Zero total dispersion in graded-index single mode fibers. Electron. Lett., 15 (15): 474～476

Gloge D, Marcatili E A. 1973. Multimode theory of graded-core fibers. Bell Syst. Tech. J. 52 (9):1563～1578

Gower J. 1993. Optical Communication Systems. Second Edition. Prentice-Hall

Green, Paul E Jr. 1993. Fiber Optic Networks. Prentice-Hall

Hecht Jeff. 1997. Understanding Fiber Optics. Second Edition. Howard W. Sams&Co

Hunsperger, Robert G. 1994. Photonic Devices and Systems. Marcel Dekker, Inc

Iannone E, Matera F, Mecozzi A, Settembre M. 1998. Nonlinear Optical Communication Networks. John Wiley

Juma Salim. 1996. Bragg gratings boost data transmission rates. Laser Focus Word, 11: S5～S9

Juma Salim. 1997. Chirped Bragg gratings compensate for dispersion. Laser Focus World, 10: 125～130

Keiser G. 1991. Optical Fiber Communications. Second Edition. McGraw-Hill

LEE T P, Burrus C A, Marcuse D, Denatai A G. 1982. Measurement of beam parameters of index guided & gain guided single frequency InGaAsP injection lasers. Electron. Lett., 18: 902～904

Lin Chinlin. 1989. Opt. electronic Technology and Light Wave Communications System. Van Nostr and Reinhold

Midwinter J E. 1979. Optical Fiber for Transmission. John Wiley

Miller S E, Kaminow I P. 1998. Optical Fiber Telecommunications-II. Academic Press

Miya T, Teramuna Y, Hosaka Y, Miyashita T. 1979. Ultimate low-loss singlemode fiber at 1.55μm. Electron. Lett., 15 (4): 106～108

Olshansky R, Keck D B. 1976. Pulse broadening in graded-index optical fibers. Applied Optics, 15 (12): 483～491

Palais J C. 1998. Fiber Optic Communications. Second Edition. Prentice-Hall

Payne D N, Barlow A J, Hansen R J J. 1982. Development of low-and-high-birefringence optical fibers. IEEE J. QE-18, 4: 477～487

Personick S D. 1985. Fiber Optics. Plenum Publishing Corp

Powers J P. 1993. An Introduction to Fiber Optic System. Aksen Associates Inc

Senior J M. 1992. Optical Fiber Communication-Principles and Practice. Second Edition. Prentice-Hall

White K I, Nelson B P. 1979. Zero total dispersion in step index monomode fibers at 1.30 and 1.55. Electron. Lett., 15 (13): 396～397

第 4 章　新型光纤和光纤的基本特性

从 20 世纪 60 年代起，人们对导光纤维——光纤，进行了积极的探索，光纤的损耗从最初为 1000dB/km 以上，到 1979 年降到约 0.2dB/km（1.55μm 处），低损耗光纤的发明带来了光波技术领域的革命，开创了光纤通信时代的新纪元。光纤技术发展至今，各种能够实现特殊功能的光纤纷纷面世，不仅使得光纤通信得到飞速发展，也使得光纤传感技术进入了实用化阶段。本章主要对各种不同种类的光纤结构和基本特性进行详细的讨论。

4.1　不同波导结构的石英光纤

纤芯包层结构和光纤材料的成分是决定光纤性能的关键因素，目前应用最多的是石英光纤。第 2 章已经粗略介绍了各种光纤，本节首先从波导结构的角度详细介绍不同种类的石英光纤，4.2 节从光纤材料角度较为详细地介绍不同种类的光纤。建议在学习本节时先大概了解光纤色散、损耗、非线性等概念，另外需要在学习各节时相互参考。

4.1.1　渐变折射率多模光纤

通信工程师开始认真研究光纤光学最早是在 20 世纪 70 年代，他们认识到模色散会限制大芯径阶跃折射率光纤的容量，单模光纤看起来似乎能提供更大的容量，但是许多工程师怀疑是否能将足够多的光耦合到如此细小的光纤中，作为折中的选择，他们研制了折射率从纤芯到包层缓慢变化的多模光纤，通过用纤芯-包层折射率渐变的方式来代替突变边界，可以基本消除模色散，从而使渐变折射率多模光纤的传输容量大大增加。

从光学角度来讲，渐变折射率光纤利用折射而不是全内反射传导光。光纤的折射率从光纤中心轴开始向外逐渐减小，在纤芯边界处减小到和包层的折射率相同，如图 4.1 所示。折射率的变化引起光的折射，使光线在低折射率层中传播时向光纤轴偏转，使其不会到达包层的外边界（折射率梯度并不能约束光纤中所有的光线，只有在孔径角范围内的光线才能在光纤中传播，这和阶跃折射率光纤一样，而且折射率梯度决定了孔径角的大小）。

和阶跃折射率光纤一样，渐变折射率光纤中的光线也是经过不同的路径传播的，它们的速度却是不同的，因为光在光纤纤芯中的速度随折射率变化，光束偏离光纤轴越远，光速就越快。折射率渐变带来的差别并不大，但是却可以补偿离轴光

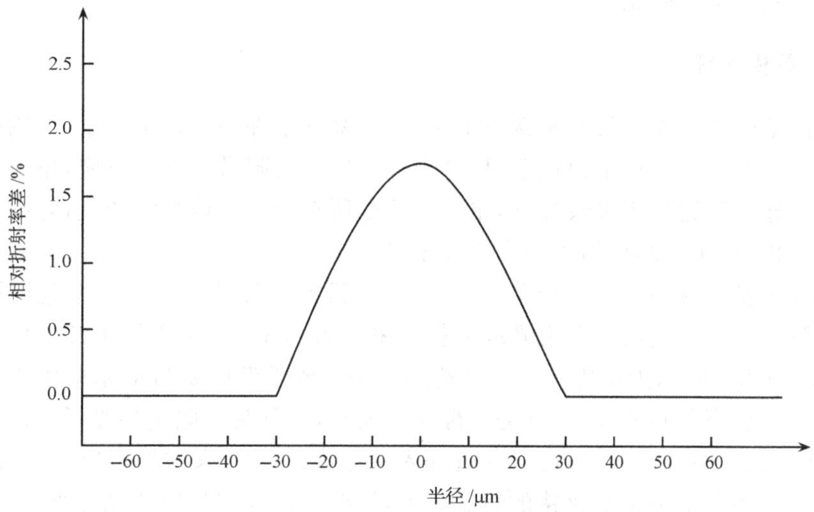

图 4.1 渐变折射率光纤截面折射率分布图

线在长距离传输中的时间差，从而平衡不同模式间的传输时间来减少模式色散。

1. 实用的渐变折射率光纤

渐变折射率光纤是专门为通信研制的。使用已久的标准类型的芯径为 50μm 或 62.5μm，包层直径为 125μm，有些类型的芯径为 85μm，包层直径也为 125μm。芯径大就能有效地收集各种类型光源发出的光。包层则至少要有 20μm 厚，以防止光发生泄漏。

标准渐变折射率光纤的芯径为 50μm 或 62.5μm。

2. 渐变折射率光纤的局限性

渐变折射率光纤存在一些严重的制约因素，使其最终不能适用于高性能通信。多模传输本身也会带来严重的问题，不同模式间相互干扰，产生模噪声，穿越光纤端面的光随着微小振动而不停变化，分布也不平滑，由此产生噪声。这样的模效应还使得光纤性能难以精确控制，尤其多根光纤连接到一起的时候最为明显，因为在连接处有些模式的光会转变为其他模式，或者泄漏到包层中去。模色散并不是使脉冲在光纤中传播时发生展宽的唯一因素，和光波长有关的折射率的微小变化会引起其他类型的色散。这些色散在渐变折射率光纤中仍然存在，这在传输速率增加时变得尤为重要，后面将会讲述这些效应。

残余的色散和模噪声限制了渐变折射率光纤的性能。

此外，理想的折射率分布实际上很难实现，要得到折射率梯度，必须沉降组分略有差别的薄层，整个流程必须精确控制而且成本昂贵，即使在理想条件下，微小抖动也仍然是不可避免的。

4.1.2 单模光纤

最简单的单模光纤具有阶跃折射率分布，基本条件是芯径足够小，传输模式只有一个。单模光纤避免了模色散、模噪声和多模传输附带的其他效应，单模光纤传输信号的速度远远高于多模光纤，单模光纤是所有现实电信系统的最佳选择，能实现高速率传输，无中继传播距离大于几千米。

标准单模光纤的折射率分布为阶跃型，高折射率纤芯和低折射率包层被突变边界分隔开。广泛使用的单模光纤的折射率差为0.36%，完全低于其他标准类型的1%。图4.2所示为用熔融石英制造的两种主要类型阶跃折射率单模光纤在横截面上的折射率分布曲线，一种为匹配包层光纤，一种为凹陷包层光纤。匹配包层光纤，包层是纯熔融石英，纤芯中通过加入氧化锗(GeO_2)来增加折射率；凹陷包层光纤纤芯是掺杂了少量氧化锗的熔融石英，掺杂量比匹配包层的光纤小，包裹纤芯的包层内部掺杂氟，使其折射率低于纯熔融石英，纤芯最外部为纯熔融石英，没有掺杂氟。

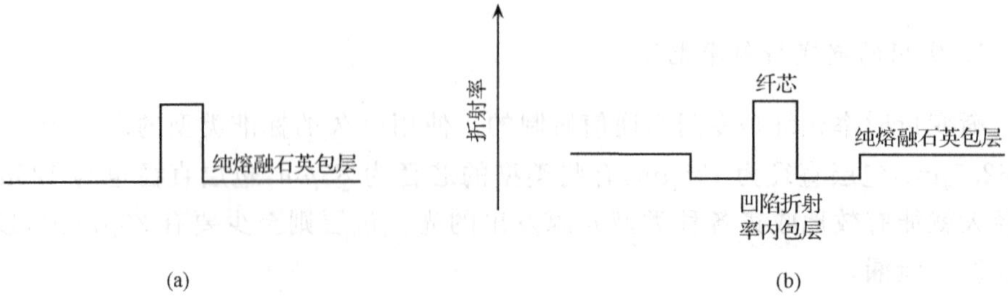

图4.2 两种阶跃折射率单模光纤横截面上的折射率分布曲线
(a)匹配包层光纤；(b)凹陷包层光纤

这两种光纤通常在匹配包层光纤1.31μm和1.55μm，凹陷包层光纤工作波长的电信系统中广泛使用，纤芯直径约为9μm。

单模光纤系统是透明、简单的传输系统，将光限制为单模，可以大大减少脉冲色散，尽管仍然有一部分剩余色散(后面会介绍色散的问题)，但主要是和信号传输波长范围有关，色散越小，脉冲关断和开通的速度就越快。

另一方面，阶跃折射率单模光纤的性能并不理想，其最小色散值在1.31μm波长处，而最小衰减值在1.55μm波长处。性能最好的光放大器，如掺铒光纤放大器，其工作波长范围是1530～1610nm，但阶跃折射率单模光纤在这一波段的色散非常大。由于存在这样的一些限制因素，人们不得不研制其他类型的单模光纤，通过改变结构来调整色散。

4.1.3 色散位移单模光纤

阶跃折射率单模光纤的衰减参数已经降低到接近理论极限，如果没有一系列新材料的出现，几乎不可能再有任何的性能提高。

衰减之外的另一类问题是脉冲色散（本章后面将讲到，可以先参考）。对于单模光纤而言，其色散是材料的固有色散和波导结构引起的色散。这两种色散的符号可以相反，这取决于光速随波长增大还是减小，标准阶跃折射率单模光纤的这两种色散在 1.31μm 附近恰好互相抵消，如图 4.3 所示。

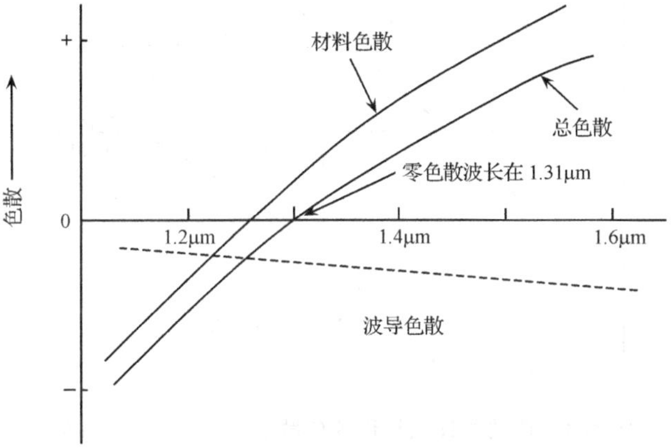

图 4.3 标准阶跃折射率单模光纤的色散图

标准单模光纤的零色散在 1.31μm，而玻璃光纤的最小损耗在 1.55μm 处，且掺铒光纤放大器正好工作于这一波段。材料色散是石英光纤的本征特性，只有改变玻璃的组成成分，才能改变其色散值，而这样会引起衰减的增加。但是，调整波导色散也可以使色散最小值发生移动，通过设计纤芯-包层结构更为复杂的光纤能将低色散移至 1.55μm 波段。

波导色散的起因是光在波导中的传播特性与波长以及波导尺寸有关，减小波长相当于增加波导尺寸，而增加波长则相当于减小波导尺寸。因此，光在纤芯和包层间的光场分布和波长有关。光场分布的差别影响着光穿越光纤的速度，纤芯和包层的折射率不同，使得光在其中的传播速度也不同。因为光经过光纤的纤芯和包层都需要一定的时间，所以其穿越整段光纤的有效速度只是一个平均值，并和光在纤芯和包层间的分布都有关。波长的变化会引起光场分布的改变，平均速度也发生相应变化，从而引起波导色散。

改变纤芯-包层界面的设计结构可以调整波导色散，使零色散点移动到其他波长处。现在已经有几种色散调整的光纤，它们是利用结构变化来改变波导色散的。利用不同的方法对这些光纤进行优化以满足各种各样的系统要求，尤其是在波分复用的多光信道光传输中。

1. 零色散位移光纤

如图 4.4 所示，零色散位移光纤在 20 世纪 80 年代中期推出，并在一些系统中敷设，但是却没有广泛使用，现在也不再生产。起初，这种光纤称为色散位移光纤，现在则称为零色散位移光纤，因为在掺铒光纤放大器工作波段的中心处，其色散值为零，这一类型光纤被国际电信联盟定义为 G.654 标准光纤。

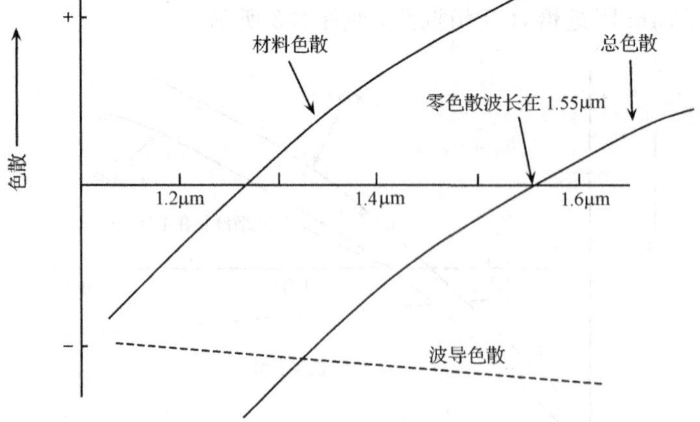

图 4.4　色散位移光纤将零色散点移动到 1550nm 处

设计者们用改变层状纤芯设计的方法来增加波导色散，如图 4.5 所示。内纤芯的折射率随离轴距离的增加而减小。下一层有时称为内包层，其折射率的最低点和外包层一样小，但是经过最低点后又再次增加。再下一层是环层或外纤芯，其折射率上升到比内纤芯峰值小的一个极大值后开始减小，直至降到和外包层一样大小。

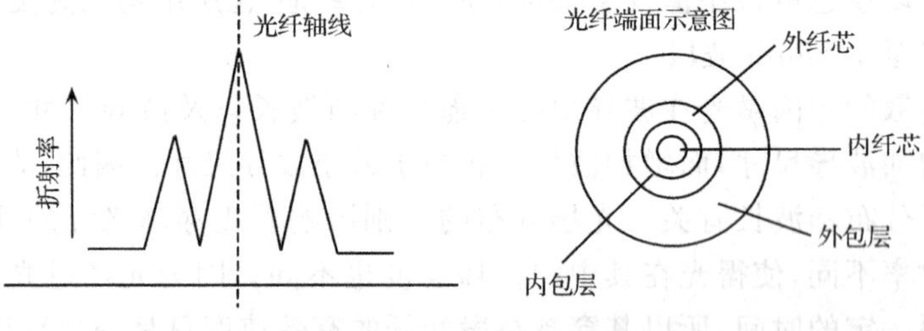

图 4.5　零色散位移光纤

除了增加波导色散外，这个精巧的结构还能将 1550nm 处的模场直径减小为约 8.1μm，而阶跃折射率单模光纤在这一波长处的模场直径为 10.4μm。

尽管这一方案在单信道系统中运行良好，但是却不适用于波分复用系统。当光纤中存在多个光信道时，各信道对应波长的色散接近于零，因此会引发四波混频效应，影响传输信号，在后面将会详细讲述有关内容。由于信号劣化严重，所以零色散位移光纤不能用于密集波分复用系统。

2. 非零色散位移光纤

避免四波混频的有效办法是将零色散波长移到掺铒光纤放大器的工作波段之外。所谓的非零色散位移光纤，是采用另一种纤芯结构来调整波导色散的大小。图 4.6(a)和(b)分别展示了两种方法，说明了非零色散位移光纤与零色散位移光纤在折射率分布上的区别。国际电信联盟将非零色散位移光纤定义为 G.655 标准，其色散值为 0.1～6ps/(nm·km)，但是没有规定符号。如此小的色散使得紧邻波长经过长距离传输后仍然保持各自的相位，而不会发生严重的串扰，将零色散波长移到铒光纤波段以上或以下，均能得到小的色散值，如图 4.7 所示。图 4.7 几种单模光纤的色散分布对于使用掺铒光纤放大器的密集波分复用系统，目前最佳的零色散点在 1500nm 或更小波长值处。这一位置的波长比掺铒光纤放大器波段短，而且现在还没有研制出这一区域中其他的光放大器。此外，这一波长值意味着在铒光纤 1525～1620nm 的整个波段上，光纤的色散为正值(如图 4.7 所示，曲线在 x 轴的上方)。正色散值的优点是比负色散值容易补偿。此外，色散曲线为正的部分倾斜度小，因而在铒光纤波段上，色散幅度的起伏更小。

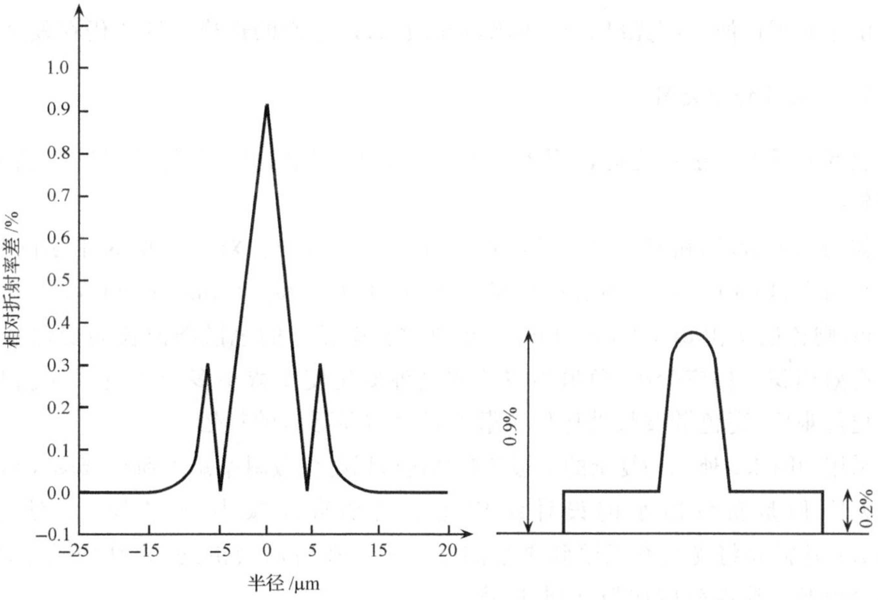

(a) (b)

图 4.6 非零色散位移光纤的截面折射率分布图

已经研制出的长波长非零色散位移光纤的零色散波长值约为 1640nm，恰好在掺铒光纤放大器的 L 带之外，这样就使 1280～1620nm 的整个波段都被释放出

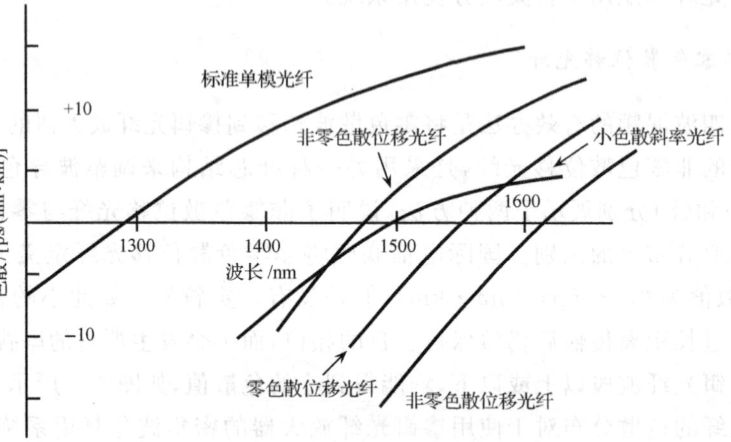

图 4.7 几种单模光纤的色散分布

来,在这之间没有零色散点存在,这种光纤的潜在应用领域是城域网,传输距离很短,不需要光放大器。此外,这种光纤还有一个优点是负色散值可以部分补偿直接调制半导体激光器光源的正波长啁啾——使相对便宜的激光发射机能达到 2.5Gbit/s 的数据率。

由于非零色散位移光纤目前还比较新颖,所以它们的规格和性能仍在发展中。

3. 小色散斜率光纤

改变光纤的色散使之能适用于密集波分复用系统的另一种方法是减小色散曲线的斜率。

如图 4.8 所示,铒光纤波段的色散值通常变化较快。对于典型的非零色散位移光纤而言,1550nm 波长附近的色散斜率大约为 0.08ps/(nm^2 · km),波长间隔 100nm,则色散变化 8ps/(nm · km)。小色散斜率光纤的色散随波长的变化减小,但是有效面积也相应变小,色散随波长的这种变化使得减小多光信道系统色散的任务更加艰巨,高色散波长处比低色散波长处需要更多的补偿。

采用如图 4.8 所示的复杂的多层纤芯结构可以将色散斜率减小到 0.05ps/(nm^2 · km)以下,但是斜率减小的设计结构造成模场直径减小——1550nm 处约为 8.41μm,这需要将光功率汇聚到更小的空间中。在后面会讲到,光纤中功率密度增加会引起非线性效应加强,引起串扰。

4. 大有效面积光纤

其他非零色散位移光纤的设计应尽量使模场直径最大化,也就是使光功率在光纤截面上分布的有效面积最大,因为色散移动会使模场直径减少,小于标准阶跃折射率光纤的模场直径，因而色散位移光纤对非线性效应特别敏感，大有效面积可以减小非线性效应。

图 4.9 中的特殊多纤芯设计结构的模场面积比标准色散位移光纤的大，在这种结构中，高折射率的外部环形层将光引向光纤外层，使模场直径增大。一种商用光纤在 1550nm 处的模场直径大约为 9.6μm，对应的有效面积为 72μm^2。尽管这一数据听起来似乎比小色散斜率光纤的模场直径 8.4μm 大不了多少，但是小色散斜率光纤的临界尺寸面积只有 55μm^2，这意味着这种商用光纤的面积增大了 30%，可以允许更大的信号功率，而不会引起非线性效应。

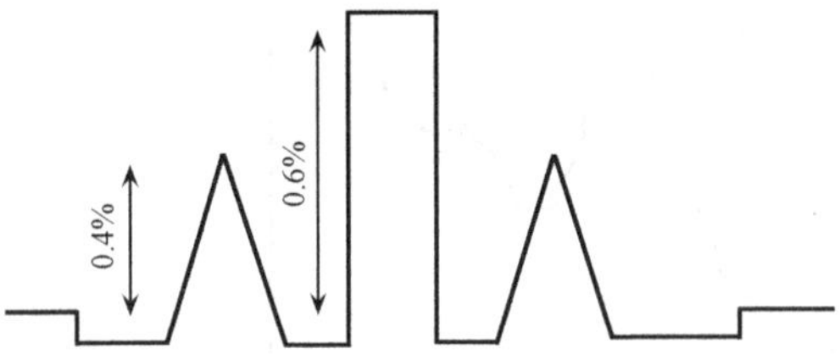

图 4.8　小色散斜率光纤

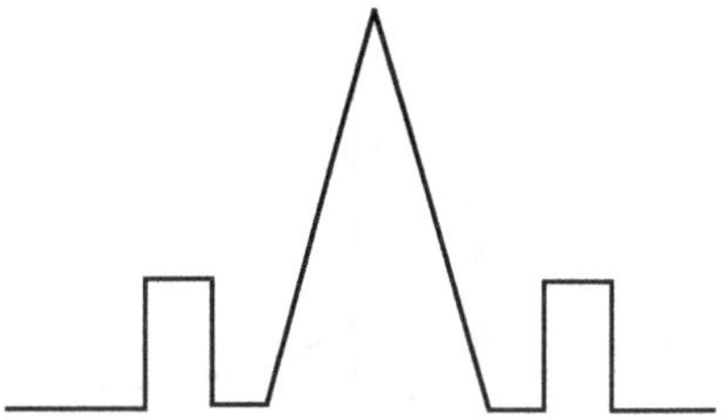

图 4.9　大有效面积光纤

5. 色散补偿光纤

光纤中的一些色散是无法避免的，因此工程师们开发出了具有大波导色散的色散补偿光纤。这种光纤的纤芯-包层折射率差一般很大，而且有效面积很小。图 4.10 为实现这种折射率分布的一种设计方案。

色散补偿光纤的波导色散非常大。色散补偿光纤总色散的符号与标准光纤的相反，绝对值更大，因此它们可用于抵消或补偿其他单模光纤的色散。

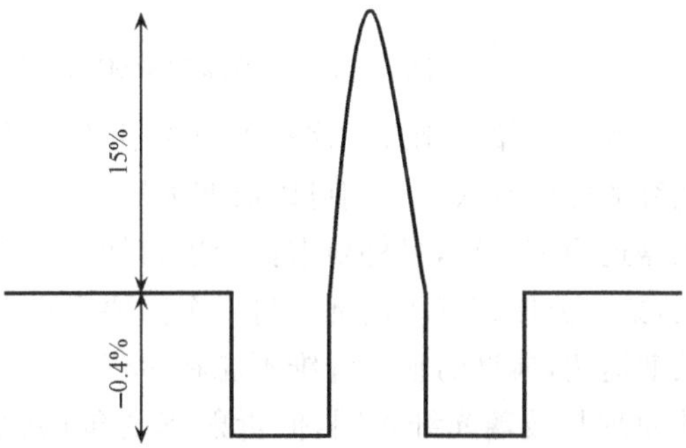

图 4.10　色散补偿光纤

4.2　其他材料光纤

其他材料的光纤相比于石英材料光纤而言应用不太多，但他们在一些特殊的场合下有重要的应用，这里有必要了解一下。

4.2.1 塑料光纤

塑料光纤具有轻便、廉价、柔软，而且易于处理等优点。但是长期以来，这些优点被高估了——尤其是在用于通信方面，透明塑料的衰减要比玻璃高得多。经过多年的研究，已经将塑料的损耗显著降低，但仍比玻璃要高得多。与玻璃光纤不同的是，塑料光纤的损耗在短波长一侧有一定的下降，而在近红外区则高得多，如图 4.11所示。

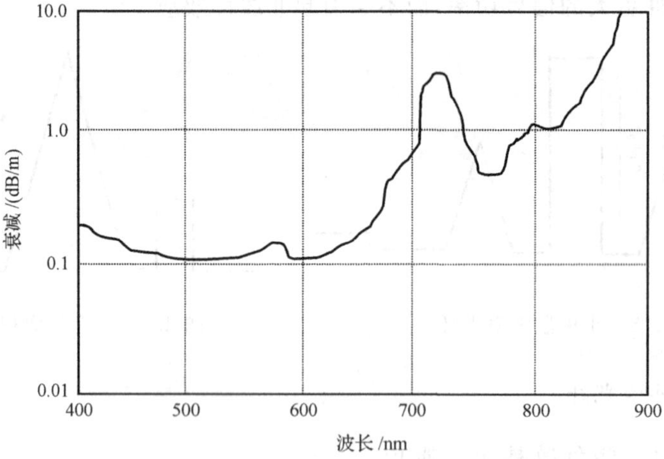

图 4.11 一种商用 PMMA 阶跃折射率光纤的衰减曲线

完全由塑料制成的多模光纤要比石英光纤具有更高的损耗，基于此原因，塑料光纤的应用有限。它们可以成捆地用在一些图像传输和照明场合，在这些场合中，光无需远距离传输，另外要求造价也较低。在通信系统中，塑料光纤仅能用在短途链路上，如办公楼或汽车内部。另一个需要重点关注的是塑料光纤在高温工作条件下会长期退化，典型的塑料纤维不能在 85℃(185°F*)以上温度下使用。塑料光纤的设计原理与玻璃光纤相同，低折射率的包层包围着高折射率的纤芯，纤芯-包层折射率的差值可以很大，因此许多塑料光纤具有大的数值孔径。商用塑料光纤都是芯径较大的阶跃折射率多模光纤，但在实验室中也制造出了渐变折射率塑料光纤。人们对单模塑料光纤几乎没有什么兴趣，因为材料损耗高，不可能用于长途传输。

1. *阶跃和渐变折射率塑料光纤*

标准阶跃折射率塑料光纤的纤芯为聚甲基丙烯酸甲酯(PMMA，俗称有机玻璃)，包层为折射率更低的聚合物，一般含氟。纤芯-包层折射率的差值通常比玻璃

---

* $t\text{°F}=\frac{5}{9}(t-32)\text{℃}$

光纤或石英光纤的大(数值孔径更大)。直径达1mm左右的塑料光纤可用在一些短距离通信系统中,因为它们比玻璃光纤更容易加工处理,能利用最简单的设备对塑料光纤进行接合和连接,而玻璃光纤的接合和连接则需要昂贵的精密设备。

图4.11给出了一种PMMA光纤的衰减随波长的变化曲线,单位为dB/m,最小损耗在500nm附近,大小为70dB/km,而通信传输一般用廉价的红色LED发射的650nm波长的光。与石英光纤一样,渐变折射率塑料光纤的优点在于它比阶跃折射率塑料光纤有更宽的传输带宽。芯径为50～200μm的渐变折射率塑料光纤能将2.5Gbit/s的信号传输200～500m,这使得它们在高速局域网方面具有吸引力。氟化的塑料光纤在800～1340nm的宽带内的衰减约为60dB/km,这使得它们可以工作在850nm和1300nm通信窗口。

2. 发展塑料光纤的关键问题

对于塑料光纤而言,高衰减已成为一个棘手的难题。研究发现,即使是在看起来透明的塑料中,构成塑料的原子间的键,特别是碳-氢键和碳-氧键也能吸收可见和近红外波长,而熔石英则不含有这些化学键。

降低损耗的努力集中在改变塑料的化学成分上。其中一种措施是用较重的同位素——氘代替常规的氢,这样可使碳-氢键的吸收峰移向更长波长。另一种措施是使用氟化的塑料代替常规碳氢化合物塑料,因为碳-氟键的衰减要更低一些。图4.12比较了分别利用标准氢基PMMA、氘化的PMMA和氟化的塑料制造的光纤在550～850nm波长范围内的衰减曲线。氟化塑料光纤的损耗直到1.3μm波长仍能保持相当低的水平,然而,改变塑料的化学成分会带来其他问题,如需要更昂贵的原料。衰减是塑料光纤的关键问题。另一个重要问题是塑料的耐久性,因为塑料光纤和玻璃光纤有时要长时间工作在极端条件下。塑料光纤比玻璃光纤更柔软,更容易切割和敷设。在受控环境中,如办公室里,塑料光纤的运行状态良好。然

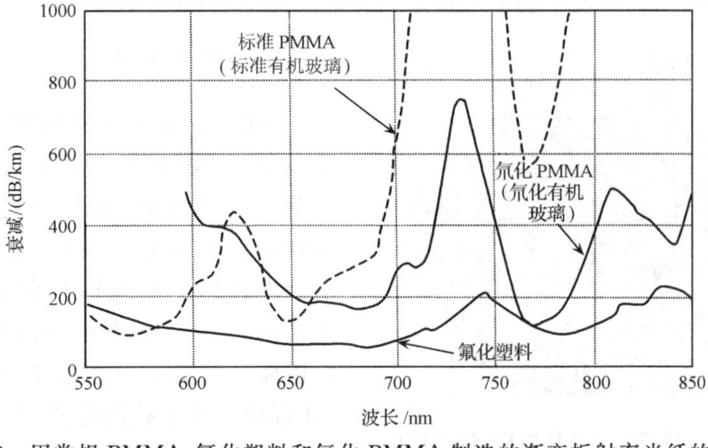

图4.12 用常规PMMA、氟化塑料和氘化PMMA制造的渐变折射率光纤的衰减谱

而，塑料不像玻璃那样能经受住加热和日光照晒。

4.2.2 光子晶体光纤

光子晶体(photonic crystal) 概念最初由 E. Yablonovitch 和 S. John 于 1987 年各自提出的。他们期望，由介电常数周期分布构成的介质材料能够改变其间传播的光的性质。类似于半导体材料中，具有周期性电势场的原子晶格结构使电子形成能带结构；光子晶体中，在一维、二维或三维空间中折射率的周期性分布能够使得在其间传播的光子形成禁带结构，即产生光子禁带(photonic bandgap，PBG)。光子之于人工周期性介电材料，相当于电子之于半导体材料，光子晶体因此而得名。

如果光子频率处于禁带内，光子晶体内的原子、分子的自发辐射和相互作用都会发生根本性的变化。另外，当光子晶体的周期性遭到破坏时，在 PBG 内会出现频率极窄的缺陷态，使得光子晶体能够控制光在其中的传播。光子晶体的应用和潜在应用包括：光子晶体天线、光子晶体波导和光学集成光路；由光子晶体构成半导体微腔制备无阈值激光器、损耗反射镜及滤波器；当掺入非线性介质，还可望应用于光开关、光限幅、光双稳和光倍频等。

光子晶体光纤(photonic crystal fiber，PCF)的概念最早由 ST. J. Russell 等人于 1992 年提出。它是在石英光纤中沿轴向均匀排列着空气孔，从光纤端面看，存在周期性的二维结构，如果其中一个孔遭到破坏和缺失，则会出现缺陷，光能够在缺陷内传播。与普通单模光纤不同，PCF 是由其中周期性排列空气孔的单一石英材料构成，所以又被称为多孔光纤(holey fiber) 或微结构光纤(micron structured fiber)，其结构如图 4.13 所示。由于 PCF 的空气孔的排列和大小有很大的控制余地，可以根据需要设计 PCF 的光传输特性，所以它激起了人们浓厚的兴趣。PCF 具有特殊的色散和非线性特性，在光通信领域具有广泛的应用前景。另外，PCF 中传输的光模式耦合入空气孔的强度与 PCF 的结构以及空气孔中的介质有关，预示着它可以应用于倏逝场器件，用作微量气体传感。

图 4.13 典型光子晶体的横截面结构

1. PCF 的导光原理

如图 4.13 所示的 PCF 中，存在两种截然不同的导光机制。最初提出 PCF 概念的时候，希望利用 PBG 效应来导光。数值分析表明，如图 4.13 所示的六边形晶格结构存在完全的二维禁带，即在一定频率范围内光无法在横向传播。只有在空气孔相当大的时候(孔直径不小于孔间距的 40%)，禁带才会出现。当该结构中引入缺陷时，如

图 4.13 中的一个空气孔缺失，就会在禁带中产生局域态，PCF 就有可能利用这个局域态沿着光纤方向导光。图 4.13 所示光纤中 PBG 导光已经在实验室中实现。如果空气孔采用蜂窝状的分布结构，会导致更宽的 PBG，导光方式也已经发现。采用 PBG 导光，除了要求较大的气孔外，还要求较精确的气孔排列。

第二种导光机制称为全反射结构，与普通光纤的传光方式类似，它对空气孔排列的精确程度要求较低，也不要求大直径的气孔。中间空气孔缺失而引起缺陷，会使中间的缺陷区域和外围的周期性区域出现有效折射率差，从而使光可以传播。中间的缺陷相当于纤芯，而外围的周期性区域相当于包层。全反射型的导光机制已经被证实并不依赖于周期性结构产生的 PBG。在理论上，其他类型的气孔排布也可以达到同样的功能。这种导光机制的 PCF 实现起来相对简单，目前大多数的研究和应用都是针对这种类型的，本文讨论的 PCF 特性与应用也主要以它为主。值得注意的是，如果空气孔较大，并且选择合适的晶体结构，PBG 导光和全反射型导光可以共存于 PCF 中。

由于 PCF 的新颖性，这里有必要区分有关概念。光子晶体指的是在一维、二维或者三维空间上介电常数周期分布的材料；PBG 是指在二维或三维空间中，某一限定波长范围内所有的光模式都被抑制。根据上述定义，光纤布拉格光栅(FBG) 也是光子晶体，它存在阻带但不存在禁带结构。PBG 只在特别设计的光子晶体中才会出现，一般光子晶体并不都具有 PBG 结构，相应的也并非所有的 PCF 都利用 PBG 结构导光。

2. 理论研究方法

目前计算光子晶体光纤的方法主要有两种：一种是超元胞方法，实际上它是二维光子晶体的超平面情况的应用，该方法先给出传播常数，然后求解一个本征值方程，解出能量，即光的频率，从而得到模式情况；另一种方法是正交函数展开方法，它是先给出光频率，也是求解一个本征值方程，得到传播常数。第二种方法比较适合实际需要，因为一个光纤准备用于哪个波长是事先清楚的，而传播常数总是不知道的。另外，材料介质色散比较大时，必须考虑介质的介电常数随频率的变化而改变，此时第一种方法就无能为力了，只能用第二种方法。但文献中的第二种方法都是把磁场用一个局域化很强的函数——韦伯赫尔米特(Wiber-Hermite) 函数展开，由于这个特殊函数的运算很复杂，尤其是积分运算使得计算公式很繁琐，我们用平面波取代韦伯赫尔米特函数作展开，极大地降低了公式的复杂性。应该说对于局域化很强的场分布，韦伯赫尔米特函数方法更易于趋近精确值，而对于场分布较大的模式，这种平面波展开方法则更好。但对于已知某种对称性的模式，尤其是高阶模来说，可以用平面波组合成具有相应对称性的波函数，这样计算量可以大大减少，因此用平面波展开方法更具有灵活性。

3. PCF 的特性

1）无休止单模特性

PCF 最引人注目的一个特点是，结构合理设计的 PCF 具备在所有波长上都支持单模传输的能力，即所谓的无休止单模特性（endlessly single mode），这个特性已经得到了很好的理论解释。这需要满足空气孔足够小的条件，空气孔径与孔间距之比必须不大于 0.2 才具备无休止单模特性。空气孔较大的 PCF 将会与普通光纤一样，在短波长区会出现多模现象。无休止单模特性的部分原因是纤芯和包层间的有效折射率差依赖于波长。波长变短时，模式电场分布更加集中于纤芯，延伸入包层的部分减少，从而提高了包层的有效折射率，减少了折射率差，这抵消了普通单模光纤中当波长降低时出现多模现象的趋势。还有更加复杂的原因。当波长降低到一定程度时，模式电场分布基本上固定下来，不再依赖于波长。在这个区域单模传输的原因是，当空气孔满足足够小的条件时，高阶模式光的横向有效波长远小于孔间距，从而使得高模光从孔间泄漏出去。PCF 的无休止单模特性还与绝对尺寸无关，光纤放大或缩小照样可以保持单模传输，这表明可以根据特定需要来设计光纤模场面积。

2）色散特性

PCF 能够在波长低于 1.3μm 时获得反常色散，同时保持单模，这是传统阶跃光纤无法做到的。反常色散特性为短波长光孤子传输提供了可能性。另外，这种光纤也为制造工作在可见光波段的光孤子光纤激光器提供了可能，在 PCF 中已成功产生了 850 nm 光孤子，将来波长还可以降低。改变空气孔的排布和大小，PCF 的色散和色散斜率会随之剧烈地改变。目前，对 PCF 色散特性的内在机理尚未有透彻的认识，还无法从理论上指导如何设计 PCF 获得需要的色散特性，而只能针对某种设计通过数值模拟得到其色散特性。Birks 等的分析表明，合理设计的 PCF 可以获得 100 nm 带宽，超过－2000 ps/(nm・km) 的色散值，可补偿为自身长度 35 倍的标准光纤引起的色散。这预示着 PCF 在未来超宽 WDM 的平坦色散补偿中可能扮演重要角色。

3）传感特性

PCF 还可以应用于传感。通过改变结构，纤芯中的光模耦合入空气孔的倏逝波强度可以提升到 40％，这使得 PCF 可用作倏逝场器件。结合 PCF 的无休止单模特性，其可用于多成分气体传感场合，因为不同气体成分的特征吸收峰可能截然不同。在 PCF 中引入多个缺陷从而形成多芯 PCF，利用各芯导模的相互耦合，可望用于矢量弯曲传感中。此外，多芯 PCF 在定向耦合器、声光调制器和频谱滤波器中有着潜在的应用价值。

4）高双折射特性

在 PCF 中，可以轻易实现高双折射，只要破坏光子晶体的圆对称性使其成为二维结构即可，A. Ortigosa-Blanch 等人于 2000 年通过理论及实验得到拍长为 0.56mm 的 PCF。

5）弯曲特性

PCF 的弯曲损耗小，与传统光纤相比显著不同的是 PCF 不仅在长波方向上存在弯曲损耗边，同时在短波方向上也存在弯曲损耗边。

6）非线性特性

PCF 使得非线性效应更具有可空性，可以通过设计使得四波混频、Raman 散射（后面会讲到）等更容易产生，或者是可以更有效地减小非线性效应。

4.2.3 掺稀土元素光纤

在石英光纤掺入各种稀土元素，如铒、铥、镨等元素，可以放大通信波段的光信号，其中最重要的是在石英光纤中掺铒制成的掺铒光纤，它可以放大目前的最主要的光通信波段（1530～1610nm），在现代光通信中发挥了极其重要的作用。它的发明被誉为光纤通信中的里程碑事件之一，使全光通信变得可以实现（在后面章节将详细介绍）。

掺铒光纤利用 980nm 和 1480nm 的波长的光作为泵浦光激发并放大 1550nm 通信波段的光，目前这两个波段的半导体泵浦激光器已经商用化。

4.2.4 特种材料光纤

目前基于特殊材料的光纤在通信领域中的应用很少，但可以应用在其他领域。

1. 中红外光纤

由于比 1.55μm 更长的波长区的散射损耗极低，20 世纪 80 年代，将这一波段用于长距离通信引起了人们的兴趣。石英的吸收在更长波长区急剧增大，因此开发者寄希望于在这一波长区透明的其他材料。理论家则希望能利用这些材料制造出极低损耗的玻璃光纤（玻璃是无序材料，没有必要利用石英制造）。如果能避免其他损耗，衰减则有可能降低到 0.001dB/km 的低水平。这种令人难以置信的低损耗能允许极端长距离传输，而无需放大器或中继器。利用非石英玻璃制作的光纤能传输石英光纤吸收的红外波长。不幸的是，极低损耗的石英光纤已证明难以制造，因为材料的净化非常困难，原料价格也比石英光纤昂贵得多。红外材料更难拉制成光纤，因为这些材料在熔化时黏性要比硅酸盐玻璃低得多，能够生产的光纤的机械性能要比石英弱得多，同时易受其他环境条件的限制。总之，对超长距离通信而言，选择红外光纤是不可取的。

另一方面，利用非硅酸盐玻璃制造的光纤能传输在石英光纤中不能通过的红外波长，这使得它们有一些特殊应用，尽管这种光纤在短波长的损耗要比石英光纤的最小损耗大得多。

氟化物光纤能传输0.4～5μm波长范围的光，通常简称为氟光纤，它们主要由四氟化锆(ZrF_4)和二氟化钡(BaF_2)组成，同时加入了其他成分形成玻璃混合物。商用氟化物光纤的最低损耗在2.6μm处，约为25dB/km，但实验室已有损耗约为1dB/km的氟化物光纤的报道。图4.14给出了氟化物光纤的典型透射曲线，同时给出其他红外光纤的透射曲线。氟光纤易受潮气的影响，因此应在低湿度条件下保存和使用。由于氟光纤具有一些比较可取的光学特性，因此能用在某些掺铒光纤放大器中。但是，由于氟光纤的折射率高于2，因此端面反射比较严重。

利用卤化银(图4.14中的AgBrCl)制成的光纤能传输3～16μm的红外波长，它们并不是真正的玻璃，而是由许多小晶体构成的固体。

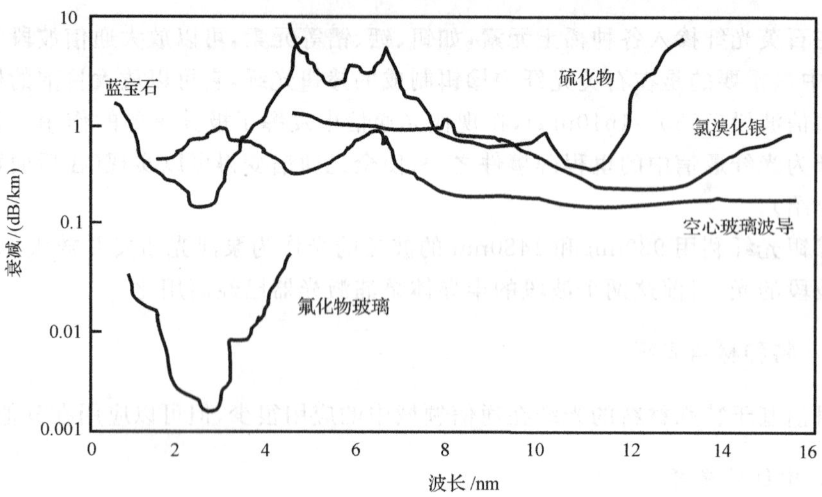

图4.14　红外光纤的衰减

人工水晶蓝宝石(Al_2O_3)能拉制出可传输0.5～3.1μm波长的单晶光纤，正如图4.14所示，这种光纤的损耗比氟光纤高，但材料的耐久性更好。

2. 紫外光纤

紫外光纤主要是指能传输紫外光的光纤。随着激光医疗技术的发展，紫外激光器的应用领域不断扩大，这就需要能传输紫外光的光纤。

普通光学玻璃对波长小于0.4μm的光透射率随波长减小将急剧下降，当波长小于0.3μm时，传输的光基本上被玻璃完全吸收，透射率趋于零。石英玻璃对紫外波段的光的透射率较高，由于石英玻璃的折射率较低，所以在用石英玻璃做紫外光纤时，一般是选用塑料材料做光纤的包层，构成石英/塑料光纤。此外，塑料光纤对紫外光有较好的透射性，也可作为紫外光纤。

4.3 光纤的传输特性

已经学习了各种结构和材料的光纤，下一步就要学习通信光纤的基本特性，这些特性对光传输来说是非常重要的。通信光纤中最重要的特性包括衰减、光纤色散、非线性等。

4.3.1 光纤的衰减

光纤衰减是输出光相对于输入光的损耗量，总衰减是所有损耗之和，包括光纤耦合损耗、光纤内的吸收和散射损耗、弯曲损耗等。光纤衰减限制了信号所能传输的最大距离，光纤越长，吸收和散射损耗就越重要，而耦合损耗就越不重要。相反，对于短光纤来说，衰减和散射损耗要比端面耦合损耗小得多。在有些情况下，其他效应也能造成重要损耗，如严重微弯光纤中的光泄漏。但跟光纤本身特性联系紧密的是吸收和散射，下面没有特别说明时损耗通常指吸收和散射损耗。

为简单地说明这些损耗，将输入功率 p_0 发送到光纤中，有一部分光功率 Δp 会损失掉，这样，只有 $p_0-\Delta p$ 的功率进入光纤中，这部分光在光纤中会遭受吸收和散射损耗。这些损耗与光纤长度有关，若单位长度上的吸收损耗为 α，单位长度上的散射损耗为 s，则剩余部分的光所占的比例为$(1-\alpha-s)$。在实验室之外，重要的参量是光纤单位长度上的衰减，它等于吸收和散射的和$(\alpha+s)$。

光在光纤中传输距离 D 后，剩余的功率为

$$p(D)=(p_0-\Delta p)[1-(\alpha+s)]^D \tag{4.1}$$

与利用上式计算剩余光功率值相比，这个公式对于研究光损耗过程很有用。下面我们就研究这些损耗。

1. 吸收

传输光与光纤材料相互作用，导致光子跃迁。这些光子跃迁到其他波长或以机械振动(热)的形式释放吸收到的能量。所以说，由于吸收过程的存在，传输光会损失能量，并将损失的能量以其他某种形式释放。电子在纯硅的氧离子中被束缚得很紧，只有紫外光的光子才有足够能量可供吸收。然而，若存在过渡金属杂质，如铁(Fe^{3+})、铬(Cr^{3+})、钴(Co^{3+})、铜(Cu^{2+})等，则有可能激发电子，且吸收光在可见及近红外(IR)区域。如果用于制造光纤的材料中所含的过渡金属杂质比例为十亿分之一(ppb*)、十亿分之十，导致的损耗即为 1dB/km、10dB/km。通常汽相沉积过程中的杂质比例要低 1～2 个数量级。由于不同过渡金属杂质的存在，总的吸收峰被展宽，并且几个峰可能会发生重叠，进一步增加损耗。

---

* ppb 为无量纲值，一般可改为“$\times10^{-9}$”，也可根据具体情况改为诸如 ng/g，μg/L，nL/L，μg/m³，…

早期光纤含有较多 OH^-，其较大的吸收峰出现在 1.4μm、0.95μm 和 0.725μm 处。它们分别对应于水在 2.7μm 处主吸收峰的一、二和三倍频光波长。由于大多数吸收峰很锐利，所以在 1.3μm 和 1.55μm 波长附近有低损耗的窗口。一旦杂质水平降到 1ppb 以下，该波长区基本上不受 OH^- 吸收的影响。

吸收还具有累加性，因此吸收量和光通过的材料的总长度有关，这意味着某种材料在单位长度上吸收同样多的光，若每厘米的吸收量为 1%，则这种材料在第一个 1cm 内吸收 1%的光，在下一个 1cm 内吸收剩余光的 1%，以此类推。如果对光唯一起作用的因素是吸收，单位长度材料对光的吸收量为 α，材料总长度为 D，则经过 D 后的剩余光所占的比例为 $(1-\alpha)^D$。

例如，若光通过 1m(100cm)厚的玻璃，则剩余光所占比例为 $(1-0.01)^{100}=0.366$，即 36.6%。吸收与波长有关，而且随传输距离累加。

2. 散射

光纤中的几何缺陷(大小同光波波长比较接近)会使光线改变传输方向，而从光纤中射出。所以，由于散射过程的存在，对应某一点的几何缺陷，会散射出同样波长的光。

光纤中的散射源于材料密度的起伏、结构的不均匀或制造过程中的缺欠。当结构的不均匀性小于波长时，就会产生瑞利(Rayleigh)散射，如图 4.15 所示。这些不均匀性无法根本消除，这是一种本征散射，它们限定了光纤最低损耗。材料的红外和紫外吸收为本征吸收，瑞利散射是一种本征散射。这是材料的一种固有特性，是无法消除的，而杂质吸收和光纤界面缺陷引起的散射是非本征的，可以通过改善工艺进行减少甚至消除。

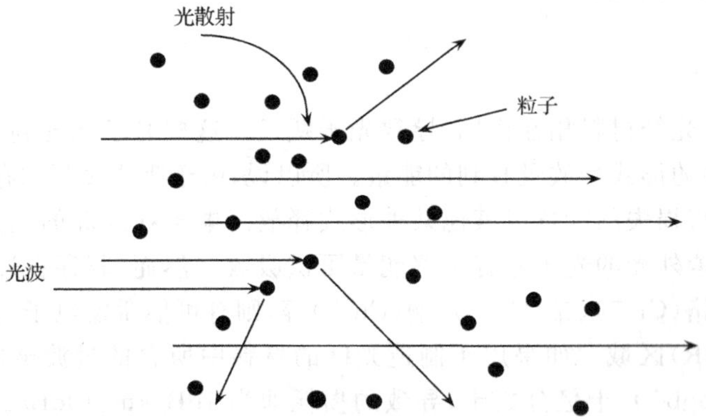

图 4.15 光的瑞利散射

散射与材料种类无关，但依赖于与光波长相关的粒子的大小：波长越接近粒子大小，散射越强。实际上，散射量随波长的减小而急剧增加。对于透明固体，每千

来的散射损耗用分贝表示为光纤光学

$$光纤光学散射 = A\lambda^{-4} \tag{4.2}$$

式中,A 是与材料有关的常数,这意味着波长若变为原来的 1/2,则散射损耗(单位为 dB/km)将变为原来的 16 倍。

当光不均匀尺寸大于 $\lambda/10$ 时,主要在前向方向引起散射,称为 Mie 散射。Mie 散射由光纤材料、设计及制造过程的缺欠引起,可能会给光纤带来很大损耗。但是通过严格地设计光纤,Mie 散射可以降低到非显著的水平。

原子散射一小部分照射到它上面的光,与吸收相同,散射也具有均匀性和累加光散射粒子性,光通过材料的距离越远,可能发生的散射越强,这一关系和光的吸收相同,不过散射光所占的比例记作 S,剩余光所占比例为

$$剩余光 = (1-S)^D \tag{4.3}$$

3. 散射和吸收损耗的对比

散射和吸收相加给出了光纤总损耗,它是通信系统的重要参数。图 4.16 给出了通信窗口的色散和吸收对衰减的贡献。对于通信用光纤,衰减通常用 dB/km 来量度。衰减曲线中出现的小吸收峰是由玻璃中的金属杂质造成的,而其余吸收源于玻璃中残余的 OH^-。1.6μm 波长以外的吸收源于玻璃中的硅-氧键,正如图中所示的那样,吸收在长波长区急剧增加,结果石英光纤在 1.65μm 区域以外很少用于通信系统。

短波长区的衰减主要源于瑞利散射,如图 4.16 中所示,瑞利散射随波长的减小而急剧增加。吸收损耗可以用测量得到的总衰减曲线和理论散射曲线的差值来表示,两条曲线越接近,散射在总衰减中所占的比例就越大。色散在长波长区迅速减小,并使 1.55μm 处的损耗最低,此时瑞利散射和红外吸收都比较低。除了石英的红外吸收之外,光纤损耗在更长的波长区甚至减小得更厉害。

图 4.16 比较了纯石英的理论散射曲线和吸收衰减曲线,而光纤通信中重要的参数是总衰减,它是通常要测量的参数。其实,在实验室之外没有必要对吸收和散射多费心思。光纤中距离为 D 处的功率可写作

$$P(D) = (P_0 - \Delta P)(1-A)^D \tag{4.4}$$

式中,A 是单位长度的衰减,P_0 是初始功率,ΔP 是耦合损耗。实际中,如果是从进入光纤中的功率而不是从试图耦合进光纤的功率入手,把光纤衰减和耦合损耗分开,就可以使计算简化。

4. 弯曲损耗

外部影响的变化能改变光纤的物理特性,影响光纤的导光能力。一般而言,这些影响比较适中,并且随距离的增大而增强(或具有累加性),因此可以用来制造各种传感器。然而,若光纤弯曲得太厉害,光会以较大的角度射到纤芯-包层界面上

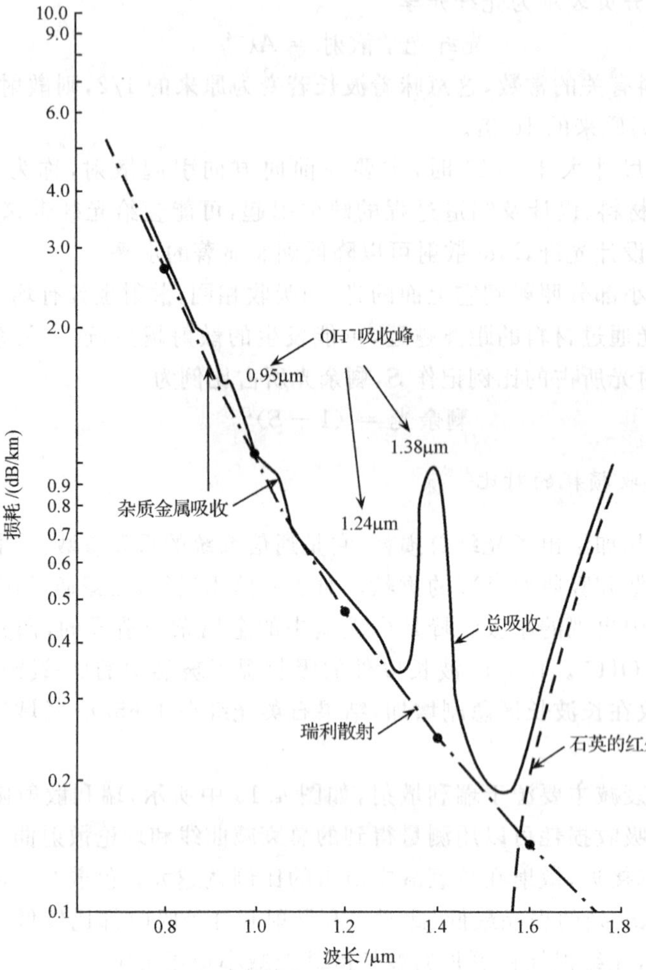

图 4.16 石英光纤的损耗谱

而泄漏出去，从而使光纤的损耗显著增大。弯曲会造成附加光纤损耗。利用多模光纤中光的光线模型解释弯曲损耗最为简单。若光纤是直的，光会在其约束角内传输，弯曲光纤改变了入射到纤芯-包层边界处光线的角度，如图 4.17 所示。若弯曲足够强，光线会以大于约束角 θ_c 的角度入射到界面上，从而被折射回包层并泄漏掉。

弯曲损耗可分为两大类。宏弯是肉眼可见的明显弯曲，比如光缆连接处的光纤弯曲得较厉害，图 4.17 所示的情形比较典型，曲率半径存在一个临界值，此时 $R>R_c$，弯曲引起的附加损耗很小，可以忽略。微弯是指光纤由于受到挤压而生成的小结或皱纹，当成光纤光学缆材料相对于光纤发生收缩，或者光纤相对于光缆伸长时，就会产生微弯，此时 $R<R_c$。这种弯曲非常小，但也能导致光泄漏，因为微弯也能影响入射到纤芯-包层界面处的光线的角度。

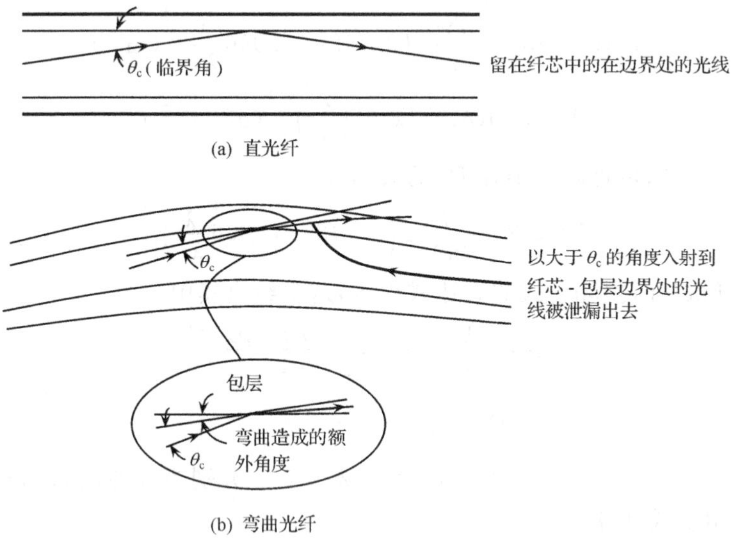

图 4.17　光纤弯曲导致光损耗

1）多模光纤中的弯曲损耗

多模光纤宏弯弯曲损耗的计算公式为

$$\alpha = \frac{T}{2\sqrt{R}}\exp\left(2\omega a - \frac{2}{3}\,\frac{\omega^3}{\beta^2}R\right) \tag{4.5}$$

$$T = \frac{2ak^2}{e_n\ \sqrt{\pi\omega}v^2} \qquad (n = 0,\ e_n = 2;\ n \neq 0,\ e_n = 1)$$

v、ω 见第 3 章，a 为纤芯半径，R 为弯曲曲率半径。由上式求 α 对 R 的变化关系，可得临界曲率半径 R_c 的表达式为

$$R_c = \frac{3}{2}\,\frac{\beta^2}{\omega^3}(0.347 + 2\omega a) \tag{4.6}$$

多模光纤存在微弯时，由于多模光纤中存在众多模式，因而很难用统一的公式来表达微弯引起的损耗。理论分析表明，微弯只能使相邻模式之间产生耦合，相邻模式之间传播常数差 $\Delta\beta = \beta_{m+1,n} - \beta_{m,n}$ 越大，耦合越强烈，微弯损耗越大，而且它和光纤微弯形状密切相关。

2）单模光纤中的弯曲损耗

单模光纤的宏弯损耗计算公式如下：

$$\alpha_c = A_c R^{-\frac{1}{2}}\exp(-UR)$$

$$A_c = \frac{1}{2}\left(\frac{\pi}{aW^3}\right)^{\frac{1}{2}}\left[\frac{U}{WK_1(W)}\right]^2 \tag{4.7}$$

$$U = \frac{4\delta n W^3}{3av^2 n_2}$$

实际应用时 A_c 和 U 可以用如下公式计算：

$$U \approx 0.705 \frac{(\delta n)^{3/2}}{\lambda}\left(2.748 - 0.996 \frac{\lambda}{\lambda_c}\right)^3 (\mathrm{m}^{-1}) \tag{4.8}$$

$$A_c \approx 30(\delta n)^{1/4} \lambda^{-1/2} \left(\frac{\lambda_c}{\lambda}\right)^{3/2} (\mathrm{dB}/\sqrt{\mathrm{m}}) \tag{4.9}$$

此时 $1 \leqslant \lambda/\lambda_c \leqslant 2$，可得临界半径 R_c 的表达式

$$R_c \approx 20 \frac{\lambda}{(\delta n)^{3/2}}\left(2.748 - 0.996 \frac{\lambda}{\lambda_c}\right)^{-3} \tag{4.10}$$

当单模光纤微弯时损耗公式的表达式很多，这里给出其中一个

$$\begin{aligned} \alpha &= \frac{A}{8}(k_0 n_1 s_0^2)\left[\frac{k_0 n_1 s^2(p)}{2}\right]^{2p} \\ s(p) &\approx \frac{1}{2}(s_0 + s_\infty) \end{aligned} \tag{4.11}$$

式中，$A = 9.6799 \times 10^{-19}(\mathrm{dB/km})$，$p = 3.2$，$n_1$、$s_0$ 分别为纤芯的折射率和模斑半径。s_0、s_∞ 由下式计算：

$$\begin{aligned} s_0^2 &= \frac{2a^2 \int_0^\infty |\Psi|^2 R^3 \mathrm{d}R}{\int_0^\infty |\Psi|^2 R \mathrm{d}R} \\ s_\infty^2 &= \frac{4}{\beta^2 - k_0^2 n_2^2} \end{aligned} \tag{4.12}$$

式中，$R = r/a$ 为归一化径向变量，a 为纤芯半径，n_2 为包层折射率，Ψ 为标量场分布。从式(4.11)可见，α 值和模斑半径密切相关，模斑半径越小，微弯损耗越小。

5. 以 dB 为单位计算衰减

衰减是量度输入输出功率比 $p_{\mathrm{out}}/p_{\mathrm{in}}$ 的量，通常用 dB 表示，定义为

$$P_d = -10\lg\left(\frac{p_{\mathrm{out}}}{p_{\mathrm{in}}}\right) \tag{4.13}$$

系统中一般都是输出功率小于输入功率(放大系统除外)，而衰减是一个相对值，只能是正值，因此方程中含有一个负号。

dB 看起来是一个相当奇特的单位，好像是对高损耗做了“淡化”处理。例如，3dB 损耗表明原始光仅剩余一半，10dB 损耗表明原始光剩余 10%，20dB 损耗表明原始光剩余 1%，数值越大，“淡化”得越厉害。100dB 损耗相当于仅留下 10^{-10} 的原始光，1000dB 损耗相当于仅剩余 10^{-100} 的原始光——比将一个原子置于整个宇宙中所占的比例都要小。可以用简单转化关系得到输出输入功率比的大小，即

$$p_{\mathrm{out}}/p_{\mathrm{in}} = 10^{(-P_d/10)}$$

在计算信号功率和衰减时，以 dB 作单位非常方便。假设要计算两个连续的衰减效应，第一次衰减过程阻止了输入信号的 50%，第二次阻止了 40%，为了用百分比计算出总衰减，必须将两次吸收数值转化成透射功率所占的百分比例，然后将

二者相乘，最后由透射光所占的百分比得到衰减部分所占的比例。如果采用 dB 作单位，仅仅将衰减相加就可得到总损耗，即

$$总损耗(dB) = 损耗(dB)_1 + 损耗(dB)_2 + 损耗(dB)_3 + \cdots$$

如果知道单位长度的损耗 α，并且想知道更长（或更短）一段光纤的总损耗，则计算会更简单。无需利用前面提到的指数方程形式，只是简单地用单位长度损耗乘以长度即可

$$总损耗(dB) = \alpha(dB/km) \times 长度(km)$$

还可以用 dB 来量度功率，在光纤光学中，两个最常用的量度功率的分贝单位分别是 dBm（相当于 1mW）和 dBμ（相当于 1μW），在这以上的功率为正值，以下的功率为负值，这样，10mW 为 10dBm，0.1mW 为 −10dBm。

若所有量均用 dB 表示，则通过简单加减就可以由输入功率和衰减得到输出功率。还可以将方程写成另一种形式

$$p_{out} = p_{in} - 衰减(dB)$$

$$衰减(dB) = p_{in} - p_{out}$$

$$p_{in} = p_{out} + 衰减(dB)$$

注意，公式中的正负号非常重要。在以上方程中，损耗用分贝表示时为正号，正如前面提到的那样。

4.3.2 色散

色散是指光纤对在其中传输的光脉冲的展宽特性，其原因在于光在光纤中的传播速度与光波长和传输模式有关。四种主要的色散来源于多模传输（模式色散）、折射率对波长的依赖性（材料色散）、波导特性随波长的变化（波导色散）和光的两种不同偏振模式在单模光纤中的传输（偏振模色散）。

与衰减一样，色散限制了信号在光纤中能够传输的距离，但色散并不使信号减弱，而是使光脉冲在时域上重叠。如果你每纳秒发射一个脉冲，那么在光纤输出端，脉冲就会展宽到 10ns，所有脉冲混杂在一起，尽管信号还存在，但在时间上已经非常模糊，无法辨认。

最简单的理解是，色散是量度每千米长度上脉冲展宽的物理量，总的脉冲展宽为

$$\Delta t = 色散(ns/km) \times 距离$$

这一方程实际上以两种不同的形式给出光纤色散：一种是光纤的特征色散，或者说光纤单位长度上的色散，记作色散，并用单位长度上的值来度量；另一种是脉冲在整个光纤长度上的时域展宽。只要是整条光缆中采用同一光纤，总的脉冲展宽就简单地变为特征光纤色散与光纤长度的乘积。若光缆中采用不同的光纤，必须分别计算每部分的脉冲展宽，然后将它们相加。

以上简单方程适合于模式色散，它在阶跃折射率多模光纤中非常重要，模式在这类光纤中以不同的速率传输。在渐变折射率光纤中，所有模式名义上以相同速

率传输，但实际情况并非如此，因为从工艺上来讲，得到能使所有模式恰好以同样速率传输的理想折射率曲线是不可能的，这一曲线与波长有关，而光纤传输的是具有一定波长范围（带宽）的信号。实际中，你必须依赖于有关渐变折射率光纤单位色散的制造指标，尤其要注意带宽单位而不是时间单位。

色度色散（在单一模式情况下）也增加入了总的脉冲展宽，将材料色散与波导色散相加，就会得到波长有关的色度色散（模内色散）。

另外，光纤中还存在偏振模色散。模式色散、模内色散和偏振模色散的值彼此无关，因此要用这三种色散值平方和的平方根来计算总的脉冲展宽

$$\Delta t_{\text{total}} = \sqrt{(\Delta t_{\text{modal}})^2 + (\Delta t_{\text{chromatic}})^2 + (\Delta t_{\text{polarization-mode}})^2} \tag{4.14}$$

对于多模光纤而言，偏振模色散没有什么意义，这种情况下的方程变为

$$\Delta t_{\text{total}} = \sqrt{(\Delta t_{\text{modal}})^2 + (\Delta t_{\text{chromatic}})^2} \tag{4.15}$$

与此类似，单模光纤中不存在模式色散（而不是偏振模色散），这时方程变为

$$\Delta t_{\text{total}} = \sqrt{(\Delta t_{\text{chromatic}})^2 + (\Delta t_{\text{polarization-mode}})^2} \tag{4.16}$$

总的脉冲展宽是模式色散、模内色散和偏振模色散造成的脉冲展宽的平方和的平方根。需要说明的是，目前在长距离、高速通信中所用的光纤都是单模光纤，而单模光纤中的色散主要是色度色散，在更高速度的通信系统中偏振色散会变得重要。

1. 多模色散

1) 多模-阶跃折射率光纤

利用光线理论模型，阶跃折射率光纤中最快和最慢的传播光线可以用轴上光线和最大子午光线（在纤芯和包层界面上以全反射角入射）来代表。在折射率一定的芯中，这两种光线以等速度传播，所以延迟差直接与其各自在光纤内的路径长度相关。轴向光线通过光纤长度 L 所用时间最短，为

$$T_{\min} = \frac{L}{(c_0/n_1)} = \frac{Ln_1}{c_0} \tag{4.17}$$

如前文定义的，c_0 为真空中的光速。由香农定理 $\sin\varphi_c = n_2/n_1 = \cos\theta$，最大子午光线所用时间最长，为

$$T_{\max} = \frac{L/\cos\theta}{(c_0/n_1)} = \frac{Ln_1}{c_0\cos\theta} = \frac{Ln_1^2}{c_0 n_2} \tag{4.18}$$

由式(4.17)和式(4.18)，最大子午光线与轴光线间的延迟差为

$$\delta T_s = T_{\max} - T_{\min} \approx \frac{Ln_1\Delta}{c_0} \tag{4.19}$$

式中，Δ 为相对折射率差，并利用其与数值孔径 NA 的关系（见第 3 章）得到

$$\delta T_s \approx \frac{L(\text{NA})^2}{2n_1 c_0} \tag{4.20}$$

式(4.19)和式(4.20)常用于评价多模-阶跃折射率光纤中由模间色散引起的脉冲时间展宽。鉴于多模-阶跃折射率光纤的输入脉冲 $P_i(t)$ 为单位脉冲，这种由色散机制引起脉冲展宽的均方根(rms)就是可以确定的。单位脉冲的意思是

$$\int_{-\infty}^{\infty} P_i(t)\mathrm{d}t = 1 \tag{4.21}$$

显然，$P_i(t)$ 具有规格化的恒定幅值 $1/\delta T_s$，时间范围为

$$-\delta T_s/2 \leqslant t \leqslant \delta T_s/2 \tag{4.22}$$

在光纤输出端，由模色散引起的脉冲展宽的均方根值 $\Delta T_{\mathrm{model}}$ 就可以由下式得到：

$$\Delta T_{\mathrm{model}}^2 = M_2 = M_1{}^2 \tag{4.23}$$

式中

$$M_1 = \int_{-\infty}^{\infty} tP_i(t)\mathrm{d}t \tag{4.24}$$

$$M_2 = \int_{-\infty}^{\infty} t^2 P_i(t)\mathrm{d}t \tag{4.25}$$

若脉冲平均值为零，且一直到脉冲输出都能保持其平均值为零，$\Delta T_{\mathrm{model}}^2$ 就可以由式(4.22)、(4.23)、(4.25)求出为

$$\Delta T_{\mathrm{model}}^2 = \frac{1}{3}\left(\frac{\delta T_s}{2}\right)^2 \tag{4.26}$$

将 δT_s 的表达式(4.19)代入式(4.20)，得

$$\Delta T_{\mathrm{model}} = \frac{Ln_1\Delta}{2\sqrt{3}c_0} = \frac{L(\mathrm{NA})^2}{4\sqrt{3}n_1c_0} \tag{4.27}$$

由这个公式可以明显看出，通过减小 Δ 就可以减小脉冲的展宽。这意味着具有小 Δ 的弱导光纤更利于低色散传输。但是，小 Δ 会减小光纤接收角 θ_a(即 NA)，使注入功率下降。

导模间的耦合是将低速模的光功率传给高速模，反之亦然。通过强耦合，光功率往往以不同传播模式的平均速度传播。因此，由于多模光纤内的模式耦合，线路色散可以降低，性能得到改善。式(4.20)给出的是理想多模-阶跃折射率光纤中延迟差的表达式，对于所有导模之间有模式耦合的光纤，我们就必须修改公式，用 $(L\times L_c)^{1/2}$ 代替 L。这个由 L 决定的平方根量源于模式混合。如果距离较短，模式间的能量不能完全混合。经过一定的距离后，就可以达到一个稳定的模式功率分布。在这种条件下，方可看到 $L^{1/2}$ 的作用。这里 L_c 代表模式能量分布达到稳定时光纤的长度。对典型光纤，它大约为 1km。

2) 多模-渐变折射率光纤

如前所述，多模-渐变折射率光纤的带宽比多模-阶跃折射率光纤有显著的增加。图 4.1 所示为渐变折射率光纤的一种典型折射率曲线，其芯轴折射率最大

$$n(r) = \begin{cases} n_1\left[1-2\Delta\left(\dfrac{r}{a}\right)^g\right]^{1/2}, & r < a \\ n_1(1-2\Delta)^{1/2} = n_2, & r \geqslant a \end{cases} \tag{4.28}$$

式中，g 是曲线参数，它刻画了纤芯折射率曲线的特征，g 的变化会产生不同的折射率分布，例如，$g=\infty$时得到阶跃折射率分布，$g=2$ 时得到抛物曲线，$g=1$ 时则为三角形分布。在渐变折射率光纤中，局部群速度与局部折射率成反比。较长的光线轨迹是对偏离轴线后低折射率媒质中较高速度的补偿。因此，沿不同轨迹的传输时间与只在沿芯轴高折射率区以最低速度传输的轴光线所用时间是相等的。

对于抛物或近抛物折射曲线，利用电磁理论进行严格的分析，得到最快模式和最慢模式之间的延迟差为

$$g_{\mathrm{op}}=2-\frac{12\Delta}{5} \tag{4.29}$$

利用优化的折射率曲线

$$g_{\mathrm{op}}=2-\frac{12\Delta}{5} \tag{4.30}$$

可以得到渐变折射率光纤脉冲展宽的最佳理论模间 rms 的极小值为

$$\Delta T_{\mathrm{model}}=\frac{Ln_1\Delta^2}{20\sqrt{3}c_0} \tag{4.31}$$

比较式(4.27)和式(4.31)可以看出，在渐变折射率光纤中，rms 脉冲色散降低了 $\Delta/10$，也就是说，当折射率差为 1%时，该值为 1000。这种水平的改进在实际中往往是无法实现的，原因是沿光纤径向控制折射率分布很困难。折射分布中任何对优化值的偏离都会导致模间色散的增加。计算了典型渐变折射率光纤($\Delta=1\%$)的 δT_g 随 g 的变化，当 $g=1.98$ 时，曲线达到极小值。这符合模间色散最小时的优化 g 值。脉冲展宽对 g 偏离优化值的微小波动极为敏感。出于这个原因，实际上渐变折射率光纤的改善因此比相应的阶跃折射率光纤高约 100 倍。

2. 色度色散的波长相关性

色度色散是指光通过光纤时由于群速度与波长有关而造成的脉冲展宽，其度量单位为 ps/(nm·km)。将光纤的特征色度色散乘以光源的发光范围($\Delta\lambda$)和光纤长度，就可以得到由于色度色散而造成的脉冲展宽

$$\Delta t_{\mathrm{chromatic}}=\text{色度色散}[\mathrm{ps/(nm\cdot km)}]\times\Delta\lambda(\mathrm{nm})\times\text{光纤长度}(\mathrm{km}) \tag{4.32}$$

光纤的特征色度色散是波长的函数，在单模光纤系统中，色度色散一般是色散值最大的一种色散。色度色散是材料色散和波导色散之和，这两种色散在某一波长可以互相抵消。在标准阶跃折射率单模光纤中，材料色散和波导色散之和在 1310nm 附近为零，色散漂移可使零色散点移到其他波长处，通常是长波长一侧。材料色散源于材料的折射率随波长变化的规律，折射率越高，光传输得越慢，这样当一定波长范围内的脉冲通过材料时，折射率高的波长要比折射率低的波长传输得快，于是脉冲被展宽。与吸收相似，色散与材料种类有关，随波长变化。通信用光纤接近纯石英(SiO_2)，因此其特征材料色散(characteristic material dispersion)

本质上与纯熔石英的相同。图 4.18 给出了熔石英的折射率和材料色散随波长的变化曲线。

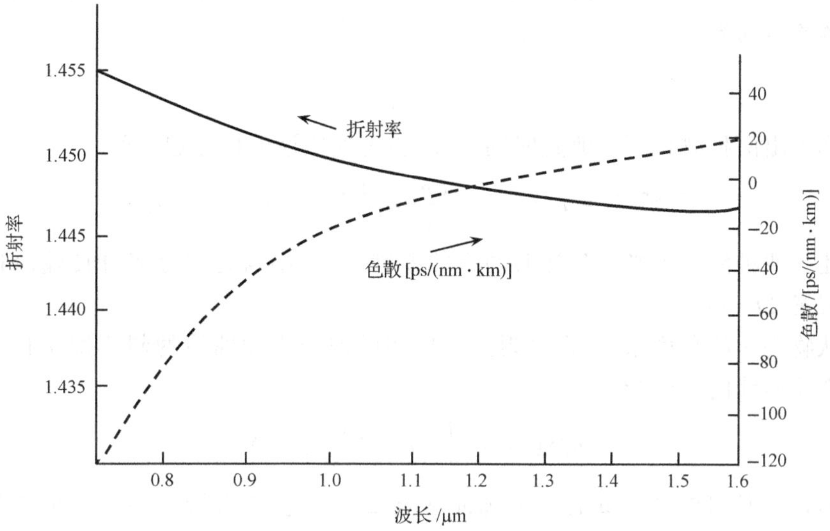

图 4.18　石英的材料色散和折射率波长的变化关系

与模式色散不同的是，材料色散有正负号，这个符号表明了材料折射率是如何随波长变化的。

图 4.18 表明，在波长小于 1.1μm 时，材料色散值较大，尤其是 850nm 处的高材料色散使得该波长处的色度色散很高，限制了信号在单模光纤中可能的传输速率。单模传输的真正光纤光学价值在于它可以工作在材料色散较小的更长的波长区。

波导色散是另外一种效应，它源于纤芯和包层之间的光的分布。波导特性是波长的函数，这意味着改变波长可以影响单模光纤中光的传播。对阶跃折射率单模光纤而言，波导色散相当小，但可能很重要。有些光纤(色散补偿光纤)的折射率曲线更为复杂，这样就增加了波导色散。与材料色散一样，波导色散也有符号，它表明了波长变化是如何影响色散的。

在多数实际情况下，色度色散是材料色散和波导色散之和，即

$$色度色散 = 材料色散 + 波导色散$$

通过合理设计光纤，使其具有较大的负波导色散，从而抵消了 1.28μm 以上波长区的正材料色散，可以使低色度色散区移到掺铒光纤放大器的带宽内。正如前面提到的那样，零色散波长一般略长于或略短于铒光纤的 1530～1620nm 带宽。波导色散源于纤芯和包层之间光分布的变化。

3. 色度色散的深入探讨

首先考虑材料色散，这是一种最简单的情况，因为它仅与材料的折射率如何随

波长变化有关(色度色散和波导色散与此类似,但有关细节要更复杂)。

由于光通过材料的速率与折射率有关,既然折射率随波长变化,材料中的光速也随波长变化。假定波长为 λ_1、λ_2 时的折射率分别为 n_1、n_2,每个波长通过长为 L 的玻璃的时间为

$$t = \frac{Ln}{c}$$

如果你求出两种波长下的渡越时间差,就会得到所谓的群延迟时间

$$\text{群延迟} = t_1 - t_2 = \frac{Ln_1}{c} - \frac{Ln_2}{c} = \frac{L}{c}(n_1 - n_2) \tag{4.33}$$

它描述了两种波长下光在到达时间上的差别,其大小与光通过光纤传输时造成的脉冲展宽 Δt 相同。

从物理学的角度来看,群延迟是折射率随波长变化曲线的斜率即是折射率随波长变化曲线的一阶导数

$$\text{群延迟} = \frac{L}{c}\left(n - \lambda\frac{\mathrm{d}n}{\mathrm{d}\lambda}\right) = \Delta t \tag{4.34}$$

群延迟是以时间单位度量的实际脉冲展宽 Δt——它是由折射率在整个波长范围内的变化引起的,但不是光纤的特征材料色散。特征色散不是度量延迟量的大小的,而是表明群延迟是如何随波长变化的(通常指光纤的单位长度,而不是在整个光纤长度上),此处的特征材料色散是用在单位长度光纤(1m)上单位波长间隔(1nm)的时间(ps)来度量。用光纤长度和波长范围乘以特性材料色散,就可得到群延迟 Δt。群延迟等于折射率随波长变化曲线的斜率。

为计算特征材料色散 D_{material},只要将延迟对波长求一阶导数,并除以光纤长度,即

$$D_{\text{material}} = \frac{1}{L} \times \left[\frac{\mathrm{d}(\text{群延迟})}{\mathrm{d}\lambda}\right] = \frac{-\lambda}{c} \times \frac{\mathrm{d}^2 n}{\mathrm{d}\lambda^2} \tag{4.35}$$

用光纤长度 L 和波长范围 $\Delta\lambda$ 乘以特征色散,就可以得到整个光纤长度上的脉冲总展宽

$$\Delta t = D_{\text{material}} \times L \times \Delta\lambda = \frac{-L\lambda\Delta\lambda}{c} \times \frac{\mathrm{d}^2 n}{\mathrm{d}\lambda^2} \tag{4.36}$$

这样,特性材料色散正比于折射率曲线的二阶导数,它也是群延迟的导数,群延迟是量度通过光纤的时间随波长变化的量;与此对照,群延迟曲线的斜率是量度特征材料色散的量,它表明了群延迟随波长变化的快慢程度。在群延迟曲线的峰值处(对于石英光纤为 1.28μm),群延迟的变化率为零,这也是折射率曲线的斜率随波长的增加停止减小而重新开始增加的位置。从数学上讲,零材料色散波长是群速度曲线的最大值,同时也是折射率曲线的拐点。

采用类似的方法还可以得到波导色散,但此时各部分间的物理关系更加复杂。正如在前面所看到的那样,波导色散含有符号,当将其与材料色散相加来得到色度

色散时，符号就显得很重要。另外，当用色散补偿方法来抑制脉冲展宽时，符号也很重要。

当考虑色度色散和其他色散的联合作用时，符号就不再重要，因为脉冲展宽方程中出现的是平方形式。在常规单模光纤中，色散在小于零色散波长的区域为负值，在长波长区域为正值。

色散等于群延迟的斜率，或者说是折射率随波长变化曲线的二阶导数。

4. 色散斜率

实际上，工程人员常假设色散在给定的波长范围内线性变化，由此估算出色散值。也就是说，用一条直线将两个波长的色散点相连，假设中间波长处的色散值落在这两点之间，若两波长分别为 λ_1、λ_2，特征色度色散分别为 $D(\lambda_1)$、$D(\lambda_2)$，则在中间波长 λ 处的色散为

$$D_{\text{chromatic}}(\lambda)=\left[\frac{D(\lambda_2)-D(\lambda_1)}{\lambda_2-\lambda_1}\right]\cdot(\lambda-\lambda_1)+D(\lambda_1) \tag{4.37}$$

在规格说明中常给出这些方程适用的色散和波长范围，一般而言，对于1530～1565nm 的 C 带和 1565～1625nm 的 L 带，要用两个不同的方程来表示。

仔细研究一下以上方程，可以发现，此方程实际是色散斜率(dispersion slope) K_{ds}(某一波长范围内色散的变化)与波长变化(从某一端点算起)的乘积加上该端点处的色散值 D_{ep}，因此方程可以写成以下形式：

$$D_{\text{chromatic}}(\lambda)=[K_{\text{ds}}\times(\Delta\lambda)]+D_{\text{ep}} \tag{4.38}$$

注意，这是指色度色散的斜率，尽管通常仍写作“色散斜率”。色散斜率给出了色散值在一定波长范围内的变化。色散斜率给出了色散是如何随波长变化的，这种变化在单个激光发射机的波长范围内一般很小，然而在波分复用系统中，多个光信道的波长范围可达数十纳米，色散值的变化就比较大，本章后面将更深入地讨论这一问题。

5. 光源带宽和色度色散

与其他光纤色散造成的脉冲展宽不同的是，色度色散造成的脉冲展宽很大程度上取决于光源。若取 $D_{\text{chromatic}}(\lambda)$ 为光纤单位长度(1km)上的特征色散，则色度色散造成的总脉冲展宽为

$$\Delta t_{\text{chromatic}}=D_{\text{chromatic}}(\lambda)\times\Delta\lambda\times L \tag{4.39}$$

式中，$\Delta\lambda$ 是光信号的波长范围，单位为 nm；L 为光纤长度，单位为 km。上式意味着系统设计者可以通过改变光源谱宽来调节色度色散对系统的限制作用。比特率越高，窄带光源变得越重要，后面还将对此进行介绍。

6. 色度色散补偿和修饰

脉冲色散具有累加性，即其值在光纤系统的整个长度上不断增加。一般而言，增加更多的光纤只会使情况变得更糟糕，但是，如果增加的是具有相反色散符号的光纤，就可能消除色度色散。在一定带宽内色散为正值的光纤，你可以加上一段在同一波段色散为负值的光纤，这一思想与利用波导色散抵消材料色散，在所要波长处得到低色度色散的思想类似。不同的是，在这一情形中，是将两段不同的光纤连接在一起，使彼此的色散相互抵消，如图 4.19 所示。对于现有光纤系统而言，可以加入色散补偿模块使系统升级，还可以将不同色散的光纤结合在一起，以“修饰”传输线路的总体色散特性。

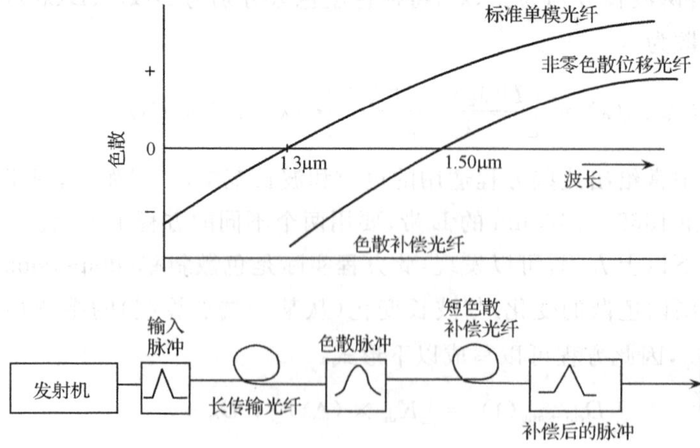

图 4.19　色散补偿

将色散符号相反的光纤组合起来使用能补偿色散，产生较低的总脉冲展宽。

典型的色散补偿光纤具有高的负波导色散，因此总的色度色散为负值，并且大小一般为具有正的色度色散的光纤的几倍，这样使实现色散补偿所需要的色散补偿光纤的长度要更短一些。这点很重要，因为色散补偿光纤的衰减一般要比传输光纤的高。色散补偿光纤一般还具有小的有效纤芯面积，易引起非线性效应，因此常用在系统的接收端，因为接收端的功率较低，抑制了非线性效应。

通常需要在铒光纤的整个带宽内进行色散补偿，如果仅关心某一波长处的色散补偿，问题就变得非常简单。假定在一个 1000km 的系统中，你需要在铒光纤带宽内 1530nm 短波长一端得到 2ps/(nm·km)的总色散，而所用非零色散位移光纤在该波长处的色散值为+8ps/(nm·km)，色散补偿光纤在 1530nm 处的色散值为−100ps/(nm·km)，则可以利用方程

$$D_{net}L_{total} = D_{transmission}L_{transmission} + D_{comp}L_{comp}$$

式中，D_{net}是整个系统的净色散，L_{total}是总长度（假定补偿光纤是传输链路的一部

分)，$D_{\text{transmission}}$、$L_{\text{transmission}}$分别是传输光纤的色散和长度，D_{comp}、L_{comp}分别是色散补偿光纤的色散和长度。代入数值，可得

$$2000\text{ps/nm} = +8L_{\text{transmission}} - 100L_{\text{comp}}$$

已知 $L_{\text{transmission}} + L_{\text{comp}} = 1000\text{km}$，由此可以计算出需要 944km 的非零色散位移传输光纤和 56km 的色散补偿光纤。也就是说，每 1.7km 的传输光纤就需要约 1km 的色散补偿光纤。

与之形成对照，布拉格光栅技术的最新进展使得光栅成为一个更具有吸引力的可供选择的方法，原因是光栅很紧凑，无源且成本低。以前，布拉格光纤光栅被看作实验室仅有的好奇品，但是现在已经被大量应用到光波通信领域。

另外，光延迟线可以对信号起延迟作用，延迟量与波长有关，这样，速度较慢的信号将赶上较快的信号，色散补偿光纤可以作为这种延迟线来使用。

7. 多波长传输和色散

在多波长系统中处理色度色散要更复杂一些，因为波分复用需要对被传输信号覆盖的整个波长范围内进行色散补偿。在带有光纤放大器的系统中，波长范围一般都在几十纳米，如采用 C 带掺铒光纤放大器的系统带宽为 35nm，L 带掺铒光纤放大器的系统带宽为 55nm，C+L 带掺铒光纤放大器的系统带宽为 95nm。

WDM 传输需要在一个波长范围内进行色散补偿。

波长范围是如此之大，因此导致不同信道间的色度色散差别也很大，如在铒光纤的 C 带中，对于低色散(0.045ps/(nm·km))斜率光纤，这一差值可达 2ps/(nm·km)。而对于其他非零色散位移光纤，此值可达 4ps/(nm·km)。这点非常重要，因为这意味着不同的光信道要求的色散补偿量不同。

随着波长范围的增加，色散管理也变得更加复杂。由于色散补偿光纤和传输光纤的色散斜率不能互相匹配并抵消，因此存在残余色散斜率，对于长距、高速系统而言，这一差值由于累加性而变得很大，因此需要额外的补偿元件，或者将色散补偿光纤和传输光纤混合使用。

8. 偏振模色散

通过对前面保偏光纤的介绍，我们知道单模光纤实际上是以两种不同的偏振模式来传播光的，这两种模式的电场互相垂直(或者说是正交的)。通常情况下，这两种模式在光纤中的行为相同，从物理学的角度来看，它们是简并的，这意味着无法将它们区分开。

若这两种模式完全相同，则它们的存在并不重要，但只有在完全对称的光纤之中，这两种偏振模式的行为才相同，而实际上并不存在这样的理想光纤。光纤内部的应力和外界施加的压力都会造成这两种偏振模式下折射率的微小差别，引起双折射。

光纤具有较低的双折射，它能对光的两种偏振模式产生不同影响。光纤中的双折射效应很小——制造应力带来的双折射约为 10^{-7}——而光在其中传输的距离很长，因此累加的双折射效应就非常大。若沿整个光纤的双折射是均匀的，在每10m 长度上，一种偏振模式就会超前另一种偏振模式约一个波长，如图 4.20 所示。

然而，这种所谓的偏振模色散(PMD)效应并非如此简单。原因之一在于双折射沿常规单模光纤是随机变化的，因为它源于分布在整个光纤长度上的制造应力和环境应力的随机波动。原因之二在于光在常规单模光纤(不是保偏光纤或单偏光纤)中传输时，这两种偏振模式间的转化是随机的，这意味着两种模式间的相移并不是沿光纤长度方向始终累加的。

实际上，两种模式的光不断地超前和滞后，其差别也无法分辨清楚，结果致使脉冲在时域上被展宽，如图 4.20 底部所示。

随机偏振转化和双折射分布导致脉冲展宽，并且展宽量随光纤长度 L 的平方根而增大，这种效应有时称作微分群延迟，本质上是一种统计行为。每种光纤在制造后均有一个特征偏振模色散 D_{PMD}，但光纤成缆后，这一值有可能改变。偏振模色散造成的脉冲展宽为

$$\Delta t_{\mathrm{PMD}} = D_{\mathrm{PMD}} \times \sqrt{L} \quad (4.40)$$

对于现有光纤，每方根千米($\mathrm{km}^{-1/2}$)的 PMD 一般为 0.5～1ps。目前生产的光纤的特征 PMD 一般为 0.05～0.2ps/$\mathrm{km}^{-1/2}$，但成缆后可以增加到 0.5ps/$\mathrm{km}^{-1/2}$，这一数值可能随时间变化。例如，风、雨等外界因素对高空中的光缆造成的应力可以使特征 PMD 的瞬时值超过 1ps/$\mathrm{km}^{-1/2}$。同时，特征 PMD 的值也随波长变化。

偏振模色散造成的脉冲展宽随传输距离的平方根而增加。以前，偏振模色散的潜在影响未得到足够重视，因此早期的光纤中并没有专门给出 PMD 值。由于成缆带来的影响也很重要，因此确定 PMD 值的最佳方法是实地对现有光缆进行测量。原则上讲，所有光学器件都会带来偏振模色散，而实际上由于系统所用光纤很长，因此它成为系统偏振模色散的最主要来源。

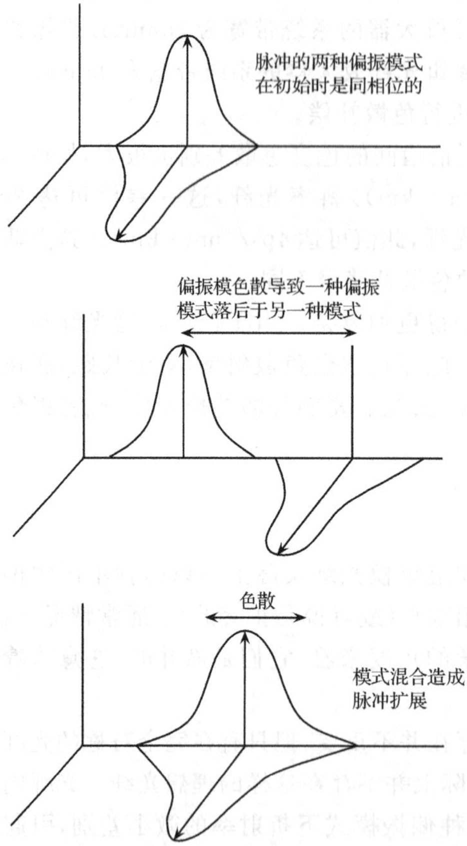

图 4.20　偏振模色散

偏振模色散在数值上要比色度色散小，选用偏振模色散补偿器，改善网络中的光器件和仔细选择光信号调制方式都能减小偏振模色散。

实际上，只有在速率超过 2.5Gbit/s 时，偏振模色散才变得比较重要。对 10Gbit/s 的长距离传输系统而言，需要小心控制，而以更高速率长距离传输信号时，偏振模色散就成为了一个具有挑战性的课题。

9. 色散和传输速度

迄今为止我们已经考虑了色散对瞬时脉冲的影响，而实际脉冲并不是瞬时的。在数字系统中，初始脉宽为 Δt_{input}，由于色散造成的展宽为 $\Delta t_{\text{dispersion}}$，输出脉宽并不是这两个值的直接相加，而是它们的平方和的平方根

$$\Delta t_{\text{output}} = \sqrt{\Delta t_{\text{input}}^2 + \Delta t_{\text{dispersion}}^2} \tag{4.41}$$

以上方程给出了系统终端的脉冲长度，为使系统正常工作，需要解决的问题正是和这些脉冲有关的。脉冲色散带来的问题与数字通信系统的设计有关。在数字通信中，比特率表示的是在给定的某一段时间内（通常是 1s），一个通信网络中经过某个给定点的比特的数量。估计系统最大比特率的一个大致准则是，脉冲间隔应是色散的 4 倍，或等效为

$$\text{最大比特率} = \frac{1}{4\Delta t_{\text{dispersion}}} \tag{4.42}$$

这样，若脉冲经过 1ns 的色散，最大比特率约为 250Mbit/s。实际系统中远非如此简单，因为系统性能除了和色散有关外，还和其他因素有关，尽管如此，这仍是一个有用的设计参考。

对于偏振模色散而言，要求更为严格，即色散脉冲宽度不能超过脉冲间隔的 1/10，这反映出对高速系统的要求更加严格。注意！这些描述仅考虑了色散，并没考虑入射脉冲长度或接收机的上升时间，不同设计参考与数据传输格式有关，它们需将整个系统上升时间与最大比特率联系起来。

色散限制了最大数据率。色散还影响模拟信号的传输，方式与其对数字系统中比特率的限制大致相同。色散不是使数字脉冲变长，而是使整个模拟波形变得模糊不清，信号中的高频成分被有效衰减，这限制了模拟带宽。模拟带宽定义为可探测信号相对低频下降 3dB(50%)时的频率。

渐变折射率和阶跃折射率多模光纤的传输容量经常用带宽表示，单位通常为 MHz · km。利用下面的方程可以将系统总的响应时间 Δt_{total} 转化为带宽

$$\text{带宽(MHz)} = \frac{350}{\Delta t_{\text{total}}} \tag{4.43}$$

阶跃折射率多模光纤的典型带宽为 20MHz · km，渐变折射率多模光纤由于同时受色度色散和模式色散的影响，其带宽和波长有关。在 0.85μm 波段，62.5/125 和 50/125 光纤的典型带宽值分别为 200MHz · km 和 600MHz · km，而在

1.3μm 波段,62.5/125 和 50/125 光纤的典型带宽值分别为 500MHz·km 和 1000MHz·km。由于多模渐变折射率光纤用在局域网中,因此还可以利用特定的 IP,根据光纤的最大传输距离来表征这些光纤的特性。

4.3.3 光纤中的非线性效应

光纤中的非线性效应源自媒质折射率随光功率的变化或色散现象。光功率与折射率的关系体现在科尔效应。与输入信号的类型有关,科尔非线性表现为不同的效应,例如,自相位调制(SPM)、交叉相位调制(XPM)及四波混合(FWM)。色散现象造成了布里渊散射和拉曼散射效应。在高功率水平上,这些现象会引起受激效应,并且一旦入射功率超过阈值水平,散射光功率就会呈指数增长。布里渊散射和拉曼散射之间的本质区别在于布里渊散射产生的声子是相关的,并在光纤中引起宏观的声波。而且,布里渊散射的带宽增益大约为 20MHz,光沿背向散射;而在拉曼散射中,增益带宽积在 THz 量级,光沿双向散射。

1. 受激和自发拉曼散射

拉曼散射源自光纤中光与二氧化硅硅分子振动之间的相互作用,作用结果就是部分活跃光子的能量转化为分子自身的机械能。这些分子振动产生新的光波,其频率低于入射光,原因是部分能量已经损失掉。拉曼散射的产生可以是自发的,也可以是受激的(有外部信号输入时)。受激拉曼散射(SRS)用于拉曼放大器的放大目的,拉曼放大器将在后面讨论。受激拉曼散射或多或少是各向同性的,也就是一束传输光波信号能够被其他光波信号影响,例如,WDM 系统中沿相同或相反方向传播的光波。

拉曼散射可以被描述为分子吸收原频率为 f_S 的易变光子,同时释放比 f_S 低 15THz 的频率为 f_R 的光子。如果分子已经存在了,那么高于原光子频率的光子就会被释放。前者的散射波叫作 Stoke 波,而后者的叫作反 Stoke 波。

2. 受激和自发布里渊散射

产生布里渊散射的起因是光纤材料密度的周期性变化,其结果就是一个以光速传播的某一频率 f_S 的活跃光子能产生一个沿相反方向以声速传播的光子,即一个 Stoke 光子,其频率 f_S 比 f_R 大约低 10GHz。所以,从根本上讲,光纤中全部的散射能量都相对信号反向传播。布里渊散射的产生可以是自发的,也可以是受激的。受激布里渊散射(SBS)在窄带放大中极为有用,用于布里渊放大器,这将在后面讨论。受激布里渊散射可能会给使用了许多窄带宽激光器的 WDM 系统造成一些问题。

前文讨论过的瑞利散射是弹性的,原因是散射波与入射波具有相同的频率。与之对应,非线性散射过程(受激拉曼散射和受激布里渊散射)就是非弹性的。非弹性散射不仅引起频率的变化,当入射功率足够高时,它还会在变化后的频率处带来增益。要求的功率阈值对受激拉曼散射为 100～200mW，对受激布里渊散射为 10mW。

3. 科尔效应

由于光纤的非线性特性，折射率可以写为

$$n = n_l + n_n I \tag{4.44}$$

式中，n_l 和 n_n 分别是线性和非线性折射率，I 是场密度。不同的非线性效应依赖于注入光纤中的场的不同形状。下面，我们将回顾一下由科尔非线性带来的主要影响。

1）自相位调制

在光纤中传播的信号相位可以表示为

$$\Phi(t) = (n_l z + \Phi_0) + \frac{2\pi}{\lambda} n_n I(t) z \tag{4.45}$$

式中，Φ_0 是初始相位。公式中的第一项代表信号传输带来的相位线性位移，第二项代表相位非线性位移。如果光信号是强度调制的，那么非线性位移就会产生伪相位调制。该效应被称为自相位调制(SPM)。在强度调制是正弦的情况下，相位调制恰好也是正弦的。强度调制和相位调制的重叠会使输出信号的边带有不对称性，这就证实了 SPM 的存在。

需要提到的是 SPM 导致的啁啾现象与色散引起的线性啁啾结合在一起，其最终结果依赖于色散的符号。如果光纤散射参数是正的(正常散射)，那么线性啁啾与非线性啁啾同号；当情况相反(反常散射)时，二者反号。第一种情况下，SPM 使脉冲展宽增强；而第二种情况下，SPM 使其降低。

2）交叉相位调制(XPM)

当光纤中传输的信号数量 N 较大时，频率为 f_i 的信号相位不仅与其功率有关，还与其他频率的信号功率有关。它可以表示为

$$\Delta\Phi i(t) = \frac{2\pi n_n z}{\lambda}\left[I_i(t) + 2\sum_{j}^{N} I_j(t)\right] \tag{4.46}$$

上式中，第一项代表 SPM 的分布，第二项代表 XPM 的分布。SPM 引起的进一步啁啾会和 SPM 情况下的光纤啁啾相互影响。根据上式，我们可以推断，只有及时添加交互信号，XPM 才会有效。

3）四波混频(FWM)

当不同频率的信号在光纤中传播时，除了 XPM 以外，还会出现另一种叫作四波混频(FWM)的效应。如果光纤中同时传播的三个载频为 ν_1、ν_2 和 ν_3，那么产生的第四个波的频率为 $\nu_4=\nu_1\pm\nu_2\pm\nu_3$。原则上讲，通过不同的加法和减法就可以得到不同的频率。通常，由于相位匹配的要求，这些频率中的绝大多数是得不到的。交叉项，如 $\nu_1+\nu_2-\nu_3$ 对多波段通信系统影响尤其较大，特别当信道空间相对较小且每信道的光功率较高时，如图 4.21 所示。事实上，当存在三个相干波时，就会产

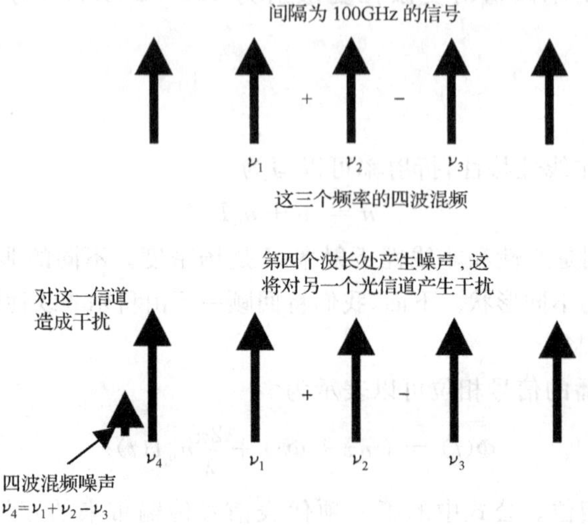

图 4.21　DWDM 系统中四波混频产生与其余光信道相互干扰的噪声

生第四个波，四波混频（FWM）就是由此而来的。

四波混频是一种弱效应，但如果信道间能彼此在较长距离上保持同相位，则这种效应可以累加。当色度色散非常接近零时，就会发生这种现象。脉冲在中心波长不同的光信道中传输时，由于这些信号都在零色散点附近，因此通过一段光纤后它们的相对位置不变，这将使四波混频效应增强，形成噪声信号，并与第四个信道发生干扰（正是这一原因，使人们最终放弃了零色散位移光纤）。为克服这一难题，将光纤的零色散点移到掺铒光纤放大器带宽（1530～1625nm）之外，在适当的色散条件下，不同波长的信号之间很快失去相位匹配条件，从而抑制了四波混频。

4. 孤子传输

色散（CMD）和自相位调制（SPM）之间的平衡使得光纤中存在孤子。CMD 使脉冲在光纤内传输过程中展宽。如前文所述，随折射率而定的强度会给光脉冲带来啁啾，并且为此会使脉冲压缩。在某种条件下，两种效应达到平衡，光脉冲就会以不变的孤子的形式传播。原则上，孤子打开了极高速、远距离光波通信系统的道路。

在孤子传输过程中，脉冲不仅要有适当的形状，还要有适当的幅值。这就意味着沿传输路径，脉冲必须被周期性放大。当然，这一点通过使用有序的掺铒光纤放大器（EDFA）获得。要提及的是光孤子在光纤内受到扰动后会恢复到其初始的形状。那么这个脉冲的准确形状是什么样的呢？很明显，这样的脉冲应该在邻近峰值振幅处的谐波最多，而在其他位置平稳变化。经过研究，反余弦双曲线是恰当的形状。

5. 弹光效应

由机械应力引起的折射率变化称为弹光效应。当沿晶体主轴方向加单向机械应力σ时，则沿此方向折射率n要发生变化，其表达式为

$$n = n^0 + a'\sigma + b'\sigma^2 + \cdots \tag{4.47}$$

式中，a'、b'为常数。当改变σ的方向，物体就由受拉变成受压，相应的n值也随之发生变化，所以各相同性无一级光电效应，但有弹光效应。

1）应力作用下的弹光效应

弹光效应通常采用应变场作用下材料相对介电抗张量的变化ΔB_{ij}来描述。即

$$\Delta B_{ij} = P_{ijkl}S_{kl} \tag{4.48}$$

式中，ΔB_{ij}为相对介电抗张量$B_{ij}=\left(\frac{1}{n^2}\right)_{ij}$ P_{ijkl}的增量，P_{ijkl}为四阶弹光效应张量，S_{kl}为二阶弹光效应张量。应力作用下的折射率椭球应满足

$$B_{ij} = x_i x_j = 1 \tag{4.49}$$

$$[B_{ij}(0) + \Delta B_{ij}]x_i x_j = 1 \tag{4.50}$$

B_{ij}称为介电不渗透性张量，其分量代表光频下介电常数的倒数。折射率椭球的矢径长度代表光波振动方向所对应的折射率。

由于ΔB_{ij}和S_{kl}为对称张量，可以把式(4.48)改写为

$$\begin{bmatrix}\Delta B_1\\ \Delta B_2\\ \Delta B_3\\ \Delta B_4\\ \Delta B_5\\ \Delta B_6\end{bmatrix} = \begin{bmatrix} P_{11} & P_{12} & P_{13} & P_{14} & P_{15} & P_{16}\\ P_{21} & P_{22} & P_{23} & P_{24} & P_{25} & P_{26}\\ P_{31} & P_{32} & P_{33} & P_{34} & P_{35} & P_{36}\\ P_{41} & P_{42} & P_{43} & P_{44} & P_{45} & P_{46}\\ P_{51} & P_{52} & P_{53} & P_{54} & P_{55} & P_{56}\\ P_{61} & P_{62} & P_{63} & P_{64} & P_{65} & P_{66}\end{bmatrix}\begin{bmatrix}\varepsilon_x\\ \varepsilon_y\\ \varepsilon_z\\ 2\tau_{xy}\\ 2\tau_{xz}\\ 2\tau_{yx}\end{bmatrix} \tag{4.51a}$$

带入熔石英的弹光张量和主应变张量，有

$$\begin{bmatrix}\Delta B_1\\ \Delta B_2\\ \Delta B_3\\ \Delta B_4\\ \Delta B_5\\ \Delta B_6\end{bmatrix} = \begin{bmatrix} P_{11} & P_{12} & P_{12} & 0 & 0 & 0\\ P_{12} & P_{11} & P_{12} & 0 & 0 & 0\\ P_{12} & P_{12} & P_{11} & 0 & 0 & 0\\ 0 & 0 & 0 & m & 0 & 0\\ 0 & 0 & 0 & 0 & m & 0\\ 0 & 0 & 0 & 0 & 0 & m\end{bmatrix}\begin{bmatrix}\varepsilon_x\\ \varepsilon_y\\ \varepsilon_z\\ 0\\ 0\\ 0\end{bmatrix} \tag{4.51b}$$

式中，$m=\frac{1}{2}(P_{11}-P_{12})$，由此导出

$$\begin{aligned}\Delta B_1 &= P_{11}\varepsilon_x + P_{12}\varepsilon_y + P_{12}\varepsilon_z\\ \Delta B_2 &= P_{12}\varepsilon_x + P_{11}\varepsilon_y + P_{12}\varepsilon_z\\ \Delta B_3 &= P_{12}\varepsilon_x + P_{12}\varepsilon_y + P_{11}\varepsilon_z\end{aligned} \tag{4.51c}$$

代入折射率椭球公式(4.50),得

$$\frac{x^2+y^2+z^2}{n^2}+(P_{11}\varepsilon_x+P_{12}\varepsilon_y+P_{12}\varepsilon_z)x^2+(P_{12}\varepsilon_x+P_{11}\varepsilon_y+P_{12}\varepsilon_z)y^2$$
$$+(P_{12}\varepsilon_x+P_{12}\varepsilon_y+P_{11}\varepsilon_z)z^2=1 \tag{4.52}$$

与下式比较:

$$\frac{x^2}{(n+\Delta n_x)^2}+\frac{y^2}{(n+\Delta n_y)^2}+\frac{z^2}{(n+\Delta n_z)^2}=1$$

利用近似式

$$\frac{1}{(n+\Delta n_i)^2}=\frac{1}{n^2}-\frac{2\Delta n_i}{n^3}\quad (i=x,y,z)$$

得到

$$\Delta n_x-\Delta n_y=-\frac{n^3}{2}(P_{11}-P_{22})(\varepsilon_x-\varepsilon_y) \tag{4.53}$$

这个结果就是应力作用下的弹光效应。

2) 张力作用下的弯曲光纤的弹光效应

光纤弯曲经常是把光纤缠绕在某一圆柱形物体上,不可避免存在张力对双折射的影响。在某些场合下,人为地加上较强的张力以增加光纤的双折射,使光纤具有保偏光纤的特性。

如图 4.22 所示,由于光纤纵向存在张力,因此光纤除弯曲引起的纵向应变外还存在平均应变$\overline{\varepsilon_\tau}$,且$\overline{\varepsilon_\tau}=\overline{\sigma_\tau}/E$,$\overline{\sigma_\tau}$代表纵向平均应力,$E$为弹性模量。因此可以得到纵向应力的表达式

$$\sigma_\tau=\overline{\sigma_\tau}+\frac{Ex}{R} \tag{4.54}$$

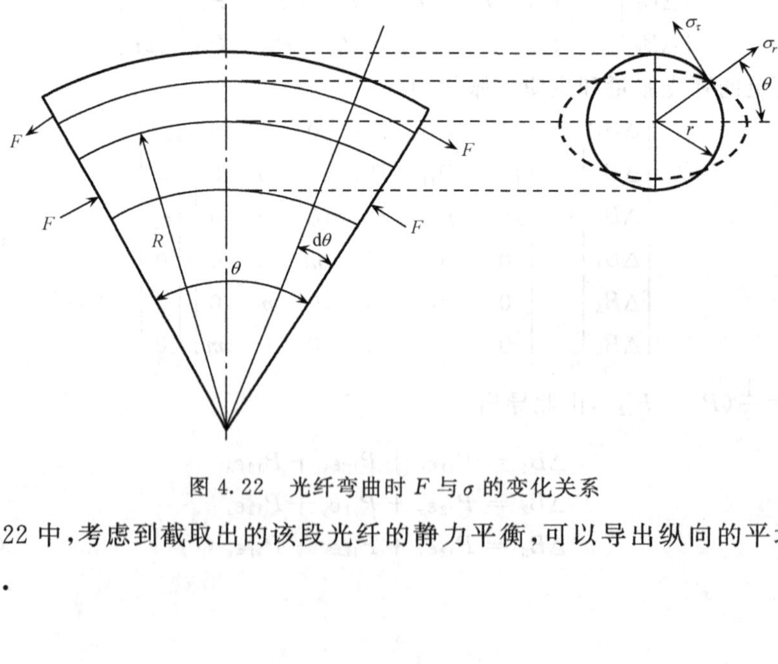

图 4.22　光纤弯曲时 F 与 σ 的变化关系

在图 4.22 中,考虑到截取出的该段光纤的静力平衡,可以导出纵向的平均应力$\overline{\sigma_\tau}$

与 F 的关系

$$F = \frac{\overline{\sigma_\tau} \pi a^2}{R} \tag{4.55}$$

式中，F 代表纵向应力的合力(对弯曲半径 R，在 $R-\frac{a}{2}$ 处为压应力，在 $R+\frac{a}{2}$ 处为拉应力)。体积力的表达式为

$$\begin{cases} X = -\dfrac{Ex}{R^2} - \dfrac{\overline{\sigma_\tau}}{R} \\ Y = 0 \\ Z = 0 \end{cases} \tag{4.56}$$

引入体积函数 V 和应力势函数 φ，光纤弯曲应力场的基本方程为

$$\nabla^4 \varphi = c_0 c_1 \tag{4.57}$$

式中，$c_1 = \dfrac{a^2 E}{R^2}$， $c_0 = \dfrac{1-2\mu}{1-\mu}$，$a$ 为光纤包层的半径，R 为光纤弯曲半径，μ 为泊松比。

在极坐标下，式(4.56)可以写成

$$\begin{cases} \sigma_r = \dfrac{1}{r}\dfrac{\partial \varphi}{\partial r} + \dfrac{1}{r^2}\dfrac{\partial^2 \varphi}{\partial \theta^2} + V \\ \sigma_\theta = \dfrac{\partial^2 \varphi}{\partial r^2} + V \\ \tau_{r\theta} = -\dfrac{\partial}{\partial r}\left(\dfrac{1}{r^2}\dfrac{\partial \varphi}{\partial \theta}\right) \end{cases} \tag{4.58}$$

式中，$V = \dfrac{c_1}{2} r^2 \cos^2\theta + r c_2 \cos\theta$，$c_2 = \dfrac{\overline{\sigma_\tau} a}{R}$。

边界条件为：

(1) φ 关于 X 轴对称；

(2) 当 $r=0$ 时，σ_r、σ_θ、$\tau_{r\theta}$ 有界；

(3) 当 $r=1$ 时，$\sigma_r = -\dfrac{1}{a} F \cdot \delta(r-1, \theta-\pi)$

最后解得

$$\begin{aligned} \sigma_r = & -\frac{c_2}{2}(1 + 2\cos 2\theta) - \frac{c_1}{4}(1 - r^2)\left[\left(1 + \frac{c_0}{4}\right) + \cos 2\theta\right] \\ & + c_2 r \cos\theta + \frac{c_2}{2}\sum_{n=3}^{\infty}(-1)^n [n r^{n-2} + (2-n) r^n] \cos n\theta \end{aligned} \tag{4.59}$$

4.4 小　　结

本章主要讲述了如下知识点：

(1) 光纤的基本类型可以分为单模和多模光纤。

(2) 可以通过设计纤芯-包层折射率结构来调整光纤的色散，形成色散位移光纤。

(3) 石英必须掺杂，以形成全玻璃光纤的高折射率纤芯或低折射率包层。氟能降低石英的折射率，而锗能增加石英的折射率。

(4) 保偏光纤具有偏振保持作用，在光纤干涉、传感等方面有重要应用。

(5) 所有塑料光纤的衰减都要比石英光纤的大得多，它们能用于图像传输或短距离通信。常规塑料光纤是用 PMMA 制造的，具有阶跃折射率曲线。

(6) PCF 具有无休止单模特性、可调非线性、色散平坦特性、高双折射特性等。

(7) 掺铒光纤在全光光通信中发挥了重要作用，实现了无阻塞中继。

(8) 色散造成的脉冲展宽限制了模拟和数字通信系统的传输速度，主要的色散类型有模式色散、模内色散和偏振模色散，总的脉冲展宽是这三种色散分别造成的脉冲展宽的平方和的平方根。

(9) 模内色散(色度色散)等于材料色散和波导色散之和，二者均有正负号，其造成的脉冲展宽正比于发射机的光谱带宽和光纤长度。

(10) 材料色散反映了光纤材料的特性，并随波长变化，它量度的是群延迟随波长的变化，也可以说是折射率随波长的变化；波导色散源于波导性质的变化和光在光纤中按波长分布的特性。若波导色散和材料色散的符号相反，二者能互相抵消，产生一个零色度色散。改变波导色散可以使零色散波长移动。

(11) 长途波分复用系统需要在整个波长范围内进行色散管理和补偿，补偿方式通常是基于啁啾光纤布拉格光栅和色散补偿光纤。

(12) 偏振模色散源于光纤中存在的较低的双折射以及模式间的混合，当数据率超过 2.5Gbit/s 时，偏振模色散变得比较明显。

(13) 非线性效应是不同光波间的相互作用，它能导致噪声和串扰。单模光纤中的非线性效应在高功率密度下会变得比较重要。

(14) 信道间的四波混频是 WDM 系统中一种最重要的潜在噪声源，特别是当光纤具有很低的色散值时，四波混频在长距离上具有累加性。

思考与练习

1. 简述各种石英光纤的特点和用途。

2. 对比石英光纤和其他材料光纤的特点。

3. 单模光纤在 1550nm 处的损耗为 0.2dB/km，现光纤长度为 200km，在光纤的始端注入 1550nm 单波长激光功率为 1mW，试计算在光纤的末端剩余功率为多少？

4. 一阶跃多模光纤的纤芯折射率为 1.456，NA＝0.20，模内色散相对于模间色散可以忽略不计，试计算在传输距离为 30km 时系统可以支持的最高传输速率。

5. 一单模光纤的截止波长为 λ_c，现有一波长为 λ，谱宽为 $\Delta\lambda$ 的激光入射到光纤中($\lambda>\lambda_c$)，传输距离为 L，色度色散和偏振色散分别为 D_c 和 D_p，试求系统最大传输速率。

6. 比较拉曼散射和布里渊散射的特点。

7. 试述如何增强光纤科尔非线性效应。

8. 试述获得稳定光孤子的条件。

参考文献

边超等. 2000. 光子晶体的研究进展及应用前景. 光电子技术与信息，13：127

金崇君等. 1999. 光子晶体研究进展. 量子电子学报，16：544

宋航. 2003. 单模石英系双折射光纤弯曲损耗与弹光效应的研究. 长春理工大学学报

Bjarklev A et al. 2001. Photonic crystal fiber，modeling and applications. Proc OFC，2：TuC1. 123

Birks T A et al. 1997. Endlessly single-mode photonic crystal fibre. Optics Letters，22：961～963

Birks T A et al. 1999. Dispersion compensation using single material fibers. IEEE Photonics Technology Letters，11：674～676

Broeng J，Barkou S E，Bjarklev A et al. 1998. Highly increased photonic band gaps in silicapair structures. Opt. Commun.，156 (4～6)：240～244

Brown E R，Parker C D，Yablonovitch E. 1993. Radiation properties of a planar antenna on a photonic crystal substrate. J. Opt. Soc. Am. (B)，10 (2)：404～407

Broderick N G R et al. 2000. Nonlinearity in holey optical fibres. Proc. LEOS，2：591～592

Feng Xiaoping，Arakawa Yasuhiko. 1996. Off-plane angle dependence KF photonic band gap in a twodimendional photonic crystal. IEEE J. Quant. Electron.，QE 232 (3)：535～541

Ferrando A et al. 1999. Designing a photonic crystal fibre with flattened chromatic dispersion. Electronics Letters，35：325～327

Gloge D，Marcatili E A. 1973. Multimode theory of graded-core fibers. Bell Syst. Tech. J.，52 (9)：1563～1578

Green，Paul E Jr. 1993. Fiber Optic Networks. Prentice-Hall

Hunsperger，Robert G. 1994. Photonic Devices and Systems. Marcel Dekker，Inc

Iannone E，Matera F，Mecozzi A 1998. Nonlinear optical comm unication networks. John Wiley

John S. 1987. Strong localization of photons in certain disordered dielectric superlattices. Phys. Rev. Lett.，58：2486～2489

Keiser G. 1991. Optical Fiber Communications. Second Edition，McGraw-Hill

Mangan B J. 2000. Experimental study of dual-core photonic crystal fibre. Electronics Letters，36：1358～1359

Miya T，Teramuna Y，Hosaka Y，Miyashita T. 1979. Ultimate low-loss single-mode fiber at 1.55μm. Electron. Lett.，15 (4)：106～108

Miller S E，Kaminow I P. 1998. Optical Fiber Telecommunications-II. Academic Press

Mogilevtsev D，Birks T A，Russell P St J. 1999. Localized function method for modeling defect modes in 22D photonic crystals. J. Lightwave Technol.，17 (11)：2078～2081

Mogilevtsev D，Birks T A，Russell P St J. 1998. Group-velocity dispersion in photonic crystal fiber. Opt. Lett.，32(21)：1662～1664

Monro T M. 1999. Holey optical fibers：an efficient modal model. J. Light wave Technology，17：1093～1102

Monro T M et al. 2000. New possibilities with holey fibers. Proc. OFC，3：106～108

Monro T M et al. 1999. Developing holey fibres for evanescent field devices. Electronics Letters，35：1188～1189

Palais J C. 1998. Fiber Optic Communications. Second Edition, Prentice-Hall

Ranka J K et al. 1999. Efficient visible continue generation in air silica micro structure optical fibers with anomalous dispersion at 800nm. Proc. CLEO, CPD/1/2

Russell P Stj et al. 1999. Nonlinear optics in photonic crystal fibre: opportunities and challenges. Proc. LEOS, 1: 60～61

Russell P Stj et al. 2000. Recent progress in photonic crystal fibres. Proc. OFC, 3: 98～100

Senior J M. 1992. Optical Fiber Communication-Principles and Practice. Second Edition, Prentice-Hall

Yalonovitch E et al. 1987. Inhibited spontaneous emission in solid state physics and electronics. Phys. Rev. Lett., 58: 2059～2062

第5章 光无源器件

光通信器件可根据其是否需要电支持分为无源和有源两大类。近几年来世界各国都在研究和开发所谓的全光网络，即希望在整个传输系统中全部采用光信号，取消光电转换步骤，尽量使用光学手段实现对信号的处理，这对光通信器件尤其是无源器件提出了相当高的要求。在这一章中我们对常用光无源器件作了较为详细的介绍，这些无源器件包括：光纤连接器、光纤耦合器、光隔离器、光环行器、光纤光栅、光滤波器、光开关和波分复用(WDM)器件。

5.1 光纤连接器

5.1.1 光纤活动连接器

光纤活动连接器是实现光纤之间活动连接的光无源器件，它还有将光纤与有源器件、光纤与其他无源器件、光纤与系统和仪表进行连接的功能。活动连接器伴随着光通信的发展而发展，现在已形成门类齐全、品种繁多的系统产品，是光纤应用领域中不可缺少的、应用最广泛的基础元件之一。

尽管光纤(缆)活动连接器在结构上千差万别，品种上多种多样，但按其功能可以分成如下几部分：连接器插头、光纤跳线、转换器、变换器等。这些部件可以单独作为器件使用，也可以合在一起成为组件使用。实际上，一个活动连接器习惯上是指两个连接器插头加一个转换器。

1）连接器插头

使光纤在转换器或变换器中完成插拔功能的部件称为插头，连接器插头由插针体和若干外部机械结构零件组成。两个插头在插入转换器或变换器后可以实现光纤(缆)之间的对接。插头的机械结构用于对光纤进行有效的保护。插针是一个带有微孔的精密圆柱体，其主要尺寸见表5.1。

表5.1 插针的主要尺寸

外径	$\Phi 2.499 \pm 0.0005$mm	外径不圆度	<0.0005mm
微孔直径	$\Phi 126 \pm 0.5\mu m$	微孔偏心量	$<1\mu m$
微孔深度	4mm 或 10mm	插针外圆柱体光洁度	▽14
端面曲率半径	20～60mm		

插针的材料有不锈钢、全陶瓷、玻璃和塑料几种。现在市场上用得最多的是陶瓷，陶瓷材料具有极好的温度稳定性、耐磨性和抗腐蚀能力，但价格也较贵。塑料

插头价格便宜，但不耐用。插针和光纤相结合成为插针体。插针体的制作是将选配好的光纤插入微孔中，用胶固定后，再加工其端面，插头端面的曲率半径对反射损耗影响很大，通常曲率半径越小，反射损耗越大。插头按其端面的形状可分为三类：PC型、SPC型、APC型。PC型插头端面曲率半径最大，近乎平面接触，反射损耗最低；SPC型插头端面的曲率半径为20 mm，反射损耗可达45 dB，插入损耗可以做到小于0.2 dB。反射损耗最高的是APC型，它除了采用球面接触外，还把端面加工成斜面，以使反射光反射出光纤，避免光反射回来。斜面的倾角越大，反射损耗越大，但插入损耗也随之增大，一般取倾角为8°～9°，此时插入损耗约0.2dB，反射损耗可达60dB。要想保证插针体的质量，光纤的几何尺寸必须达到下列要求：光纤外径比微孔直径小0.0005 mm，光纤纤芯的不同轴度小于0.0005 mm。因此，插针和光纤以及两者的选配对连接器插头的质量影响极大，也是连接器插头质量好坏的关键。一个插头损耗的正常值一般小于0.3 dB。

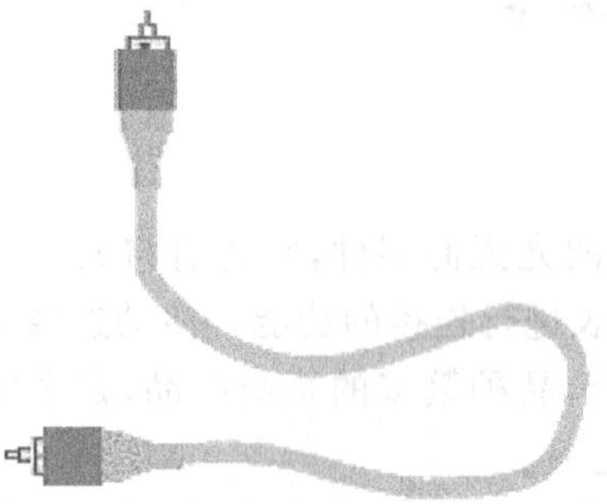

图 5.1 光纤跳线

2）跳线

将一根光纤的两头都装上插头，称为跳线（图5.1）。连接器插头是跳线的特殊情况，即只在光纤的一头装有插头。跳线中光纤两头的插头可以是同一型号，也可以是不同的型号。跳线可以是单芯的，也可以是多芯的。

3）连接器与转换器

把光纤接头连接在一起，从而使光纤接通需要使用到连接器（图5.2）与转换器，转换器俗称法兰盘。用得最多的是FC型连接器，SC型连接器因使用方便、价格低廉、可以密集安装等优点，应用前景也不

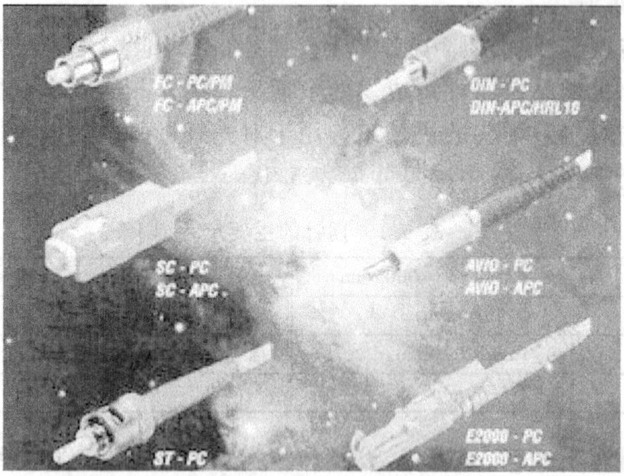

图 5.2 光纤连接器

错。除此以外 ST 型连接器也有一定数量的应用。

FC 型连接器是一种用螺纹连接,外部元件采用金属材料制作的圆形连接器。它是我国采用的主要品种,其有较大的抗拉强度,能适应各种工程的要求。

SC 型连接器外壳采用工程塑料制作,采用矩形结构,便于密集安装。不用螺纹连接,可以直接插拔,操作空间小。适用于高密集安装,使用方便。

ST 型连接器采用带键的卡口式锁紧结构,确保连接时准确对中。

这三种连接器虽然外观不一样,但核心元件套筒是一样的。套筒是一个加工精密的套管(有开口和不开口两种),两个插针在套筒中对接并保证两根光纤的对准。其原理是:以插针的外圆柱面为基准面,插针与套筒之间紧密配合。当光纤纤芯外圆柱面的同轴度、插针的外圆柱面和端面,以及套筒的内孔加工得非常精密时,两根插针在套筒中对接,就实现了两根光纤的对准。

对同型号的插头进行连接,需要上述三种同型号的转换器。对不同型号插头的连接,就需要下面三种不同型号间的转换器。即 FC/SC 型转换器——用于 FC 与 SC 型插头互连;FC/ST 型转换器——用于 FC 与 ST 型插头互连;SC/ST 型转换器——用于 SC 与 ST 型插头互连。

4) 变换器

将某一种型号的插头变换成另一型号插头的器件叫作变换器,该器件由两部分组成,其中一半为某一型号的转换器,另一半为其他型号的插头。使用时将某一型号的插头插入同型号的转换器中,就变成其他型号的插头了。对于 FC、SC、ST 三种连接器,要做到能完全互换,有下述 6 种变换器:SC-FC 将 SC 插头变换成 FC 插头;ST-FC 将 ST 插头变换成 FC 插头;FC-SC 将 FC 插头变换成 SC 插头;FC-ST 将 FC 插头变换成 ST 插头;SC-ST 将 SC 插头变换成 ST 插头;ST-SC 将 ST 插头变换成 SC 插头。

5.1.2 光纤活动连接器的表征指标

1) 插入损耗

插入损耗定义为光纤中的光信号通过活动连接器之后,其输出光功率相对输入光功率的比率的分贝比。其表达式为

$$I_L = -10\lg P_O/P_I \,\mathrm{dB}$$

式中,P_I 为输入端的光功率,P_O 为输出端的光功率。插入损耗越小越好。从理论上讲影响插入损耗的主要因素有以下几种:纤芯错位损耗、光纤倾斜损耗、光纤端面间隙损耗、光纤端面的菲涅耳反射损耗、纤芯直径不同损耗、数值孔径不同损耗。

2) 回波损耗

回波损耗又称反射损耗,是指在光纤连接处后向反射光相对于输入光的比率的分贝数,其表达式为

$$R_L = -10\lg P_L/P_0 \,\mathrm{dB}$$

式中，P_0 为输入光功率，P_L 为后向反射光功率。反射损耗越大越好，以减少反射光对光源和系统的影响。改进回波损耗的途径只有一个，即将插头端面加工成球面或斜球面。球面接触，使纤芯之间的间隙接近于"0"，达到"物理接触"，使端面间隙和多次反射所引起的插入损耗得以消除，从而使后向反射光大为减少。斜球面接触除了实现光纤端面的物理接触以外，还可以使微弱的后向光难以进入原来纤芯，斜球面接触可以使回波损耗达到 60dB 以上，甚至达到 70dB。

3）重复性

重复性是指对同一对插头，在同一只转换器中多次插拔之后，其插入损耗的变化范围，单位用 dB。插拔次数一般取 5 次，先求出 5 个数据的平均值，再计算相对于平均值的变化范围。性能稳定的连接器的重复性应小于 0.1dB。重复性和使用寿命是有区别的，前者是在有限的插拔次数内，插入损耗的变化范围，后者是指在插拔一定次数后，器件就不能保证完好无损了。

4）互换性

互换性是指不同插头之间或者同转换器任意置换之后，其插入损耗的范围。这个指标更能说明连接器性能的一致性。质量较好的连接器，其互换性应能控制在±0.15dB以内。

重复性和互换性考核连接器结构设计和加工工艺的合理与否，也是表明连接器实用化的重要标志。质量好的跳线和转换器，其重复性和互换性是合格的，即使是不同厂家的产品也可以在一起使用。

5.2 光纤耦合器

5.2.1 光纤耦合器的现状及应用领域

光纤耦合器是一种光无源器件，是用来连接两根或多根光纤，使光纤中传输的光信号在特殊的耦合区发生耦合，并进行功率或波长分配的元器件。目前，光纤耦合器已形成一个多功能、多用途的产品系列。从功能上看，它可分为光功率分配器以及光波长分配（合/分波）耦合器；从端口形式上划分，它包括 X 形（2×2）耦合器、Y 形（1×2）耦合器、星形（$N\times N$，$N>2$）耦合器以及树形（$1\times N$，$N>2$）耦合器等；从工作带宽的角度划分，它分为单工作窗口的窄带耦合器、单工作窗口的宽带耦合器和双工作窗口的宽带耦合器。另外，由于传导光模式的不同又有多模耦合器和单模耦合器之分。

早期的光纤耦合器多用在从传输干路上取出一定的功率用于监控等。现今，单模光纤耦合器在光纤通信系统、光纤传感器、光纤测量技术和信号处理系统中有很广泛的应用。其中的单模光纤定向耦合器在光纤通信中可用作分路合路器件、波分复用器件、分布反馈激光器外腔、可调谐本地振荡器及光纤激光器等；在传感领域中可做成光纤位移速度、振荡、压力等多种传感器；它还是光纤陀螺仪和光纤水听器的关键器件。

随着研究开发的深入，光耦合器的性能和制作工艺也在不断地改进。光耦合器已经形成了一个多功能、多用途的产品系列，在格局上基本上形成了以熔融拉锥器件为主、波导型器件逐步发展起来的局面。

集成光波导型耦合器是用平面介质光波导工艺制作的一类光耦合器。制作方法是：在衬底材料上进行薄膜沉积、光刻、扩散等工艺，形成所需的波导结构。沉积是在衬底材料上；光刻是在膜层上刻出所需的图案；扩散是使光刻形成的膜层图案在衬底内形成光波导。衬底和波导分别用两种不同的折射率实现，衬底的折射率较低，波导的折射率较高。目前平面波导型已有树形耦合器、星形耦合器、波分复用器和宽带耦合器等多种光耦合器。

20 世纪 80 年代初，人们开始用光纤熔融拉锥法制单模光纤耦合器，至今已形成了成熟的工艺和一套很实用的理论模型。熔融拉锥法是将两根(或两根以上)除去涂覆层的光纤以一定的方法靠拢，在高温加热下熔融，同时向两侧拉伸，最终在加热区形成双锥体形式的特殊波导结构，是实现传输光功率耦合的一种方法。利用熔融拉锥型光纤耦合器的制作设备，还可以通过改变拉锥长度和周期做出合波/分波耦合器，因为耦合器系数是包含波长 λ 的量，即它对波长是敏感的。与其他的制作方法相比，用熔融拉锥法制作的光纤耦合器具有下列的优势：① 极低的附加损耗，可以达到＜0.05dB；② 方向性好。一般都超过 60dB；③ 良好的环境稳定性：这种耦合器件的光路结构简单、紧凑，受环境条件的影响可以很小；④ 控制方法简单、灵活；⑤ 制作成本低廉，适于批量生产，制作所需材料为一般的通信用光纤，可以大大降低成本，同时在微机的控制下，可以大大提高产品的成品率，实现低价格，大批量生产。

5.2.2 光耦合器的技术参数

光耦合器是一种光无源器件，它的主要参数有：

1) 插入损耗(insertion loss)

插入损耗定义为指定输出端口的光功率相对全部输入光功率的减少值。该值通常以分贝(dB)表示，数学表达式为

$$I.L_i = -10\lg P_{out}/P_{in}\,\text{dB} \tag{5.1}$$

式中，$I.L_i$ 是第 i 个输出端口的插入损耗，P_{out}是第 i 个输出端口测到的光功率值，P_{in}是输入端的光功率值。

2) 附加损耗(excess loss)

附加损耗定义为所有输出端口的光功率总和相对于全部输入光功率的减少值。该值以分贝(dB)表示，数学表达式为

$$E.L = -10\lg \frac{\sum P_{\text{out}}}{P_{\text{in}}} \text{dB} \tag{5.2}$$

对于光纤耦合器，附加损耗是体现器件制造工艺质量的指标，反映的是器件制作过程带来的固有损耗；而插入损耗则表示的是各个输出端口的输出功率的状况，不仅有固有损耗的因素，更考虑了分光比的影响。

3）分光比（coupling ratio）

分光比是光耦合器所特有的技术用语，它定义为耦合器各输出端口输出功率的比值，在具体应用中常常用相对输出功率的百分比来表示

$$C.R = \frac{P_{\text{out}}}{\sum P_{\text{in}}} \times 100\% \tag{5.3}$$

例如，对于标准的X形耦合器，1∶1或50∶50代表了同样的分光比，即输出为均分的器件。

4）方向性（directivity）

方向性也是光耦合器所特有的一个技术术语，它是衡量器件定向传输特性的参数。以标准X形耦合器为例，方向性定义为在耦合器正常工作时，输入一侧非注入光一端的输入光功率与全部注入光功率的比值，以分贝（dB）为单位，其数学表达式为

$$D.L = -10\lg \frac{P_{\text{in2}}}{P_{\text{in1}}} \text{dB} \tag{5.4}$$

式中，P_{in1}代表注入光功率，P_{in2}代表输入一侧非注入光一端的输出光功率。

5）均匀性（uniformity）

对于要求均匀分光的光耦合器（主要是树形和星形器件），实际制作时，因为工艺的局限，往往不能做到绝对均分。均匀性就是用来衡量均分器件的“不均匀程度”的参数。它定义为在器件的工作带宽范围内，各输出端口输出光功率的最大变化量，其数学表达式为

$$F.L = -10\lg \frac{\text{MIN}(P_{\text{out}})}{\text{MAX}(P_{\text{out}})} \text{dB} \tag{5.5}$$

6）偏振相关损耗（polarization dependent loss）

偏振相关损耗是衡量器件性能对于传输光信号偏振态的敏感程度的参量，俗称偏振灵敏度。它是指当传输光信号的偏振态360°变化时，器件各输出端口输出功率的最大变化量

$$P.D.L = -10\lg \frac{\text{MIN}(P_{\text{out1}})}{\text{MAX}(P_{\text{out2}})} \text{dB} \tag{5.6}$$

在实际应用中，光信号偏振态的变化是经常发生的，因此，往往要求器件有足够小的偏振相关损耗，否则将直接影响器件的使用效果。

7）隔离度(isolation)

隔离度是指光纤耦合器件的某一光路对其他光路中的光信号的隔离能力。隔离度高，也就意味着线路之间的“串话”(crosstalk)小。对于光纤耦合器来说，隔离度更有意义的是用于反映 WDM 器件对不同波长信号的分离能力，其数学表达式为

$$I = -10\lg \frac{P_l}{P_{in}} \text{dB} \tag{5.7}$$

式中，P_l 是某一光路输出端测到的其他光路信号的功率值，P_{in}是被检测光信号的输入功率值。隔离度对于分波耦合器的意义更为重大，要求也就相应的要高些，实际工程中往往需要隔离度达到 40dB 以上的器件，而一般来说，合波耦合器对隔离度的要求并不苛刻，20dB 左右将不会给实际应用带来明显不利的影响。

5.2.3 熔融拉锥型光纤耦合器

熔融拉锥型光纤耦合器的工作原理可以用图 5.3来定性地表示。

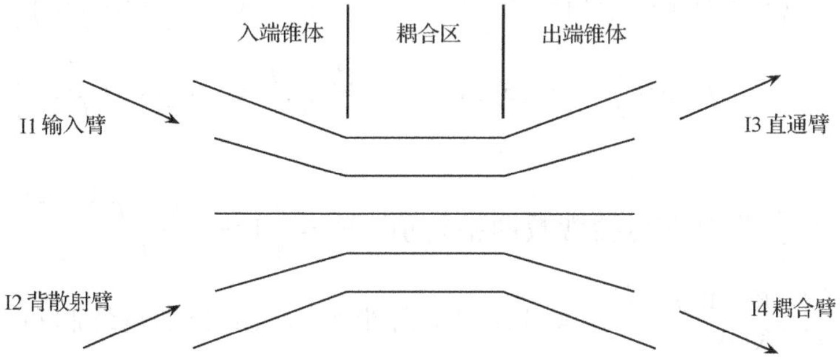

图 5.3　熔融拉锥型光纤耦合器的工作原理

入射光功率在双锥体结构的耦合区发生功率再分配，一部分光功率从“直通臂”继续传输，另一部分则由“耦合臂”传到另一光路。在单模光纤中，传导模是两个正交的基模(HE_{11})信号。

图 5.4是单模光纤耦合器的迅衰场耦合示意图。当传导模进入融锥区时，随着纤芯的不断变细，V 值逐渐减小，有越来越多的光功率渗入光纤包层中，实际上光功率是在由包层作为芯，纤外介质(一般是空气)作为新包层的复合波导中传输的。在输出端，随着纤芯的逐渐变粗，V 值重新增大，光功率被两根纤芯以特定的比例“捕获”。在熔锥区，两光纤包层合并在一起，纤芯足够逼近，形成弱耦合。将一根光纤看作是另一光纤的扰动，在弱导近似下，假设光纤是无吸收的，则有耦合方程组

$$\begin{cases} \dfrac{dA_1(z)}{dz} = i(\beta_1 + C_{11})A_1 + iC_{12}A_2 \\ \dfrac{dA_2(z)}{dz} = i(\beta_2 + C_{22})A_2 + iC_{21}A_1 \end{cases} \tag{5.8}$$

式中，传播常数 A_1、A_2 分别是两根光纤的模场振幅，β_1、β_2 是两根光纤在孤立状态下

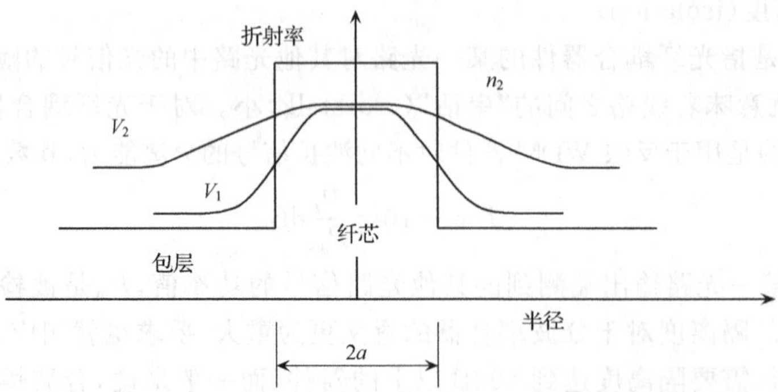

图 5.4　单模光纤耦合器的迅衰场示意图

的传播常数，C 是耦合系数。实际上，自耦合系数相对于互耦合系数可以忽略，且近似有 $C_{12}=C_{21}=C$，可以求得上述方程组满足 $z=0$ 时 $A_1(z)=A_1(0)$，$A_2(0)$的解为

$$\begin{cases} A_1(z) = \left\{A_1(0)\cos\left(\dfrac{C}{F}z\right)+\mathrm{i}F\left[A_1(0)+\dfrac{\beta_1-\beta_2}{2C}A_1(0)\right]\sin\left(\dfrac{C}{F}z\right)\right\}\exp(\mathrm{i}\beta z) \\ A_2(z) = \left\{A_2(0)\cos\left(\dfrac{C}{F}z\right)+\mathrm{i}F\left[A_2(0)-\dfrac{\beta_1-\beta_2}{2C}A_2(0)\right]\sin\left(\dfrac{C}{F}z\right)\right\}\exp(\mathrm{i}\beta z) \end{cases} \tag{5.9}$$

式中，$\beta=\dfrac{\beta_1+\beta_2}{2}$ 是两传播常数的平均值，$F=\left[1+\dfrac{(\beta_1-\beta_2)^2}{4C^2}\right]^{-\frac{1}{2}}$，耦合系数 $C=\dfrac{(2\Delta)^{1/2}U^2K_0(Wd/r)}{rV^3K_1^2W}$。这里，$r$ 是光纤半径，n_{co}、n_{cl}分别是纤芯和包层的折射率，U、W 是光纤的纤芯和包层参量，V 是孤立光纤的光纤参量，K_0、K_1 是零阶和一阶修正的第二类贝塞尔函数。

$$\begin{cases} U = r(k^2n_{co}^2-\beta^2)^{1/2} \\ W = r(\beta^2-k^2n_{cl}^2)^{1/2} \\ \Delta = (n_{no}^2-n_{cl}^2)^{1/2}n_{co}^2 \\ V = krn_{co}(2\Delta)^{1/2} \\ k = \dfrac{2\pi}{\lambda} \end{cases} \tag{5.10}$$

由此可求得每根光纤中的功率为

$$\begin{cases} P_1(z) = |A_1(z)|^2 = 1-F^2\sin^2\left(\dfrac{C}{F}z\right) \\ P_2(z) = F^2\sin^2\left(\dfrac{C}{F}z\right) \end{cases} \tag{5.11}$$

这里，已假定光功率由一根光纤注入，初始条件为 $P_1(0)=1$，$P_2(0)=0$，显然，当 $F=1$时上式变为标准熔融拉锥型单模光纤耦合器的功率变换关系式

$$\begin{cases} P_1(z) = \cos^2(Cz) \\ P_2(z) = \sin^2(Cz) \end{cases} \tag{5.12}$$

由此可得两端口相对功率与拉伸长度的关系曲线，如图 5.5所示，最大可达 100%的耦合比(即全耦合)。

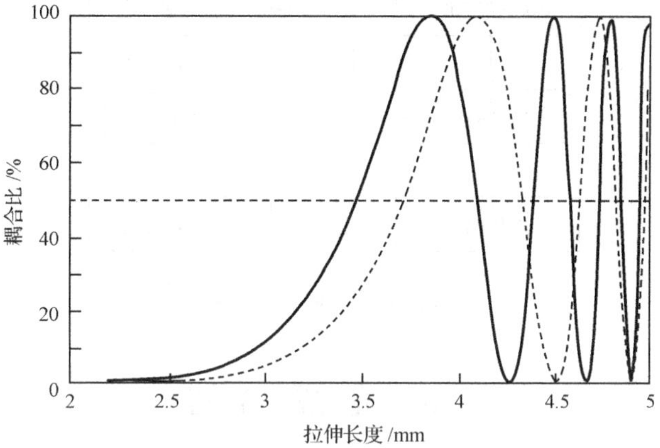

图 5.5　耦合比与熔融拉锥的关系

5.2.4　熔锥型光纤耦合器的制造

目前生产熔锥型器件所使用的拉锥设备的总体结构框图如图 5.6所示。采用氢氧焰直接加热法加热拉锥，能够实现自动控制熔融拉锥过程。在预设分光比、光纤的预热时间、拉伸速度等工艺参数以后，系统能自动完成拉锥过程，因而克服了手工操作的随机性，保证了产品指标的重复稳定性。

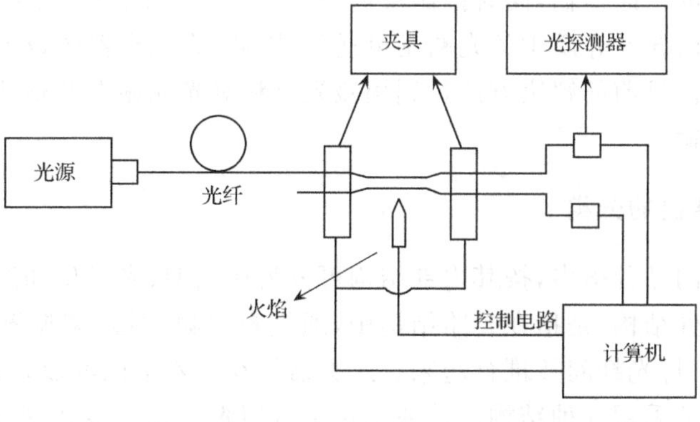

图 5.6　熔融拉锥设备的总体结构框图

该机由以下几部分组成：

(1) 光源：采用 LD 光源，可提供 1310nm、1550nm 波长的光。

(2) 熔融拉锥装置：为一个对称拉锥装置，以氢氧焰为熔融热源，以高精度热质流量计控制供气，从而控制火焰的温度和稳定性。

(3) 检测控制装置：采用微机控制。

目前国内外普遍采用的熔锥工艺流程的框图如图 5.7所示。

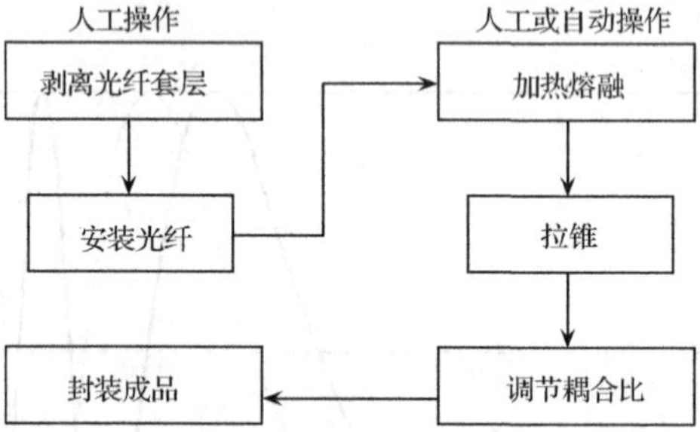

图 5.7　熔锥工艺框图

5.3　光隔离器

光隔离器又称光单向器，是一种光非互易传输的光无源器件。在光纤通信系统中总是存在许多原因产生的反向光。例如，光发射机中光源所发出的信号光，通常是以活动连接器的形式耦合到光纤线路中去，活动接头处的光纤端面间隙会使约 4%的反射光向着光源传输。这类反向光的存在，将导致光路系统间产生自耦合效应，使激光器的工作变得不稳定和产生反射噪声，使光放大器增益发生变化和产生自激，造成整个光纤通信系统无法正常工作，若在激光器输出端和光放大器输入或输出端连接上光隔离器，就可以使问题得到解决。因此，光隔离器的基本功能是实现光信号的正向传输，同时抑制反向光，即具有不可逆性。通常情况下，光在各向同性或各向异性介质中的光路是可逆的，因此，光隔离器的设计必须考虑如何打破其可逆性。目前的解决方法是利用磁光材料对光偏振态调整的非互易性实现光的不可逆传输。

5.3.1　光隔离器的分类

光隔离器的品种很多，按其内部结构可分为块状型、光纤型和波导型。块状型结构属分立元件结构，是指在光路结构中，通过自聚集透镜、偏振器和法拉第旋转器等分立元件，将光纤间接耦合起来。此类器件在技术上已经成熟，现在市场上的隔离器基本上都采用这种结构。其缺点在于所用光学元件多、体积相对较大。

光纤型是指在隔离器的光路结构中将光纤端面作适当的加工，如抛光、镀膜等，其他材料的元件则不介入或较少介入光路。其特点为体积小、重量轻、抗机械振动性能好。然而此类器件要用到特种光纤，且加工精度要求高、工艺复杂、价格昂贵。虽有应用于系统的例子，但其性能指标离实用化还有一定的距离。

波导型的光隔离器属集成光学器件，采用扩散有 Ti 的铌酸锂等衬底材料，经沉积、光刻、扩散等波导工艺，制成磁光波导，再与其他元件及单模光纤耦合，形成光隔离器。它体积小、重量轻、热稳定性和机械稳定性好，但由于波导制作技术、光纤和波导间的耦合技术还不成熟，其性能指标与实际应用的要求还有很大差距。

本书中主要介绍块状型光隔离器。如果对其他两种光隔离器感兴趣，可以查阅相关的文献。

光隔离器按其外部结构可分为尾纤型、连接器端口型(也称在线安装型)和微型化型。前两种也称为在线型，可直接插入光纤网络中。微型化光隔离器则常用于半导体激光器及其他器件中。

隔离器按其性能可分为偏振灵敏型(也称偏振相关)和偏振无关型。一般情况下，偏振灵敏型的光隔离器常做成微型化的，偏振无关型光隔离器则常做成在线型的。

偏振相关光隔离器的结构包括空间型和光纤型。由于不论入射是否为偏振光，经过这种光隔离器后的出射光均为线偏振光，因而称之为偏振相关光隔离器，主要用于 DFB 激光器中。偏振无关光隔离器是一种对输入光偏振态依赖性很小(典型值 0.2dB)的光隔离器。一般来说，偏振无关光隔离器的典型结构、工作原理都更复杂一些。它采用有角度的分离光束的原理来制成，可起到偏振无关的目的。

5.3.2 光隔离器的应用

1. 激光器

目前 DFB 激光器单纵模输出已达数十纳瓦，其工作波长的漂移小于 1 埃/度，但在高频直接调制下，仍然发生光谱展宽现象，这种光谱的啁啾对长跨距高比特率的传输极为不利。为了减少回波引起的啁啾，必须在激光器中加入光隔离器。图 5.8为两种带有光隔离器的激光器：尾纤式激光器和蝶式激光器。

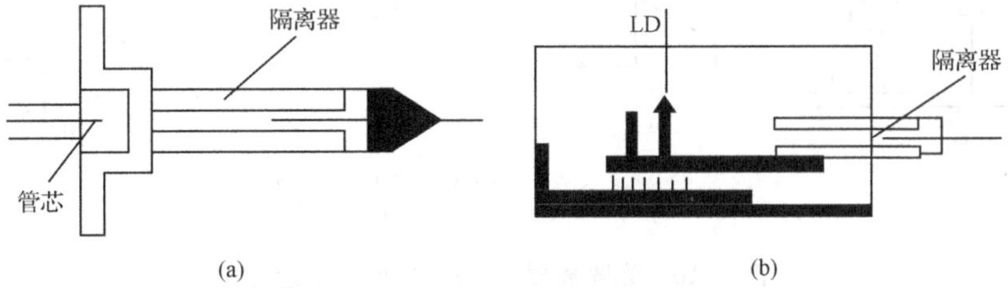

图 5.8 两种带光隔离器的激光器

(a) 尾纤式激光器；(b) 蝶式激光器

2. 光纤放大器

在长距离光通信系统中，需要大量使用光纤放大器。为了使光纤放大器工作稳定，必须在放大器的两端使用隔离器来消除回返光的影响。图 5.9为一种掺铒光纤放大器框图。

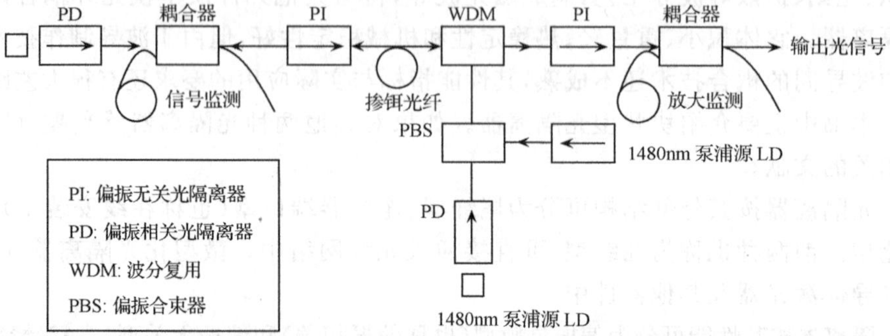

图 5.9　掺铒光纤放大器

在千兆比特率的越洋海底光缆中，需要用到超过 50 个带光隔离器的光纤放大器。隔离器的性能指标将直接影响放大器的增益和噪声，设计时常要求光隔离器的回波损耗、隔离度分别在 50dB 和 40dB 以上。

3. 光纤 CATV 网

在光纤 CATV 网中传播多路径信号的时候，必须使用高线性、小畸变、大输出功率和低噪声的 DFB 激光器，光器件上还必须装上光隔离器，以保证反射信号得到足够的衰减。由于模拟信号抗干扰能力较数字信号差，所以对隔离器的隔离度要求更高，常采用双级光隔离器。图 5.10所示为光隔离器在 CATV 中的应用。

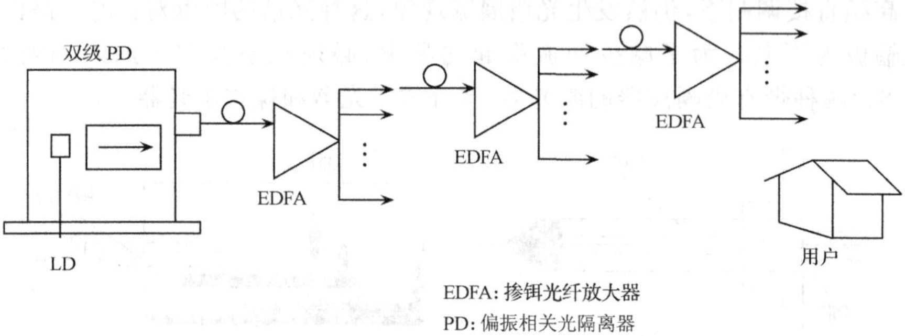

图 5.10　光隔离器在 CATV 网中的应用

5.3.3　光隔离器的实现原理

1. 旋光现象和法拉第效应

平面偏振光通过物质后振动面发生旋转的现象叫作旋光现象，能够使平面偏振光的振动面发生旋转的物质叫作旋光性物质。例如石英，使它的光轴垂直于表面切取，当入射的平面偏振光在石英晶体内沿光轴方向传播时，线偏振光的振动方向会随着光线的行进而发生偏转。迎面观察通过晶体的光，振动面按顺时针方向旋转的称为右旋，逆时针方向旋转的称为左旋。光的传播方向改变时，旋光的方向也改变，如果通过晶片的偏振光从镜面反射回来再通过同一晶片，则振动面就恢复到原来的方位。

在强磁场的作用下，有些物质的光学性质会发生变化，这就是磁光效应。当平面偏振光沿外加磁场方向通过介质时偏振面发生旋转，这种性质叫作磁致旋光性，这个现象叫法拉第效应。法拉第效应是最为人们所熟悉和最有用的磁光效应，具有磁光效应的晶体称为磁光晶体。磁致旋转也有右旋和左旋，对于每一种给定的物质，磁致旋转的方向仅由磁场方向决定，和光线的传播方向无关，这是磁致旋转和天然旋光现象不同的地方。沿着顺光线方向和逆光线方向观察，天然旋光现象中光的旋转方向是相反的，平面偏振光若两次通过天然旋光物质，一次沿某一方向另一次沿相反方向，结果振动面并不旋转，但偏振光沿相反的方向两次通过磁旋光物质时，其旋转角加倍。

由于磁致旋光性产生的振动面旋转与光线传播方向无关，利用这一点来实现光隔离器的非互易性。因此，一个隔离体的构成主要有：起偏器或偏振分束器，由偏振片或双折射晶体构成，实现由自然光得到偏振光；磁光晶体制成的法拉第旋转器，完成对光偏振态的非互易调整；检偏器或偏振合束器，实现将光线会聚平行出射。

2. 偏振相关光隔离器

偏振相关光隔离器的结构包括空间型和全光纤型，不论入射光是否为偏振光，经过这种光隔离器后的出射光均为线偏振光。

空间型偏振相关光隔离器可直接用于带尾纤激光器、二极管泵浦固体激光器、位置传感器等器件的空间光路中，分为大型和微型两种。大型器件以非饱和旋转器为特点，典型尺寸为 1 in*、2 in、4 in 等，用于 YAG 激光器中。而另一种基于饱和旋转器的微型隔离器尺寸很小，如 3mm×1.9mm，这种隔离器可用于半导体激光器中。这里，主要对这种光隔离器进行讨论，其典型结构如图 5.11所示。整个隔离器包括两个起偏(检偏)器和一个法拉第旋转器。偏振器置于法拉第旋转器前后两边，其透光轴方向彼此呈 45°关系，当入射平行光经过第一个起偏器 P_1 时，变成线偏振光，然后经法拉第旋转器，其偏振面被旋转 45°，刚好与第二个检偏器 P_2 的透光轴方向一致，于是光信号顺利通过而进入光路中。反过来，由光路引起的反射光首先进入第二个偏振器 P_2，变成与第一个偏振器 P_1 的透光轴方向呈 45°夹角的线偏振光，再经过法拉第旋转器时，由于法拉第旋转器效应的非互易性，被法拉

* 1in=2.54cm

第旋转器继续旋转 45°,其偏振面与 P_1 透光轴的夹角变成了 90°,即与起偏器 P_1 的偏振方向正交,而不能通过起偏器 P_1,起到了反向隔离的作用。

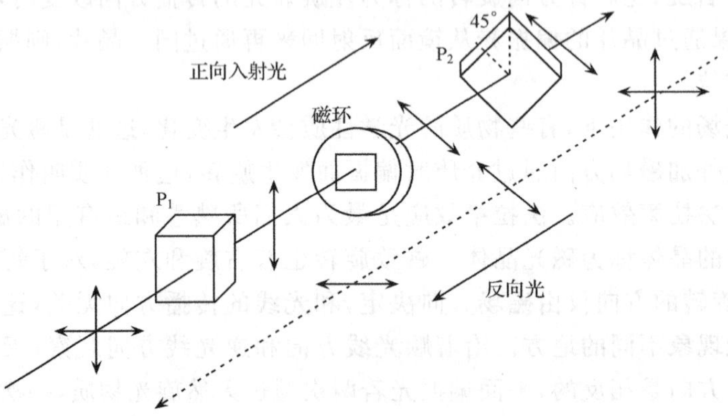

图 5.11　偏振相关光隔离器典型结构

使用微型化光隔离器来制作器件时,通常通过柱透镜或球透镜,将来自半导体激光器的光信号经隔离器耦合到光纤中。这里面,常需要将器件中的分立元件倾斜于基座放置,或将隔离器倾斜安装,以提高整个器件的回波损耗,否则,光学元件自身将引起一定的反射。

3. 偏振无关光隔离器

偏振无关光隔离器是一种对输入光偏振态依赖很小的光隔离器,与偏振相关光隔离器相比,由于其输出不为偏振光,所以更具实用性。下面分析几种典型偏振无关光隔离器的结构。

1) Walk-off 型光隔离器原理

这种结构的偏振无关光隔离器的典型结构之一如图 5.12所示。隔离体部分由三个平行偏振分束器 P_1、P_2、P_3 和一个 45°法拉第旋转器 FR 构成,且 P_1、P_2、P_3 的厚度满足

$$L_{P_1} = \sqrt{2}L_{P_2} = \sqrt{2}L_{P_3} \tag{5.13}$$

式中,L_{P_1}、L_{P_2}、L_{P_3} 分别为相应偏振分束器的厚度。P_1 与 P_2 的光轴夹角为 45°,P_2 与 P_3 的光轴夹角为 90°。输入光信号经自聚焦透镜准直成平行光束,入射到 P_1,入射光被分解为 o 光和 e 光,o 光不发生偏折,以原来的方向出射,e 光走离,以两束平行线偏振光出射,这两束线偏振光进入法拉第旋转器 FR,振动面被顺时针旋转 45°,由于 P_2 与 P_1 的光轴方向相差 45°,所以 P_1 中的 o 光和 e 光进入 P_2 后仍为 o 光和 e 光,e 光进一步走离,只是走离方向与 P_1 中的走离方向不同。进入 P_3 后,由于 P_3 与 P_2 的光轴垂直,所以,P_2 中的 o 光和 e 光在 P_3 中分别为 e 光和 o 光,P_3 中的 e 光走离。从 P_3 出射时,两束线偏振光重新会聚,平行出射,被自聚焦透镜耦合进入输出光纤。

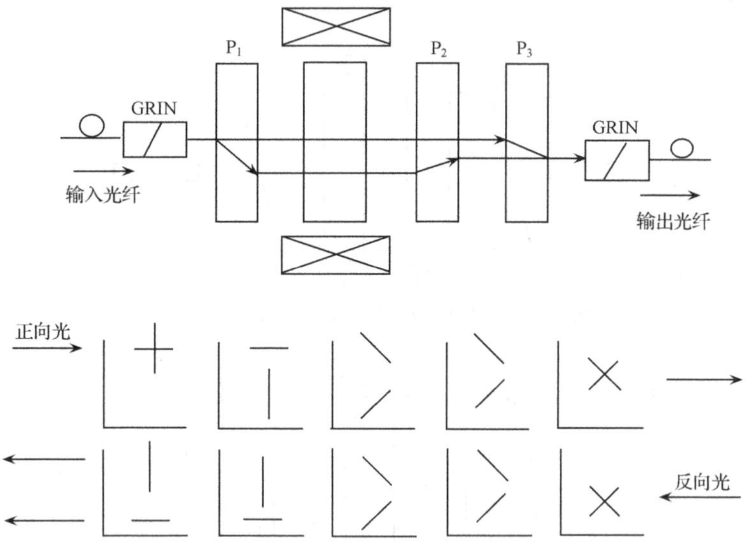

图 5.12 Walk-off 型偏振无关光隔离器结构

反向光入射时，经过将入射光分解为两束线偏振光，再经 P_2，由于 P_2 和 P_3 的光轴垂直，两束线偏振光分别在 P_3 和 P_2 中走离原来的方向，进入 FR。由于它的非互易性，它们的振动面被顺时针旋转 45°，这样，在 P_2 中的 o 光和 e 光在 P_1 中分别为 e 光和 o 光，e 光进一步走离，出射光分光距离进一步增加，而不会会聚在一起，故不会被自聚焦透镜耦合进输入光纤，从而实现反向隔离。

这种结构中的偏振器采用平面结构，所以不会增加偏振相关损耗。但由于偏振元件的增加，体积较大，光路比较长，因而制成的器件整体体积大，同时因为增加了光学元件，所以带来了插入损耗的增加和组装工艺的困难。

Walk-off 型结构的偏振无关光隔离器的主要缺陷是由于采用平行平板型偏振分束器，其反向光的分光距离取决于双折射晶体的厚度，如果分光距离有限，则反向光会重新耦合进光纤，直接影响隔离度。

2）Wedge 型光隔离器原理

Wedge 型偏振无关光隔离器的结构如图 5.13所示。

隔离体由两个光轴夹角为 45°的楔型双折射晶体和一个法拉第旋转器构成。首先分析光信号正向传输的情况，经过自聚焦透镜射出的准直光束，进入楔型双折射晶体 P_1 后被分为 o 光和 e 光，其偏振方向相互垂直，传播方向呈一夹角，当它们经过 45°法拉第旋转器时，出射的 o 光和 e 光的偏振面各自顺时针方向旋转 45°。由于第二个楔型双折射晶体 P_2 的光轴相对于第一个晶体光轴正好呈 45°夹角，所以 o 光和 e 光被 P_2 折射到一起，合成两束间距很小的平行光束，并被斜面透镜耦合到光纤纤心里面，因而正向光以极小损耗通过隔离器，正向光传播的示意图如

图 5.14所示。

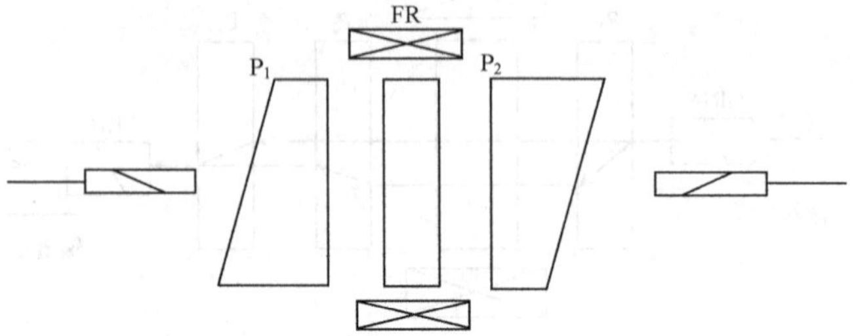

图 5.13　Wedge 型偏振无关光隔离器结构

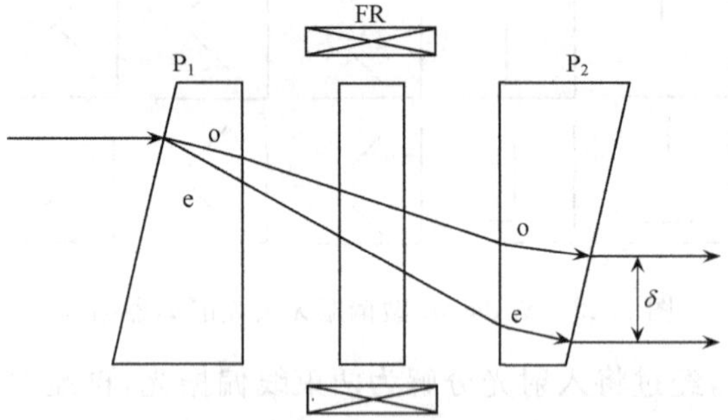

图 5.14　Wedge 型偏振无关光隔离器正向光传播示意图

由于法拉第旋转器的非互易性，当光束反向传输时，首先经过晶体 P_2，分为偏振面与 P_1 晶轴成 45°角的 o 光和 e 光，由于这两束线偏振光经过 45°法拉第旋转器时，振动面的旋转反向由参加感应强度 B 确定，而不受光线传播方向的影响，所以，振动面仍顺时针方向旋转 45°，相对于第一个晶体 P_1 的光轴共转过了 90°，整个逆光路相当于经过了一个渥氏棱镜，出射的两束线偏振光被 P_1 进一步分开一个较大的角度，被斜面透镜偏折，不能耦合进光纤纤芯，从而达到反向隔离的目的，反向光传播的示意图如图 5.15所示。

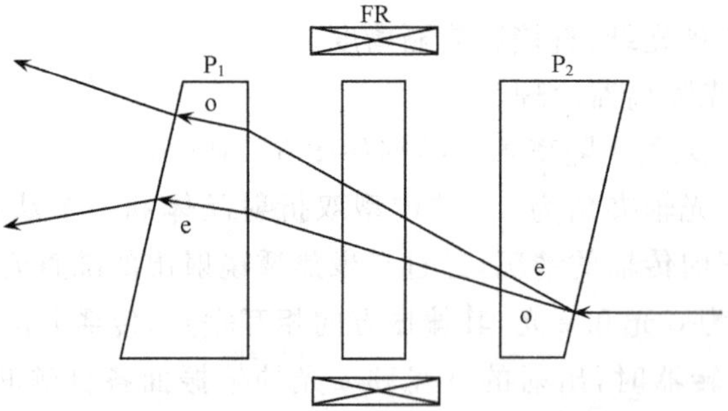

图 5.15　Wedge 型偏振无关光隔离器反向光传播示意图

这种类型的光隔离器结构简单，元件数目少，整个器件体积小，插入损耗小，是目前应用最广泛、最普及的偏振无关光隔离器结构。但却因斜面和双折射棱镜的使用，输出光为两束间距很小的平行光束，没有会聚在一起，存在平行位移 δ（图 5.14），而且由于传输路径不同，o 光和 e 光之间会有光程差，因此这种结构的偏振无关光隔离器存在偏振模色散。

3）两级结构的光隔离器

由于光通信系统和光器件发展的要求，目前对偏振无关光隔离器的研究越来越多，其中采用楔型双折射晶体的结构尤为受到重视。它具有结构简单、调试比较方便的特点，能够满足光通信的一般要求，但存在传输光的“平行位移”和“偏振模色散”等不足，隔离度难以有更大的提高。为了得到高性能的偏振无关光隔离器，提出了两级结构的楔型偏振无关光隔离器，如图 5.16所示。

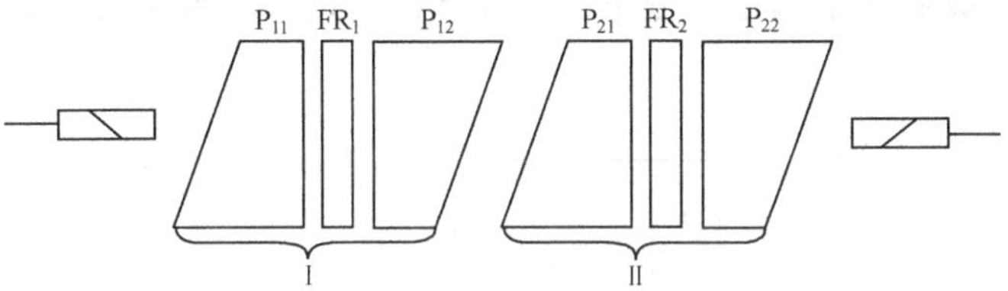

图 5.16　Wedge 型两级光隔离器结构框图

通过采用两级互补结构，使进入 II 级中的 o 光和 e 光与 I 级中的 o 光和 e 光相互对换，即在 I 级中的 o 光进入 II 级后成为 e 光，而 e 光则变为 o 光。这样两束光在 I 级隔离器产生的光程差和位移，在 II 级中正好得到了反向补偿，从而对整个器件来说，正好消除了平行位移和偏振模色散。

为了使 I 级中的 o 光和 e 光在 II 级中实现相互对换，必须正确设计前后两级光隔离器单元中双折射晶体光轴的相对方向，图 5.16中光隔离器单元 I 和单元 II 光轴的相对方向应满足两个条件：首先，每一级光隔离器中的两个双折射晶体的光轴都必须相互成 45°夹角，即 P_{11} 与 P_{12} 之间、P_{21} 与 P_{22} 之间分别成 45°夹角；其次，P_{12} 和 P_{21} 之间的光轴相互垂直，其中前者是采用楔型双折射晶体的光隔离器所必须满足的条件，后者则是为了实现前后两级光隔离器中 o 光和 e 光相互对换所必须满足的条件，从而实现了前后两级中 o 光和 e 光的相互转换，正向光的传播示意图如图 5.17所示。

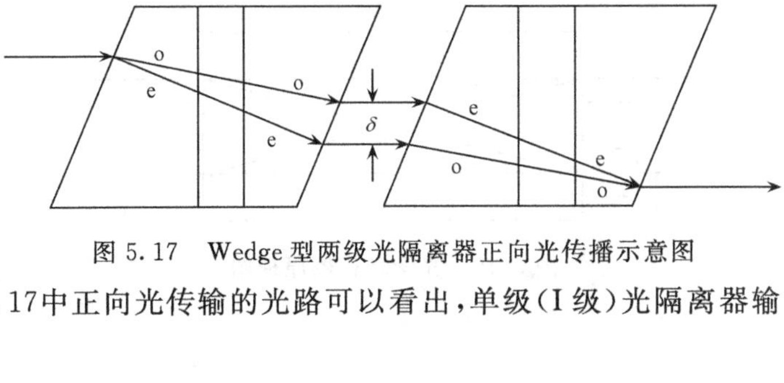

图 5.17　Wedge 型两级光隔离器正向光传播示意图

从图 5.17中正向光传输的光路可以看出，单级（I 级）光隔离器输出时的 o 光和 e 光之间有一个平行位移 δ，而且由于传输路径的不同，o 光和 e 光之间会有光程差，因此从 I 级出射的 o 光和 e 光进入 II 级（补偿级）时发生相互转换。从而 I 级中产生的光程差和平行位移在 II 级中正好得到了反向补偿，I 级中产生的平行位移和偏振模色散现象均被消除。

反向入射时，光的传输如图 5.18所示，从右端入射的反射光经过 II 级光隔离器后，出射的 o 光和 e 光是发散的而不是平行出射的，而且由于法拉第旋转的非互易性，由 P_{21} 反向出射的 o 光和 e 光的相互位置与入射 P_{22} 时相比发生了转换，又由于 P_{12} 与 P_{21} 的光轴相互垂直，因此 P_{21} 中 o 光和 e 光反向进入 P_{12} 后成为 e 光和 o 光，这样反向进入 I 级的双折射片 P_{12} 时的 o 光和 e 光位置与反向进入 II 级 P_{21} 时的 o 光和 e 光位置是一致的，只是有一定的发散角度，而不是平行入射，因此，反向出射时，经过 I 级后两束偏振光分量 o 光和 e 光会进一步发散分离，即可实现更高的隔离度。

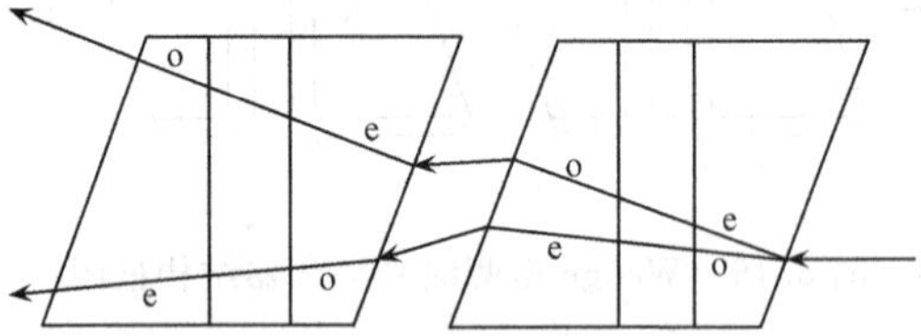

图 5.18　两级 Wedge 型光隔离器反向光传播示意图

5.4　光环行器

光学环行器是一种多端口输入输出的非互易性器件，它的作用是使光信号只能沿规定的端口顺序传输。一个典型的四端口光学环行器原理见图 5.19。当光信号从指定的端口输入时，在器件中只能沿规定的顺序传播（A→B→C→D→A）。当光信号的传输顺序变更时（例如 B→A 或 D→B 等等），其损耗很大，可实现信号的隔离。由于多数应用中并不需要这种顺序传播构成一个闭合的回路，即无须使 D 最终与 A 导通，这样的环行器称为准光学环行器，通常所说的环行器大部分也就是这种准光学环行器。光学环行器的这种非互易特性和光学隔离器类似，主要是利用磁光材料的法拉第效应来实现的。

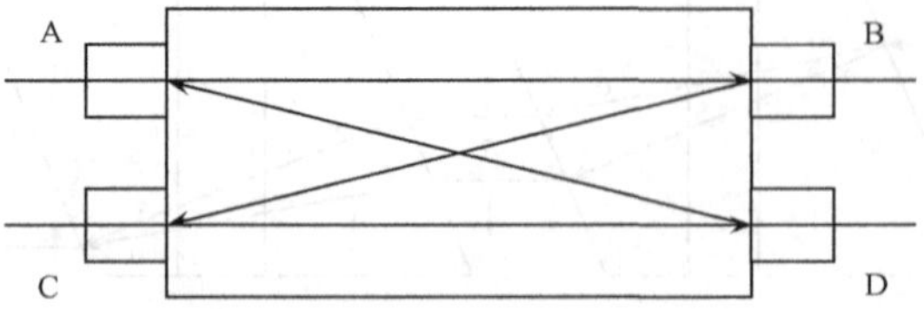

图 5.19　光学环行器原理图

1. 光学环行器的应用

由于光学环行器的这种顺序传输特性，它可用于将同一根光纤中正向传输和反向传输的光信号分开。应用于光纤通信、光纤传感以及光纤测试系统之中时，往往使系统结构简化。光学环行器已成为一个基本的结构模块，实现一些特殊的用途。以下是其在光通信系统中的几种典型应用：

1）与光纤布拉格光栅(FBG)组合应用

图 5.20是一种由环行器和光纤光栅所组成的上/下路复用器(OADM)。与之类似的应用还有解复用器和利用啁啾光纤光栅做成的色散补偿器等。

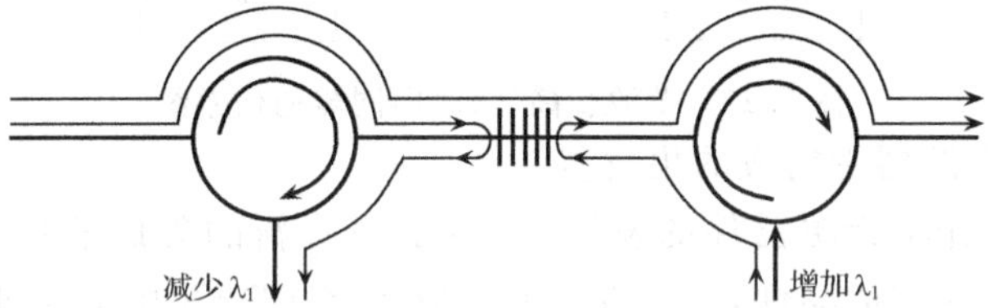

图 5.20　基于 FBG 的上/下路复用器

2）与光纤放大器的组合应用

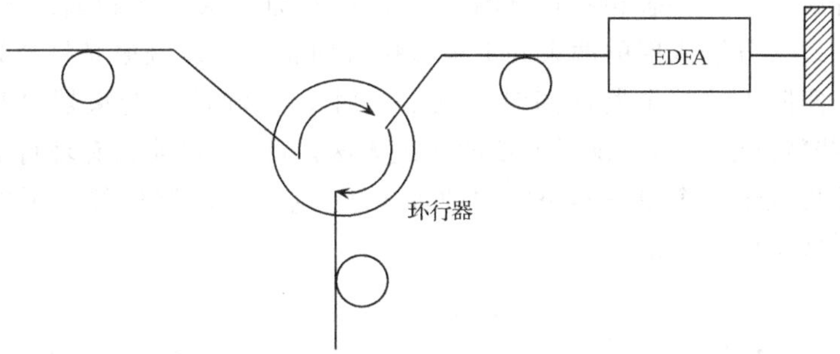

图 5.21　输入输出共端 EDFA

在光纤放大器中，光信号的增益与放大器中光纤的长度成正比，要得到足够大的增益需要光信号通过相当长的一段增益介质。如果让被放大光信号通过光纤放大器后折返，可使其两次通过增益介质从而减小了放大器的总长度，这一设想已经在掺铒光纤放大器(EDFA)中得到了应用。如图 5.21所示，将 EDFA 与一环行器耦合，使光信号通过 EDFA 放大后在其输出端由高反膜反射再次反向通过增益介质，相当于将增益介质的长度增加一倍，这一方法极大地提高了 EDFA 的泵浦效率，降低了所需的泵浦能量。

3）光纤传输系统中的应用

将光学环行器应用到光收发模块中，可实现在一根光纤中利用同一波长的双向传输。图 5.22所示的是一单波长双向同步通信系统，连接收发器和传输光纤的光学环行器将输出和接收的光信号分离，实现了仅用一个信道的全双工传输。此外，光学环行器还可在光时域反射仪（OTDR）和光纤陀螺（Sagnac 干涉仪）中作耦合器，都很好地提高了系统性能。

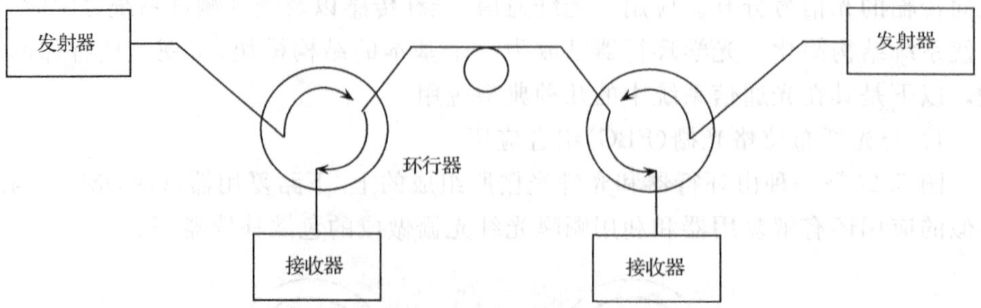

图 5.22　单波长高效、双向同步通信系统

4）与其他无源器件构成的集成器件

随着近几年光学无源器件的发展，产生了一些新的集成器件，例如 WDM 解复用器和隔离器的集成器件，十分方便地完成了将 EDFA 中的泵浦光和信号光耦合的功能。环行器与一些其他光无源器件的集成也实现了一些新的功能。图 5.23是一种集环行器与偏振光分束器（PBS）功能于一体的器件，从端口 1 入射的光束将分解为两偏振态相互垂直的线偏振光，分别从端口 2 和端口 3 出射；而由端口 2 和端口 3 分别入射的两束同上述偏振方向相同的线偏振光将合为一束从端口 4 出射。实际上这一个器件同时完成了一对 PBS 和偏振合束器（PBC）组合的功能，为某些特殊的应用提供了方便的解决方法。此外，目前也有环行器与光开关等其他器件集成于一个单一模块中的种种设想，这些新的器件往往可以根据实际需要实现一些特殊的功能。

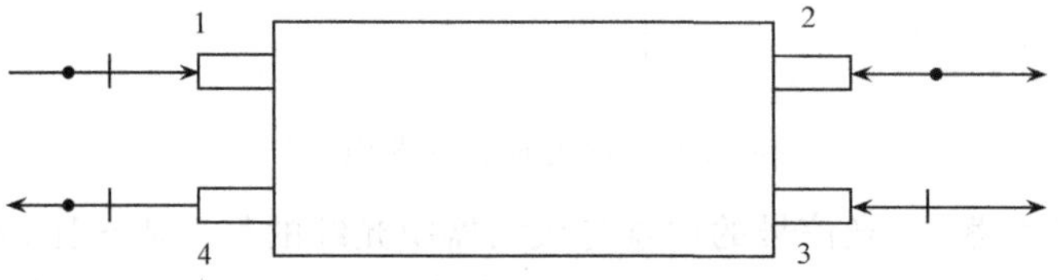

图 5.23　环行器和 PBS 的集成器件

2. 国内外的研究状况

光学环行器的研究起源于 20 世纪 70 年代，最早的光学环行器是偏振相关的，由于需要保证输入输出的均为偏振光，其用途受到极大的限制，在此不作具体介绍。1979 年 T. Matsumoto 等人首次提出了偏振无关光学环行器，在此基础上人们不断改进，提出了多种方案。目前，光学环行器的研究方向主要有两个：一是用分立元件组成的块状光学环行器（bulk-optical circulator），另一个是波导型光学环行器（wave-guide type optical circulator）。前者目前已经比较成熟，世界上的许多

光器件公司已生产出了性能良好的产品，见表 5.2。而后者尚处于实验阶段，许多性能指标还无法达到块状光学环行器的水平，还有待技术上的突破。在本书中我们只介绍块状光学环行器的具体发展情况。

表 5.2 部分公司光学环行器关键指标一览

公司名称	隔离度/dB	串音/dB	回波损耗/dB	插入损耗/dB	PDL/dB	PMD/ps	波长范围/nm
New Focus	≥40	≥50	≥50	≤0.7	≤0.1	≤0.05	1525～1565 1565～1605
Nortel	≥40	≥55	≥50	≤0.9(0.6typ)	≤0.15	≤0.05	1525～1565 1565～1605
Oplink	40～50	≥50	≥50	≤0.8(0.6typ) ≤1.0(0.8typ)	≤0.1	≤0.1	1310±30 1550±30
superlightwave	≥45	≥50	≥50	≤1.0	≤0.15	≤0.1	
武汉邮电科学研究院	≥45	≥50	≥55	≤1.0	≤0.1	≤0.1	1530～1570

3. 块状光学环行器

块状光学环行器中的核心器件是法拉第旋转器，它是光学环行器中不可或缺的。其原理都是利用法拉第旋转器的非互易特性，使沿相反方向通过它的偏振光偏振态改变，沿不同的路径传播。多年来，研究者们不断提高环行器的性能，主要是从两个方面入手：一是力求提高各分立器件的特性，例如提高偏振分光器的消光比、旋光器的旋转精度等；二是改进整个器件的结构，通过各分立器件间的配合来寻求突破，而基本原理还是一致的。

Takao Matsumoto 在早期作了大量的工作，他设计了多种结构偏振无关的光学环行器。图 5.24是其中一种典型结构，它由 PBS、磁致旋光晶体(FR)、天然旋光晶体(AR)以及直角棱镜组成。从左向右通光时，磁致旋光晶体与天然旋光晶体旋光方向相同，都为 45°，因此偏振面被旋转 90°；反向时，磁致旋光晶体与天然旋光晶体光方向相反，因此偏振面不发生旋转。这种环行器的隔离度偏低，一般在 20～30dB 之间。其主要原因是仅采用了单级磁致旋光晶体，同时对偏振分光镜的依赖过高。偏振分光棱镜是利用多层介质膜分光的，多层介质膜满足布儒斯特条件。由于镀膜技术中还存在着一些难以克服的困难，使其消光比难以得到提高，从而直接影响了隔离度。

光环行器的结构在随后的几年里得到了很大改进，改进之一是采用了消光比高的偏振分光器，改进之二在于用双级结构替代了单级结构。所谓双级结构，是指在光路中两次用到磁光晶体，进行双重选择以达到更高的隔离度。这种在旋光系统中采用两块磁光晶体的思想早在研究隔离器时就得到了认可。

在 T. Matsumoto 的指导下，M. Koga 综合分析了以往的光学环行器，将它们

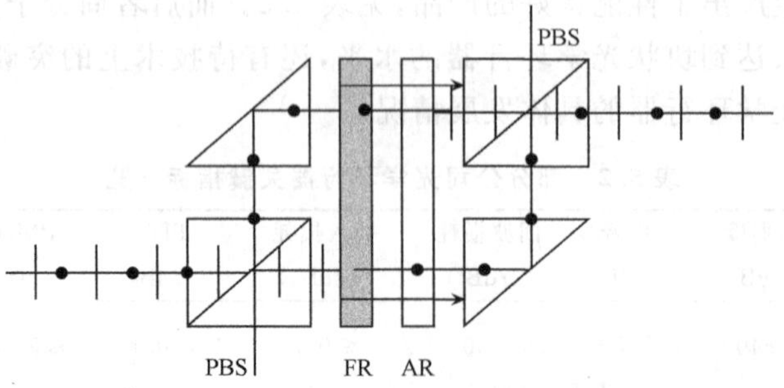

图 5.24　早期单级偏振无关光学环行器

的结构分解为三大功能：分光合光(D&M)、偏振态转换(P&O)和光束环路部件(BCC)。图 5.25是他所设计的一个结构简洁的高隔离度偏振无关光学环形器的示意图，在这一结构中他彻底摒弃了偏振分光镜。

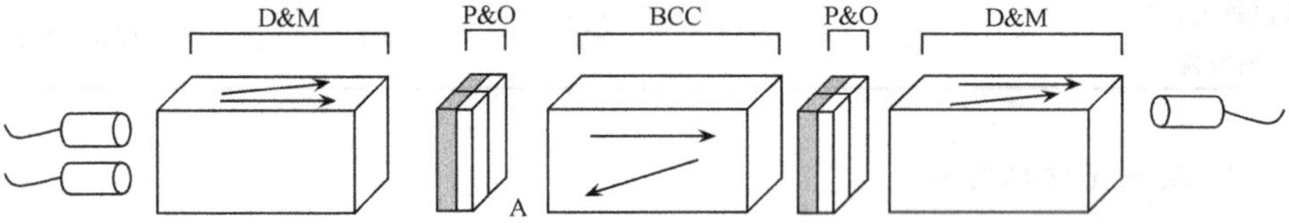

图 5.25　M. Koga 专利结构图

它在 1550nm 附近 70nm 波长范围内的隔离度超过了 60dB，插入损耗小于 1.5dB，偏振相关损耗达到 0.2dB。其成功之处在于全部采用双折射晶体(BC)实现了分光合光和光束环路功能，大大简化了整体结构，使制造更加容易，同时也提高了隔离度。图 5.26表示其详细工作原理。其中 PAR 和 NAR 分别为正负 45°天然旋光晶体，FR 为 45°法拉第磁光晶体。首先正向考察，输入光束从端口 1 进入经过 BC，彼此垂直的偏振光光路分开，通过 P&O 后，在位置 2 处垂直于 X 轴的偏振光的偏振态转为与之平行，而另一路不变。两束与 X 轴平行的偏振光作为 o 光。光通过 BC。在位置 7 处偏振态又转为垂直，在位置 8 处两偏振光合束从端口 2 输出。反向传输的光路从端口 2 输入，各偏振态见(b)图，最终从端口 3 输出。同理，端口 3 的输入光将从端口 4 输出，而端口 4 的输入光将从中间的 BC 散射出边界。因此这实际是一个准光学环行器。

M. Koga 的这一设计经过工艺上的不断优化已经转化成为性能优良的产品，但是其中每一个端口都需要一个准直器，使整个器件的体积过大，这成为了其主要的缺点。

此外，E-Tek、JDS、New Focus、Hewiet-Packard、ADC 等公司也先后推出了一些新的结构。其中较有代表性的是反射式的结构，在 1995 年和 1996 年，JDS 公司的 Cheng Yiaho 等人先后申请了两项专利。他们开发的光学环行器相对以前的产品具有更小的插入损耗、串音和更紧凑的结构。图 5.27所示的是具有代表性的一种，这种反射式三端口环行器也用双折射晶体作偏振分光器，用到和图 5.25结构

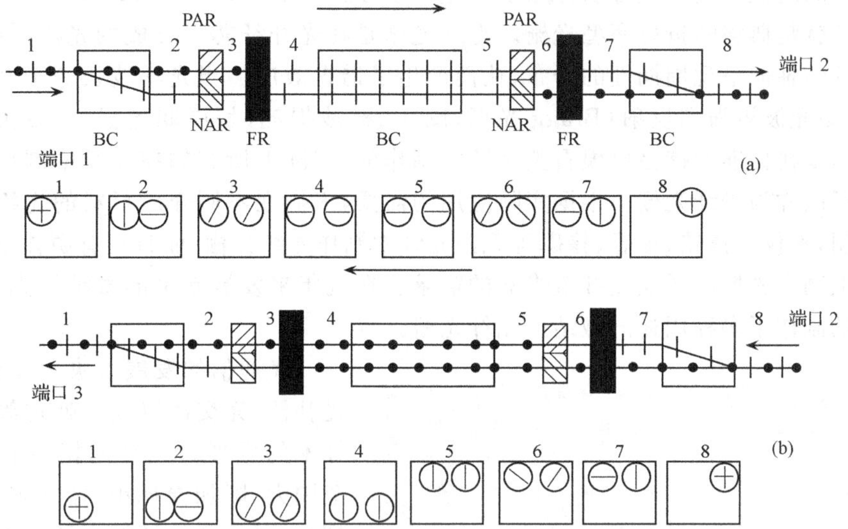

图 5.26　M. Koga 专利偏振态示意图

相同的偏振态转换器，线偏光经过 1/4 波片和反射镜反射后可实现偏振态旋转 90°，因此中间一块双折射晶体即实现了光束环路部件功能。这种采用一块平面镜将光路返回的结构，将环行器的所有端口集中到了一端，同时也实现了双级隔离，使结构更为紧凑。

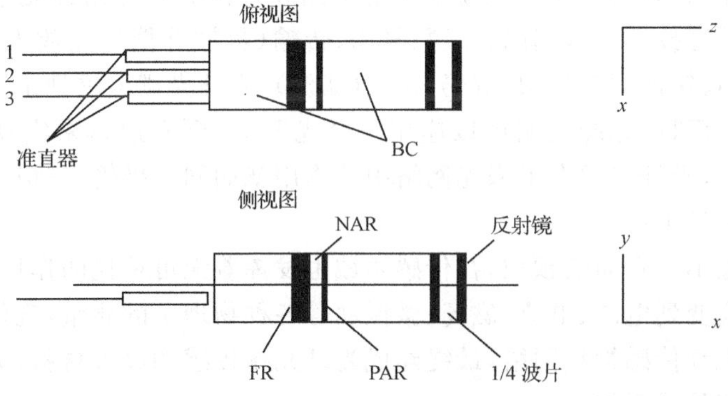

图 5.27　Cheng Yiaho 的专利

5.5　光纤光栅

5.5.1　光纤光栅的基本概念与应用

衍射光栅是能对入射光振幅或相位产生周期性变化的任意光学元件。当光波通过折射率周期性变化的光学介质时，光波的相位会产生周期性的变化，因此这种折射率周期性变化的光学介质就是光栅，称为折射率型光栅(index grating)。光纤光栅就是典型的折射率型光栅。光纤光栅是在光纤纤芯中形成的光栅，折射率沿光纤的轴向呈现周期性的分布，从而产生了谐振效应。当光学波长等于谐振波长时，该光波被强烈反射(Bragg 光栅，图 5.28)或损耗(长周期光栅)。最初的光纤光栅是在标准的掺锗单模石英光纤中制作的，实际上所有的在光纤中制作的光栅都可以称为光纤光栅。根据实际应用的需要，人们在不同介质材料的光纤上制作光栅，不仅在掺锗、掺硼、掺磷等无源光纤中制作光纤光栅，而且在有源稀土掺杂光纤上制作光栅以适应光纤激光器的需求。在近年来发展起来的微结构光纤上，也成功制作了多种用途的微结构光纤光栅。

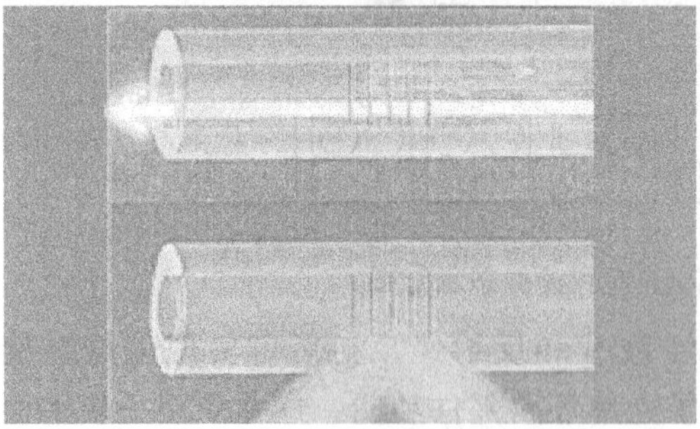

图 5.28 Bragg 光栅示意图

光通信的发展取决于光放大、光补偿、光交换以及光处理等关键技术的发展。光纤光栅具有带宽范围大、附加损耗小、器件微型化、耦合性好、易与其他光纤器件融成一体等特性，这使得光纤光栅以及基于光纤光栅的器件成为光通信网络中的理想器件，而且完全满足光通信器件集成化、光纤化、全光化的发展要求。

通过多年来的研究，光纤光栅以及基于光纤光栅的器件已经能够解决光通信系统中许多关键技术。从编码、光源、复用、传输(色散补偿)、光放大(增益均衡)、分插复用、波长转换到解复用、解码、接收(滤波)，光纤光栅渗透到了光纤通信系统的各个环节。而且，光纤光栅可以应用于全光开关、全光逻辑来实现全光自动交换。可以预见，光纤光栅在未来光网络中的作用就如同二极管、三极管在半导体电路中的作用一样不可或缺。

光纤光栅不仅在通信领域，在传感领域也发挥着无可替代的作用，从最基本的温度、压力、应变到电压、电流、磁场、微振动等各种物理量的测量，现代大型系统中实现分布式光纤传感神经网络，最终建成光纤光栅传感的灵敏材料、灵敏结构和灵敏反映的智能传感系统。

5.5.2 光纤光栅的基本原理

光纤光栅是利用光纤材料的光敏性制作的。所谓光敏性，就是指当材料被外部光照射时，引起该材料物理或化学特性的暂时或永久性变化的一种特性。当特定波长的光辐射掺锗光纤时，它的一些物理特性发生了永久性的改变，如折射率、吸收谱、内应力密度等等。在外部光源照射时，光纤的折射率随光强的空间分布发生相应的变化，变化的大小与光强成线性关系并可以被保留下来，成为光纤光栅。

光纤光栅的折射率沿光纤的轴向呈现周期性的分布，是典型的折射率型衍射光栅。根据衍射理论，以角 θ_1 入射的光将以角 θ_2 衍射，且满足布拉格衍射方程

$$n\sin\theta_1 - n\sin\theta_2 = m\frac{\lambda}{\Lambda} \tag{5.14}$$

式中，Λ 是光栅周期，n 为介质折射率，m 为布拉格衍射的级数。在光纤中，光传播的有效折射率可以简化为 $n_{eff}=n_{co}\sin\theta$，n_{co} 表示纤芯折射率。在光纤中，$m=1$，只考虑一级衍射，则可以写为

$$n_{eff1} - n_{eff2} = \frac{\lambda}{\Lambda} \tag{5.15}$$

$$\lambda = (n_{eff1} - n_{eff2})\Lambda \tag{5.16}$$

式中，n_{eff1} 为入射模式有效折射率，n_{eff2} 为衍射模式有效折射率。

对于反射式光纤光栅，衍射模和入射模的传播方向相反，如果两模式是相同的，则有 $\theta_2=-\theta_1$，式(5.15)可以改写为

$$\lambda = 2n_{eff}\Lambda = 2\bar{n}\Lambda \tag{5.17}$$

式中，$\bar{n}$ 是平均折射率。这就是布拉格条件，满足该条件的光栅称为布拉格光栅。

对于单模光纤，反射式光纤光栅的耦合是发生在同种模式之间的，所以满足布拉格条件。对于透射式光纤光栅，衍射模和入射模的传播方向相同，所以耦合是在不同模式之间进行的。在单模光纤中，透射式光纤光栅的模式耦合是在纤芯模与包层模之间进行的。

对比式(5.16)和式(5.17)可以看出，要对同一波长发生谐振，透射式光栅的周期要远远大于反射式光栅。因此，透射式光栅又被称为长周期光纤光栅，反射式光栅又被称为短周期光纤光栅。

5.5.3 光纤光栅的基本分类

光纤光栅按照不同的标准来划分，就有不同的分类。按照周期划分，光纤光栅可以分为两类：一类是布拉格光栅，也称为反射光栅和短周期光纤光栅；另一类是透射光栅也就是长周期光纤光栅。

按照折射率调制的强度来划分，可以分为弱折射率调制光纤光栅和强折射率调制光纤光栅。没有明确指出的时候，通常研究的光纤光栅是指弱折射率调制光纤光栅。

根据光栅平面是否有倾角来划分，也可以分为 Blazed 光栅和非 Blazed 光栅。倾角更准确的理解应该是光纤光栅的一项参数，各种光栅都有这个参数，但在一般情况下该参数为零，而 Blazed 光栅常用于不同模式间的耦合。

光纤光栅的形成通常基于光纤的光敏性，不同的曝光条件、不同类型的光纤可产生多种不同折射率分布的光纤光栅，不同折射率分布的光纤光栅也具有不同的性质。折射率调制深度和光纤光栅的长度决定了光纤光栅的反射率和带宽，而折

射率调制的类型决定了光纤光栅的光谱特性。因此,通常以折射率调制的类型来划分光纤光栅的类型。下面简单介绍几种基本的光纤光栅。

1. 均匀光纤光栅(uniform fiber grating)

均匀光纤光栅是折射率调制周期严格均匀的光纤光栅,其折射率分布为

$$n(z) = n_0 + \Delta n\cos\left(\frac{2\pi}{\Lambda}z\right) \tag{5.18}$$

式中,z 表示光纤光栅的位置函数,n_0 表示光栅中的折射率基准值,Λ 表示光栅周期。均匀光纤光栅的折射率调制,是在基准折射率水平之上的。均匀光纤的数值模拟折射率分布图和光谱图如图 5.29所示。图中的光谱特性说明,一定带宽的谐振峰两边有一些旁瓣,这是由于光纤光栅的两端折射率突变引起 Fabry-Perot 效应所致。这些旁瓣分散了光能量,不利于光纤光栅的应用,所以均匀光纤光栅的边模(旁瓣)抑制比是表征其性能的主要指标之一。折射率调制深度越强,光栅的反射率就越高、带宽就越宽。光栅的长度越长反射率就越高,而带宽就越窄。

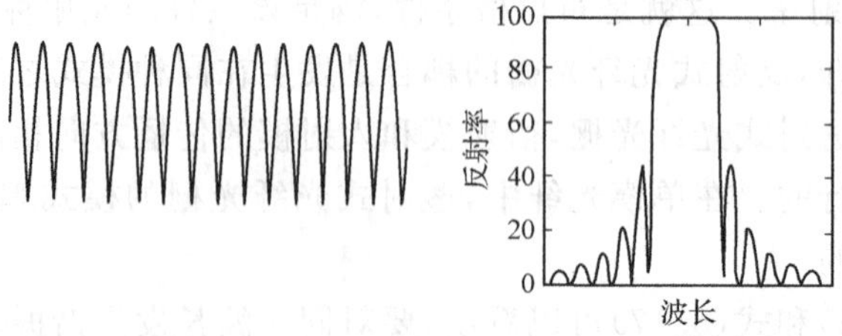

图 5.29　均匀折射率调制时的折射率曲线(a)与光谱图(b)

均匀光纤光栅可作为激光器外腔反射镜,制成光纤光栅外腔半导体激光器,也可以作为 Fabry-Perot 谐振腔制成性能优良的光纤(DFB 或 MOPA 结构)激光器、主动锁模或可调谐光纤激光器、DWDM 中的复用/解复用器、插分复用器及波长转换器、光栅路由器等。利用光纤光栅的温度、应力特性还可制成不同的光纤传感器。

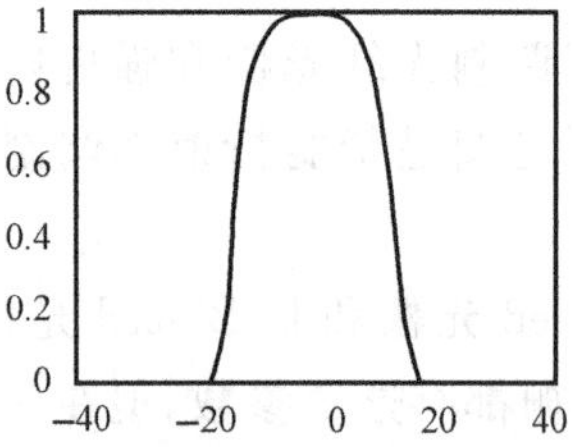

图 5.30　经过切趾后光纤光栅的滤波特性

在均匀幅度的光栅内,由于光栅两端对光波有反射作用,形成一个类似于 F-P 腔的结构,它对不同波长有不同的反射,因而在反射谱中存在许多峰结构。这个缺点限制了光纤光栅在性能要求高的场合中的应用。如果采取切趾技术,就可以消除这些弊端。切趾技术(apodization)可以使得光栅折射率微扰幅度在光栅两端逐渐变小,从而消除折射率在边界的突变。经过切趾后光纤光栅的滤波特性可以变为图 5.30所示的光谱。

2. 啁啾光纤光栅(chirped fiber grating)

啁啾光纤光栅折射率分布为

$$n(z) = n_0 + \Delta n(z)\left\{1 + \cos\left[\frac{2\pi}{\Lambda(z)}z + \varphi\right]\right\} \tag{5.19}$$

也可以写为

$$n(z) = n_0 + \Delta n(z)\left\{1 + \cos\left[\frac{2\pi}{\Lambda}z + \varphi(z)\right]\right\} \tag{5.20}$$

其中,对于线性啁啾光纤光栅

$$\varphi(z) = \frac{2\pi}{\Lambda} \cdot C \cdot \frac{z}{L}$$

对于非线性啁啾光纤光栅可以写为

$$\varphi(z) = \frac{2\pi}{\Lambda} \cdot C \cdot \left(\frac{z}{L}\right)^c$$

啁啾光纤光栅的光谱特性取决于光栅长度、折射率调整深度和啁啾参量 C,前两者影响光栅的反射率,而后者影响光栅的带宽和色散特性,对反射率也有一定的影响。如图 5.31所示的光谱特性说明:啁啾光纤光栅有较宽的带宽,其反射具有振荡性,这种振荡性也是由于 Fabry-Perot 效应而产生的。适当地修正折射率分布 $\Delta n(z)$,即进行切趾,使光纤光栅两端折射率调制度逐渐递减,可改善这种振荡性。

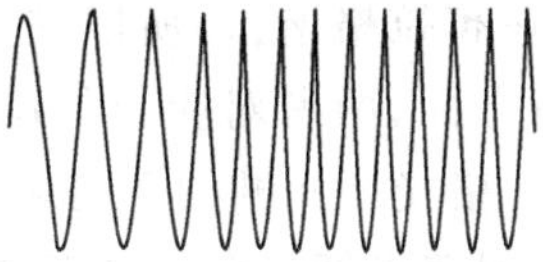

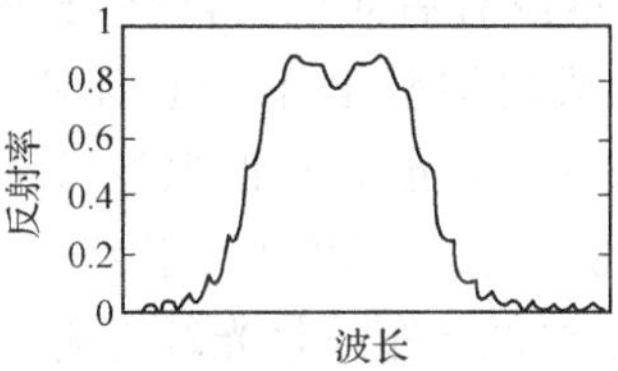

图 5.31 啁啾光纤光栅的折射率曲线(a)与光谱图(b)

利用啁啾型光栅可构成宽带滤波器用于色散补偿和脉冲压缩和放大。

3. 闪耀光纤光栅(blazed fiber grating)

Blazed 光纤光栅又称为 tilted 光纤光栅。是指折射率条纹并不垂直于光纤的轴线,而是成一定的倾斜角度。这种倾斜角可以作为设计光纤光栅的一个参数。光栅倾斜的主要影响是降低了布拉格光栅的可见度,进而影响光栅的性能。光栅的倾斜会明显影响到光纤中纤芯模向包层模、辐射模的耦合,也可以影响光纤中束缚模之间的耦合。

均匀闪耀光纤光栅的折射率分布为

$$n(z\cos\theta) = n_0 + \Delta n\left[1 + \cos\left(\frac{2\pi}{\Lambda_0}z\cos\theta\right)\right] \tag{5.21}$$

式中，Λ_0 为折射率变化所形成的栅面垂直距离，θ 为其栅面法线 z' 与光纤轴向 z 的夹角，如图 5.32所示。Blazed 光栅的反射率随着倾斜角的增大迅速下降，这是因为随着倾斜角的增大，光栅折射率可见度在下降。

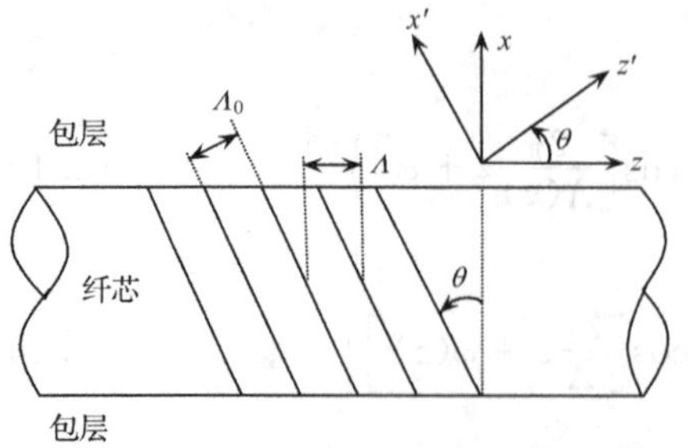

图 5.32　Blazed 光纤光栅折射率曲线图

利用 Blazed 光栅对不同模式之间的耦合，例如纤芯模式向包层模式的耦合和向辐射模式的耦合，可对一定带宽范围内的光功率进行衰减，从而可实现光放大器的增益平坦化，通过复合的 Blazed 光纤光栅还可制成耦合器。

4. 长周期光纤光栅(long period grating，LPG)

虽然同是光纤光栅，但长周期光纤光栅与布拉格光纤光栅之间的差异很大。从模式耦合的机理来看，布拉格光纤光栅是前向传输的纤芯模式与后向传输的纤芯模式之间的耦合；而长周期光纤光栅是前向传输的纤芯模式与同向的各阶次包层模式之间的耦合。所以，前者是反射型光纤器件，插入损耗较大(几 dB)；而后者是透射型光纤器件，插入损耗可以小得多。由于是反向模式之间的耦合，所以布拉格光纤光栅周期一般较短；而长周期光纤光栅为同向模式之间的耦合，所以周期要长，通常达几百微米。由于基本没有后向反射，使得长周期光纤光栅在光路中不产生光反馈，不会对系统性能造成附加恶化，而且由于不存在布拉格谐振，所以在光栅中心波长附近不会引入额外的大色散。在谐振波长调谐方面，两者对应力的调谐基本相当，长周期光纤光栅谐振波长随温度的变化约为布拉格光纤光栅的 7 倍多。长周期光纤光栅制备简单，成本要低于布拉格光纤光栅。长周期光纤光栅的谐振波长为

$$\lambda = (n_{co} - n_{cl})/\Lambda$$

式中，Λ 为长周期光纤光栅的周期，n_{co} 为纤芯模式有效折射率，n_{cl} 为包层模式有效折射率。满足相位匹配条件的特定波长由纤芯耦合进包层向前传播，很快被衰减掉，这样在谱图上就有一个损耗峰。其他波长不满足相位匹配条件，基本无损耗地在光纤纤芯中传播，从而能够实现波长选择损耗特性。

5.5.4　光纤光栅的制作

Hill 早在 1978 年，用图 5.33所示的实验装置制作了第一个布拉格光纤光栅。在实验过程中，来自氩离子激光器的 488nm 波长的光经过分光器后被注入到一段光纤中。从光纤中返回的光经过分光器，由左边的光探测器监测。而透射光则由右边的光探测器接收，从前端注入到光纤中的激光光束与反向传输的光(光纤远端的菲涅耳反射光)相干涉，在光纤芯中形成一个弱的驻波强度分布。如果光纤芯对光子敏感，光纤芯中的折射率就被永久地改变了，尤其是在干涉区中光强强的位置

要比光强弱的位置改变得多。这样,折射率扰动(折射率光栅)就形成了,且其光栅周期与干涉光场的空间周期相同。这种折射率光栅起到了一个分布布拉格反射器的作用,它可将前向传输光耦合到反向传输光束中。写入光栅的光束耦合提供了正反馈,反向传输光束初始的强度是由消耗正向传输光束而获得的,因而就增加了干涉场的光强,这反过来加快了写入过程。最后,光栅的反射率可以达到接近100%的饱和值,其光栅的质量依赖于干涉光场的稳定性。

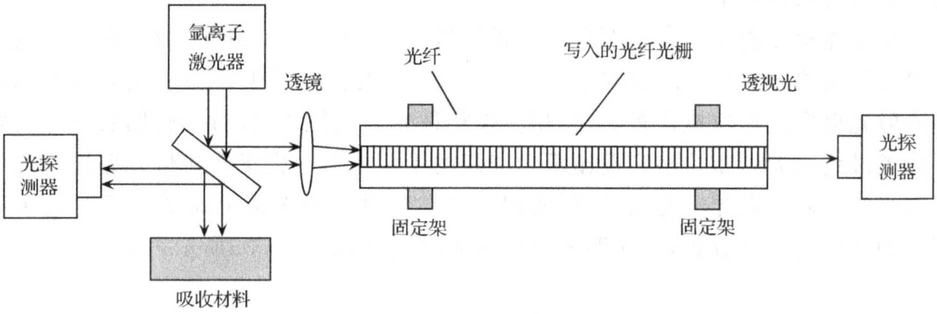

图 5.33 Hill 早期用于制作光纤光栅的实验装置

对于具有光子光敏性的光纤,内部写入技术是由于双光子吸收而形成的光栅。在光纤双光子吸收响应波长处,单光子吸收系数极低,这使得所用写入光栅波长的光可以自由地在光纤中传输。正向传输与反向传输的一对传输模在光纤中形成驻波干涉光场,其波腹间距自动地满足写入光纤波长的布拉格条件,其强度分布图形就被写进光纤内部的纤芯折射率中。尽管内部写入光栅的动力学过程较为复杂,但就布拉格光栅的形成而言,是容易理解的。

1) 横向侧面干涉曝光制作法

美国东哈特福德联合技术研究中心的 Meltz 等人用准分子光束干涉的方法首次制作了横向侧面曝光写入的光纤光栅。如图 5.34所示,光源是准分子泵浦的染料激光器,其输出是经过倍频的,在紫外 244nm 谱区产生相干可调谐光。紫外写入波长选为 488nm 的一半,488nm 曾用来作为内部写入波长,紫外波长的合理选择是基于 Lam 和 Garside 的实验,该实验表明在可见光区,光子光敏性是一个双光子过程。

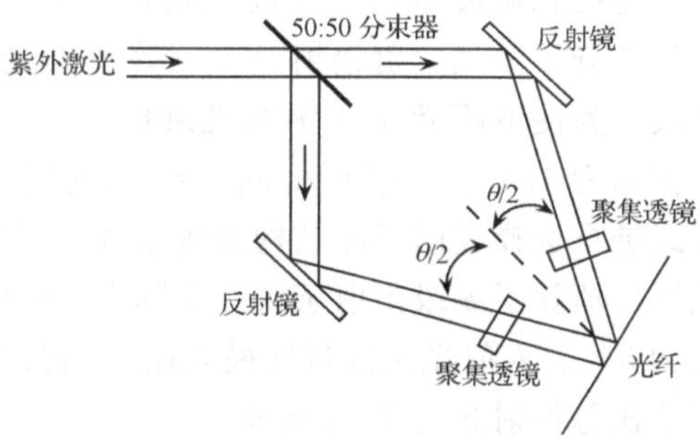

图 5.34 横向侧面曝光法写入光栅试验系统

双光束的空间干涉条纹在光纤中导致周期性的光栅,栅距周期由式 $\Lambda=\lambda_{uv}/2\sin\theta$给出。在这种外部写入技术中,获得了两个附加的光纤折射率光栅写入的自由度。① 由于相干条纹周期不仅依赖于写入光的波长,而且明显地依赖于两相干光束间的夹角。这样,栅距周期可以非常简单地通过改变角度 θ 或在吸收带宽范围内改变激光波长来加以调整，因而可用紫外光写出较长波长的布拉格响应光栅。② 由于光栅是通过外部写入的，因而可以在标准的远程通信光纤中，在任意位置处写入任意光通信感兴趣的布拉格响应波长的光纤光栅。

2）相位掩模法

光纤光栅相位掩模法的实质是用相位掩模光栅以 λ_B/n_{eff} 宽度的间距来调制紫外光束的空间相位。这里 λ_B 即是所希望的布拉格光纤光栅反射波长，n_{eff} 是在 λ_B 波长处的有效折射率。

相位掩模光栅用作高精度全息曝光装置，将其放置于光纤上（或接近光纤处），掩模光栅条纹方向与光纤轴向垂直，来自 249nm 波长的 KrF 准分子紫外激光的正向入射光束穿过相位掩模板后，其相位被相位光栅进行了空间调制，然后通过衍射形成了最终所需的布拉格光栅栅距为周期的干涉图形。由于在相位光栅掩模板后面的光纤纤芯具有光子光敏性，因而即刻就被这种干涉图形分布的光子写进了周期性调制的折射率分布，从而形成布拉格光纤光栅，如图 5.35所示。

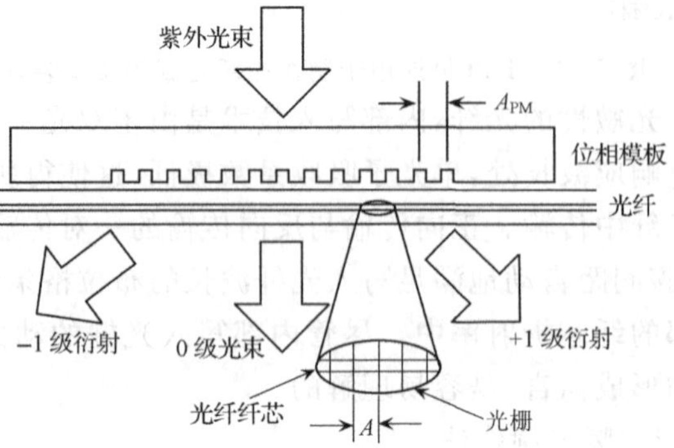

图 5.35　相位掩模光栅板用于制作光纤光栅的实验装置示意图

掩模光栅板是在一块高质量硅平面板上由一维表面间隙结构组成，可以使 KrF 准分子激光辐射透射过去。该掩模光栅表面间隙剖面的形状近似于周期性方波。为使 KrF 准分子激光光束相位以 π 间隔进行调制，表面间隙结构的振幅周期被选为 $4\pi(n_{silica}-1)/A/\lambda_{KrF}=\pi$，这里 A 是表面间隙图形结构的振幅。按这种方式进行选择表面间隙结构光栅振幅，可以使所选定波长的准分子激光光束通过光栅后消除了零级衍射条纹。实际上，零级光束可被抑制到小于相位掩模板衍射光的 5%。入射光束经过掩模光栅后，转向 +1 和 −1 级衍射，每级衍射光强的典型值比总衍射光的 35%还多。

掩模板的表面间隙形状并非一定做成方波形状，Goodman 曾讨论了消除零级衍射光栅的表面间隙结构形状为正弦波的情况，对用于制作光纤光栅是等价的。特别值得注意的是掩模光栅衍射图的周期 $\lambda_{Bragg}/2n_{eff}$ 与波长无关，因而原则上，可用宽带准直光源来写入布拉格光纤光栅。Hill 等人在使用相位掩模板制作布拉格光纤光栅的实验中，所用紫外光源是未经调制的准分子激光器，工作波长为

249nm，光束截面为 0.7cm×2cm，脉冲持续时间为 12ns，重复频率为 50Hz，每个脉冲未经聚焦的光能量密度为 100mJ/cm²。

用低相干光源和相位掩模板来制作光纤光栅的方法是极为重要的，该方法使用适于工业环境的激光光源，并简化了光纤光栅的制作过程，这意味着光纤光栅器件工业化规模制作的大门已经打开。

3）点-点写入法

光纤光栅点-点写入法的实验装置如图 5.36所示。Hill 采用了 Lumonics 系列 Te-260-2 型准分子激光器，通过一个狭缝挡板，将光束照射在光纤上。激光器的受激气体为 KrF，激光波长为 249nm，脉冲重复率是 8ns，平均能量每个脉冲为 240mJ，峰值功率为 30mW，光束横截面为 3cm×0.7cm。

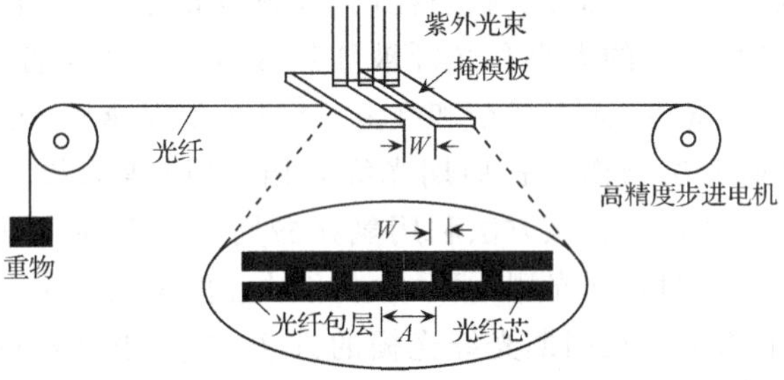

图 5.36　点-点写入光纤光栅制作方法的实验示意图

标准通信光纤的一端绕在半径为 8.2cm 的轮盘上由步进电机拖动，另一端跨过一个滑轮并系以重物，随着电机转动，两轮之间的光纤将在狭缝后面移动。在光纤光栅制作过程中，可采用下面两种方式来写入光栅，一种是步进电机每步一停，然后激光器发出一个光脉冲。另一种方法是电机连续拖动光纤，而激光器也以某一速率连续发射激光脉冲。第一种方法中，光纤光栅的制作精度依赖于电机定位精度。而第二种情况则取决于电机速度的均匀程度以及激光脉冲间隙的均匀性。Hill 的结果表明，采用第一种方法制作的光纤光栅较好。

4）长周期光纤光栅写入方法

长周期光纤光栅的写入方法很多，常用的是用 248nm 的紫外光通过振幅掩模板曝光氢载掺锗光纤，利用掺锗光纤的光敏性引起纤芯发生周期性折射率调制从而形成长周期光纤光栅。Hill 和 Johnson 等人分别于 1990 年和 1992 年提出了用逐点曝光法写入周期较长的光纤光栅，这种光纤光栅虽然实现了正向模式间的耦合，但并不是通常意义上的长周期光纤光栅。Vengsarkar 等人于 1996 年首先用该方法在氢载光纤中写入了长周期光纤光栅，这标志着长周期光纤光栅的诞生。在此基础上人们提出了许多运用幅值掩模法制作长周期光纤光栅的方法，不同之处主要在于为了提高制作效率而采用不同材料的幅值掩模或者不同波长的激光器，比如 193nm ArF 准分子激光器、244nm 双频 Ar 离子激光器或者 157nm 氟分子激光器。

近年来，Davis 等人于 1998 年提出的用 10.6μm 的 CO_2 激光在普通单模光纤中写入长周期光纤光栅的方法得到了广泛应用。这种方法只需普通通信光纤，不必载氢，成本低，制作周期短，并且可随意改变写入周期从而写入非均匀周期的具有特殊用途的长周期光纤光栅。饶云江首次提出了一种用计算机控制的高频 CO_2 激光脉冲在普通单模光纤中写入长周期光纤光栅的方法（中国专利号：ZL 00 2 45055.0），该方法使用的是聚焦的高频脉冲，能量集中、加热效率高、对光纤结构的物理损伤小，因此可以高效率地写入高质量的长周期光纤光栅。Liu 等人于 1999 年采用一种微透镜阵列将平行的宽束准分子激光聚焦成平行等间距的光条纹，投射到单模光纤上从而写入长周期光纤光栅。这种方法提高了光能量的利用率，写入一个长周期光栅仅仅需要数十秒钟时间，因而大大地提高了写入的效率。韩国的 Hwang 等人于 2000 年提出了通过电弧放电使光纤发生微弯而形成长周期光纤光栅的方法。该方法简便、容易控制，光栅周期取决于石英槽的周期，还可以根据需要调整电弧电流的大小和光纤被加热区域的大小来控制谱特性，而且这种方法可应用于常规光纤，无需掺杂和载氢。Sohn 和 Yokota 等人分别于 2001 年和 2002 年用机械微弯法制作了长周期光纤光栅。Lin 等人提出了一种用腐蚀法制作长周期光纤光栅的方法，该方法利用氢氟酸周期性腐蚀光纤形成周期性的环槽结构，从而形成长周期光纤光栅。Karpov 和叶爱伦等人提出了一种利用制作耦合器的熔融拉锥工艺制作长周期光纤光栅的方法，该方法首先对光纤光栅周期性刻槽，然后加热拉伸引入光纤形变从而使纤芯折射率发生周期性变化。黎敏等人提出了一种用莫尔条纹振幅模板在硫化物光纤中写入长周期光纤光栅的方法，这种方法可以随意改变模板周期，因此可以简化模板的制作工艺和降低写入成本。长周期光纤光栅的不同制作方法各有其优缺点，但都有待进一步完善。

5）高频 CO_2 激光脉冲写入法

写入装置如图 5.37所示。普通单模光纤水平直线状态置于 CO_2 激光器聚焦透镜的焦点，注意应使光纤的轴线与 CO_2 激光的焦斑重合。为了提高写入效率，通常预先把被加热段光纤的涂覆层剥去 50mm 左右。由于 CO_2 激光加热过程中光纤可能会发生物理延长，因此，光纤的一端固定，另一端悬挂 10g 的轻物，以便使光纤在 CO_2 激光曝光期间保持恒定的轴向应力并始终处于直线水平状态。宽带光源作为输入，光谱仪监测长周期光纤光栅透射谱的变化。CO_2 激光的焦斑直径可由聚焦透镜调节，聚焦后的焦斑直径为 50μm。全功率为 10W 的 CO_2 激光器由计算机控制，可调节输出激光脉冲的各种参数，通常输出 CO_2 激光脉冲的频率为 5kHz，功率约为 0.5W，波长为 10.6μm。由计算机控制的二维扫描振镜首先使高频 CO_2 激光光束沿横向（X）扫描光纤，然后使激光光束沿光纤轴向（Y）偏移一个光栅周期，再次扫描光纤，使激光光束沿 Y 向每偏移一次就 X 向扫描光纤一次，这样依次扫描完长周期光纤光栅的每一个周期。通常一次扫描引入的折射率调制较低，因此一般要经过几次扫描才能写入一个理想的长周期光纤光栅。这样光纤经聚焦高频 CO_2 激光脉冲轴向周期性加热后，其折射率发生轴向周期性变化从而形成长周期光纤光栅。该方法可在普通单模光纤中各个感兴趣的波长处制作出 3dB 带宽较窄、损耗峰幅值较大、低插损的单峰或多峰的长周期光纤光栅。

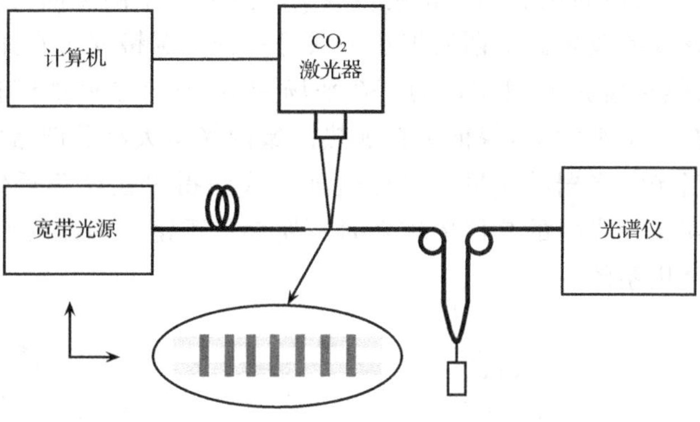

图 5.37 高频 CO_2 激光写入 LPFG 的装置图

用此方法在 Corning SMF-28 光纤中写入的长周期光纤光栅的透射谱如图 5.38所示，周期 $\Lambda=420\mu m$，周期数 $N=52$，6 个损耗峰从左至右分别对应纤芯基模 LP_{01} 和包层模 LP_{02}、LP_{03}、LP_{04}、LP_{05}、LP_{06}、LP_{07} 的耦合，谐振波长分别为 $\lambda_2=1213.53nm$，$\lambda_3=1232.64nm$，$\lambda_4=1255.23nm$，$\lambda_5=1302.86nm$，$\lambda_6=1372.29nm$，$\lambda_7=1493.57nm$；幅值分别为 $A_2=-0.735dB$，$A_3=-1.251dB$，$A_4=-2.338dB$，$A_5=-3.732dB$，$A_6=-6.496dB$，$A_7=-8.843dB$。

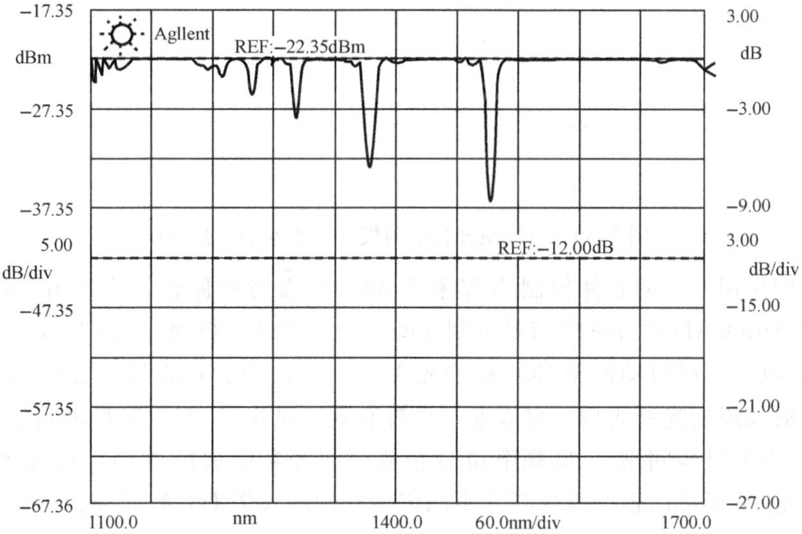

图 5.38 高频 CO_2 激光脉冲写入的 LPFG 的透射谱图

在由计算机控制的 CO_2 激光器的前端有三维动态聚焦系统，如图 5.39所示。根据聚焦透镜的安装位置，可以分为前聚焦和后聚焦两种方式。所谓前聚焦方式是将聚焦透镜安装在振镜扫描器的前面，即安装在激光器扩束镜和振镜扫描器之间，优点是可选用普通聚焦透镜，价格较为低廉，且可获得较大的扫描范围。缺点是光斑直径较大，透镜的焦点扫描轨迹是镜头后方的一个圆弧面，因此加热不均匀而且焦斑的重叠区域较多。所谓后聚焦方式是将聚焦透镜安装在振镜扫描器的后面，它采用的聚焦透镜是专门设计的 $F\text{-}\theta$ 平场透镜，不管光束如何移动，它的焦点位置始终保持在一个平面上，保证了在加热区域内光斑大小及能量密度的一致，提高了写入长周期光纤光栅的质量。另外这种方式使得更换聚焦透镜变得简单，可根据写入长周期光纤光栅的具体要求随时更换聚焦透镜。因此我们采用后聚焦方式的三维动态聚焦系统。

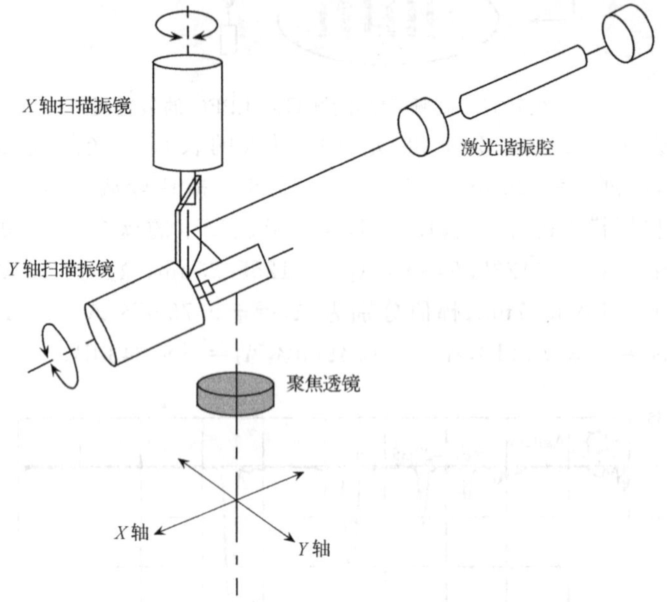

图 5.39　CO_2 激光器的前端的三维动态聚焦系统

我们采用专门的软件控制 X 轴和 Y 轴扫描振镜的偏转。首先用 CorelDraw 软件或 AutoCAD 软件画出与要求制作的长周期光纤光栅对应的 CO_2 激光扫描轨迹，计算机就可以自动控制 CO_2 激光光束逐步扫描即加热光纤，从而在光纤上写入需要的长周期光纤光栅。可以通过设置有效矢量步长、有效矢量步间延时、空矢量步长、空矢量步间延时、Q 频率和 Q 释放时间等参数来控制 CO_2 激光脉冲的频率和能量，从而可以根据需要写入不同传输特性的长周期光纤光栅。

5.6　光学滤波器

采用 DWDM 技术是电信业扩容的最主要方法，而稳定的可调谐光滤波器是

DWDM 系统中的关键器件之一。本文介绍了目前在光纤通信系统中已广泛采用的各种光滤波器的结构及工作原理性能，并介绍了尚处于研究开发阶段但具有潜在应用前景的各种新型光滤波器。

5.6.1 F-P 腔型光滤波器

法布里-珀罗（Fabre-Parot，F-P）腔由两面彼此平行的镜面构成，光线由光纤输入进入腔中并在两镜面间多次反射。通过调整两镜面间距，某一种波长的光被选择通过腔体，而其他波长成分被阻隔。两镜面的间距可以通过直接移动镜面机械地改变，也可以通过腔中物质折射率的改变而间接地改变。应用 F-P 腔滤波原理的滤波器种类很多，这里主要介绍光纤型 F-P 腔滤波器、铁电液晶光滤波器以及一种新型的 MEMS 滤波器。

1. 光纤型 F-P 腔滤波器

光纤型 F-P 腔（FFP）滤波器是一种可调谐滤波器，如图 5.40所示。图中两根光纤相对的端面镀膜以增强反射率，形成 F-P 光学谐振腔。在光纤型 F-P 腔滤波器中利用了压电陶瓷的压电效应，通过改变外加电压的大小改变压电陶瓷的长度，从而改变了由光纤构成的 F-P 谐振腔的腔长，造成谐振波长改变，实现了用电信号来选通光波长。

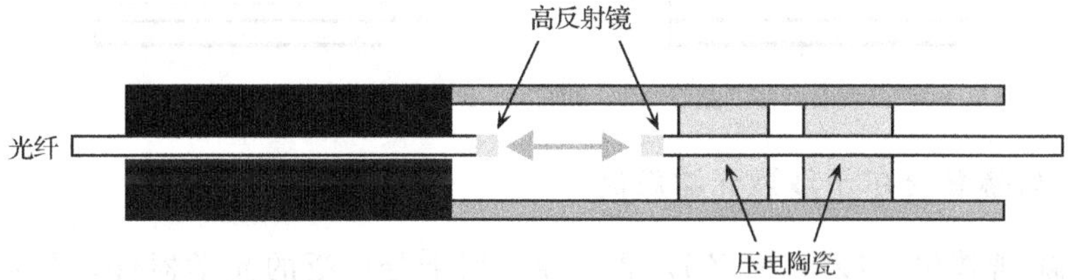

图 5.40　光纤型 F-P 腔滤波器

2. 铁电液晶光滤波器

铁电液晶光滤波器由两块内侧依次镀有透明导电膜、高反射率膜和定向膜的平板玻璃平行放置构成腔体。在腔内充有折射率会随加于其上的电压改变而变化的液晶，导电膜有电极引出，可以通过电极在液晶两端加电流，形成折射率随外加电压变化的 F-P腔。所以，这是一种小体积、窄带宽的低压调谐滤波器。铁电液晶光滤波器的一种简单的结构如图 5.41所示。

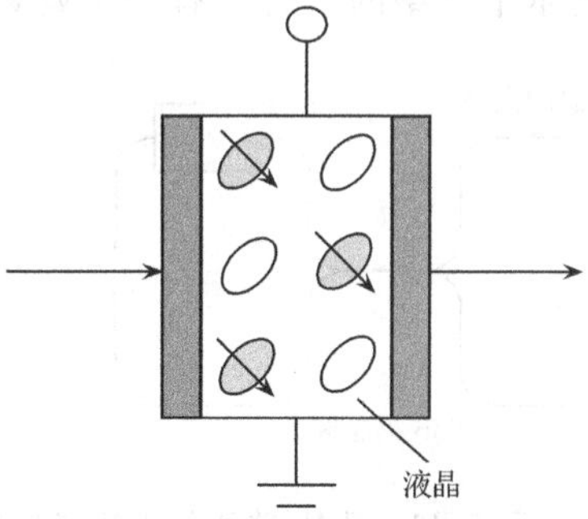

图 5.41　铁电液晶光滤波器

铁电液晶光滤波器是一种快速调谐滤波器，调谐速度达微秒量级。

3. 微电子机械 F-P 滤波器

微电子机械(micro electro mechanical system，MEMS) 技术是在一个很小的空间内构建复杂的机械结构、系统的尺寸要用微米来度量的一种新兴制造技术。使用 MEMS 技术也可以制作光滤波器。图 5.42为一种 MEMS 滤波器的原理图。该滤波器的核心是一个腔长可改变的空气 F-P 腔。该腔由硅衬底、1/4 波长厚度的氮化硅薄膜和空气腔构成。在衬底的底部有反射镜，空气腔的厚度通常为 3/4 波长。当从薄膜的顶部外加电压时，外加电压所产生的静电力牵引薄膜向衬底的方向靠拢，而薄膜自身的张力随薄膜的拉伸而线性增强并与静电力反向。在二力大小相同时，薄膜静止，这样空气腔的厚度可以在 1/2～3/4 波长之间变化。研究表明，对这种新型的滤波器，通过对衬底底部进行多层镀膜提高反射率可以增大可调谐范围。而且衬底的厚度决定了滤波器的自由谱宽，并且通过级联可以进一步提高滤波器的带宽。

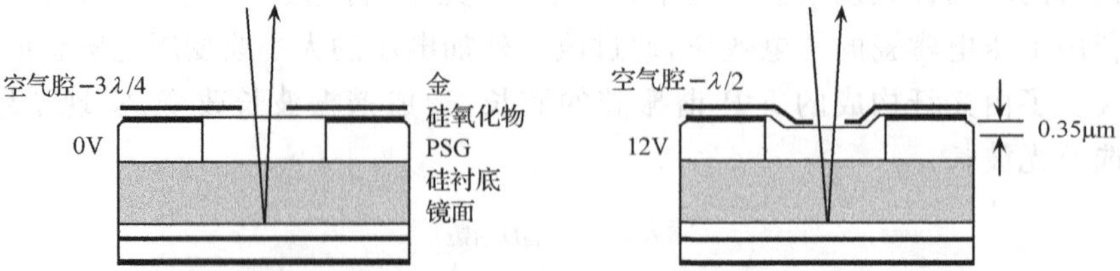

图 5.42　MEMS F-P 滤波器

5.6.2　马赫-曾德尔干涉型光滤波器

马赫-曾德尔干涉型(M-Z-I) 是一种应用十分广泛的光学器件。马赫-曾德尔干涉型光滤波器是它的重要应用之一。马赫-曾德尔干涉型光滤波器的一种实现结构如图 5.43所示。整个滤波器均制作在平面波导上，输入信号经 3dB 耦合器分波分别进入干涉仪的两臂，在输出端再经 3dB 耦合器耦合两路信号输出。在马赫-曾德尔干涉型的一臂上有一个延迟控制单元，它可以调节该臂的光程，使得到达输出耦合器的两路信号存在相位差。相位差为 180°的波长成分将被阻隔而被滤掉。通过级联多级马赫-曾德尔干涉型滤波器成链可以实现对单一波长成分的选择通过。根据改变马赫-曾德尔干涉仪两臂的机制的不同，还可以有多种构型马赫-曾德尔干涉仪光滤波器，比如可以在

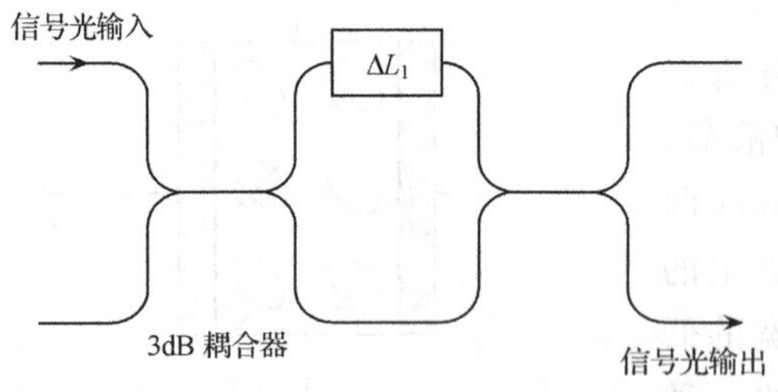

图 5.43　马赫-曾德尔干涉仪光滤波器

干涉仪的一臂插入一段可控布拉格波长的光栅或电压控制器作为移相器。马赫-曾德尔干涉仪光滤波器通带较宽，选择性较差，可以将其级联以获得较好的性能。

5.6.3 基于光栅的滤波器

光栅是在光通信中应用十分广泛的一种光学器件。这里所讨论的光栅不仅仅是原始意义上的光栅，还包括不具备光栅形状但依据光栅原理工作的各种器件（如压电晶体）。

1. 声光可调谐滤波器

声光可调谐滤波器(AOTF)如图 5.44所示，它具有高的调谐速率。射频(RF)信号加在可将声波转化为机械运动的压电晶体($LiNbO_3$)上。声波改变了晶体的折射率，使得晶体在一定意义上成为光栅。入射到传感器的光波将依据入射角和光波长按照一定的角度发生衍射。改变射频信号波就可以选择单一光波长信号通过压电晶体，而其他波长的信号被滤除。

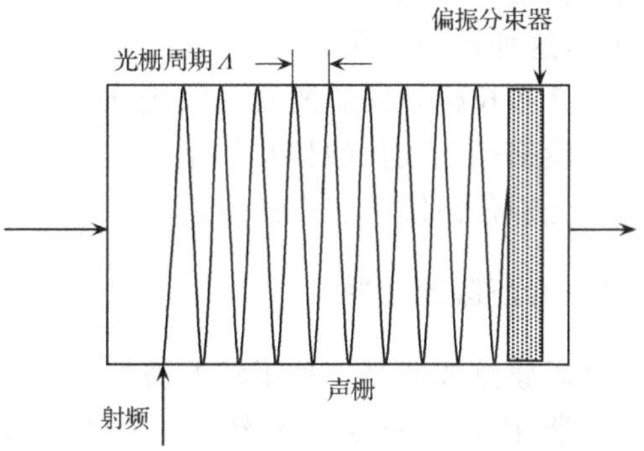

图 5.44　声光可调谐滤波器

2. 电光可调谐滤波器

电光可调谐滤波器(EOTF)也是光栅型选通滤波器，如图 5.45所示。它的滤波原理与声光可调滤波器相同，都是利用了光栅的布拉格衍射原理，只是调谐的机制(改变布拉格波长的方法)不同。声光可调滤波器用声波改变晶体的折射率来改变光栅周期，而电光可调谐滤波器是通过电压改变晶体的折射率来改变光栅周期。图 5.45中，半导体晶体两侧的阴影表示晶体的解理面，并对其镀增透膜以降低反射率，阻止晶体形成 F-P 腔造成振荡。改变外加电压可以改变半导体的有效折射率，导致由光栅周期决定的波长透射峰发生移动，从而实现可调谐滤波。

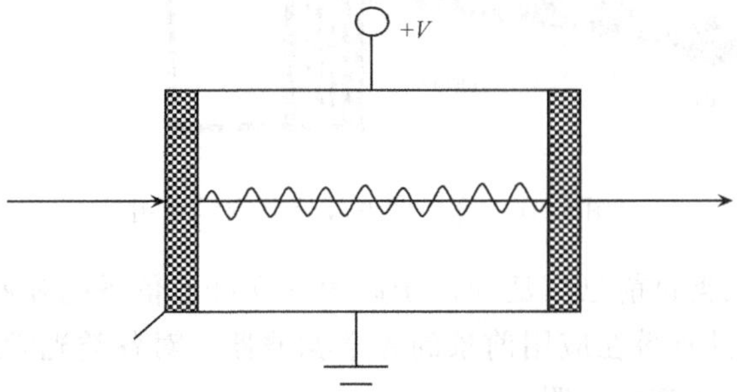

图 5.45　电光可调谐滤波器

以上均为可调谐光滤波器。在有些场合并不要求光滤波器具有调谐功能，可以用不可调谐滤波器或光栅装置滤波。光栅装置也常被用于光的选择反馈和光的复用、解复用中。

5.6.4 光栅滤波器

不可调谐滤波器之一便是衍射光栅。衍射光栅的最基本结构是在一块透明材料（平面波导）上平行地刻画出一系列沟槽或在材料中形成光折射率周期变化的区域。通过反射以各种角度入射到沟槽上的光线，衍射光栅将光线区分成各个波长成分。在特定的角度上，只有特定波长被选择，其他波长成分均遭阻隔。于是，使滤波器谐振在由特定角度所决定的特定波长上，就可以实现对所需波长成分的选通。衍射光栅的另一种应用是集成阵列波导光栅（arrayed waveguide grating，AWG），这种器件将在后面介绍。

光纤布拉格光栅滤波器是以光纤布拉格光栅为基础的光通信滤波器，具有极低的传输损耗和较长的相互作用距离，并且易于与光纤系统耦合和连接，在密集波分复用光通信系统中有广泛应用。

5.6.5 介质膜滤波器

介质膜滤波器是一种干涉滤波器，它利用光的薄膜干涉现象进行滤波。介质膜滤波器用于波分复用系统，作为波分复用器的组成部分，它的工作原理如图 5.46和图 5.47所示。通过对介质膜结构的选择，构成不同波长的带通滤波器，从而实现对波长的选择。其优点是结构小、工作稳定且与极化无关。

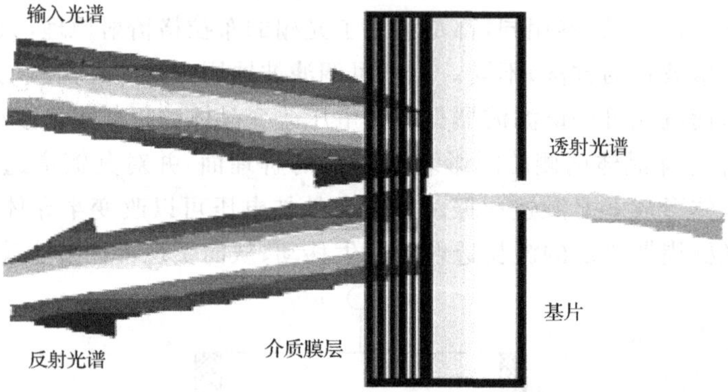

图 5.46 介质膜滤波器原理示意图

本文介绍了几类目前已广泛应用于高速率光纤通信系统和网络中以及尚处于研制开发阶段，但具有潜在应用前景的光学滤波器。对各类光学滤波器的结构、滤波原理和性能也作了简单说明。

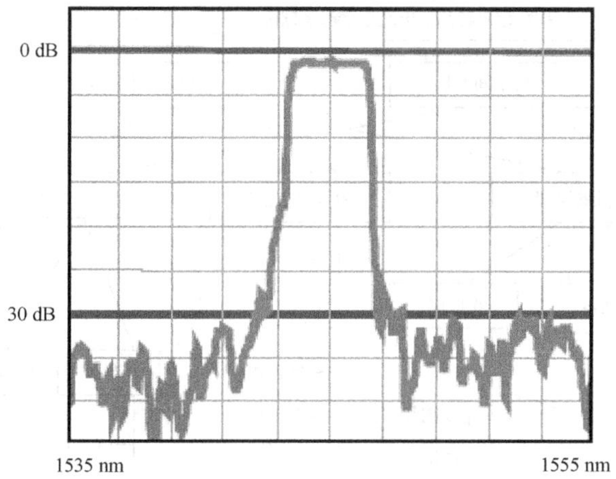

图 5.47　介质膜滤波器光谱图

5.7 光　开　关

光开关是一种具有一个或多个可选择的传输端口,可对光传输线路或集成光路中的光信导进行相互转换或逻辑操作的器件。端口即指连接于光器件中允许光输入或输出的光纤或光纤连接器。光开关可用于光纤通信系统、光纤网络系统、光纤测量系统或仪器以及光纤传感系统,起到开关切换作用。

5.7.1 光开关的分类

图 5.48给出了光开关的一个分类示意图。按照工作介质划分,光开光可分为自由空间交换开关和波导交换开关;而根据工作原理和所用材料,又可分为机械式光开关和非机械式开关,如电光、热光、声光、磁光、液晶等。一般来讲,自由空间光开关的损耗比波导器件的损耗更低,非机械式的光开关比机械式光开关响应速度更快一些。

另外,根据光开关的输入输出端口数,可以分为 1×1,1×2,1×N,2×2,2×N,M×N 等多种。它们在不同的场合有不同的用处。如 1×1 光开关在光纤测试技术中用于控制光源的接通和断开;1×2 光开关用于双光源或光探测器的测试系统中,以及在光线路中起主备倒换作用;1×N 光开关可用于光纤网络中的远程测试、监控及光器件、光纤光缆的测试和多发送或接收系统的连接;2×2 光开关可以组成如 32×32,64×64 等大规模的开关阵列,是 OXC 或 OADM 光网络节点设备中应用最为广泛的一种,还可以作为旁路开关应用于光纤局域网。

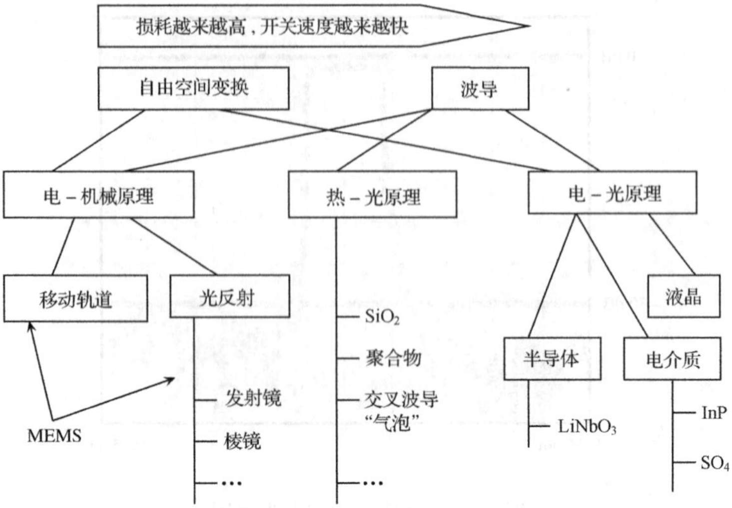

图 5.48　光开关的分类

5.7.2　传统的光开关技术

1. 机械光开关

机械光开关是一种成熟的、成本低廉的光开关技术。它利用电机来旋转或移动光纤，将光信号从一个端口转移到另一个端口输出。该种技术成本低、波长范围广、可靠性好，同时插入损耗和串扰也很低，但其开关速度为 10～15ms，比光开关所需要的 μs 和 ns 级相差甚远，而且机械光开关体积大，不利于扩展端口数量和光开关阵列容量，也不适合大批量生产，不适合用于高速大容量宽带光网络中。

2. 电光光开关

电光光开关通过电压调节波导折射率工作，其结构一般为定向耦合、M-Z 干涉、BOA、DOS，或全内反射型等结构。最早出现的波导型光开关就是基于铌酸锂、半导体化合物材料(GaAs，InP)的电光调制光开关。此类光开关开关速度极其迅速，达到 ns 量级，主要由电极电容和光波、电调制波的速度差决定。

铌酸锂有较强的电光效应和透明性，在低损耗、高速切换的系统中，比其他材料处于有利地位。目前已经能实现 100GHz 带宽、半波电压小于 5V 的铌酸锂调制器件。铌酸锂光开关阵列是在 $LiNbO_3$ 衬底上形成阵列光波导，各波导交叉部设置开关元，通过外加电压使光开关元导通状态根据事先设计的要求输出(交叉或直通)。器件采用定向耦合结构较多，因为这种结构的开关单元尺寸最小。阵列规模最大的是 16×16 光开关阵列，此时其开关电压已经无法忍受了。近年来，铌酸锂光开关阵列的研究进展不大，主要原因是铌酸锂开关一般是弱限制波导器件，同时电光效应决定了其调制区域较长，因而光开关单元体积较大。虽然性能可以做得很好，但是在阵列规模上与微机械、液晶光开关阵列无法相比。由此可见，此类器件适合于低端口数目、高切换速度的系统。

3. InP 开关

基于 InP 的光开关是半导体光开关中的一种，它对偏振状态不敏感，可靠性好，且易于与其他光无源波导集成，适合批量生产。虽然最近有低插入损耗、高通道串扰的 InP 光开关问世，但相对高的插入损耗和光通道隔离度不利于它构成大规模光开关阵列。

4. 半导体光放大器(SOA)开关

SOA 光开关组合构成的光开关阵列，其基本结构是在无源分支光线路的后部配置 SOA，通过向 SOA 注入控制电流来完成光路切换。它是基于 GaAsInP 的光开关，具有良好的波长灵活性，响应速度为 ns 级，可以实现很高的开关比。同时由于 SOA 可以对信号进行放大以补偿损耗，故可以得到较低损耗的开关阵列。更为重要的是，SOA 光开关阵列具有很宽的光带宽，可以满足未来光网络的要求。但 SOA 的偏振相关性很大，不容易克服，这种光开关没有得到广泛的应用。

5.7.3 新兴的光开关技术

除了传统的光开关技术之外，研究人员还根据不同的应用要求开发出很多种新的光开关技术，主要包括微电子机械系统(MEMS)光开关、液晶光开关、喷墨气泡光开关、声-光效应光开关、磁-光效应光开关等。

1. MEMS 光开关

在 OXC 这样需要支持大容量交换的系统中，使用基于 MEMS 技术的光开关(图 5.49 和图 5.50)似乎已是主要潮流。基于镜面的 MEMS 是一种受静电控制的二维或三维器件，安装在机械底座上。MEMS 器件的结构很像硅 IC 的结构，它的基本原理就是通过静电的作用使做在硅片上的微镜面发生转动，从而改变输入光的传播方向，这些微镜可在二维或三维空间移动。二维开关的核心是微镜阵列。在接通状态下，每个镜子都将光信号从输入光纤引向输出光纤。微镜阵列受简单的数字接口控制，同时提供决不闭塞的低损耗连接，微镜和光纤被排列成平面的形式，而且微镜只能处在开或关两种状态之一；三维开关利用了同一种原理，但微镜和光纤不被束缚在平面位置，而是可以移动到三维空间的任意位置。MEMS 光开关可以利用 IC 工艺成批加工技术来生产，制造过程可能包括多工序的复杂工艺，但是它可以批量生产，所以该种方案具有很大的吸引力。

尽管 MEMS 光开关存在很多缺陷，如开关时间比较长、可靠性低等，但因为其成本低、设计简便以及良好的光学性能而获 AT&T 等众多公司的推崇，在技术上

图 5.49　AT&T 开发的 MEMS 光开关

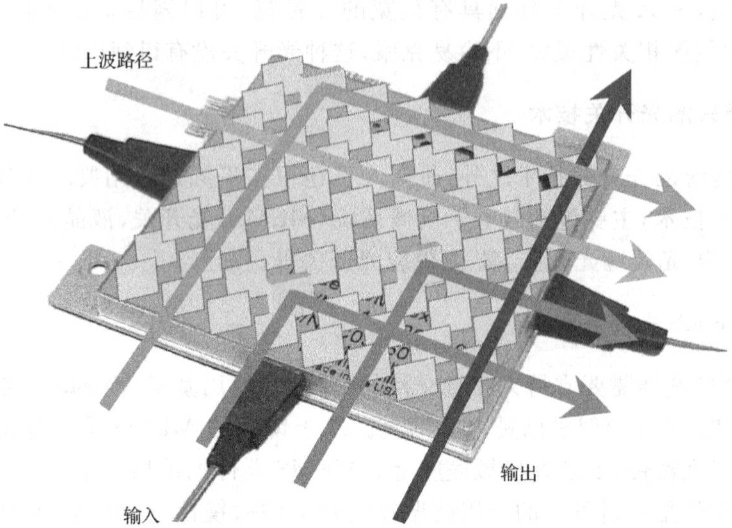

图 5.50　MEMS 光开关示意图

有了蓬勃发展。

2. 液晶开关

液晶器件的工作是基于对偏振的控制：一路偏振光被反射，而另一路可以通过。大部分液晶光开关(图 5.51)是根据光的偏振特性来完成交换的。液晶开关内包含液晶片、偏振光束分离器(PBS)或光束调相器。液晶片的作用是旋转入射光的偏振角。当电极上没有电压时，经过液晶片的光信号的偏振角为 90°；当有电压加在液晶片的电极上时，入射光信号保持它的偏振状态不变。PBS 或光束调相器起路由器的作用，将输入的光信号引到两根输出光纤之一。对偏振敏感或不敏感的开关矩阵都能利用这种技术。液晶已被证明是一种对光信号进行交叉连接的最佳光开关技术，它结合了非机械技术的可靠性和机械开关的高性能。

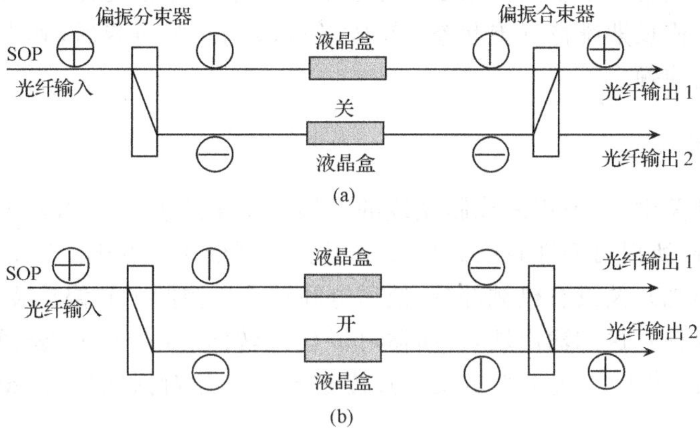

图 5.51　液晶光开关原理示意图

3. 气泡光开关

图 5.52 为喷墨气泡光开关示意图。此类光开关与喷墨打印机的工作原理基本一致。器件分硅基层和二氧化硅覆盖层。硅基层通光信号并包括有“喷墨”结构。当有入射光照入并需要交换时，一个热敏硅片会在液体中产生一个小泡，小泡将光从入射波导中全反射至输出波导。HP 的喷墨打印技术的引入主要反映在对气泡(微电阻)产生的精密控制上。喷墨打印要在指定的地方产生墨点，这里要在指定的地方产生气泡。但气泡光开关同喷墨技术又不相同，气泡也许要维持很长一段时间。

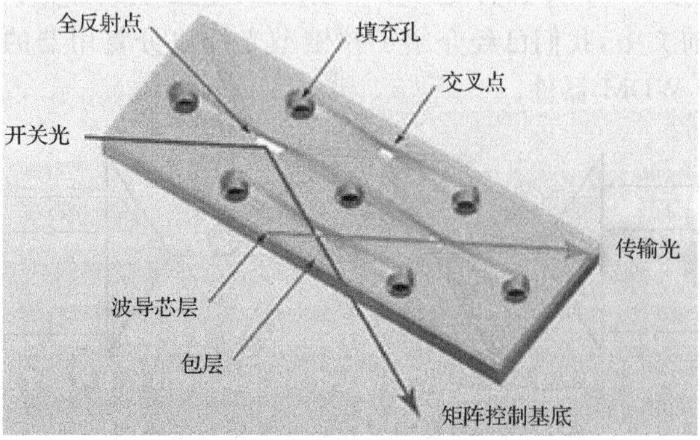

图 5.52　喷墨气泡光开关示意图

安捷伦称其气泡由封闭的系统控制，因此不会溢出，通过控制蒸汽压，可以保持液、气体能共存的温度和压力。由于没有可移动部分，可靠性较好。32×32 子系统损耗为 4.5dB，由于使用已有的技术，故其成本不高，同时具有较好的扩展性。安捷伦喷墨气泡光开关具有毫秒的交换速度和偏振不敏感性，因此具有小的极化损耗，能对速率和业务协议透明；具有低损耗、低串扰和小于－50dB 的高消光比。喷墨气泡光开关有两个重要因素要考虑：① 如何很好地控制光开关的状态，如光开关频繁动作或长期维持气泡状态；② 喷墨气泡光开关封装后，其内部材料和液体的生存时间问题。

4. 声光开关

在这种开关中，声波用来控制光线的偏转。交换速度从 500ns 到 10μs。由于没有移动部分，所以可靠性较高。1×2 光开关损耗低于 2.5dB。LMGR 公司声称其光纤线性声光开关没有机械部分，使用电和计算机控制声光偏转装置，能在几个微秒内将输入信号送到输出端，转向器可以任意转向。Brimrose 公司也开发出自己的声光开关，其 1×2 光开关的交换速度是 525ns，相对损耗为 2.5dB。

5. 磁光开关

磁光开关是利用法拉第旋光效应，通过外加磁场的改变来改变磁光晶体对入射偏振光偏振面的作用，从而达到切换光路的效果。相对于传统的机械式光开关，它具有开关速度快、稳定性高等优势，而相对于其他的非机械式光开关，它又具有驱动电压低、串扰小等优势。最近几年来它在光无源器件领域得到越来越多的重视。

5.8 光波分复用器件

如图 5.53所示，利用 WDM 技术扩大光纤通信容量在当前是切实可行并被广泛应用的技术方案。WDM 器件是 WDM 系统的重要组成部分，WDM 器件有多种制作方法，在前文中，我们已经介绍了拉锥型光纤波分复用器的原理，下面介绍其他几种类型的 WDM 器件。

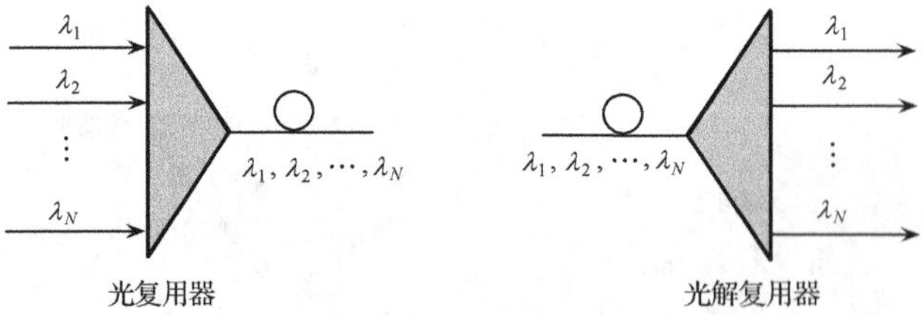

图 5.53　光复用器和光解复用器示意图

1. 棱镜解复用器

波分复用光 $\lambda_1+\lambda_2+\cdots+\lambda_N$ 经透镜准直后，射入折射率为 n_2 的三角棱镜的输入表面，光线进入棱镜后发生折射，棱镜对不同波长的光有不同的折射角，当这些分开的光从棱镜进入空气时，又一次发生折射，从而进一步把复用光束分开，完成解复用，然后再用一个棱镜把各波长的光聚焦到各自的输出光纤中，如图 5.54所示。

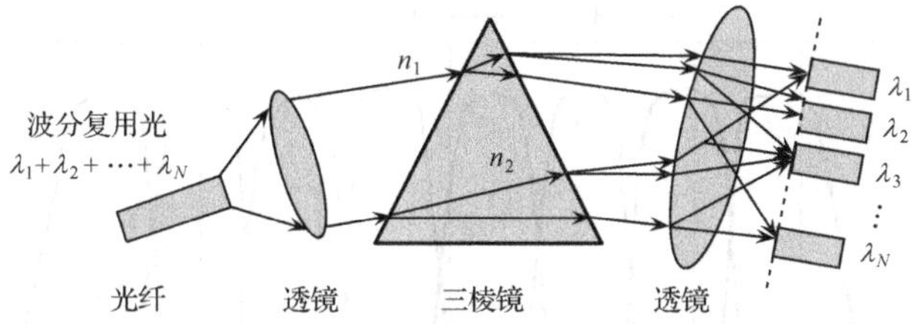

图 5.54　棱镜解复用器示意图

2. 衍射光栅解复用器

图 5.55是衍射光栅解复用器原理图，输入的多波长复合信号聚焦在衍射光栅上，光栅对不同波长光的衍射角不一样，从而把复合信号分解为不同波长的光。

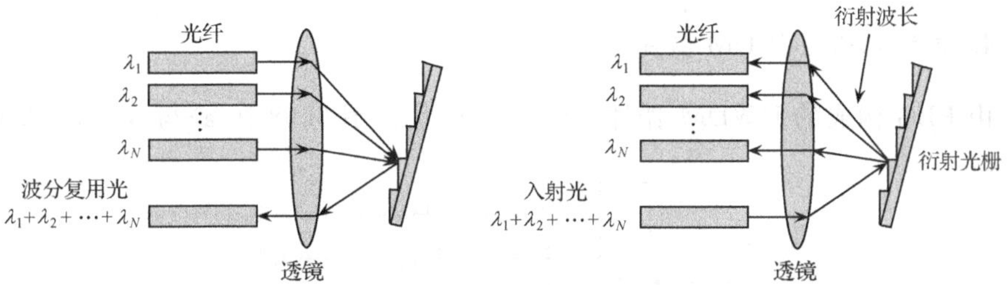

图 5.55　衍射光栅解复用器

3. 干涉膜滤光型 WDM 器件

这种类型的 WDM 器件采用图 5.46所示的多层介质膜干涉滤光器。利用多层介质膜窄带滤光器制成的八波 DWDM 器件原理图如图 5.56所示。图 5.57示出 8 信道 DWDM 器件的响应曲线，该器件由 8 个单窗口二波的 DWDM 器件串联

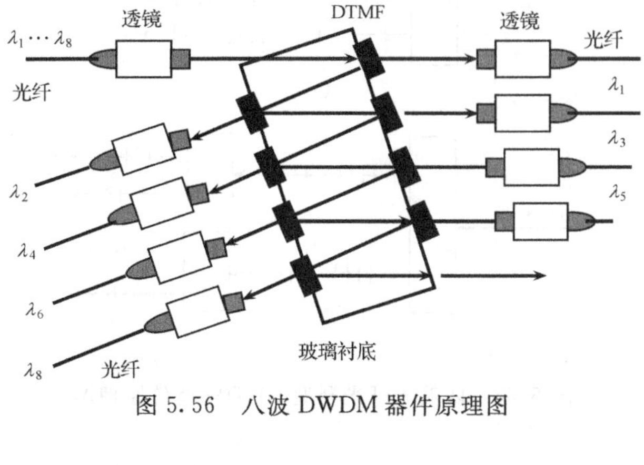

图 5.56　八波 DWDM 器件原理图

而成，信道间隔为200GHz，它的信道中心波长分别为1547.72nm、1549.32nm、1550.92nm、1552.52nm、1554.13nm、1555.75nm、1557.36nm、1558.98nm。

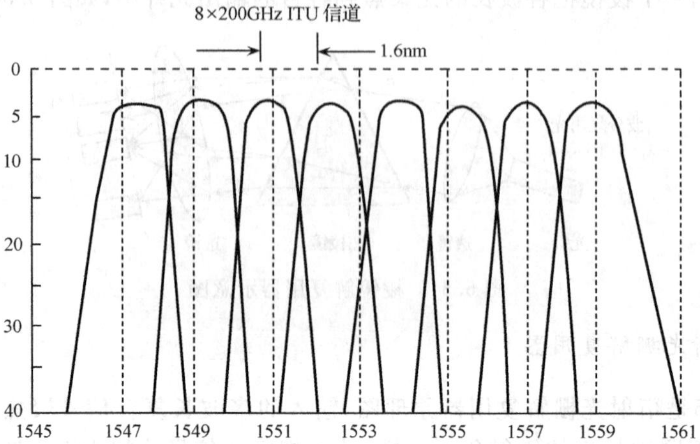

图 5.57　八波干涉膜滤光型 DWDM 器件的波长响应特性

4. 光纤光栅型 WDM 器件

由 FBG 构成的 DWDM 器件如图 5.58所示。图 5.58中(a)与(b)、(c)是两种

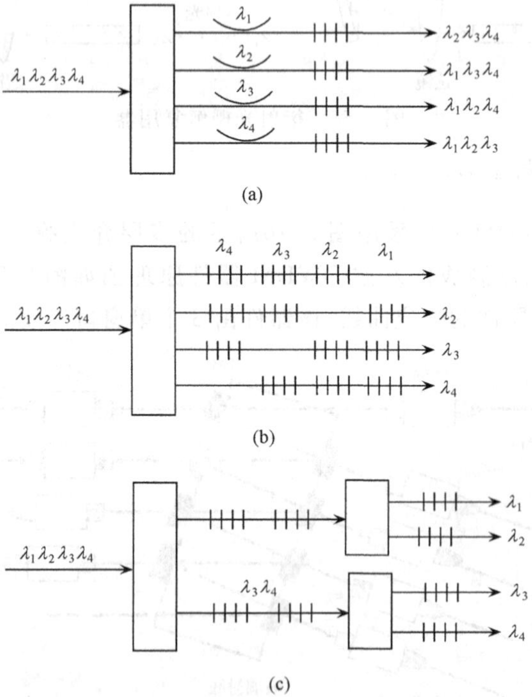

图 5.58　四波光纤光栅型 DWDM 器件原理图

不同的结构形式。图(a)所示结构利用 FBG 数量少，但要采用耦合器，插入损耗大；图(b)、(c)所示结构要利用较多的 FBG，成本较高，但其插入损耗小，比图(a)所示结构低 6dB。光纤光栅具有中心反射波长可以精密控制、反射带宽可以任意选择、反射带宽可以做得很小、反射率可以达到几乎 100%、容易进行温度补偿、与普通光纤连接简便等优点。

5. 波导阵列光栅型 WDM 器件

波导阵列光栅型 WDM 器件的核心是 AWG。AWG 的性能可以和其他类型的光栅性能相媲美，而且可以采用常规的光刻技术生产，具有尺寸小、易于集成、性能稳定和制作成本低的优点。因此，阵列波导光栅型 WDM 器件研究越来越被重视，该器件在众多类型的高密集型的 WDM 器件中占有明显优势，有强大的发展潜力。

阵列波导光栅型 WDM 器件如图 5.59所示，主要由输入、输出波导、第一和第二星形耦合腔和波导阵列组成，集成在单一衬底上。耦合腔的作用是将各种波长的输入光信号耦合到阵列波导的输入端。由于阵列波导一般有几百条，相邻波导的长度差为常数 ΔL，因此这种结构产生的波长相关相移使阵列波导呈现衍射光栅的特性。根据衍射理论，在阵列波导的输出端，按波长长短顺序排列输出，并通过另一个聚焦腔耦合输出到相应的输出波导的输入端，最终实现分波输出。

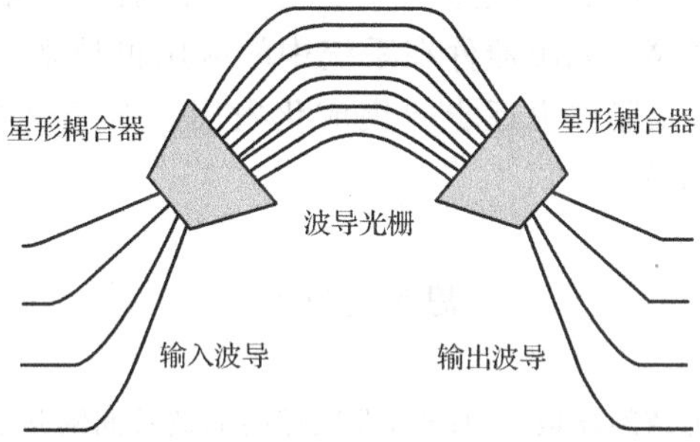

图 5.59 阵列波导光栅型 WDM 器件

耦合腔的作用相当于一个焦距为 L_f 的透镜，因此物体和成像平面分别到发送平面波导和接收平面波导的距离均为 L_f。输入和输出波导均位于焦线上，其中焦线是以 L_f 为半径的圆。在图 5.60中，x 是输入波导和输出波导中心之间的距离，d 是光栅阵列波导间的距离，θ_i、θ_o 是输入输出平面波导内的衍射角，星形耦合器和光栅阵列波导的折射率分别为 n_s 和 n_c。则 AWG 满足的光栅方程为

$$n_s d\sin\theta_i + n_s d\sin\theta_o + n_c\Delta L = m\lambda \tag{5.22}$$

光栅的角色散为

$$D_\theta = \frac{d\theta}{d\lambda} = \frac{mn_g}{n_s dn_c} \quad \left(\text{其中 } n_g = n_c - \lambda_0 \frac{dn_c}{d\lambda}\right) \tag{5.23}$$

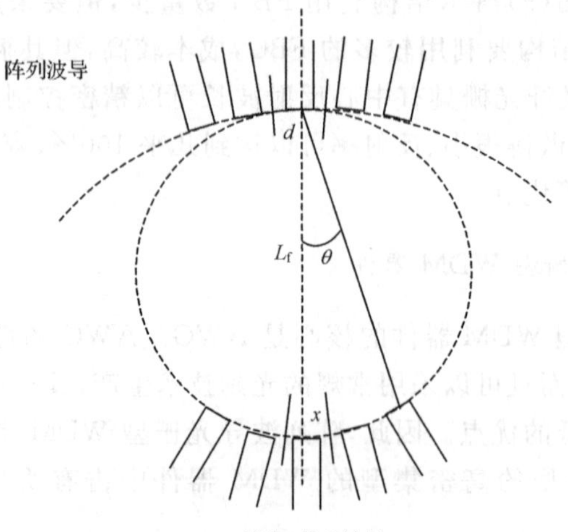

图 5.60 阵列波导光栅的原理示意图

5.9 小 结

本章介绍了光纤系统中常用的光无源器件。相对光纤系统中的其他技术而言,大部分无源器件的技术已经成熟和实用化。但随着光通信系统的发展,无源器件的性能还在不断地提高,无源器件在系统中的应用也越来越广泛。

随着系统的发展,光器件也逐步向集成化发展。对于这个方向感兴趣的同学可以查阅集成光学的相关书籍。

思考与练习

1. 一光通信系统的通道间隔是 200GHz,求通道间的波长间隔是多少(波长 1550nm)。请问在 1525～1565nm 波段可以容纳多少个通道?

2. 一个 2×2 熔锥光纤耦合器的性能指标:分光比 40/60,60%的信道的插入损耗为 2.7dB,而 40%的信道的插入损耗为 4.7dB。(1) 若输入功率是 1mW,求两端口的输出功率;(2) 求耦合器的额外损耗。

3. 考虑如题图 3 所示的熔锥光纤耦合器中,耦合比为拉伸长度的函数。工作于 1310nm 和 1540nm 时的性能已经给出,如果拉伸长度分别在以下位置:A、B、C、D、E 和 F,试讨论各个波长耦合器的性能。

4. 说明题图 4 所示光隔离器的原理。隔离体由两个平行偏振分束(合束)器 P_1 和 P_2、一个 45°互易旋转器(半波片)RR 和一个 45°法拉第旋转器 FR 构成。

5. 请简要说明光环形器的原理,同时采用光纤布拉格光栅和光环形器组成一个四波长的 WDM 合波器。

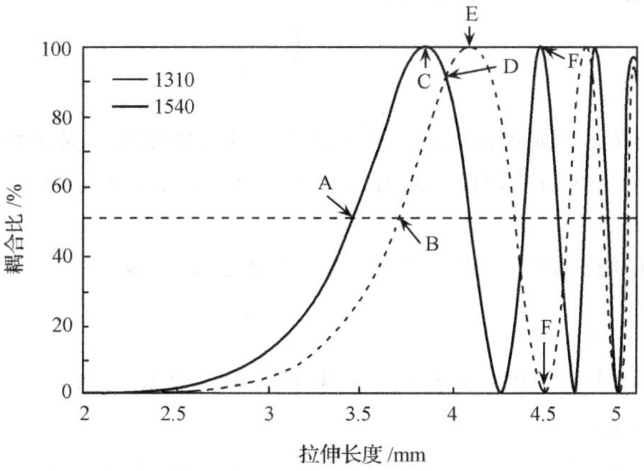

题图 3

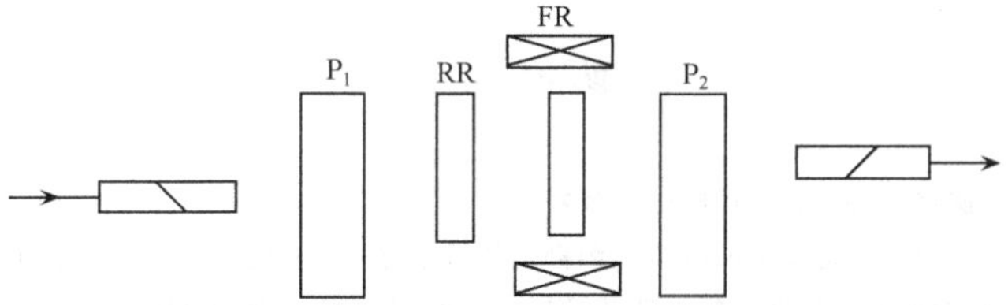

题图 4

6. 通过采用如题图 6 所示的双光束干涉装置制作光纤光栅，所用的波长为 244nm，得到一个 0.5cm 长的光纤布拉格光栅。光纤的参数是 $V=2.405$，$n_{\mathrm{eff}}=1.48$。两光束间的半角宽为$\theta/2=13.5°$，若光导致的折射率的变化为 2.5×10^{-4}，求下列各值：(1) 光栅周期；(2) 布拉格波长。

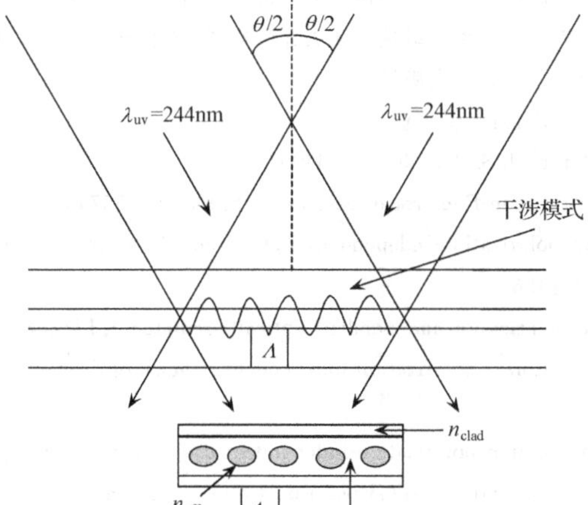

题图 6　通过射入两束紫外光在纤芯中形成布拉格光栅

7. 可调谐光纤法布里-珀罗滤波器的传输光强 I_t 为

$$I_t = \frac{I_i}{1 + \frac{4R\sin^2 kd}{(1-R)^2}}$$

式中，I_i 是入射光强，R 是介质镜面的反射率，k 是光波的传播常数，d 是镜面距离。则 $2kd$ 是光在法布里-珀罗腔中一个来回的相位。画出光强 I_i 随 kd 变化的曲线，其中 $R=0.04, 0.3, 0.9$，范围是 $0 \leqslant kd \leqslant 2\pi$。

8. 在声光可调谐滤波器中光频 ν_0 和声频 f_a（也就是 RF 驱动频率）之间的关系如下：

$$\nu_0 = \frac{c}{v_a}\left(\frac{1}{\Delta n}\right) f_a$$

式中，v_a 是声波在晶体中的速度，Δn 是晶体的双折射率。考虑用 TeO_2 构成声光可调谐滤波器，其中 $v_a = 670\text{m/s}$，$\Delta n = 0.11$。

(1) 为了反射下列波长所需要的驱动频率是多少：1300nm，1546nm，1550nm，1554nm；

(2) 对应于上述驱动频率，所需的波长调谐灵敏度（单位 nm/kHz）是多少？

参考文献

林学煌等. 1998. 光无源器件. 北京：人民邮电出版社

方罗珍，许远忠，刘水华. 1994. 适于 DFB-LD 光源耦合的微型化光隔离器. 光通信研究，1：138～141

龚学文，何光辉. 1998. 两段型高性能光隔离器的设计与分析. 光通信研究，22(3)：205

顾碗仪，李国瑞. 1999. 光纤通信系统. 北京：北京邮电大学出版社

李玲，黄永清. 1999. 光纤通信基础. 北京：国防工业出版社

廖延彪. 2000. 光纤光学. 北京：清华大学出版社

林洪榕，迟晓玲，李利军. 2001. 光滤波器结构、原理与特性. 激光与光电子学进展，11：31

饶云江，王义平，朱涛. 2005. 光纤光栅原理及应用. 北京：科学出版社

宋慧德，乐志强，刘公强. 1994. 偏振有关光隔离器性能的理论分析. 通信学报，15(4)：62～66

吴福全，张波，王光辉. 2001. Walk-off 型单级偏振无关光隔离器. 光电子·激光，12(2)：144

姚启钧. 1981. 光学教程. 北京：人民教育出版社

原荣. 2000. 光纤通信. 第一版，北京：电子工业出版社

Cheng Yihao. Optical Circulator. U. S. Pat. No. 54713400

Cheng Yihao. Reflective Optical Non-Reciprocal Devices. U. S. Pat. No. 55745690

Fujii Y. 1991. High-isolation polarization-independent optical circulator coupled with single-mode fibers. J. Lightwave. Technol. ,9(4)：456

Fujii Y. 1991. High-isolation polarization-independent optical circulator. J. Lightwave Technol. ,9(10)：1238

Fujii Y. 1992. High-isolation polarization-independent quasi-optical circulator. J. Lightwave. Technol. ,10(9)：1226

Fujii Y. 1993. Compact high-isolation polarization-independent optical circulator. Opt. Lett. ,18(3)：250

Fujii Y. 1997. High-isolation polarization-insensitive n-port optical circulator. Appl. Opt. ,36(7)：1573

Hand D P, Russell P S J. 1990. Photoinduced refractive-index change in germanosilicate fiber. Optics Lett. ,15(2)：102

Hariharan P, Ciddor P E. 1997. Broad-band optical isolator. Optics&Laser Technology, 29(2)：83

Hill K O et al. 1978. Photosensitivity in optical fiber wave-guides: application filter fabrication. Appl. Phys.

Lett. ,32: 647

Hill K O, Malo B, Bilodeau F, Johnson D C, Albert J. 1993. Bragg grating fabricated in monomode photosensitivie optical fiber by UV exposure through a phase mask. Appl Phys. Lett. ,62:1035

Koga M, Matsumoto T. 1991. Polarization-insensitive high-isolation nonreciprocal device for optical circulator application. Electron. Let. ,27(11):903

Koga M, Matsumoto T. 1992. High-isolation polarization-insensitive optical circulator for advanced optical communication systems. J. Lightwave Tech. ,10(9):1210

Koga M. 1994. Compact quatzless optical quasi-circulator. Electron. Let. ,30(17):1438

Kok Wai Chang, Wayne V. 1990. Sorin. High performance single-mode fiber polarization-independent isolators. Optics Lett. ,15(8): 449

Lam D K W, Garside B K. 1981. Characterization of single-mode optical fiber filters. Appl. Opt. ,20:440

Masataka Shirasaki, Kunihiko asama. 1982. Compact optical isolator for fibers using birefringent wedges. Applied Optics, 21(23): 4296～4299

Matsumoto T, Sato K. 1979. An experiment on a polarization-dependent optical circulator. IEICE Tech. Rep. , OQE78-149, 25

Matsumoto T. 1980. Polarization-independent optical circulator coupled with multimode fibres. Electron. Let. ,16(1):8

Matsumoto T. 1980. Polarization-independent optical circulator: an experiment. Appl. Opt. ,19(1):108

Meltz G et al. 1989. Formation of Bragg gratings in optical fibers by a traverse holographic method. Opt. Lett. ,14: 823

Nakajima K, YNunajiri. 1991. New design of polarization independent optical isolator with high performance. IEEE Trans. Magnetics, 27(6): 5399

Sato T, J Sun, Kasahara. 1999. Lens-free in-line optical isolators. Optics Lett. ,24(19): 1337～1339

Takashi Sato, Ryoichi Kasahara, Jun Sun. 1997. In-line optical isolator integrated into a fiber array without alignment. IEEE Photon. Tech. Lett. , 9(7):943

第6章　光有源器件

光有源器件在光通信系统和光纤技术中占有重要地位。光通信系统的实用和发展是和光有源器件的发展密切相关的，其中掺铒光纤放大器的实用化是光通信系统中的一个里程碑。在本章中，我们介绍了四种重要的光有源器件：光调制器、光源、光电探测器和光放大器。

6.1　光调制器

光发射机的功能是把输入电信号转换为光信号，并用耦合技术把光信号最大限度地注入光纤线路。其中把电信号转换为光信号的过程就是光调制。调制后的光波经过光纤信道送到接收端，由光接收机鉴别出它的变化，再恢复原来的信息，这个过程称为光解调。调制和解调是光纤通信系统的重要内容。

6.1.1　光信号的调制

光发射机把电信号转换为光信号的过程（常简称为电/光或E/O转换）是通过电信号对光的调制实现的。用电信号直接调制半导体激光器或发光二极管的驱动电流，使输出光随电信号变化，这种调制方式称为“直接调制”，又称内调制，如图6.1所示。直接调制技术具有简单、经济、容易实现等优点，是光纤通信中常用的调制方式，但只适用于半导体激光器和发光二极管。这是因为发光二极管和半导体激光器的输出光功率（对激光器来说，是指阈值以上线性部分）基本上与注入电流成正比，而且电流的变化转换为光功率的变化也呈线性，所以可以通过改变注入电流来实现光强度调制。

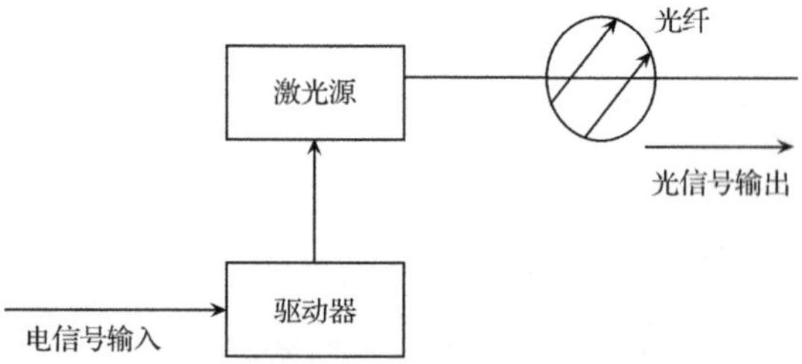

图6.1　光纤通信系统中光直接调制方式示意图

在直接调制半导体激光二极管的过程中，不仅输出光强度随调制电流发生变化，而且输出光的频率也会发生波动，也就是说在幅度调制的同时还受到相位影响，产生激光频率动态滑动而偏离其稳态值，这个现象称为“啁啾”特性。特别是在微波信号进入高速调制情况下，这种现象更严重。由于啁啾特性存在，不仅使单个纵模的线宽展宽，而且在单模光纤中传播时，在色散作用下非线性失真将增大。这将对光纤链路产生极其不良的影响。最好的解决办法是使用外调制器，即间接调制。如图 6.2所示为光纤通信系统中光间接调制方式。

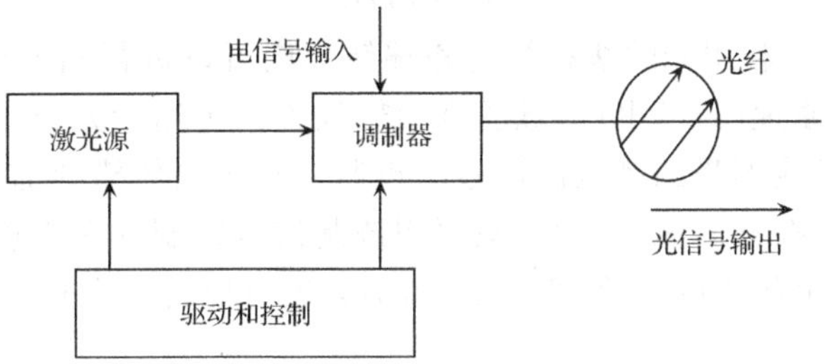

图 6.2　光纤通信系统中光间接调制方式示意图

在这种光纤链路中，调制的电信号不是直接施加在激光二极管上，而是施加在光调制器上。尽管对光纤链路来说增加了插入损耗，但却较好地解决了直接调制存在的啁啾现象。间接调制的优点是啁啾小、调制速率高，缺点是结构和技术复杂、成本较高，因此只有在大容量的波分复用和相干光通信系统（目前这种系统很少使用）中使用。

6.1.2　光纤通信系统中的外调制器

根据物理机制，外部调制器主要分为四类：① 声光（AO）调制器；② 磁光调制器，即 Farady 调制器；③ 电光（EO）调制器；④ 电吸收（EA）调制器。

声光调制器（AOM）是由声光介质、电声换能器、吸声（或反射）装置及驱动电源所组成，如图 6.3所示。调制电信号（假设为正弦信号）通过电声换能器转换为超声波，然后加到声光晶体上。电声换能器是利用某些压电晶体（石英、$LiNbO_3$ 等）或压电半导体（CdS，ZnO 等）的反压电效应，在外加电场的作用下产生机械振动而形成超声波。超声波使声光介质的折射率沿声波传输方向随时间交替地变化，当一平行光束通过它时，由于声致光衍射，其出射光束就具有随时间而周期变

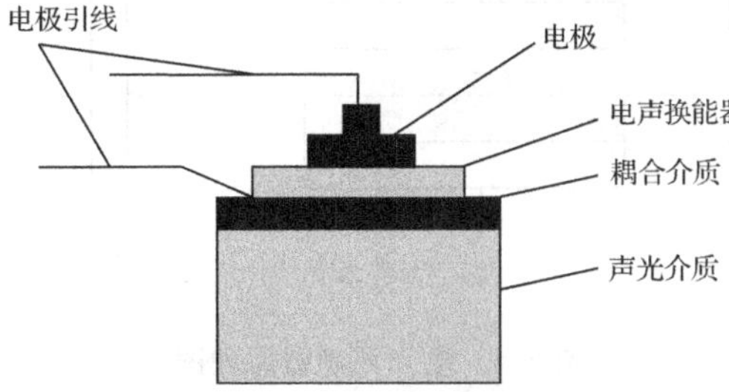

图 6.3　声光调制器

化的光程差，结果构成了各级闪烁变化的衍射光。可以取某一级衍射光作为输出，用光栏将其他衍射级阻遮，则从光栏孔出射的光波就是一个周期变化的调制光。

磁光调制器是利用光的法拉第电磁偏转效应制成。某些晶体材料（如 YIG 或掺镓的 YIG）在外加磁场的作用下，可使通过它的线偏振光的偏振面发生旋转，旋转的角度 θ 与磁场强度 H、晶体的长度 L 有关，即

$$\theta = kHL \tag{6.1}$$

式中，k 为常系数。利用光的法拉第电磁偏转效应可以进行幅度调制，图 6.4所示就是磁光调制的原理图。YIG 棒放置在沿轴线方向传输的光路里，它的上面缠绕有高频线圈，高频线圈受调制电流信号的控制。磁光晶体棒的前后放有起偏器和检偏器，它们的偏振方向成 45°角。只要用调制信号控制磁场强度的变化，就可以使光的偏振面发生相应的变化，再通过检偏器，就可以转换为光的强度调制。

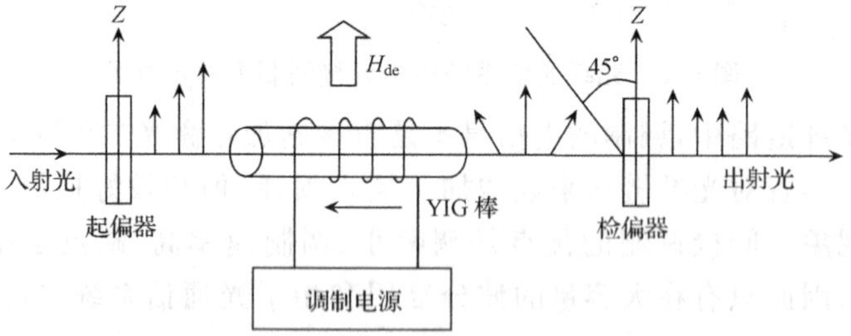

图 6.4　磁光调制的原理图

电光调制器（EOM）是利用某些电光晶体，如铌酸锂（$LiNbO_3$）、砷化镓（GaAs）和钽酸锂（$LiTaO_3$）的电光效应而制成。电光调制器与上述的声光调制器（调制带宽为 200～600MHz）和磁光调制器（调制带宽小于 1GHz）相比，具有大得多的调制带宽。图 6.5是电光调制器原理图。所谓电光效应，是指外电场加到晶体上引起晶体折射率的变化的效应，从而影响光波在晶体中传播特性的变化，实质上是电场作用引起晶体的非线性电极化。这种晶体折射率 n 和外加电场 E 的关系为

$$n = n_0 + \alpha E + \beta E^2 \tag{6.2}$$

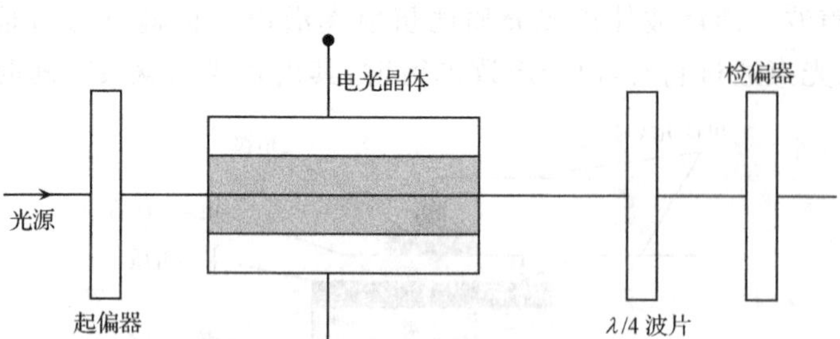

图 6.5　电光调制器原理图

式中，n_0 为 $E=0$ 时的晶体折射率。α 和 β 是张量，称为电光系数，其值和偏振面与晶体轴线的取向有关。根据不同取向，当 $\beta=0$ 时，n 随 E 按比例变化，称为线性电光效应或普克尔(Pocket)效应。当 $\alpha=0$ 时，n 随 E^2 按比例变化，称为二次电光效应或科尔(Kerr)效应。调制器是利用线性电光效应实现的，因为折射率 n 随外加电场 E(电压 U)而变化，改变了入射光的相位和输出光功率。由于系数 α 和 β 均甚小，所以对于体电光晶体而言要使折射率获得明显的变化，需要加上 1000V 甚至 10 000V 的电压。这对于通信系统来说，显然是不实用的。

常用的电光调制器是马赫-曾德尔(M-Z)干涉仪型调制器，图 6.6为 M-Z 调制器的简图。在 $LiNbO_3$ 晶体衬底上，制作两条光程相同的单模光波导，其中一条波导的两侧施加可变电压。设输入调制信号按余弦变化，则输出信号的光功率

$$P = 1 + \cos\left(\pi \frac{U_s + U_b}{U_\pi}\right) \tag{6.3}$$

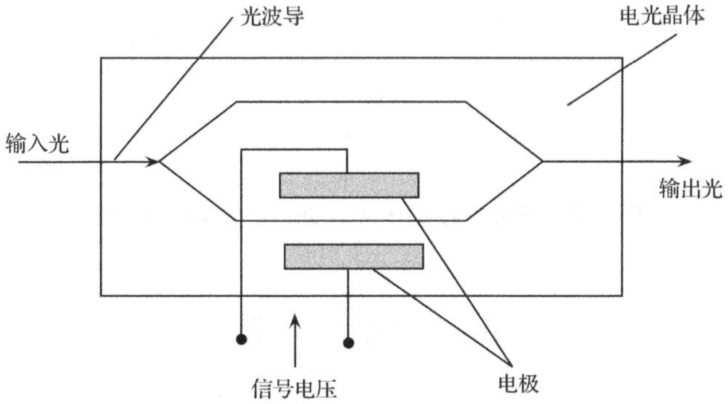

图 6.6　马赫-曾德尔干涉仪型调制器

式中，U_s 和 U_b 分别为信号电压和偏置电压，U_π 为光功率每变化半个周期(相位为 $0\sim\pi$)所需的外加电压，称为半波电压。由式(6.3)可以看到，当 $U_s+U_b=0$ 时，$P=2$ 为最大；当 $U_s+U_b=U_\pi$ 时，$P=0$，从而实现光调制。由于这种调制器采用波导结构，器件的驱动电压大大降低，在 10V 左右。

电吸收调制器是利用材料的电吸收效应对光进行调制的光调制器。它利用弗朗兹-凯尔迪什(Franz-Keldysh)效应和量子约束斯塔克(Stark)效应，工作在调制器材料吸收边界波长处。它具有调制带宽大、插入损耗低、消光比高、调制效率高等特点。电吸收调制器跟电光调制器相比，有较低的驱动电压的优点($LiNbO_3$ M-Z 调制器驱动电压为 10V 左右，而电吸收调制器为 2V 左右)，而且它体积小，方便与半导体激光器集成。

电吸收(EA)调制器是一种损耗调制器，它利用弗朗兹-凯尔迪什效应和量子约束斯塔克效应。弗朗兹-凯尔迪什效应是 Franz-Keldysh 在 1958 年提出的，是指在电场作用下半导体材料的吸收边向长波长方向移动的理论，该理论在 1960 年被

实验证实。20 世纪 90 年代以后，随着高速率长距离通信系统的发展，对电吸收调制器的研究受到重视，迅速发展起来。

应用量子约束 Mack 效应的电吸收调制器的基本原理是：改变调制器上的偏压，使多量子阱(MQW)的吸收边界波长发生变化，进而改变光束的通断，实现调制。当调制器无偏压时，光束处于通状态，输出功率最大；随着调制器上的偏压的增加，MQW 的吸收边移向长波长，使得输入光束波长处吸收系数变大，调制器成为阻断状态，输出最小。如图 6.7所示为某一行波电极型电吸收调制器的结构示意图。

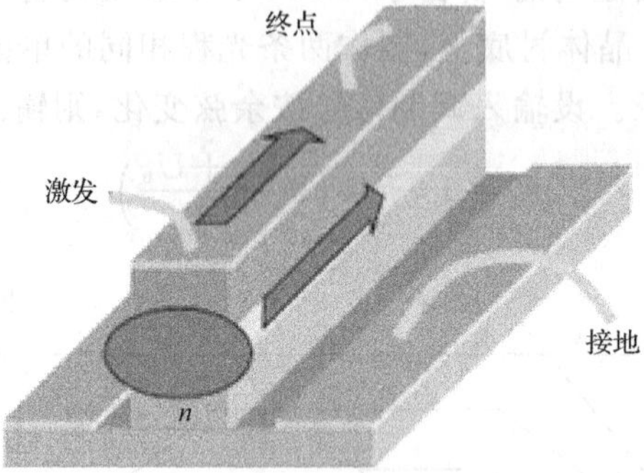

图 6.7　行波电极型电吸收调制器结构示意图

6.2　光　源

在光纤通信中，首先要将电信号转变为光信号，最常用的光源是半导体激光器和发光二极管。之所以用半导体光源，是因为：① 半导体光源体积小，发光面积可以与光纤芯径相比较，从而有较高的耦合效率；② 发射波长适合在光纤中低损耗传输；③ 可以直接进行强度调制，即只要将信号电流注入半导体激光器或发光二极管，就可以得到相应的光信号输出；④ 可靠性较高，尤其是半导体激光器，不仅发射功率大、耦合效率高、响应速度快，而且发射光的相干性也较好，在一些高速率、大容量的数字光纤通信系统中得到广泛应用。

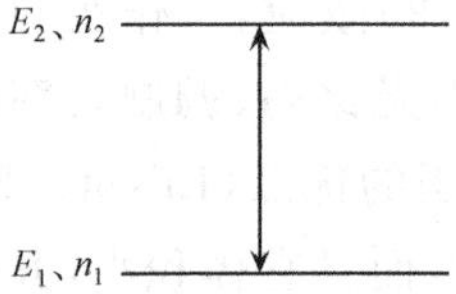

图 6.8　二能级原子能级图

6.2.1　激光的基本原理

激光的物理基础是光频段电磁波与物质原子的共振相互作用，特别是这种相互作用中的受激辐射过程。为了简化问题，我们只考虑原子的两个能级 E_2 和 E_1，并有 $h\nu = E_2 - E_1$ 。单位体积内处于两能级的原子数分别用 n_2 和 n_1 表示，如图 6.8所示。爱因斯坦从辐射与原子相互作用的量子论观点提出：上述相互作用应包含原子的自发辐射、受激吸收和受激辐射三种过程。

1）自发辐射（图 6.9(a)）

处于高能级 E_2 的一个原子自发地向 E_1 跃迁，并发射一个能量为 $h\nu$ 的光子，这种过程称为自发辐射跃迁。

2）受激吸收（图 6.9(b)）

处于低能级 E_1 的一个原子在频率为 ν 的辐射场的作用下，吸收一个能量为 $h\nu$ 的光子并向 E_2 能级跃迁，这种过程称为受激吸收跃迁。

3）受激辐射（图 6.9(c)）

受激吸收跃迁的逆过程就是受激辐射跃迁。处于上能级 E_2 的原子在频率为 ν 的辐射场的作用下，跃迁至低能级 E_1 并辐射一个能量为 $h\nu$ 的光子。受激辐射跃迁发出的光波称为受激辐射。

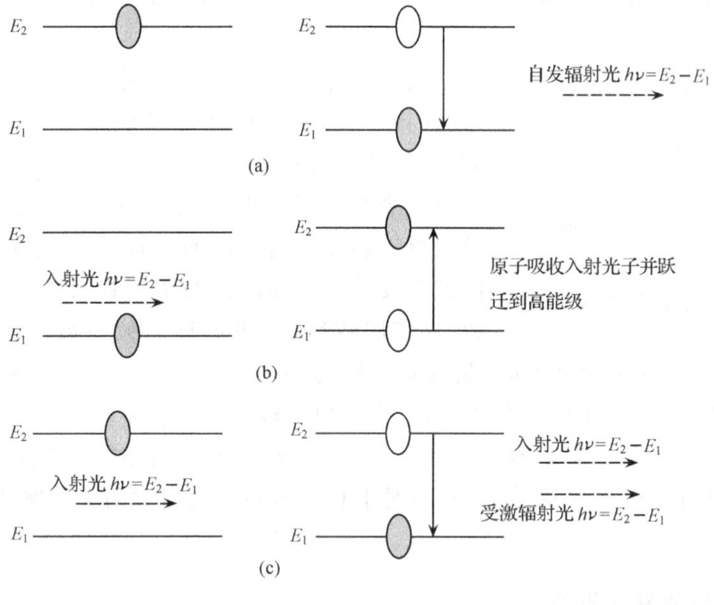

图 6.9　原子的自发辐射、受激辐射、受激吸收示意图

(a) 自发辐射；(b) 受激吸收；(c) 受激辐射

受激辐射与自发辐射的重要区别在于它们的相干性。自发辐射是原子在不受外界辐射场控制情况下的自发过程。因此，大量原子自发辐射场的相位是无规则分布的，因而是不相干的。受激辐射是在外界辐射场控制下的发光过程，因此受激辐射光子与入射光子属于同一光子态。或者说，受激辐射场与入射辐射场具有相同的频率、相位、波矢（传播方向）和偏振。因而，受激辐射场与入射辐射场属于同一模式。特别是大量原子在同一辐射场激发下产生的受激辐射处于同一光子态，因而是相干的。

激光实际上是一种受激辐射相干光。要产生激光需要使相干的受激辐射光子

集中在某一特定(或几个)模式内,而不是均匀分配在所有的模式内。这种情况可以用下面的方法实现:

如图 6.10所示,将一个充满物质原子的长方体空腔去掉侧壁,只保留两个端面壁。如果两个端面壁对光有很高的反射系数,则沿垂直端面的腔轴方向传播的光(相当于少数几个模式)在腔内多次反射而不逸出腔外,而所有其他方向的光则很容易逸出腔外。此外,如果沿腔轴传播的光在每次通过物质时不是被原子吸收(受激吸收),而是由于原子的受激辐射而得到放大,那么腔内轴向模式就能不断增强,从而在轴向模内获得极高的光子简并度,这就是构成激光器的基本思想。上述思想中包含了两个重要的部分:第一部分是光波模式的选择,它由两块平行平面反射镜完成,这实际上就是光学技术中熟知的法布里-珀罗(Fabry-Perot)干涉仪,在激光技术中称为光谐振腔。第二部分是光的受激辐射放大,激光的英文缩写名称LASER(light amplification by stimulated emission of radiation)正反映了这一物理本质。

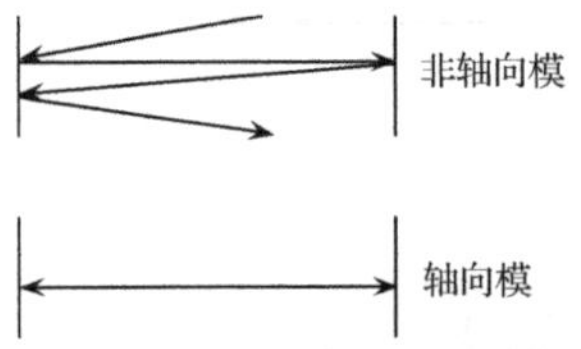

图 6.10 光谐振腔的选模作用

当物质处于热平衡状态时,各能级上的原子数(或称集居数)服从玻耳兹曼统计分布,高能级集居数小于低能级集居数,因此处于热平衡状态下的物质只能吸收光子。但是,在一定的条件下物质的光吸收可以转化为自己的对立面——光放大。这个条件就是要使处于高能级的集居数大于低能级的集居数,即集居数反转(也可称为粒子数反转)。一般来说,当物质处于热平衡状态时,集居数反转是不可能的,只有当外界向物质供给能量,从而使物质处于非热平衡状态时,集居数反转才可能实现。

上述思想揭示了激光器的三个基本的组成部分:工作物质、谐振腔、泵浦源。一般激光器都至少包含这三部分,但对于有些增益系数很大的工作物质来说,谐振腔并不是必需的。

6.2.2 半导体发光机理

半导体材料的导电特性介于金属和绝缘体之间。以硅(Si)为例,它位于元素周期表的第Ⅳ族,在它的原子核外层有四个电子,通过它们能与晶体中的相邻原子构成共价键。

半导体的导电特性可借助图 6.11(a)所示的能带图来解释。在低温下,纯晶体有一个完全没有电子的导带和一个充满电子的价带,两者通过能隙或带隙分开,带隙中没有能级存在。当温度上升时,一些电子受热激励而越过带隙。对于 Si 晶体,这个激励能量必须大于 1.1eV,也就是带隙的能量。这就使得导带中自由电子的浓度为 n,同时使得价带中的空穴有相同浓度 p。图 6.11(b)给出了很直观的表示。材料中的自由电子和空穴都是可移动的,两者都是载流子,能起到导电的作用。也就是说，价带中的电子能向空穴移动，因此导致带正电荷的空穴朝着与电子流相反的方向移动，如图 6.11(a)所示。

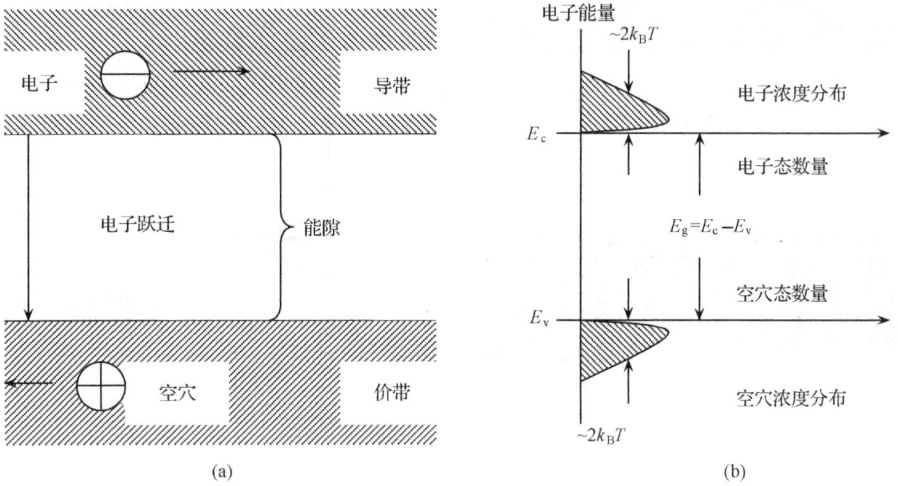

图 6.11

(a)反映价带中的电子(能量为 E_v)被激励到导带(能量为 E_c)的能级图，通过外电场 E 的作用使得自由电子和空穴发生运动；(b)在本征半导体中，带隙中电子的热激励使得电子和空穴具有相同的浓度

这种电子和空穴的浓度称为本征载流子浓度 n_i，对于无缺陷和未掺杂的理想材料，它可以表示为

$$n = p = n_i = K\exp\left(-\frac{E_g}{2k_BT}\right) \tag{6.4}$$

式中，$K = 2(2\pi k_BT/h^2)^{3/2}(m_e/m_h)^{3/4}$，是材料的一个特征常数。其中 T 是绝对温度，k_B 是玻耳兹曼常量、h 是普朗克常量；m_e 和 m_h 分别表示电子和空穴的有效质量。

向晶体中掺微量的 V 族元素(如 P、As、Sb)，可以使晶体的导电性能大为提高，该过程称为掺杂。掺杂后的半导体称为非本征材料。这些用来掺杂的元素在原子核的外层有五个电子。当使用它们替换一个 Si 原子时，其中四个电子用来与相邻原子形成共价键，余下的一个电子受到的束缚很弱，可以用来传导电流。如图 6.12(a)所示，这样就在导带下面产生了一个占用能级，一般称为施主能级。因为它能贡献一个电子给导带，因此称这种杂质为施主杂质。如图 6.12(b)所示，导带中自由电子浓度的增加正是这一特点的反映。由于这种材料中电流由带负电荷的电子来传导(因为电子浓度比空穴浓度要高很多)，因此称之为 n 型材料。

通过向晶体中掺 III 族元素杂质，也能使材料的导电性能得到增强。III 族元素在其原子核的外层有三个电子，在这种情况下，三个电子构成共价键，同时会产生一个与施主电子电量相等的空穴。如图 6.13(a)所示，这使得在价带上方产生了一个非占用能级。当价带中的电子被激励到这个受主能级(这种称法是因为杂质原子接收来自价带的电子)时，这些电子就具有了导电性。相应地，价带中的自

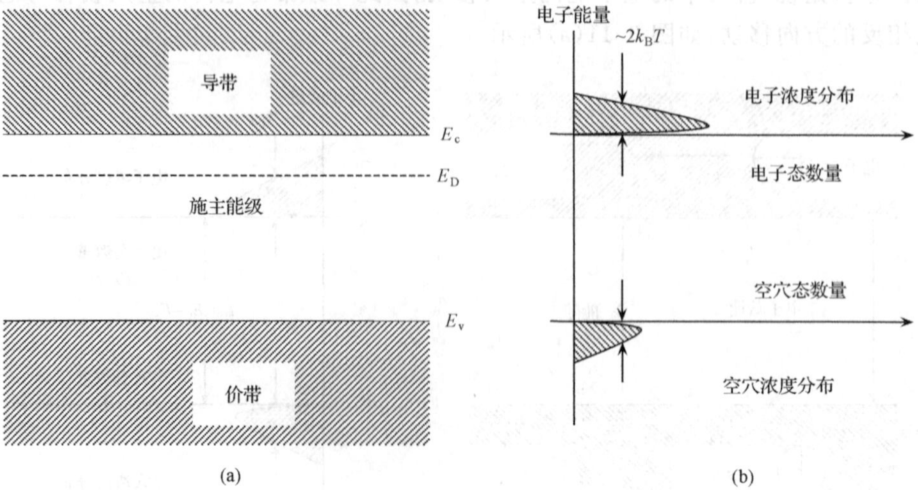

图 6.12
(a) N 型材料中的施主能级;(b) 施主杂质的电离使得电子的浓度分布增加

由空穴浓度增加,如图 6.13(b)所示。因为导电性是带正电荷的空穴流动的结果,所以我们称之为 P 型材料。

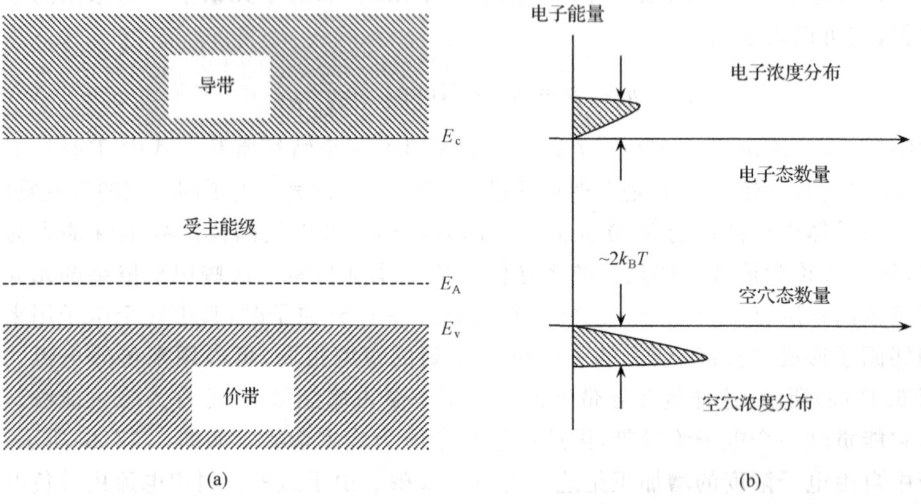

图 6.13
(a) P 型材料中的受主能级;(b) 受主杂质的电离使得空穴的浓度分布增加

1. 本征材料和非本征材料

不含杂质的理想材料称之为本征材料。因为晶体中原子的热振动,价带中的某些电子可获得足够能量而被激励到导带。由于每个移动到导带的电子同时在导带中留下一个空穴,因此这一热生成过程就产生了电子-空穴对。于是对于本征材料,电子和空穴的数量都等于式(6.4)所表示的本征载流子密度。相反,在复合过程中一个自由电子释放其能量并落入价带中的一个空穴。对于非本征半导体,一种载流子浓度增加的同时另一种载流子的浓度就会减小。在特定温度下,两种载流子浓度的乘积为一个常数。于是有以下的浓度作用定律

$$pn = n_i^2$$

在热平衡下,此定律对本征材料和非本征材料都是成立的。

由于导电性与载流子浓度成正比,我们可以定义以下两种类型的载流子

(1) 多数载流子:指 N 型材料中的电子或 P 型材料中的空穴。

(2) 少数载流子:指 N 型材料中的空穴或 P 型材料中的电子。

半导体器件工作的关键是少数载流子的注入和抽取。

2. PN 结

掺杂了的 N 型半导体材料或 P 型半导体材料就其本身而言仅能起导电作用。在使用这些材料制作光源器件时,必须同时使用两种材料(在单一或连续的晶体结构中)。当 P 型半导体与 N 型半导体接触时,两种材料的电荷区相接触,就会形成所谓的 PN 结,它决定了半导体器件的电特性。

当 PN 结形成后,多数载流子就会在结区扩散。这导致了 N 区的电子去填充 P 区的空穴,同时又在 N 区产生了空穴。如图 6.14所示,于是在 PN 结上就形成了一个内建电场(或势垒)。一旦平衡建立起来,电场就会阻止静电荷的进一步运

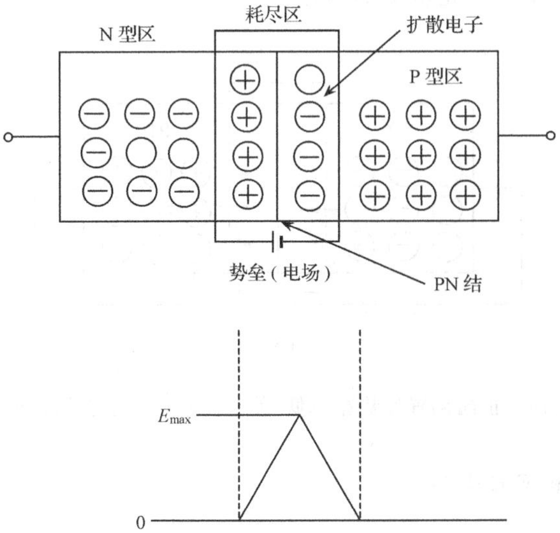

图 6.14　电子跨过 PN 结的扩散运动在耗尽区建立一个势垒(电场)

动。由于电子和空穴都形成共价键结构，所以结区内就不再有移动的载流子。我们称这个区域为耗尽区或空间电荷区。

如图 6.15所示，连接一个外接电池到 PN 结上，将其正极接 N 型材料、负极接 P 型材料。这时 PN 结就形成了反向偏置。由于反向偏置的作用，耗尽区向 N 区和 P 区扩张而得到加宽。这样就有效地增加了势垒强度，从而阻止少数载流子流过 PN 结。在常温和正常工作电压下，少数载流子的漂移很微弱。但是，如果产生了额外载流子，例如，照射光电二极管时，这种流动也会变得相当强。

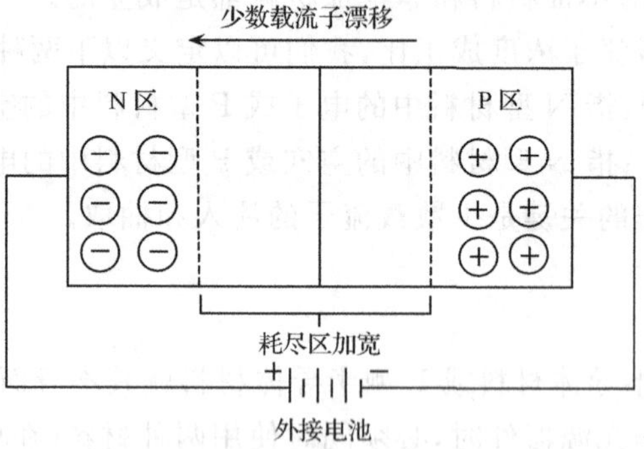

图 6.15　反向偏置使耗尽区加宽，但允许少数载流子在外加场的作用下自由移动

如图 6.16所示，当 PN 结被正向偏置时，会导致势垒降低，于是 N 型区的导带电子和 P 型区的价带空穴又可在结区内扩散。一旦穿过结区，它们会极大地增加少数载流子的浓度，余下的载流子就会与带相反电荷的多数载流子复合。剩余的少数载流子的复合是产生光辐射的机理。

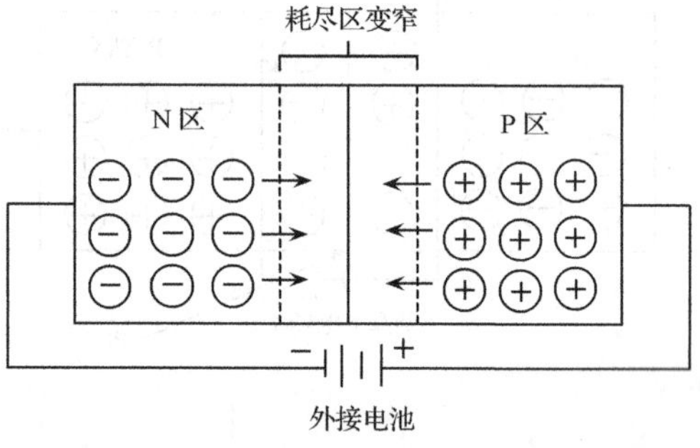

图 6.16　正向偏置使势垒降低，使得多数载流子在结区内扩散

3. 直接带隙和间接带隙

为了使电子在向导带跃迁或从导带跃迁的过程中分别伴随着光子的辐射或吸收，必须保持能量和动量守恒。虽然一个光子可能具有很大的能量，但它的动量

$h\nu/c$ 却非常小。

如图 6.17所示，半导体材料的带隙是动量 k 的函数，依照带隙的形状，可以将半导体分成直接带隙材料和间接带隙材料两类。考虑一个电子和一个空穴复合，随后辐射一个光子的过程。在最简单和最有可能发生的复合过程中，电子和空穴具有相同的动量(图 6.17(a))，这就是直接带隙材料。

对于间接带隙材料，导带最小能级和价带最大能级有不同的动量，如图 6.17(b)所示。由于光子的动量很小，所以此时导带与价带之间的复合必须要有另外的粒子参与以保持动量守恒。声子(如晶格振动)就能完成这样的功能。

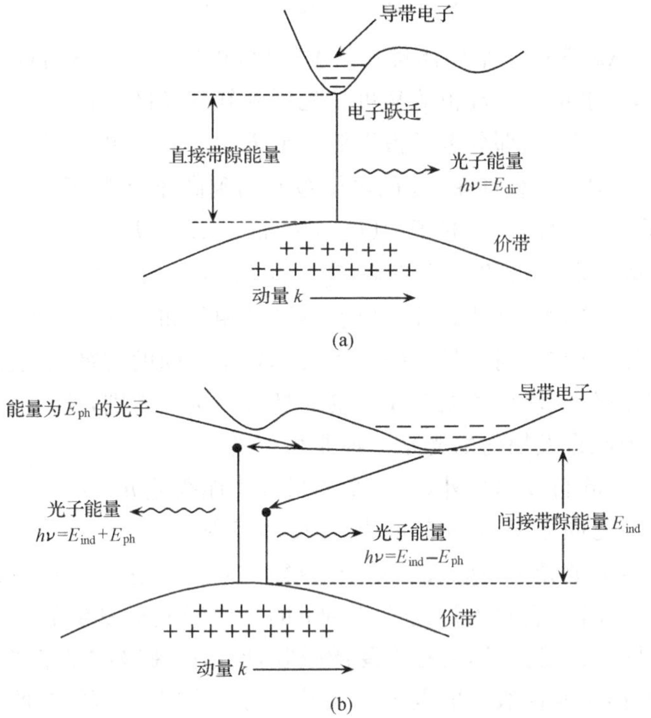

图 6.17

(a) 直接带隙材料中，电子复合伴随光子的发射；(b) 间接带隙材料中，电子复合需要一个能量为 E_{ph}、动量为 k 的声子参与

在半导体材料，如果占据高能带(导带)E_c 的电子跃迁到低能带(价带)E_v 上，就将其间的能量差(禁带能量)$E_g=E_c-E_v$ 以光的形式放出，如图 6.18所示。这时发出的光，其波长基本上由能带差 ΔE 所决定。能带差 ΔE 和发出光的振荡频率 ν 之间有 $\Delta E=h\nu$ 的关系。这里 h 是普朗克常量，等于 6.625×10^{-34} J·s。由 $\lambda=c/\nu$的关系式得出

$$\lambda=\frac{hc}{\Delta E}=\frac{1.2398}{\Delta E}\mu\text{m} \tag{6.5}$$

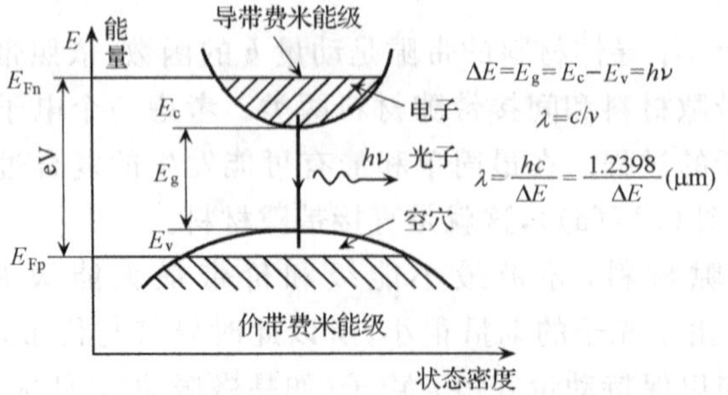

图 6.18　半导体发光原理

式中，c 为光速，ΔE 取决于半导体材料的本征值，单位是电子伏特(eV)。半导体材料的种类繁多，几乎可以全部覆盖从可见光区到红外光区的整个波长范围。

在热平衡状态下，大部分电子占据低能带 E_v。如果把电流注入到半导体中的PN结上，则原子中占据低能带 E_v 的电子被激励到高能带 E_c 后，当电子跃迁到 E_v 上时，它们将自发辐射出一个光子，其能量为 $h\nu = E_c - E_v$。

对于大量处于高能带的电子来说，当返回 E_v 能级时，它们各自独立地分别发射一个个的光子。因此，这些光波可以有不同的相位和不同的偏振方向，它们可以向各自方向传播。同时，高能带上的电子可能处于不同的能级上，它们自发辐射到低能带的不同能级上，因而使发射光子的能量有一定的差别，使这些光波的波长并不完全一样。因此自发辐射的光是一种非相干光。

发光过程中，除自发辐射外，还有受能量等于能级差 $h\nu = E_c - E_v = \Delta E$ 的光所激发而发出与之同频率、同相位的光，即受激发射。

受激发射生成的光子与原入射光子一模一样，是指它们的频率、相位、偏振方向及传播方向都相同，它和入射光子是相干的。受激发射发生的概率与入射光的强度成正比。除受激发射外，还存在受激吸收，所谓受激吸收是指当晶体中有光场存在时，处在低能带某能级上的电子在入射光场的作用下，可能吸收一个光子而跃迁到高能带某能级上。在这个过程中能量保持守恒，即 $h\nu = E_c - E_v$。

受激吸收的概率与受激发射的概率相同，当有入射光场存在时，受激吸收过程与受激发射过程同时发生，哪个过程是主要的，取决于电子密度在两个能带上的分布，若高能带上电子密度高于低能带上的电子密度，则受激发射是主要的，反之受激吸收是主要的。

6.2.3　发光二极管

对于光纤通信系统，如果使用多模光纤且信息比特速率在 100～200 Mbit/s 以下，同时只要求几十微瓦的输入光功率，那么 LED 是可选用的最佳光源。比起半导体激光器，因为它不需要热稳定和光稳定电路，所以 LED 的驱动电路要相对简单很多，另外其制作成本低、产量高。

LED由具有光电特性的半导体材料组成的PN结（通常是异质结）构成。当PN结处于平衡状态时，PN结处形成了势垒。在PN结上施加正向偏置电压时，势垒下降，多数载流子向相对区域扩散形成正向电流。多数载流子扩散到相对区域后，与该区域的异性载流子复合，产生自发辐射光。

用于光纤系统的两种基本LED结构是面发光二极管和边发光二极管。在面发光二极管中，有源发光面与光纤轴垂直，如图6.19(b)所示。这种结构中，在器件的衬底腐蚀了一个小孔，然后使用环氧树脂材料固定插入小孔的光纤，这样能以尽可能高的效率接收发射出来的光。

图6.19(a)给出了一个边发光二极管的示意图，它由一个产生非相干光的有源结区和两个导光层构成。导光层的折射率要比有源区的折射率低，但比周围材料的折射率高。这种结构形成了一个波导通道，使辐射光的出射方向朝向光纤的纤芯。边发光二极管的辐射光要比面发光二极管的具有更好的方向性。

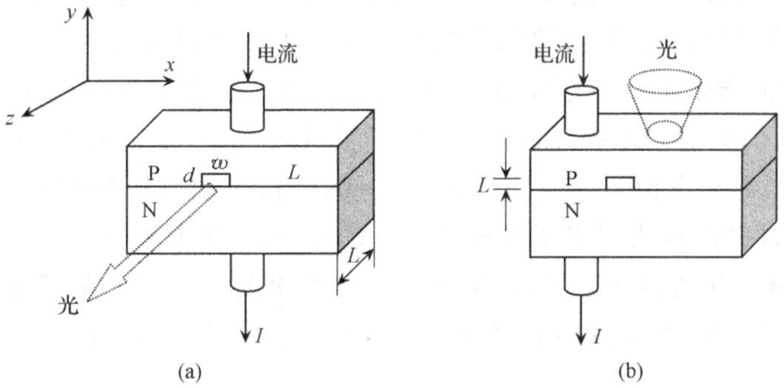

图6.19 LED和半导体激光器的结构

(a) 掩埋双异质结构；(b) 表面发射LED结构

同质结LED，即只有一个简单PN结，且P区和N区都是同一物质。该LED阈值电流密度太大，工作时发热非常严重，只能在低温环境、脉冲状态下工作。为了提高激光器的功率和效率，降低同质结LED的阈值电流，人们研究出了双异质结的LED，如图6.20所示。之所以称其为双异质结，主要是因为在有源区的两边有两个不同材料的合金层。这种结构是从半导体激光器的研究中发展起来的。通过将各种不同材料的合金层夹在一起，所有的载流子和辐射光都将局限在中心有源层。相邻层间的带隙差限制了载流子，而相邻层间的折射率差使辐射光约束在中心有源层。这就使得它具有高效率和高辐射强度，如图6.20所示。这样使阈值电流降低，发热现象减轻，可在室温状态下连续工作。为了进一步降低阈值电流，提高发光效率，以及提高与光纤的耦合效率，常常使有源区尺寸尽量减小，通常$w=10\mu m$，$d=0.2\mu m$，$L=100\sim400\mu m$。

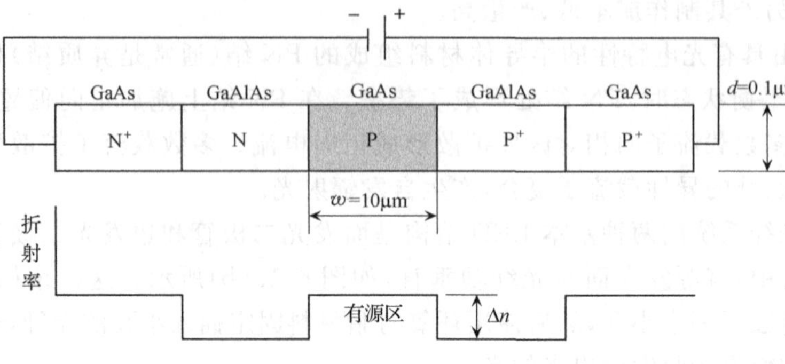

图 6.20　双异质结半导体激光器结构及折射率分布

6.2.4　半导体激光器

当向 PN 结注入正向电流时，高能带中的电子密度增加，这些电子自发地由高能带跃迁到低能带，发出光子，形成激光器初始的光场，在这些光场作用下，受激发射和受激吸收过程同时发生，受激发射和受激吸收发生的概率相同。用 N_c 和 N_v 分别表示高、低能带上的电子密度。当 $N_c<N_v$ 时，受激吸收过程大于受激发射，增益系数 $g<0$，只能出现普通的荧光，光子被吸收的多，发射的少，光场减弱。若注入电流增加到一定值后，使 $N_c>N_v$，$g>0$，受激发射占主导地位，光场迅速增强，此时的 PN 结区成为对光场有放大作用的区域(称为有源区)。

半导体材料在通常状态下，总是 $N_c<N_v$，因此称 $N_c>N_v$ 的状态为粒子数反转。使有源区产生足够多的粒子数反转，这是使半导体激光器发射激光的首要条件。

另一个条件是半导体激光器中必须存在光学谐振腔，并在谐振腔里建立起稳定的振荡。有源区里实现了粒子数反转后，受激发射占据了主导地位，但是，激光器初始的光场来源于导带和价带的自发辐射，频谱较宽，方向也杂乱无章。为了得到单色性和方向性好的激光输出，必须构成光学谐振腔。在半导体激光器中，用晶体的天然解理面(cleaved facets)构成法布里-珀罗谐振腔，如图 6.21所示。要使光在谐振腔里建立起稳定的振荡，必须满足一定的相位条件和阈值条件，相位条件使谐振腔内的前向和后向光波发生相干，阈值条件使腔内获得的光增益正好与腔内损耗相抵消。谐振腔里存在着损耗，如镜面的反射损耗、工作物质的吸收和散射损耗等，只有谐振腔里的光增益和损耗值保持相等，如图 6.22所示，并且谐振腔内的前向和后向光波发生相干时，才能在谐振腔的两个端面输出谱线很窄的相干光束。前端面发射的光约有 50%耦合进入光纤。后端面发射的光，由封装其内的光电检测器接收变为光电流，经过反馈控制回路，使激光器输出功率保持恒定。图 6.23是对激光器起振阈值条件的简化描述，由图可见，只有当泵浦电流达到阈值时，高、低能带上的电了密度差(N_c-N_v)才达到阈值$(N_c-N_v)_{th}$，此时就产生稳定的连续输出相干光。当泵浦超过阈值时，(N_c-N_v)仍然维持$(N_c-N_v)_{th}$，因为g_{th}必须保持不变，所以多余的泵浦能量转变成受激发射，使输出功率增加。

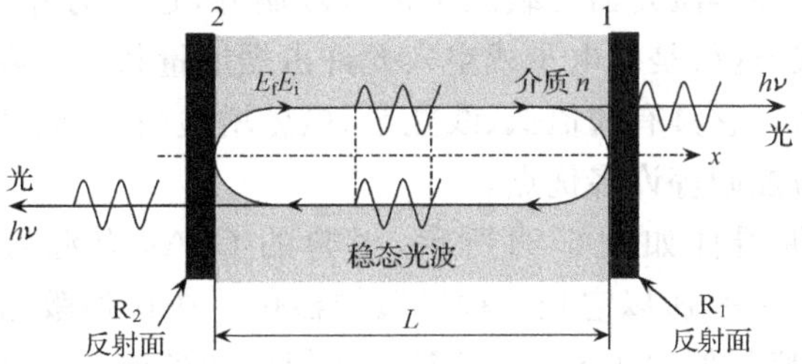

图 6.21　半导体激光器结构相当于一个法布里-珀罗谐振腔

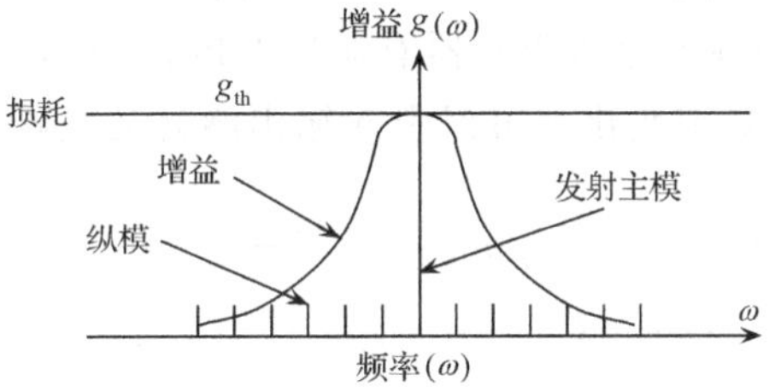

图 6.22　激光器增益谱和损耗曲线，阈值增益为两曲线相交时的增益值

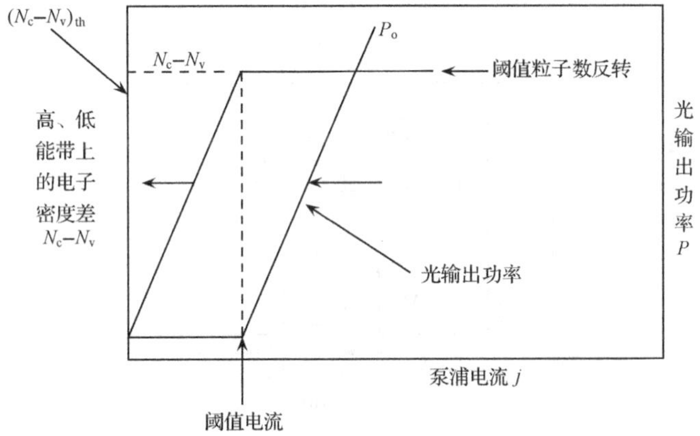

图 6.23　激光器起振阈值条件的简化描述

由以上的讨论可见，在半导体激光器里，由两个起反射镜作用的晶体解理面构成的法布里-珀罗谐振腔把光束闭锁在腔体内，使之来回反射，当受激发射使腔体得到的增益等于腔体损耗时（阈值条件），并且谐振腔内的前向和后向光波发生相干时（相干条件），就保持振荡，形成等相面和腔体端面平行的驻波，然后穿透谐振腔的两个端面，输出谱线很窄的相干光束。

1. 量子限制激光器

除双异质结半导体激光器对载流子进行限制外，还有另外一种完全不同的对载流子限制的方式，这就是对电子或空穴允许占据能量状态的限制，这种激光器叫作量子限制激光器。它具有阈值低、线宽窄、微分增益高、对温度不敏感、调制速度快和增益曲线容易控制等许多优点。

典型的量子阱器件如图 6.24所示，很薄的 GaAs 有源层夹在两层很宽的 GaAlAs 半导体材料中，所以它是一种异质结器件。在这种激光器中，有源层的厚度 d 是如此之薄(典型值约 10nm)，以至于导带中的禁带势能把电子封闭在 x 方向上的一维势能阱内，但是在 y 和 z 方向是自由的。这种封闭呈现量子效应，导致能带量子化，分成离散值 E_1，E_2，E_3，… 它们分别对应量子数 1，2，3，… 如图 6.24(b)所示。量子阱半导体激光器有源层厚度仅是 10nm，约为异质结器件的 1/10，所以注入电流的微小变化就可以引起输出激光的大幅度变化。

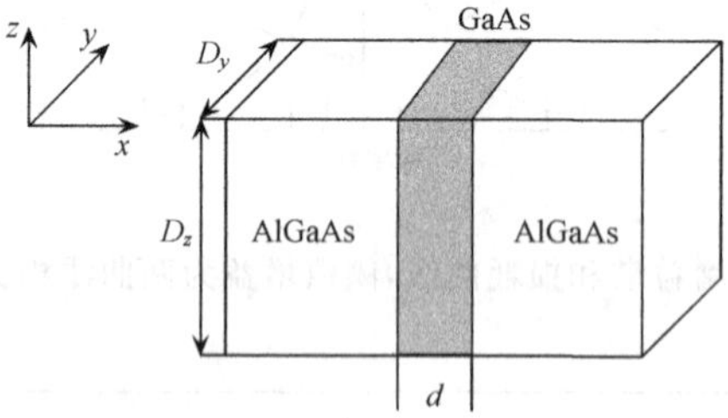

(a)

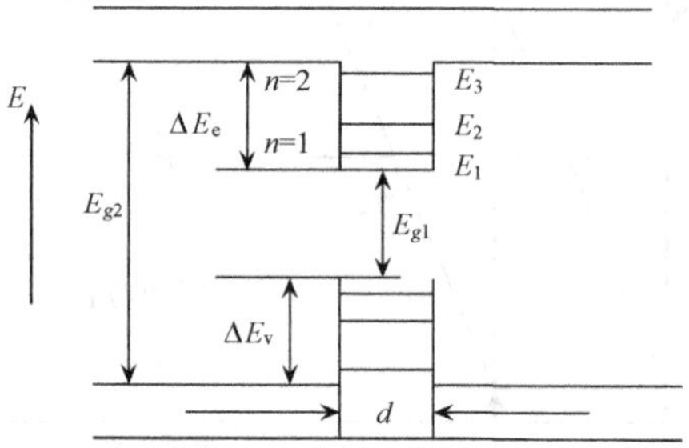

(b)

图 6.24 量子阱(QW)半导体激光器

(a) QW 结构原理图，很薄的 GaAs 有源层夹在两层很宽的 GaAlAs 半导体材料中；
(b) 导带中的电子在 GaAl 层中的 x 方向被限制在很小的范围 d 内，因此它们的能量被量子化了

采用厚度 d 为 5～10nm 的多个薄层结构有源区可改进单量子阱器件性能。这种激光器就是多量子阱(multi-quantum-well，MQW)激光器，它具有调制性能更好、线宽更窄和效率更高的优点。图 6.25分别表示有四个量子阱(被三层 GaAlAs 势垒层隔开)的半导体激光器的示意图和能级图。

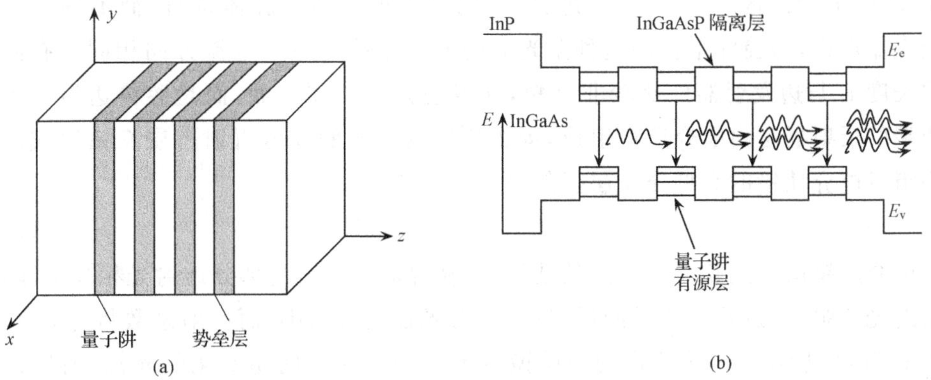

图 6.25　量子阱半导体激光器示意图

(a) 多量子阱 LD 示意图；(b) 多量子阱 LD 能级图

2. 垂直腔表面发射激光器

图 6.26(a)表示垂直腔表面发射激光器(vertical cavity surface emitting la-

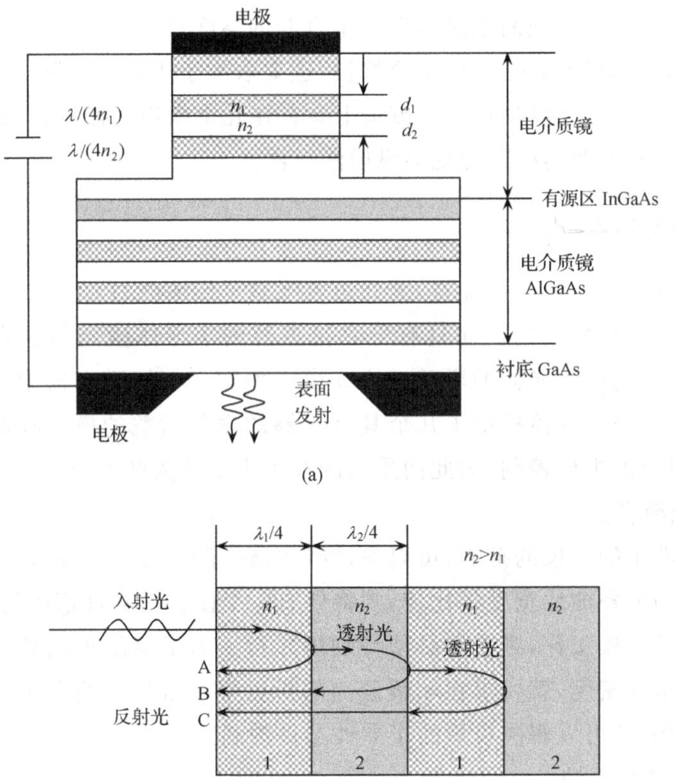

图 6.26　垂直腔表面发射激光器原理和结构

(a) VCSEL 结构；(b) 多层电介质镜对反射光相长干涉

ser，VCSEL)结构示意图，顾名思义，它的光发射方向与腔体垂直，而不是像普通激光器那样，与腔体平行。这种激光器的光腔轴线与注入电流方向相同。有源区的长度 L 与边发射器件比较非常短，光发射是从腔体表面，而是腔体边沿。腔体两端的反射器是由电介质镜组成，即由厚度为 $\lambda/4$ 的高低折射率层交错组成。如果组成电介质镜的高低介质层折射率 n_1、n_2 和 d_1、d_2 满足

$$n_1 d_1 + n_2 d_2 = 0.5\lambda \tag{6.6}$$

该电介质镜就对波长产生很强的选择性，从界面上反射的部分透射光相长干涉，使反射光增强，经过几层这样的反射后，透射光强度将很小，而反射系数将达到 1，如图 6.26(b)所示。因为这样的介质镜就像一个折射率周期变化的光栅，所以该电介质镜本质上是一个分布布拉格反射器。因为有源层通常很薄（$<0.1\mu m$），就像一个多量子阱，所以阈值电流很小，仅为 0.1mA，工作电流仅为几毫安。由于器件体积小，降低了电容，适用于 10 Gbit/s 的高速调制系统。由于该器件不需要解理面切割就能工作，制造简单、成本低，所以它又适用于接入网。

图中也标出了发射时有源层、电介质镜和衬底的材料。垂直腔横截面通常是圆形，所以发射光束的截面也是圆形。垂直腔的高度只有几微米，所以只有一个纵模能够工作，然而可能有一个或多个横模，这要取决于边长。实际上当腔体直径小于 8 mm 时，只有一个横模存在。市场上有存在几个横模的器件，但是频谱宽度也只有约 0.5 nm，仍然远小于常规多纵模激光器。

3. 单模激光器结构

由于光纤色散导致脉冲加宽，因此边模限制了传输能力，光纤通信系统中使用的发射机应是单纵模发射。而具有 F-P 谐振腔的半导体激光器通常表现为多模工作，这是由于这种激光器的增益谱比纵模间隔宽，同时，激光器中存在非均匀加宽机制，这就使得激光器提供了几个具有足够的振荡增益的模。在高比特率调制下，要达到可靠的纵模控制，为此而采取的技术主要分为两大类：

1）短腔激光器

对谐振器中的边模的抑制，可以通过减少谐振腔长度 L 而增强。如果模的间距变得可以与增益曲线宽度相比较，则将仅有一个模在增益峰值附近振荡。可是，为获得稳定的单模工作，激光器必须特别短才行。为了克服很高的镜面损耗所导致的高阈值电流密度，就要求在端解理面的折射率非常好。使用垂直腔表面发射式激光器结构，就可以解决极短的半导体器件的制造问题。

2）频率选择反馈

获得单模工作的第二个方法是：在谐振器结构中加入一个频率选择元件。这可以通过耦合腔、外部光栅或布拉格光栅来实现。

(1) 耦合腔。如果在谐振腔中引入一个或多个附加镜面，由于在各个界面的反射而增加的边界条件严格地限制了纵模的数目。为达到单模工作，必须经常改变驱动电流或温度来调节谐振器。通常单模状态很小，结果，这样的结构仅能被调制在没有光模跳变的极小电流范围里。而且，由于频谱特性强烈依赖于这个区域的正确长度，因此可重复制造几乎相同的器件变得很困难。

(2) 外部光栅。频率选择还可通过谐振器以外的外加光栅来实现。可是，由于光栅没有集成在晶片上，这样的激光器的机械稳定性就是一个关键点。因此，具有外部光栅的激光器是昂贵的器件，不太适合光纤通信。

(3) 布拉格光栅。为达到单模发射而最经常使用的手段就是加入一个布拉格光栅，这个光栅使复数折射率与分布反馈在整个谐振腔内产生周期性变化。如果振荡模的阈值增益明显小于其他模的阈值增益，就可以动态单模工作。使用布拉格光栅的器件可以粗略分为三个类型：分布布拉格反射式(DBR)、分布反馈式(DFB)(图 6-27)和增益耦合式(GC)激光器。

在 DBR 激光器中，布拉格光栅由靠近谐振腔两端的钝化区刻蚀而成。折射率光栅(折射率的实部变化)的作用好像一个有效镜面，其镜面具有依赖于波长的反射率，并且包围着谐振腔的中心部分，这个中心部分为有源区，并且是无波纹的。将位于光栅的最大反射率附近的一定波长的纵模分离出来。由于 DBR 激光器是用无源光栅代替镜面而形成的，所以其性质可以用有源镜面模型来描述。有源区与无源光栅之间的过渡通常会使内平面 DBR 激光器技术上的实现变得很复杂。而 DBR 激光器的一个重要的优点就是可以改变波长，即如果光栅区都装设有分隔的电极，而电极通过载流子感应的折射率变化，就可以调整布拉格频率，而使波长改变。

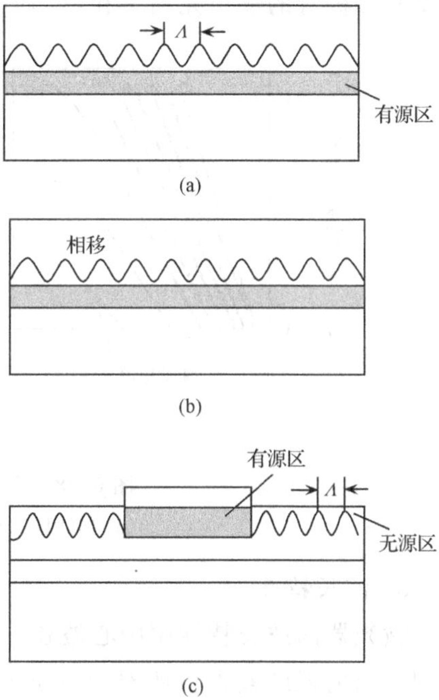

图 6.27 标准的激光器的光栅结构

(a) DFB(分布反馈式)；(b) 相移式 DFB；(c) DBR(分布布拉格反射式)。

在 DFB(分布反馈式)激光器中，折射率光栅覆盖整个的谐振长度。在与光栅的波纹周期相应的波长上，通过布拉格散射产生正方向和反方向的行波，这些行波被局限在腔体的中心部分，结果使镜面损耗变成波长的函数。这个与谐振器内的最有效的光子浓度对应的、具有最低镜面损耗的纵模就被选定了。在增益耦合器件中，增益或损耗的周期性变化被用来改变法布里-珀罗谐振器的纵模。在理想情况下，在增益光栅中并没有布拉格散射，并且与法布里-珀罗腔相比，纵向光子分布与镜面损耗一样都是不变化的。可是，法布里-珀罗谐振器的不同纵模与损耗光栅或增益光栅的重合部分是变化的。而经历了与增益光栅有最大重合部分(或与损耗光栅有最小重合部分)的模就被选定了。

6.2.5 半导体激光器的基本特性

半导体激光器的基本特性有阈值特性、温度特性和波长特性。

1) 阈值特性

从上面的讨论已经知道，半导体激光器属于阈值性器件，即当注入电流大于阈值点时才有激光输出，否则为荧光输出。目前的激光器的阈值电流 I_{th} 一般为十几个毫安，最大输出功率通常可达几毫瓦。

2) 温度特性

半导体激光器的阈值电流 I_{th} 和输出功率是随温度而变化的，如图 6.28(a)所示。由图可见，激光器的阈值电流和输出功率对温度很敏感，所以在实际使用中总是用热电致冷器对激光器进行冷却和温度控制。为了比较，在图 6.28(b)中也给出发光二极管的输出光功率和驱动电流的关系曲线。

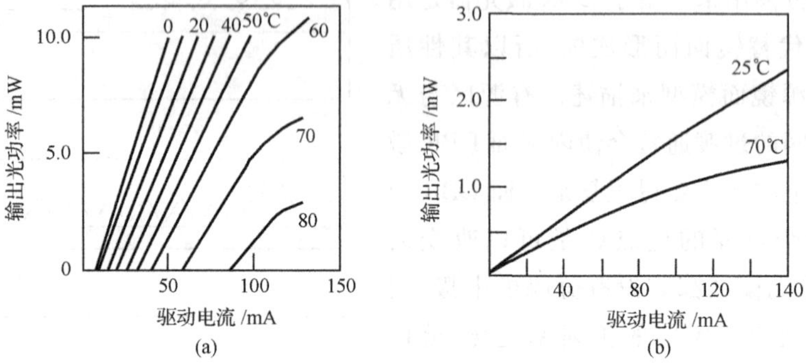

图 6.28 温度对输出功率的影响

(a) MQ-DFB 激光器；(b) 发光二极管

3) 波长特性

激光器的波长特性用中心波长、光谱宽度以及光谱模数三个参数来描述，光谱范围内辐射强度最大值所对应的波长叫中心波长 λ_0。光谱范围内辐射强度最大值下降 50%处所对应波长的宽度叫谱线宽度 $\Delta\lambda$。光谱模数有多模 LD 和单模 LD。图 6.29表示激光器的典型光谱特性。为了便于比较，在图中也标出 LED 的光谱特性。

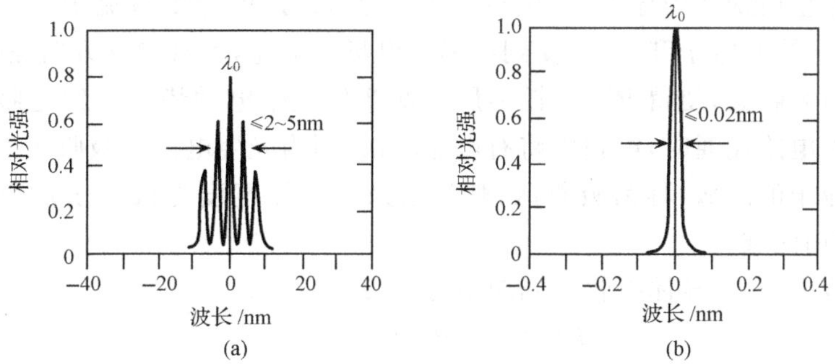

图 6.29 LED和LD的光谱特性

(a) 多模 LD 的光谱特性;(b) 单模 LD 的光谱特性

6.3 光探测器

光探测器的作用是将接收到的光功率信号转换为电信号输出,探测器是光纤通信光接收机的关键部件,对提高光接收机的灵敏度和延长光纤通信的中继距离有着重要作用。优质的光探测器有以下性能:灵敏度高、响应速度快、体积小、噪声小。

6.3.1 光探测器的基本原理

一个 PN 结就是一个简单的光电探测器,基本原理是光电效应。当 PN 结上加有反向偏压时,外加电场的方向和空间电荷区里电场的方向相同,外电场使势垒加强,则结的能带如图 6.30所示。由于光电二极管加有反向电压,因此在空间电荷区里载流子基本上耗尽了,这个区域称为耗尽区。

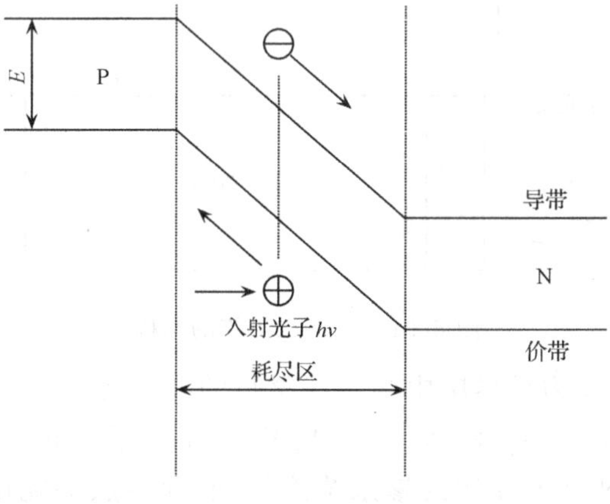

图 6.30 光电二极管能带示意图

当入射到探测器上的光子能量大于半导体材料的带隙宽度时,价带中的电子吸收光子能量而跃迁到导带，产生自由电子-空穴对，即光生载流子。经过扩散运动，进入耗尽层的电子和空穴，受到耗尽层电场的加速，各自向反方向漂移，到达耗尽区边缘时被收集，使得PN结耗尽层两侧产生光生电动势。受到光照射的光电二极管与外电路连通时，电路中将有电流输出，即为光生电流。吸收入射光子而产生光生载流子的区域，称为吸收区；耗尽层及其两侧宽度为载流子扩散长度的区域，称为作用区域。

在厚度 W 内半导体吸收的光功率可以表示为

$$P(W) = P_0(1 - e^{-\alpha(\lambda)W}) \tag{6.7}$$

式中，P_0 为入射光功率。$\alpha(\lambda)$为材料的吸收系数，其大小与材料的性质有关，且是波长的函数。因为产生于吸收区的光生载流子只有进入作用区域的那部分才能在耗尽层两侧形成光生伏特效应，所以必须增加耗尽层的宽度，使光生载流子主要落在耗尽层中，从而提高光探测器的量子效率。加负偏压可以加大PN结耗尽层的宽度。

PN结光电二极管对光信号的响应速度较慢，适用于检测频率相对较低的调制信号。为了提高PN结光电二极管对光信号的响应速度，通常做进一步改进，把PN结结构改为PIN光电二极管或APD雪崩光电二极管结构。

1. PIN光探测器

PIN光电二极管由中间被低掺杂的近似本征材料I层隔开的PN结构成(图6.31)。半导体PN结是PIN光电二极管的核心。PN结耗尽层宽度为

$$W_d = \sqrt{\frac{\varepsilon_1}{2\pi e}\left(\frac{N_p + N_n}{N_p \cdot N_n}\right)(V_d + V_0)} \tag{6.8}$$

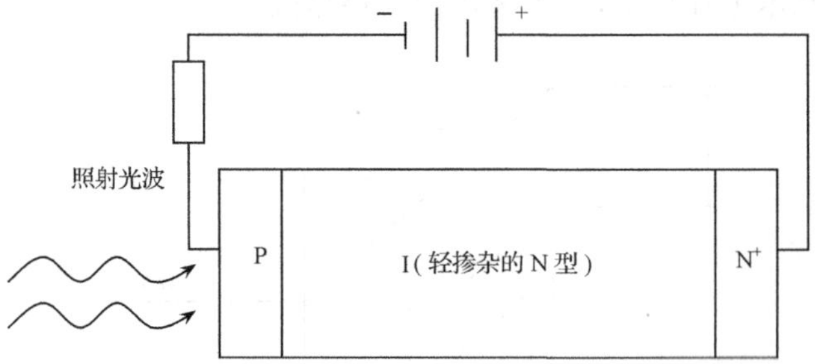

图6.31　光电二极管的结构

式中，e 为电子电荷，ε_1 为耗尽层中半导体材料的介电常数，V_d 为PN结的接触电位差，V_0 为外加负偏压，N_p 和 N_n 分别是P型和N型半导体中的掺杂浓度。由式(6.8)可以看出，N型半导体的掺杂浓度越低，耗尽层的宽度越宽。因此，采用近似为本征半导体的轻掺杂I层，可以加宽耗尽层的宽度，从而提高光探测器的响应速度。工作时器件上加足够高的反向偏压(5～10V)，使本征半导体区域中的载

流子完全耗尽，形成耗尽区。在I层的另一面再形成一层高掺杂的N^+型半导体层，由于该N^+层的杂质浓度很高，产生于其中的光生载流子将很快被复合掉，因此它仅是为了减少接触电阻而增加的附加层。

PIN光电二极管可以检测频率较高的光信号。

2. 雪崩光电二极管(APD)

半导体PN结仍然是雪崩光电二极管的核心，在PN结上加高负偏压时，耗尽层将处于强电场中而形成强场区。进入强场区的光生载流子在强电场的作用下，将加速运动而产生很大的动能，这些具有大动能的光生载流子猛烈撞击半导体的晶格，使得束缚在价带中的电子激发跃迁到导带，产生一批新的电子和空穴，这种现象叫作碰撞电离。新产生的载流子和原来的光生载流子一起继续被强场区中的强电场所加速，又获得动能，继续运动，产生碰撞电离，产生一批新的电子和空穴，如此继续，将使得耗尽层中的载流子如同“雪崩”一样急剧增加。因此，当PN结上的负偏压增加到足以产生碰撞电离时，耗尽层中的载流子将由于“雪崩”而猛烈倍增，此时微弱的光生电流I_s将迅速增加，这种效应称为“雪崩倍增效应”。这样，雪崩光电二极管既可以检测光信号，又可以放大光电流，即检测和放大功能兼而有之。它可以提高光纤接受机的灵敏度，从而延长光纤通信的中继距离。典型的APD光电二极管如图6.32所示。

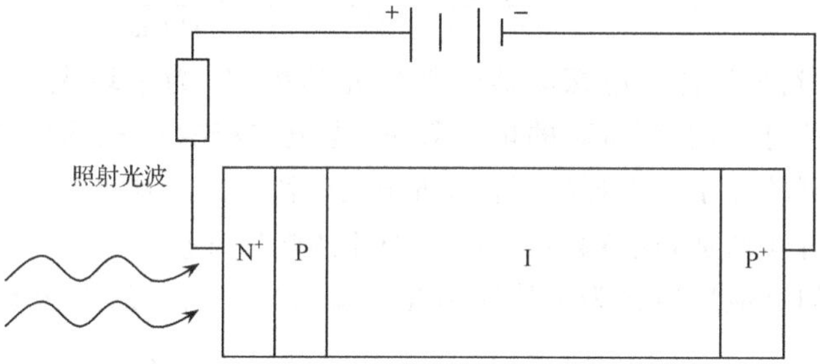

图6.32　APD光电二极管

6.3.2　光电探测器的主要特性

1. 工作波长范围和截止波长

某种特定半导体材料制造的半导体光电二极管，只能检测到某个波长范围的光信号。受到光照射的光电二极管，入射光子的能量必须大于或者等于半导体材料的禁带宽度，才能产生光生载流子，即$E = h\nu \geqslant E_g$。把$\nu_c = E_g/h$称为截止频率，对应的波长$\lambda_c = h/E_g$称为截止波长，它是半导体光电探测器的上限使用波长。图6.33示出了几种常见半导体材料的工作范围。

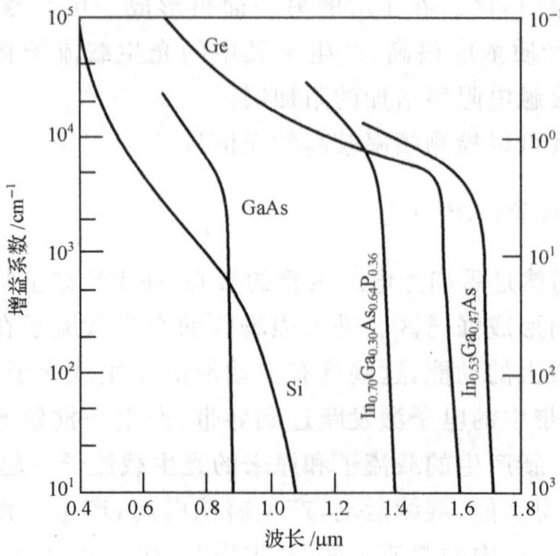

图 6.33 几种材料的吸收系数曲线

2. 量子效率和响应度

光探测器的量子效率表示入射光子经激发转换成光电子的效率。它定义为单位时间内产生的光电子数目与入射光子数之比，即

$$\eta=\frac{\text{产生的电子}-\text{空穴对数}}{\text{入射光子数}}=\frac{I_{\mathrm{p}}/e}{P/h\nu} \tag{6.9}$$

式中，P 为投射到半导体光电探测器的平均光功率，I_{p} 为平均光生电流，e 为电子电荷。对于某种材料，要获得高的量子效率，光电二极管的耗尽层必须做得很宽，以使相当大比例的光子落在耗尽层而生成电子-空穴对。但如果耗尽层太宽，光生载流子的渡越时间增加，这将影响光电探测器的响应速度。

光探测器的响应度定义为平均输出光电流与平均入射的光功率之比，即

$$R=\frac{\eta e}{h\nu} \tag{6.10}$$

典型的 R 为 0.5～0.7A/W。图 6.34示出了几种材料的光电二极管的响应度。

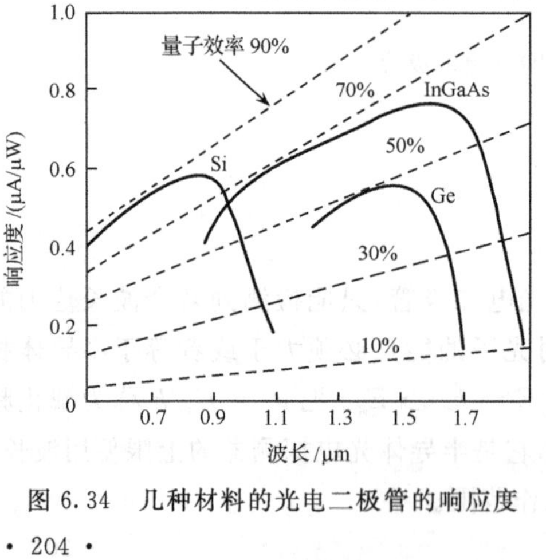

图 6.34 几种材料的光电二极管的响应度

3. 响应时间

表征光探测器对光信号变化响应速度快慢的是它的响应时间，通常用光探测器受到阶跃光脉冲时，输出脉冲前沿的 10％点到 90％点之间的时间间隔（即上升时间）来衡量。脉冲后沿的下降时间对完全耗尽的光电二极管来说

与前沿的相同，但在非耗尽的低偏压下二者可能不同。响应时间主要由 PN 结结电容、光生载流子在作用区的扩散时间和光生载流子在耗尽层中的渡越时间三方面因素决定。

4. 半导体光电二极管的材料和结构

为了获得最佳的转换效率、量子效率和低的暗电流(它随带隙能量的增加按指数规律减小)，理想光电二极管材料的带隙能量 E_g 应该略小于与最长工作波长相对应的光子能量。在 0.85μm 附近的短波长区，Si 是最理想的材料，其截止波长为 1.09μm。在长波长区，InP、InGaAs 是理想的半导体材料。晶格匹配的 $In_{0.53}Ga_{0.47}As/InP$ 的响应波长达到 1.68μm。

图 6.35 为典型的 InGaAs-PIn 光电二极管的结构。图(a)为顶部入射结构，图(b)为底部入射结构。与顶部入射结构相比，底部入射结构电容小(<0.1pF)，量子效率高(75%～100%)，暗电流<1 nA。这两类器件的耗尽层 InGaAs 层约为 3μm，以获得高的量子效率和带宽，而且低掺杂的 InGaAs 层在 5V 低电压即可以完全耗尽。耗尽层相对较窄，缩短了渡越时间，使理论带宽可以达到 15GHz，甚至更高。

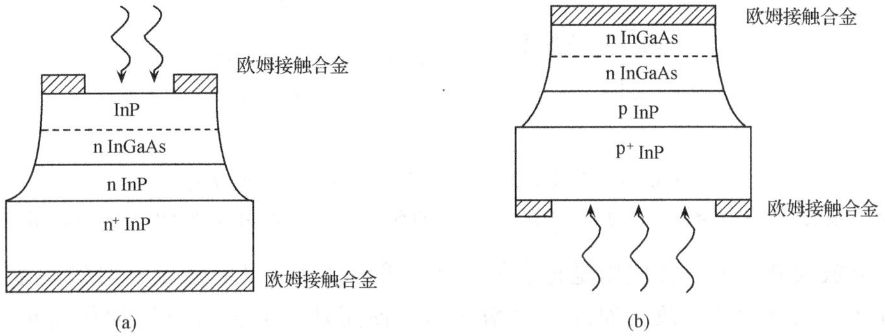

图 6.35 典型的 InGaAs-PIn 光电二极管的结构图

(a) 顶部入射结构；(b) 底部入射结构

6.4 光放大器

在光纤通信系统中，随着传输速率的增加，传统的光—电—光中继方式的成本迅速增加。长时间以来，人们一直在寻找用光放大的方法来替代传统中继方式，以延长传输距离。光放大器能直接放大光信号，对信号的格式和速率具有高度的透明性，使得整个系统更加简单和灵活。它的出现和实用化，是光纤通信发展中的一个里程碑。

在光纤通信系统的设计中，光放大器有四种用途，如图 6.36所示。在长距离通信系统中，光放大器的一个重要应用就是取代电中继器。只要系统性能没被色散效应和自发辐射噪声所限制，这种取代就可以进行。在多信道光波系统中，使用光放大器特别具有吸引力，因为光—电—光中继器要求在每个信道上使用各自的接收机和发射机，对复用信道进行解复用，这是一个相当昂贵、麻烦的变换过程，而光放大器可以同时放大所有的信道，可省去信道解复用过程。用光放大器取代光—电—光中继器就称为在线放大器。

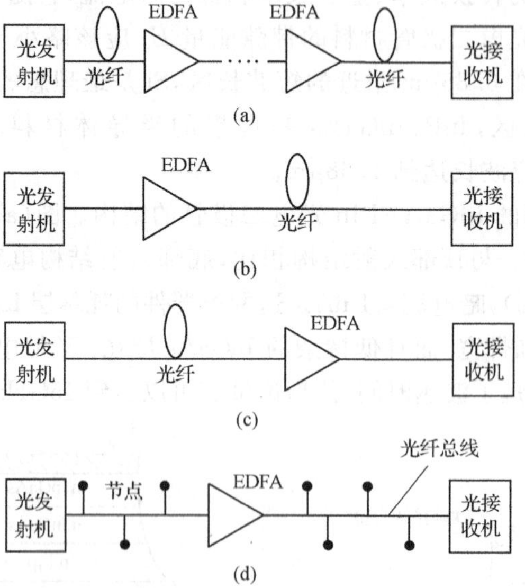

图 6.36　光放大器在光波系统中的四种可能应用

(a) 在线放大器；(b) 光发射机功率增强器；(c) 接收机前置放大器；(d) 在局域网中用于补偿分配损耗

光放大器的另一种应用是把它插在光发射机之后，以增强光发射机功率。称这样的放大器为功率放大器或功率增强器。使用功率放大器可增加传输距离 10～100km，其长短与放大器的增益和光纤损耗有关。为了提高接收机的灵敏度，也可以在接收机之前插入一个光放大器，对微弱光信号进行预放大，这样的放大器称为前置放大器，它也可以用来增加传输距离。光放大器的另一种应用是用来补偿 LAN 的分配损耗，分配损耗常常限制网络的节点数，特别是在总线拓扑结构的情况下。此外，光放大器还有另一种应用，这就是在光交换系统中的应用。

6.4.1　EDFA 的工作原理

EDFA 主要由合波器 WDM、泵浦激光器（大功率 LD）、光隔离器和掺铒光纤构成。根据泵浦光和信号光传播方向的相对关系，EDFA 的结构可分为正向泵浦、反向泵浦和双向泵浦，其结构如图 6.37所示。EDFA 是利用掺铒光纤中掺杂的稀土离子在泵浦光源（波长 980nm 或 1480nm）的作用下，形成粒子数反转，产生受激辐射，辐射光随入射光的变化而变化，进而对入射光信号提供光增益。

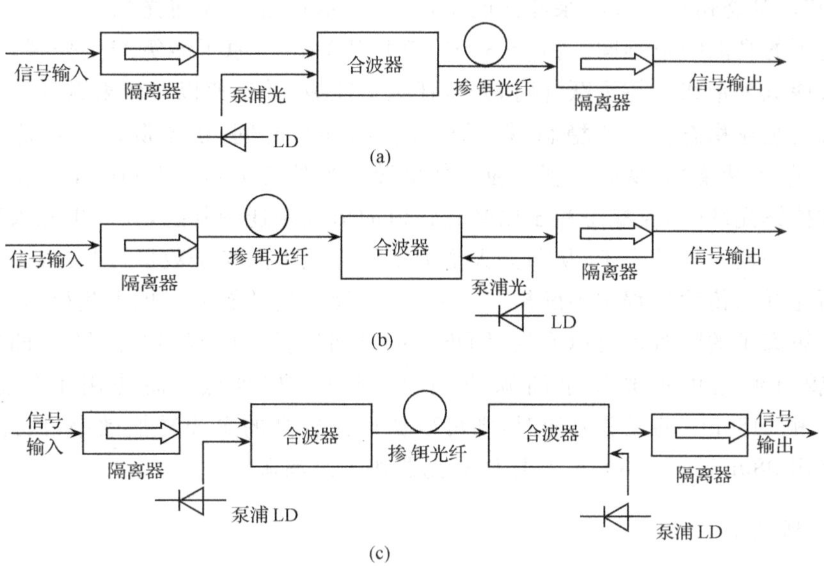

图 6.37　EDFA 结构图

(a) 正向泵浦;(b) 反向泵浦;(c) 双向泵浦

在石英光纤中掺入一些三价稀土金属元素,如 Er(铒)、Pr(镨)、Nd(钕)等,形成一种在泵浦光的激励下可以放大光信号的特殊光纤,因此可以用于制作光纤放大器,其中 EDFA 目前应用最为广泛。掺铒光纤的能级图及部分吸收谱和发射谱如图 6.38所示。

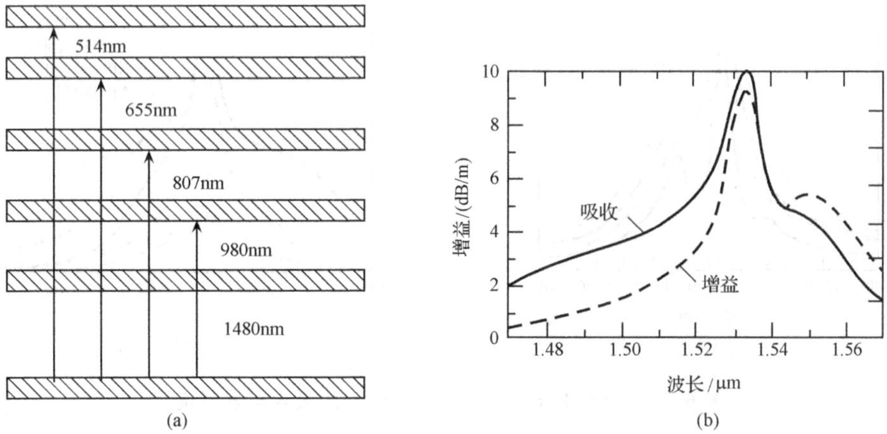

图 6.38

(a) 石英光纤中 Er^{3+} 的相关能级;(b) 掺铒光纤的吸收和增益谱

Er^{3+} 在未受任何光激励时,处于最低能级(基态)$^4I_{15/2}$ 上,当泵浦光射到掺铒光纤中时，基态铒离子吸收泵浦光能量，向高能级跃迁。泵浦光的波长不同，粒子所跃迁到的高能级也不同。由于 Stark(斯塔克)效应，原子能级产生分裂，铒离子的能级展宽为带状。粒子跃迁时，先跃迁到上能级，并迅速以非辐射跃迁的形式由泵浦态变至亚稳态。在亚稳态，粒子有较长的存活时间，由于源源不断地进行泵浦，粒子数不断增加，从而实现了粒子数反转。当具有 1500～1600nm 波长的光信号通过掺铒光纤时，亚稳态粒子以受激辐射的形式跃迁到基态，并产生和入射信号中的光子一模一样的光子，从而大大增加了信号光中的光子数量，即实现了信号光在掺铒光纤的传输过程中不断被放大的功能，掺铒光纤放大器也由此得名。

从铒离子的吸收谱可以看出，EDFA 的泵浦波长可以有多个。早期 EDFA 实验中，曾有使用可见光作泵浦源的，但泵浦效率相当低。而使用工作波长为 980nm 和 1480nm 的光源泵浦时，则可以获得比较高的泵浦转换效率，因此，目前普遍采用 980nm 或 1480nm 半导体激光器作为泵浦源。

1. 增益谱

EDF 中铒离子本身的增益曲线是均匀加宽的，带宽由偶极子弛豫时间决定，能级的 Stark 效应还会产生附加的均匀加宽。石英基质使增益带宽增加了很多，由于石英基质具有非结晶特性，因此导致增益曲线的展宽是非均匀的。

EDF 中锗和氧化铝等掺杂物对 EDF 的增益曲线有相当大的影响，纯石英芯的增益谱很窄，向纤芯中掺铝，增益谱会明显变宽，图 6.39(a)给出了四种不同纤芯成分的发射谱。如果能合理选择掺杂物质和光纤基质，则可以提高 EDF 的增益谱宽，但增益在整个带宽内是不均匀的，带有双峰结构。

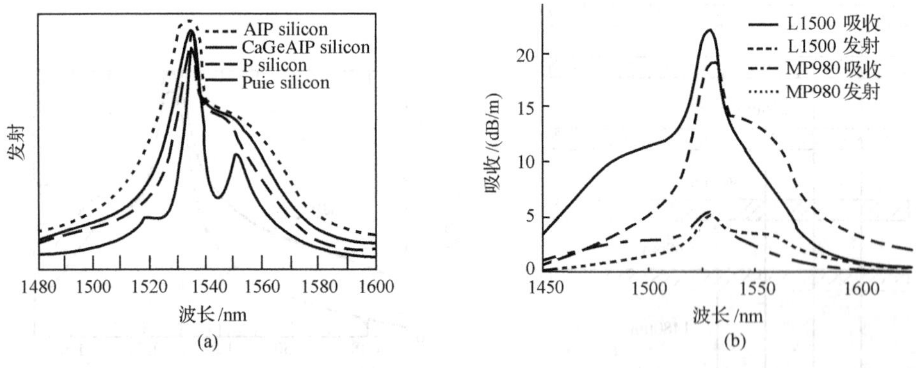

图 6.39　EDF-L1500 及 EDF-MP980 的吸收与发射谱

EDF 的增益曲线还与光纤中掺铒离子的浓度有关，一般来说，掺杂浓度越高，吸收系数越大，增益越高。图 6.39(b)是我们使用的两种不同掺杂浓度铒光纤的增益和吸收谱线，EDF-L1500 是高掺铒光纤，EDF-MP980 是普通掺铒光纤。

随着波分复用技术的进展，一个 EDFA 需要同时对多个波长信号放大，且长距离传输时需要级联 EDFA。如果 EDFA 的增益谱在 WDM 信号的整个带宽内是不平坦的，信道间的增益在百分之几内变化，则信号到达接收机时，各信道间的功率就有较大的差别，从而大大降低系统性能。为此，DWDM 系统需要使用的 EDFA 必须具有宽带、平坦的增益特性。

均匀展宽条件下的谱线线型为洛伦兹线型

$$g_L(v) = \frac{\Delta v}{2\pi} \frac{1}{(v - v_0)^2 + (\Delta v/2)^2} \tag{6.11}$$

式中，$\Delta v = 1/2\pi\tau$ 为自然加宽带宽，τ 为激光上能级粒子寿命，v_0 为中心频率。当入射频率与中心频率相同时，增益最大，当入射频率与中心频率有差异时，增益的减小由洛伦兹分布曲线描述。EDFA 的增益带宽定义为增益频谱曲线的半极大全宽度(FWHM)，即 3dB 带宽，也简称为带宽。EDFA 的带宽主要取决于掺铒光纤的掺杂元素和 EDFA 的增益点。均匀展宽时，平均粒子反转度是确定 EDFA 各种特性及工作点的最直接参数，对于某一给定的光纤，如果忽略背景损耗，则放大器的工作带宽取决于平均粒子反转度。

为了在高增益值时得到最宽的频带，应将平均粒子数反转水平控制在 70%左右，但此时泵浦利用率较低，两者兼顾的平均粒子数反转水平一般为 63%左右。在光纤中掺杂其他成分，可以进一步扩大增益带宽，也可以使用增益平坦滤波技术来扩展可用带宽。通过合理设计光学滤波器，EDFA 能在 C-band 30nm 带宽内实现平坦增益。如果采用混合放大的方式，可以将平坦增益带宽扩大到 50nm。

2. 放大器增益

增益(G)是评价 EDFA 的重要参数，它表示放大器的放大能力，定义为输出功率与输入功率之比

$$G = \frac{P_{out} - P_{ASE}}{P_{in}} \tag{6.12}$$

式中，P_{ASE}是信号带宽内 EDFA 的自发辐射(ASE)功率，P_{out}和 P_{in}分别是信号的输出与输入功率。EDFA 的增益与铒离子浓度、掺铒光纤长度、芯径和泵浦功率等因素有关，增益系数表示为

$$g(z) = [\sigma_e(\lambda) n_2(z) - \sigma_a(\lambda) n_1(z)] \tag{6.13}$$

σ_a 和 σ_e 分别为铒光纤的吸收截面和发射截面，n_1 和 n_2 为基态和激发态的铒离子浓度。

当泵浦光功率足够强，而信号光与 ASE 光很弱时，上下能级粒子数反转度很高，并可认为沿 EDF 长度方向上能级粒子数保持不变，放大器增益将达到很高的值，而且随输入小信号光功率的小量增加，增益仍维持在恒定值，这种增益称为小信号增益。

在给定输入泵浦光功率时，随着入射信号光与 ASE 光的逐渐增大，上能级铒

离子的增加将因不足以补偿损耗而减少，增益也将不能维持初始值而逐渐下降，此时放大器进入饱和工作状态，产生增益饱和。

通常激光器所用的三能级速率方程模型也适用于 EDFA，有时必须加入第四个能级以包括激发态吸收。此外，反转沿着放大器长度的不均匀性也增加了速率方程的复杂性。由于光纤放大器从一端泵浦，泵浦功率沿光纤长度减小，因此必须要考虑到泵浦、信号和原子能级的轴向变化。一般说来，所得的耦合方程组必须要用数值方法求解。当放大器的自发辐射和激发态吸收忽略不计时，用一个简单的二能级模型就能得出许多有用的结论。对给定的放大器长度 L，放大器增益开始随泵浦功率呈指数增长，当泵浦功率超过一定值时增长变缓。对给定的泵浦功率，放大器最大增益对应一个最佳长度值，当长度 L 超过最佳值时增益会迅速下降，多余的 EDF 部分起到吸收放大信号的作用。在实际情况中，EDFA 用连续半导体激光器泵浦，而信号通常不是连续光。例如，在光波系统应用中，信号是以脉冲序列的形式出现的，一般要求所有脉冲有相同的增益。对小于几毫秒的脉冲而言，EDFA 的增益特性满足上面的要求。因为受激铒离子的荧光时间 $\tau \approx 10\text{ms}$，当信号光功率变化在时间上比 τ 小时，铒离子无法对这样快的变化作出响应，因为单个脉冲能量典型值远小于饱和能量(约 $10\mu\text{J}$)，所以对 EDFA 起作用的是平均功率。结果，增益饱和由信号光平均功率决定，放大器增益不因脉冲而变化。

3. 放大器噪声

EDFA 对信号放大过程中，亚稳态粒子不仅会以受激辐射的方式跃迁到基态，还会以自发辐射的方式跃迁到基态，所产生的光子在沿途又被不断放大，形成放大的 ASE。由于 ASE 在信号放大期间叠加到了信号上，它与信号光相互作用会产生拍频噪声(beat noise)，因此，理想的无噪声掺铒光纤放大器是不存在的，ASE 光谱与信号光之间的拍频噪声是 EDFA 的主要噪声源。此外，EDFA 中还存在信号光的散粒噪声、ASE 谱的散粒噪声以及 ASE 光之间的拍频噪声等。在四种噪声中，信号光的散粒噪声和 ASE 与信号光之间的拍频噪声是决定 EDFA 性能的重要因素。衡量 EDFA 的噪声特性可以用噪声指数(NF)度量，它定义为输入信噪比与输出信噪比的比值，即

$$NF = \frac{SNR(0)}{SNR(L)} \tag{6.14}$$

对于放大倍数为 G 的放大器，输出功率与输入功率的关系是 $P_{\mathrm{L}} = GP_0$。通常，NF 与表示探测器散粒噪声和热噪声的几个探测器参数有关。在散粒噪声限制下，输入信号的 $SNR(0)$ 由下式给出

$$SNR(0) = \frac{\langle I\rangle^2}{\sigma_{\mathrm{s}}^2} = \frac{(RP_0)^2}{2q(RP_0)\Delta f} = \frac{P_0}{2h\nu\Delta f} \tag{6.15}$$

式中，$\langle I\rangle = RP_0$ 是平均光电流，$R = q/h\nu$ 是理想光电探测器的响应度，ν 是光学频

率，q 是电荷量，σ_s^2 是均方散粒噪声电流，它是当暗电流为零时求得的散粒噪声，其值为 $2q(RP_0)\Delta f$（Δf 是探测器带宽）。

6.4.2 拉曼放大器基本原理、特性及应用

如果信号与一个强泵浦光同时传输，并且其频率差位于泵浦光波的拉曼增益谱带宽之内，那么这个弱信号光可被该光纤放大。由于这种放大的物理机制是受激拉曼散射(SRS)，所以称之为光纤拉曼放大器。

1. 受激拉曼散射

受激拉曼散射的量子描述为：入射光波的一个光子被介质分子散射成为另一个低频光子(称为 Stokes 光)，同时完成分子振动态之间的跃迁，或者说入射光波场引致介质分子的振动散射，调制入射光场成为一个频率下移的宽带 Stokes 光，从而这个较低频率的 Stokes 光场具有了增益特性。石英光纤的这种场致振动频率范围约为 40THz，峰值频率下移量约为 13THz。另外，这种非能级跃迁机制的放大器具有天然的低噪声指数，故成为 WDM 放大器的有力竞争者。

2. SRS 拉曼增益谱

在连续或者准连续条件满足的情况下，斯托克斯波的初始增长可描述为

$$\frac{\mathrm{d}I_s}{\mathrm{d}z} = g_R(\Omega)I_pI_s \tag{6.16}$$

式中，I_s 是斯托克斯光强，I_p 是泵浦光强，g_R 是拉曼增益系数，它与自发拉曼辐射的截面面积有关。更准确地说，g_R 与三阶非线性极化率的虚部有关。

对于泵浦波长 $\lambda_p=1\mu m$，图 6.40给出了熔石英中的 g_R 与频率的变化关系。对于不同的泵浦波长，g_R 与 λ_p 成反比。

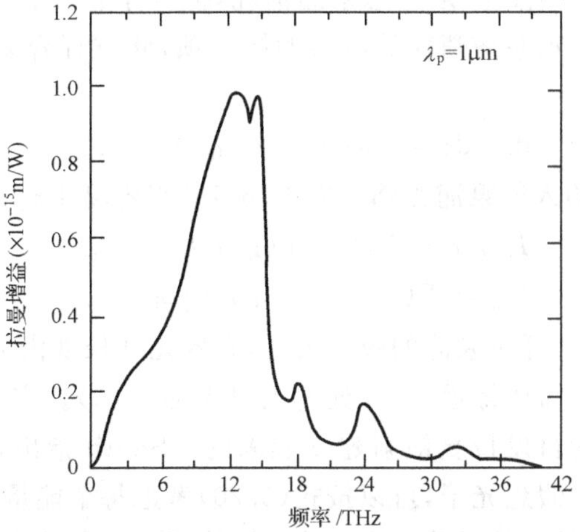

图 6.40 拉曼增益系数曲线

为了解 SRS 过程是如何产生的，考虑一束频率为 ω_p 的连续光波在光纤内的传输。如果一束频率为 ω_s 的探测光在光纤的输入端与泵浦光同时入射，只要频率差 $\omega_s=\omega_p-\omega_s$ 位于图 6.40拉曼增益谱的带宽内，探测波就会由于拉曼增益而被放大。如果光纤输入端仅有泵浦光入射，自发拉曼散射产生的信号将起到探测波的作用，并且在传输过程中被放大。因为自发拉曼散射在整个拉曼增益谱宽内产生光子，所以所有频率分量都被放大，可是对应 g_R 最大的频率分量建立最快。对于纯石英光纤，g_R 的最大值所对应的频率分量是由泵浦频率下移 13.2 THz。已证明当泵浦功率超过某一阈值时，此频率分量近似指数增长。这样，SRS 将导致斯托克斯光的产生，其频率由拉曼增益峰决定，对应的频移有时被称为拉曼频移或斯托克斯频移。

3. 拉曼阈值

为了得到拉曼阈值，应该考虑泵浦波和斯托克斯波之间的非线性互作用。对连续波情况，此互作用遵循下列两个耦合方程：

$$\frac{dI_s}{dz}=g_R I_p I_s-\alpha_s I_s$$

$$\frac{dI_p}{dz}=-\frac{\omega_p}{\omega_s}g_R I_p I_s-\alpha_p I_p \tag{6.17}$$

式中，I_s 和 I_p 分别为斯托克斯光和泵浦光的强度，g_R 表示拉曼增益系数，ω_s 和 ω_p 分别为斯托克斯光和泵浦光波长，α_s、α_p 为斯托克斯光波长和泵浦光波长处的光纤损耗。此方程可由麦克斯韦方程组严格推出。在没有损耗的情况下可以表达为：

$$\frac{d}{dz}\left(\frac{I_s}{\omega_s}+\frac{I_p}{\omega_p}\right)=0 \tag{6.18}$$

此式仅仅说明：在 SRS 过程中，泵浦光和斯托克斯光束的光子总数不变。

尽管 SRS 的完整描述必须考虑泵浦消耗，但为了估计拉曼阈值可将其忽略。如果忽略方程 1 中表示泵浦消耗的右边的第一项，此方程容易解出。将此解代入方程，可得

$$dI_s/dz=g_R I_0\exp(-\alpha_p z)I_s-\alpha_s I_s \tag{6.19}$$

式中，I_0 是 $z=0$ 处的入射泵浦光强。方程(6.19)很容易求解，其结果为

$$I_s(L)=I_s(0)\exp(g_R I_0 L_{eff}-\alpha_s L) \tag{6.20}$$

$$L_{eff}=[1-\exp(-\alpha_p L)]/\alpha_p \tag{6.21}$$

式(6.21)表明，由于光纤对泵浦的吸收损耗，有效光纤长度由 L 减至 L_{eff}。

使用方程(6.20)需要知道 $z=0$ 处的入射光强 $I_s(0)$。实际上，SRS 是从产生于整个光纤长度上的自发拉曼散射建立起来的。Smith 指出，它等价于在入射端每个模式中注入一个假想光子，可以按式(6.20)考虑每个能量为$\hbar\omega$ 的频率分量的放大，然后在整个拉曼增益谱范围内积分来计算斯托克斯功率，即

$$P_s(L) = \int_{-\infty}^{\infty} \hbar\omega \exp[g_R(\omega_p - \omega_s) I_0 L_{eff} - \alpha_s L] d\omega \tag{6.22}$$

式中，假设光纤只容纳一个模式。g_R 对频率的依赖关系如图 6.40所示。尽管并不知道 $g_R(\omega)$的函数形式，但可用最速下降方法近似方程(6.22)中的积分，因为积分的主要贡献来自峰值 $\omega=\omega_s$ 附近的一个很窄区域，结果为

$$P_s(L) = P_{s0}^{eff} \exp[g_R(\Omega_R) I_0 L_{eff} - \alpha_s L] \tag{6.23}$$

式中，$z=0$ 处的有效入射功率为

$$P_{s0}^{eff} = \hbar\omega_s B_{eff}, \quad B_{eff} = \left(\frac{2\pi}{I_0 L_{eff}}\right)^{1/2} \left|\frac{\partial^2 g_R}{\partial \omega^2}\right|_{\omega=\omega_s}^{-1/2} \tag{6.24}$$

B_{eff}的物理意义是，峰值增益中心位于 $\Omega_R = \omega_p - \omega_s$ 处的斯托克斯辐射的有效带宽，尽管 B_{eff}与泵浦光强度以及光纤长度有关，但其数量级大小可由式(6.24)的主峰谱宽估算出。

拉曼阈值定义为，在光纤的输出端斯托克斯功率与泵浦功率相等时的入射泵浦功率或

$$P_s(L) = P_p(L) = P_0 \exp(-\alpha_p L) \tag{6.25}$$

式中，$P_0 = I_0 A_{eff}$是入射泵浦功率，A_{eff}是有效纤芯面积。假设 $\alpha_s \approx \alpha_p$，阈值条件变为

$$P_{s0}^{eff} \exp(g_R P_0 L_{eff} A_{eff}) = P_0 \tag{6.26}$$

式中，P_{s0}^{eff}通过方程(6.24)也与 P_0 有关。方程(6.26)给出达到拉曼阈值所需的临界泵浦功率。假设拉曼增益谱为洛伦兹形，临界泵浦功率一个较好的近似为

$$\frac{g_R P_0^{th} L_{eff}}{A_{eff}} \approx 16 \tag{6.27}$$

在后向泵浦方式下，式(6.27)中参数 16 取为 20。

4. 拉曼放大器特性

有了上述 SRS 的理论基础，就可以来分析拉曼放大器的各个特性参数，这些参数主要包括：增益、带宽、噪声以及大功率泵浦特性。

1) 拉曼放大器的增益与饱和特性

在拉曼放大过程中，信号光通过 SRS 增益从泵浦光得到能量而被放大，同时又被光纤吸收而衰减；而泵浦光通过 SRS 过程将能量转移给信号光而衰减，同时亦被光纤吸收而衰减，这两种过程同时存在。拉曼放大器的增益一般从两个方面考虑，大多数情况下，在传输光纤中输入泵浦光。在拉曼放大器抵消光纤损耗的情况下，以泵浦光有无引起输出信号功率的变化来定义增益，这种增益叫做开/关增益。如果输出信号功率小于输入信号功率，拉曼放大器就定义为分布常数放大器；如果拉曼增益比光纤损耗大得多，输出信号功率就远比输入信号光功率大，这时拉曼放大器与 EDFA 一样，被定义成集中恒定放大器增益，可由输出信号功率与信号功率之比定义，称为净增益。因此，两种增益的关系是：

$$开/关增益(dB) = 净增益(dB) + 光纤损耗(dB)$$

在连续波情况下,泵浦光和斯托克斯波的相互作用,可用下列耦合方程来描述:

$$\begin{aligned} \frac{dP_s}{dz} &= \frac{g_R}{\alpha_p} P_p P_s - \alpha_s P_s \\ \frac{dP_p}{dz} &= -\frac{\nu_p}{\nu_s} \frac{g_R}{\alpha_s} P_p P_s - \alpha_p P_p \end{aligned} \tag{6.28}$$

式中,P_s 和 P_p 分别为信号光和泵浦光的功率,ν_s 和 ν_p 分别为信号光和泵浦光频率,α_s 和 α_p 分别为信号光和泵浦光的横截面,α_s、α_p 为斯托克斯光波长和泵浦光波长处的光纤损耗,ν_s 和 ν_p 分别为信号光和泵浦光频率,g_R 表示拉曼增益系数。

为了简化分析,仅考虑连续波泵浦时的增益特性。首先考察小信号放大特性,这时可忽略式(6.28)中右边泵浦消耗一项。近似认为泵浦功率传输过程中仅受光纤损耗而指数衰减,因此 FRA 的小信号增益(on-off 增益)可以写成

$$G_A = \frac{I_s(L)}{I_s(0)\exp(-\alpha_s L)} = \exp(g_R P_0 L_{eff}/A_{eff}) \tag{6.29}$$

当输入信号功率增大,泵浦功率转移给信号而产生的消耗不可忽略时,泵浦功率在传输过程中不断衰减,信号光的放大速率受到限制,放大过程就出现了饱和现象。假定 $\alpha_p = \alpha_s$,则可以推出饱和增益的近似表达式为

$$G_S = \frac{1+\eta_q}{\eta_q + G_A \exp[-(1+\eta_q)]} \tag{6.30}$$

式中,η_q 为量子效率

$$\eta_q = \frac{\nu_p P_s(0)}{\nu_s P_p(0)} \tag{6.31}$$

当 $\eta_q G_A \approx 1$ 时,增益降为原来的 1/2(3dB),这时信号功率已接近输入泵浦功率,所以泵浦功率 $P_p(0)$ 实际能代表饱和输出功率。

最后,拉曼增益与入射光和信号光的偏振态有关,即拉曼增益有偏振依赖现象。当泵浦光与信号光的偏振态一致时,有最大增益;而当两者偏振态正交时,几乎不发生拉曼增益。在通信系统中为了避免由于偏振依赖增益引起的信号增益不均匀,应当对泵浦光进行去偏振处理。

2) 拉曼放大器的增益带宽特性

拉曼放大器很突出的一个优点就是它的"任意"波长放大特性,理论上只要有相应的泵浦光波就可以对任意信号光放大。这是因为熔融硅光纤属于非晶玻璃,其分子振动能级融合在一起形成能带,因而可以在较宽频差范围内通过受激拉曼散射实现信号光的放大。拉曼增益参数峰值带宽在 350～500cm^{-1} 折算成频率约有 5THz 宽。更为关键的是只要能找到合适的与信号光具有 Stokes 频差的泵浦光就能对信号光进行放大。采用多个波长的泵浦组合就可以构成带宽超过 100nm 的宽带放大器。

在拉曼放大增益均衡技术方面，长周期光纤光栅是一种比较理想的宽带宽的增益均衡器件。根据 OFC2000 的报道，目前已经有成功利用长周期光纤光栅做增益均衡器件，实现了 70μm 带宽内增益起伏不超过 1.27dB 的宽带拉曼光纤放大器的试验。

用多泵浦时对泵浦之间的相互作用也必须进行考虑，适当安排泵浦功率和波长间隔是宽带拉曼光纤放大器的重要技术要求之一。

3）拉曼放大器噪声特性

拉曼放大器可用于光纤通信系统中的功率放大，接收机前置放大及无源光器件的损耗补偿。在应用中，放大器的噪声特性是一项重要指标。由于拉曼放大器的机理与 EDFA 完全不同，因此其噪声特性也不同于掺稀土元素的光放大器。光纤拉曼放大器中主要有三种噪声，一是放大器 ASE 噪声，二是串话噪声，三是瑞利散射噪声。其产生机制各不相同。

(1) ASE 噪声。

ASE 噪声是由于自发拉曼散射效应经拉曼放大而产生的频带很宽的噪声。为简便起见，只考虑后向泵浦的情况（前向泵浦的情况与之类似）。

由于光纤拉曼放大是一种分布式放大，使用的光纤长达数千米至数十千米，因而信号光在被放大的同时也会因传输损耗而衰减。为计算光纤拉曼放大器的噪声系数，可将分布式光纤拉曼放大器等效为一段有损耗而无增益的普通光纤级联一个有增益但无损耗的普通光放大器，从而可用该普通光放大器的噪声系数来等效光纤拉曼放大器的噪声系数。这样，光纤拉曼放大器的 ASE 噪声系数可通过下式来计算

$$NF = 10\lg \frac{1}{G}\left(\frac{P_{\mathrm{ASE}}}{h\nu B_0}+1\right) \tag{6.32}$$

式中，G 为拉曼放大的开关增益（倍数），B_0 为光滤波器带宽，P_{ASE} 为带宽 B_0 内的 ASE 功率。其中 P_{ASE} 可以通过下式来计算：

$$\begin{aligned} P_{\mathrm{fnoise}} = & \frac{hc^2 B_0}{\lambda_s^3}\frac{g_R P_p(0)}{A_{\mathrm{eff}}}\exp(-\alpha_s L)\cdot\int_0^L \exp(\alpha_s-\alpha_p) \\ & \times\exp\left\{\frac{g_R P_p(0)}{\alpha_p A_{\mathrm{eff}}}[\exp(-\alpha_p\xi)-\exp(-\alpha_p L)]\right\}\mathrm{d}\xi \end{aligned} \tag{6.33}$$

式中，L 是光纤长度，α_s、α_p 分别是信号光、泵浦光损耗系数。代入数值并利用计算机可得到 ASE 噪声功率与增益的关系曲线（如图 6.41所示）。由图可见，当增益较小时，噪声功率迅速随增益增大而增加，当增益大于 20dB 时，两者近似成线性关系，同时通过对不同损耗情况下的计算可知，当仅考虑泵浦光与信号光时，发现噪声功率不随损耗变化，只与增益有关。且由式(6.33)可知，光滤波器的带宽越窄，则光噪声的功率越小，从而信噪比越高。可见 ASE 噪声确实是由放大器放大的噪声。

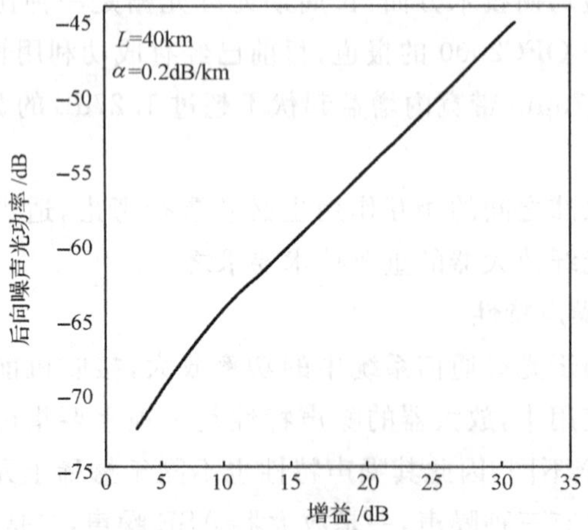

图 6.41 ASE 噪声功率与增益的关系

(2) 串话噪声。

拉曼放大器中的串话噪声分为两种。一种是由于泵浦光源的波动而造成的泵浦信号串话;另一种是由于泵浦同时对多信道放大而导致的泵浦引入-信号间串话。泵浦引入-信号间串话主要是由于泵浦光对放大单一信道与放大多个信道的增益不同而造成的。具体表现为,当两个相邻的信道同时传号时,信号的增益小于一个信道传号另一个信道空号时的增益。从总体上来看就表现为两信道间传、空号的相互影响,且信道数越多,串话影响越大。定义串话指标为 SIR(信号干扰比) $=10\lg[S(L)/I]$,$S(L)$为未受串扰的信号功率,I为未受串扰的信号功率与受串扰的信号功率的差值。SIR 相当于对串话的信噪比。

高的泵浦功率导致了串话噪声的恶化,引起误码率的上升,这在通信系统中是不允许的。因此必须在保证一定的 SIR 的前提下提高泵浦功率,亦即提高增益。根据文献的结论,信号功率越大,串话越严重;泵浦功率越大,串话越严重;泵浦光到信号光的转化效率越高,串话越严重。实验表明,采用后向泵浦比前向泵浦能获得更好的 SIR 性能。因此在实际应用中,应尽量采取后向泵浦,即使采用前向泵浦也不能用太高的泵浦功率。一般要采用高阶泵浦来降低串话影响。研究表明,串话噪声本质上与泵浦光到信号光的转换效率有关,转换效率越高,串话越严重,因此在 WDM 系统中,拉曼放大器的能量转换效率都很低。

(3) 瑞利散射噪声。

瑞利散射是由于光纤制造过程中,局部浓度微观起伏导致折射率在比波长小的尺度上发生随机变化而引起的。在有导波作用的光纤中,瑞利散射使一部分输入光变成后向传输的波。一方面,它引起功率消耗,是 1550nm 波段内光纤传输损耗的主要因素之一;另一方面,后向传输的波再经过一次散射变为前向传输,即双重瑞利背向散射。双重瑞利背向散射由于传输方向相信号波相同,两者会相干叠加，因此影响系统性能。

当只考虑单频信号光和单频泵浦光，不考虑泵浦光的后向瑞利散射、自发拉曼散射率的温度依赖性和高阶斯托克斯产生时，可得到方程

$$
\begin{aligned}
\mathrm{d}P_{\mathrm{f,s}}(z)/\mathrm{d}z &= C_{\mathrm{R}}P_{\mathrm{R}}(z)(P_{\mathrm{f,s}}(z)+E_{\mathrm{ph}}B_0)+rP_{\mathrm{b,s}}(z)-\alpha_{\mathrm{s}}P_{\mathrm{f,s}}(z) \\
\mathrm{d}P_{\mathrm{b,s}}(z)/\mathrm{d}z &= -C_{\mathrm{R}}P_{\mathrm{p}}(z)(P_{\mathrm{b,s}}(z)+E_{\mathrm{ph}}B_0)-rP_{\mathrm{f,s}}(z)+\alpha_{\mathrm{s}}P_{\mathrm{f,s}}(z)
\end{aligned}
\tag{6.34}
$$

式中，$P_{\mathrm{f,s}}$和 $P_{\mathrm{b,s}}$分别为前向和后向信号功率，P_{p} 为泵浦功率，$E_{\mathrm{ph}}=h\nu$ 为信号光子能量，$B_0=2\nu$ 是光带宽，$C_{\mathrm{R}}=g_{\mathrm{R}}/A_{\mathrm{eff}}$；$\alpha_{\mathrm{s}}$ 为信号光的衰减系数。方程右边第一项表示信号和 ASE 的拉曼增益，第二项表示后向瑞利散射，第三项表示光纤的损耗。$\pm C_{\mathrm{R}}P_{\mathrm{p}}(z)B_0$项描述了每单位长度光纤中光子几率为 $C_{\mathrm{R}}P_{\mathrm{p}}(z)$的自发拉曼辐射。光纤中的每一个自发辐射光子都得到拉曼增益。$+rP_{\mathrm{b,s}}(z)$和$-rP_{\mathrm{f,s}}(z)$项由瑞利散射产生。当信号和噪声功率在任意位置远低于泵浦功率时，不需考虑泵浦功率的消耗。

试验表明，泵浦功率越大，传输距离越长，瑞利散射的影响越大。对于放大器级联系统，放大器的个数越多，则瑞利散射的影响越小，因此为了抑制瑞利散射噪声的影响，可以采用多级放大的方式，避免泵浦功率过高和传输距离过长，另外还可以采用双向泵浦的方法降低瑞利散射。最近，提出了一种新的抑制瑞利散射的方法，即在传输光纤的中间某个位置加入一个均衡器，以破坏双瑞利散射的环路增益，取得了较好的效果。

(4) 大功率泵浦特性。

FRA 在实际应用中最关键的是获得合适波长的高功率泵浦源。事实上这正是以往限制拉曼放大器走向实用化的原因。可实用的拉曼放大器对泵浦源的要求非常严格：① 要求泵浦源有较大的输出功率，一般应在 200mW 以上，以获得足够的增益；② 要有合适的输出波长，由于对应拉曼增益峰值的泵浦光与信号光频移约为 110nm，因此泵浦光纤中的几个低损窗口应有合适的输出波长以获得最大增益。例如，泵浦 1.3μm 窗口用 1.24μm 波长；泵浦 1.55μm C 波段用 1.45μm 波长；泵浦 S、L 波段分别用 1.42μm、1.48μm 波长。另外，还要保证输出波长的稳定，以保证增益的稳定；③ 要保证有足够的使用寿命，连续工作时间长；④ 要抑制拉曼增益的偏振依赖现象。由于拉曼增益对偏振敏感，泵浦光与信号光的偏振态不同会导致不同的增益，为了保证增益的平坦，应该使泵浦光去偏振；⑤ 要保证输出功率可以高效地耦合到光纤中去，在这方面应用光纤激光器就有明显的优势。

目前可实用的拉曼泵浦源主要有两种。一种是复用半导体泵浦激光器，即用 WDM 合波器将几个较低功率的半导体激光器耦合起来以获得较高功率的输出。另一种是级联式拉曼激光器，即利用已有的但波长较短的泵浦源通过类似谐振腔的结构产生具有合适波长的高阶斯托克斯波作为泵浦输出。

(5) FRA 的应用。

拉曼放大器有两种类型，即分布式和分立式放大器，各有其特点。分立式放大

器是将拉曼放大器与传输线路分开,作成独立元件。因此要求其具有较高的增益,一般采用高掺锗、低损耗、小有效面积的光纤作为增益介质。由于分立式拉曼放大器的增益和 EDFA 相比有一定的差距,并且需要较长的光纤(几公里左右),因此主要用于放大一些 EDFA 不能放大的特殊波长,如 1.3μm 窗口。分布式拉曼放大器是以传输光纤作为增益介质的放大器,另外用它还可以制成无损光器件,如无损色散补偿光纤。还可以制成 EDFA 的动态均衡器件用于弥补由于光纤老化损耗上升而造成的增益不均衡。从目前的发展趋势来看,由于分布式放大器的优良特性,其应用范围已超过了分立式放大器。

目前关于拉曼放大器应用于宽带放大的报道很多,总结起来主要有三种情况:① 拉曼放大器独立使用,采用多波长泵浦,形成宽带放大;② 拉曼放大器和 EDFA 构成混合放大器,再加上增益均衡器平坦增益以获得高增益的宽带放大;③ 用拉曼放大器制成有源无损器件或动态均衡器件。

6.4.3 半导体光放大器(SOA)

所有靠近阈值但在阈值以下偏置的半导体激光器都可以实现光放大,做成半导体光放大器,其放大特性主要取决于有源层的介质特性与激光的特性。SOA(图 6.42)的放大原理为:SOA 两端面构成谐振腔,入射光从 SOA 左端面进入,通过具有增益的有源层介质后到达右端面,部分从端面反射,大部分从端面出射。反射光反向通过有源层至左端面,又经过一次放大,部分从左端面出射,其余部分又从左端面反射,再次通过有源层得到放大,如此反复,使反射光得到多次放大。

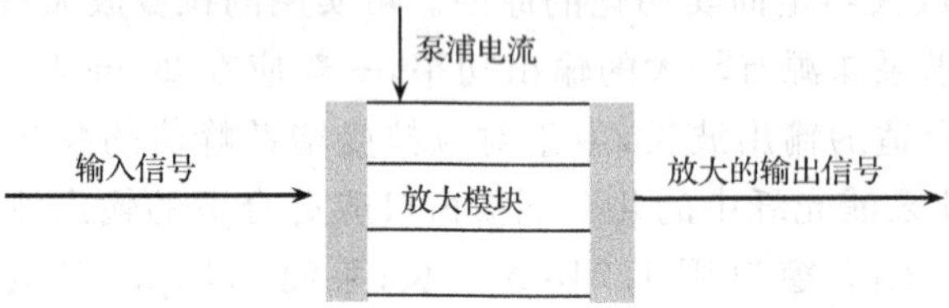

图 6.42 SOA 示意图

半导体光放大器的结构类似于 F-P 腔的半导体激光器,根据其两端腔面反射率的高低,可分为 F-P 腔放大器(FPSOA)(其腔面反射率为 10^{-2})和行波放大器(TWSOA)(其腔面反射率小于 10^{-4},如图 6.43)。FPSOA 具有大的增益抖动性(约为 20dB)和小的增益带宽(为 2～10GHz),而 TWSOA 的增益抖动性小,约为几个 dB,增益带宽宽(约为 5THz,40nm 在 1550μm 窗口),并且大的残余反射导致 FPSOA 大的噪声指数。因此,TWSOA 更加适合光通信系统的需要。

理想的行波半导体光放大器的主要特征包括:

(1) 极低的腔面反射率($< 10^{-4}$),以获得小的增益抖动性(ripple)(<0.5dB);

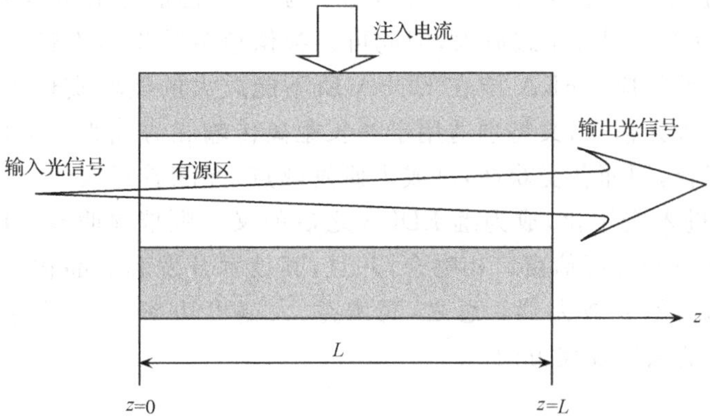

图 6.43　行波半导体光放大器原理图

(2) 低的光损耗以获得大的净增益(约 30dB)；

(3) 高的材料增益以获得极低的操作电流(20～30dB 增益,其操作电流为100 mA)；

(4) 极低的偏振相关损耗(<0.5dB)；

(5) 高的饱和输出功率；

(6) 低的耦合损耗(<3dB/facet)；

(7) 低的噪声指数以获得输出信号高的信噪比。

其中,极低的腔面反射率是实现行波放大的关键,常用降低腔面反射率的方法有三种。在腔面两端镀光学抗反射膜是降低腔面反射率的最简单有效方法;考虑到 Fresnel 反射定律,采用与解理面成一定角度的斜角有源波导结构,可以有效地降低腔面反射率;此外,利用低折射率 InP 窗口区,使得经由放大器传输的光仅有一部分能够反射回腔内从而降低腔面反射率,25μm 长的 InP 窗口区,其腔面反射率在 70nm 范围内可以达到 3×10^{-5}。

由于通常的半导体光放大器是扁平矩形结构,TE 模的光限制因子大于 TM 模的光限制因子,而且通常的量子阱有源区 TE 模的材料增益都大于 TM 模的材料增益,因此,使得获得偏振不灵敏放大成为器件制备的难题。特别是半导体光放大器是在宽带下工作,要实现大带宽、大的工作电流下的偏振不灵敏就更加困难,多种偏振不灵敏结构已提出。目前,报道的器件的偏振不灵敏度基本上可小于 1dB,但器件的制备工艺相对苛刻,也可能会对器件的其他性能不利。

鉴于半导体光放大器是双端耦合器件,有效降低耦合损耗对于改善 SOA 性能、降低 SOA 成本非常有效。国际上通常采用在半导体光放大器的两端集成模斑转换器,使得该器件的远场发散角变小,光斑近似于圆斑,提高耦合效率,但与此同时也带来了腔面反射率的增加,因此往往采取折中的办法。

对比这三种光放大器,SOA 由于其体积小、结构简单、成本低、易于集成,因而发展很快，在技术上已比较成熟。但是，迄今为止，其性能与 EDFA 相比仍有较大差距。FRA 由于采用分布式放大，因此可以补偿色散补偿器件带来的损耗，同时可以避免非线性效应。FRA 能在 EDFA 所不能放大的波段实现放大，既能在全波长范围内放大光信号，又特别适用于超长距离传输和海底光缆通信等不方便设立中继器的场合，因而备受欢迎，已成为研发热点，并随着瓦级的泵浦激光器小型化、商用化而进入实用化，成为继 EDFA 之后的又一颗璀璨明珠。EDFA 由于其工作波长恰好与光纤通信窗口相吻合，并且，其技术开发和商品化最成熟，因而是目前最令人满意的光放大器。总之，高增益、大输出功率、低噪声系数是 EDFA、SOA 和 FRA 的共同发展方向。

6.5 小　　结

在高速率光纤通信系统中或相干光通信中，常采用光源的间接调制技术。利用电光效应、声光效应和电吸收效应等进行外调制是光纤通信中主要采用的间接调制方法，这种方法是在激光形成之后施加调制，不影响激光器的发射谱线，其瞬态性质也完全由调制器所决定。

半导体激光器和发光二极管是光纤通信中最常用的光源。发光二极管在实际使用中具有线路简单、可靠、寿命长等优点，它的主要工作原理对应光的自发发射过程，因而是一种非相干光源。由于它发射的光的谱线较宽、方向性较差，本身的响应速度又较慢，所以只适用于速率较低的数字通信系统或小的模拟通信系统中，在高速率、大容量的光纤通信系统中主要采用半导体激光器作光源。与发光二极管相比，激光器的原理、性质都要复杂得多，因此，本章着重介绍了半导体激光器的原理。

半导体激光器是阈值器件。只有当注入电流达到阈值电流后，激光器才开始激射。激光器激射必须满足以下两个条件：

(1) 有源区产生足够的粒子数反转分布；

(2) 在谐振腔里建立起稳定的振荡。

由于谐振腔的存在，激光器的输出光束方向性较好，并呈一定的模式振荡。对于双异质结条形激光器，其有源区构成矩形介质波导谐振腔，激光器的横模是由有源区的波导性质所决定的。

在光纤通信中，通常采用光电二极管和雪崩光电二极管将光信号转换成电信号。光电二极管利用半导体材料的光电效应将入射光子转换成电子-空穴对，形成光生电流。量子效率（或响应区）、响应速度和暗电流是光电二极管的主要性能指标。

雪崩光电二极管（APD）利用载流子在高场区的碰撞电离形成雪崩倍增效应，使检测灵敏度大大提高。APD 的雪崩增益随偏压的提高而加大，但在雪崩增益加大的同时，它引入的噪声和它的暗电流也加大。

光电二极管和APD所检测的光波长的范围由材料本身的性质所决定，Si材料的光电二极管和APD只适用于短波长(0.5～1.0μm)波段，Ge和InGaAs材料的光电二极管和APD适用于长波长波段(1.1～1.6μm)。

掺铒光纤放大器(EDFA)的研制成功使光纤通信技术产生了革命性的变化：用相对简单价廉的光放大器代替长距离光纤通信系统中传统使用的复杂昂贵的光—电—光混合式中继器，从而可实现比特率及调制格式的透明传输，升级换代也变得十分容易。尤其是性能十分优秀的EDFA与WDM技术的珠联璧合，奠定了高速大容量光纤通信系统大规模实用化、并向未来的全光通信发展的基础。

思考与练习

1. 对于电光调制器，已知体电光调制器的电极间距为1mm，波导型电光调制器的波导宽带(电极间距)8μm，求当需要相同位相差时，这两种电光调制器的电压比。

2. 请考虑用电光效应简单设计一个2×2的光开关。

3. 对于980nm泵浦和1480nm泵浦的EDFA、哪种泵浦方式的功率转换效率高？哪种泵浦方式的噪声系数小，为什么？

4. 有一个光电二极管是由GaAs材料构成的，在300K时其带隙能量为1.43eV，求这种材料的截止波长。

5. 已知在波长范围为1300<λ<1600时，InGaAs材料的量子效率大约为90%，求在这个波长范围内这种材料的响应度(用波长λ表示)，并求在波长1400nm、1550nm处的响应度。

6. 半导体激光器发射光子的能量近似等于材料的禁带宽度，已知GaAs材料的E_g=1.43eV，某一InGaAsP材料的E_g=0.96eV，求它们的发射波长。

7. 光电二极管中所有载流子产生的倍增因子M定义为$M=I_M/I_p$，I_p为式(6.9)中的平均光生电流，I_M为雪崩增益后输出电流的平均值。现已知一种硅雪崩二极管在波长900nm时的量子效率为65%，假定0.5μW时的光功率产生的倍增电流为10μA，试求倍增因子。

8. 激光器除了满足增益条件外还要满足谐振条件：$2\beta L=2\pi m$，式中传播常数$\beta=2\pi n/\lambda$，m为一个整数。请推导出激光器的频率间隔和波长间隔。

9. 有一GaAs激光器，工作波长为850nm，激光器长500μm、材料的折射率为3.7。请问激光器的频率间隔和波长间隔为多少。(利用8题的结果)

参考文献

顾畹仪，李国瑞. 1999. 光纤通信系统. 北京：人民邮电出版社

林学煌等. 1998. 光无源器件. 北京：人民邮电出版社

行松健一(日). 2002. 光开关与光互连. 崔敦杰 译. 北京：科学出版社

原荣. 2000. 光纤通信. 第一版. 北京：电子工业出版社

Elbers J P, Farbert A et al. 2003. 3.2 Tbit/s (80×40 Gbits) bidirectional DWDM/ETDM transmission.

ECOC'99,Paper PD

Farbert A. 2000. 7Tbit/s (176×40 Gbit/s) bidirectional interleaved transmission with 50GHz spacing. ECOC '00,Paper PD1. 3

Fukuchi K et al. 2001. 10. 92 Tbit/s (273×40 Gbit/s) triple-band/ultra-ense WDM optical-repeatered transmission experiment. OFC'01,Paper PD24

Grote N,Venghaus H(德). 2003. Fiber Optics Communication Devices. 王景山,沈欣捷,孙玮 译. 北京:国防工业出版社

Scheerer C,Glingener C,Farbert A et al. 1999. 3. 2 Tbit/s (80×40 Gbit) bidirectional DWDM/ETDM transmission over 40 km standard single mode fiber. Electron. Lett. ,35(20):1752

Zhu B et al. 2003. Transmission of 1. 6 Tbit/s (40×42. 7Gbit/s) over transoceanic distance with terrestrial 100 km amplifier spans. OFC'03,Paper FN2

第7章　光纤传感技术

光纤传感技术是伴随着光导纤维及光纤通信技术的发展而迅速发展起来的一种以光为载体，光纤为介质，感知和传输外界信号（被测量）的新型传感技术。在低损耗光纤问世不久的20世纪70年代中期人们就开始了光纤传感器的研究[1,2]。这主要是因为光纤用于传感具有独特的优点，如无源性、化学惰性、绝缘性、极宽的信号带宽、“传”“感”合一等，此外还有诸如灵敏度高、响应速度快、动态范围大、抗电磁干扰等。光纤传感器经过二十多年的发展，目前已经成为一个种类繁多的传感大家族。

本章将首先介绍光纤传感器的优点及分类方法，随后介绍几类非常重要的光纤传感器，比如光纤法珀传感器、光纤白光干涉传感器、光纤陀螺传感器、光纤光栅传感器等。在介绍这些传感器时，本书着重于介绍这几类传感器的基本传感原理、解调方法及简单的应用技术，一些更深入的讨论读者可见相应参考文献。

7.1　引　　言

光纤不仅能用作光波的传输媒介，而且光纤中传输的光波的特征参量，如振幅、相位、波长、偏振态，以及模式等，对外界环境因数，如温度、压力、辐射等比较敏感。因此通过测量光纤中传输的光波的特征参量的变化即可实现对外界相应环境参量的测量，这也就间接实现了引起环境因素变化的相应物理量的测量。

7.1.1　基本结构

光纤传感器一般由四大部分组成：光源、信号传输光纤、传感头、光电转换及信号处理，具体结构如图7.1所示。光波作为载波经入射光纤传输到传感头，光波的某些特征参量在传感头内被外界物理量所调制，含有被调制信息的光波经出射光纤传输到光电转换部分，经解调后就能得到被测物理量的大小和状态。由于光波的频率很高，且是一种二维信号载体，所以它能传感和传输的信息量极大。

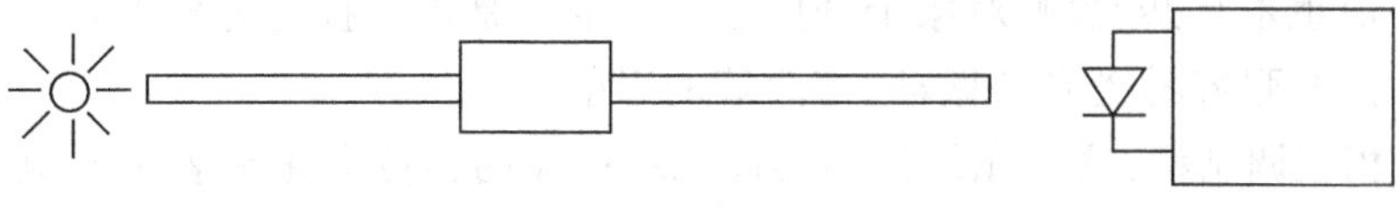

图7.1　光纤传感器工作原理示意图

7.1.2 光纤传感器的分类

1. 按照光纤在传感系统中的功能分

光纤传感,包含对外界信号(被测量)的感知和传输两种功能。所谓感知(或敏感),是指外界信号按照其变化规律使光纤中传输的光波的物理特征参量,如强度(功率)、波长、频率、相位和偏振态等发生变化,测量光参量的变化即"感知"外界信号的变化。这种"感知"实质上是外界信号对光纤中传播的光波实施调制。所谓传输,是指光纤将受外界信号调制的光波传输到光探测器进行检测,将外界信号从光波中提取出来并按需要进行数据处理,也就是解调。因此,光纤传感技术包括调制与解调两方面的技术,即外界信号(被测量)如何调制光纤中的光波参量的调制技术(或加载技术)及如何从已被调制的光波中提取外界信号(被测量)的解调技术(或检测技术)。

外界信号对传感光纤中光波参量进行调制的部位称为调制区。根据调制区与光纤的关系,可将调制分为两大类。一类为功能型调制,调制区位于光纤内。外界信号通过直接改变光纤的某些传输特征参量对光波实施调制。这类光纤传感器称为功能型(functional fiber,简称 FF 型)或本征型光纤传感器,也称内调制型传感器,光纤同时具有"传"和"感"两种功能。与光源耦合的发射光纤同与光探测器耦合的接收光纤为一根连续光纤,称为传感光纤,故功能型光纤传感器也称全光纤型或传感型光纤传感器。最典型的功能型光纤传感器是光纤微弯压力传感器。另一类为非功能型调制,调制区在光纤之外,外界信号通过外加调制装置对进入光纤中的光波实施调制,这类光纤传感器称为非功能型(non functional fiber,简称 NFF 型)或非本征型光纤传感器,发射光纤与接收光纤仅起传输光波的作用,称为传光光纤,不具有连续性,故非功能型光纤传感器也称传光型光纤传感器或外调制型光纤传感器。

随着光纤传感技术的发展,利用集成光波导可在需要测量的点将传光光纤与传感用的光纤(或光波导)集成在一起,如集成光波导电压传感器、分布式光纤光栅传感器等。这时传光用的光纤和传感用的光纤就成为了一个整体。

2. 按照光纤中光被调制的方式分

(1) 光强调制型:这类光纤传感器以输出光强的变化来表示被测物理量。探头结构一般也不复杂,被测对象十分广泛。其缺点是抗干扰能力较差,这主要是由于光纤中的光强容易受光纤振动、弯曲等的影响。

(2) 相位调制型:这类光纤传感器以光纤中光的相位变化来表示被测物理量,由于光的频率太高,需要相干解调,即要有一个参考光路与传感光路相干。由于光纤或光波导中光的相位对环境很敏感,这种光纤传感器具有很高的灵敏度,同时也有串音(cross talking)的缺点,即易受多种环境量如振动、温度等的干扰。

(3) 偏振态调制型:这类光纤传感器以光纤中光的偏振态的变化来表示被测量,用检偏器进行解调。一般利用磁光效应、电光效应和光弹效应等进行电磁场、应力等的测量。缺点是光纤中光的偏振态易受振动、温度等的影响,需要有补偿措施。

(4) 波长调制型:这类光纤传感器一般采用宽带光源,利用传感部分的选频特性来调制出射光的波长,从而得到被测量的大小。一般需要频谱仪解调。由于光纤中光的波长很稳定,这种方法具有可靠性高,抗干扰能力强的特点。缺点是光谱的变化占用了很宽的信道,且传感头和解调的费用较高。

(5) 频率调制型:主要是指利用多普勒效应的光纤传感器,当然也包括某些非线性科尔效应,如 Billiouin 和拉曼散射等,利用相干解调,主要用于位移、速度和温度等的测量。

由于现有的任何一种光探测器都只能响应光的强度,而不能直接响应光的频率、波长、相位和偏振态这四种光波物理参量,因此光的频率、波长、相位和偏振调制信号都要通过某种转换技术转换成强度信号,才能为光探测器接收,实现检测。

3. 按照被测对象分

按照被测对象分主要有光纤温度传感器、光纤位移传感器、光纤流量传感器、光纤压力传感器、光纤电流传感器、光纤陀螺仪、医用光纤传感器等等。

除了上面介绍的几种分类方法外,现在有的学者也按照测量参数的多少将光纤传感器分为单参数测量传感器、双参数、甚至三参数等多参数测量传感器;按照测量点的多少及分布形式分为分布式或准分布式光纤传感器。其中分布式光纤传感器是当今发展的趋势,在分布式特别是连续分布式光纤传感器中,除了需要测量被测量的大小和状态外,还必须知道这些量与测量点的对应关系,即需要对测量点进行地址编码。最简单的地址编码方式为每根光纤代表一个测量点,传像束实际上就是利用这种编码方式的分布式传感器,用于空间的亮度分布测量。这种方式解调简单,每根光纤代表一个测量点,但没有利用光纤的信道容量大的特点,不适合于长距离、众多测量点的测量。显然串行的地址编码方式更能充分发挥光纤信道容量大和“传”、“感”合一的特点。为区分每个测量点所对应的测量结果,有两种基本方法进行编码:一种是光时域反射原理(OTDR),另外一种就是光谱反射原理,这两种方法读者可以参考相关文献。

7.1.3 功能型光纤传感器

在 7.1.2 小节的分类中我们介绍到,按照光纤在传感器中的作用可分为非功能型器件和功能型器件,在本书中,我们介绍的都是功能型光纤传感器件。

功能型光纤传感器既传“光”,也传“感”,具有“传”、“感”合一的特点。目前在光纤传感器领域内发展尤为迅速,下面介绍三种功能型光纤传感器:强度调制型光纤传感器、相位调制型光纤传感器以及偏振调制型光纤传感器。

1. 强度调制型光纤传感器

1）基本原理

强度调制型光纤传感器一般采用多模光纤作为信号传输光纤。敏感元件可以用一般光纤或光纤阵列实现（即传感型）。当然也可以用其他机光、电光等敏感元件，而光纤只用于光的传输（即传输型）。强度调制型光纤传感器的光源一般采用非相干光源（如 LED、白炽灯等），光检测器则多用 PIN（或 APD）型光电二极管。

自从光纤传感器在 20 世纪 60 年代出现以来，强度调制型光纤传感器得到了广泛的应用。强度调制型光纤传感器的一般结构框图如图 7.2 所示。被测参数通过传感元件对光源入射光强进行调制。输出光强以及光电转换后相应的电信号将随被测参数而变化，它们之间关系一般可表示为 $I_o = f(I_s, x, E, n)$，式中，I_s、I_o 分别为输入输出光强，x 为被测参数，E 为环境参数（如温度，湿度等），n 为噪声。被测参数需从上述关系求得。

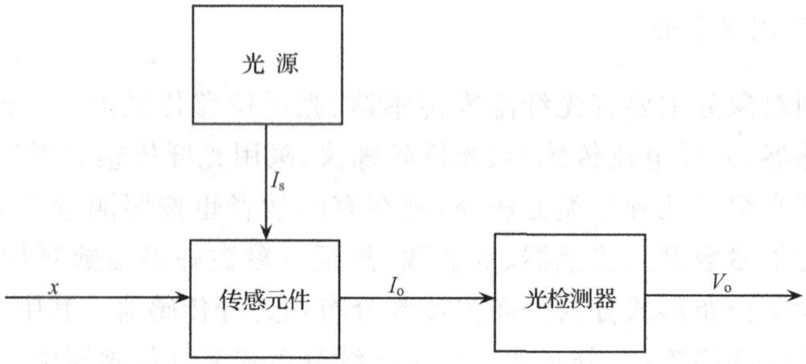

图 7.2 强度调制型光纤传感器的一般结构框图

2）强度参考方法

除光纤传感器的一般优点外，强度调制型光纤传感器还具有成本低、结构简单等优点。和其他类型光纤传感器相比较，强度调制型光纤传感器的主要限制是其长期稳定性。如同一般传感器一样，它们除了对被测参数敏感外，还受其他环境参数（即存在交叉灵敏度）、漂移和噪声的影响。交叉灵敏度会引起较大的测量误差，最常见的是对环境温度变化的影响，即温度漂移。另外，光纤传输损耗变化、光纤连接器的接头损耗变化、光纤耦合器的耦合比变化等都对传感器的长期稳定性有着直接的影响。

交叉灵敏度和漂移对输出光强所引起的误差主要是乘性的，比较有效的办法是采用某种强度参考，以补偿所引起的误差，其基本思想是利用两路光（即信号光和参考光），使之受到相同的上述诸因素的影响（共模干扰），而被测参数只对信号光进行调制（或者对两者调制比有较大的差异）。这样，通过较为简单的信号处理（如二者比值，或差和比），便可消除上述诸因素的影响。常用的强度参考方法主要有分光束参考、时域参考和双波长参考三种方法。

(1) 分光束参考。

最简单的分光束参考如图 7.3 (a)～(b)所示。假定信号光纤和参考光纤受到相同环境参数的影响，则图 7.3(a)可以补偿光源和传输光纤波动的影响，图 7.3(b)可以补偿传输光纤及光检测器的影响。两者都不能提供完全补偿，前者不能补偿光检测器的波动，后者不能补偿光源的波动。如将上述两种形式组合在一起，便可以得到一种十分有用的参考方法——平衡桥路参考(图 7.3(c))。其工作原理如下：

来自光源 S_1 的光，通过传输系数为 L_1 的光纤，然后分成两路，传输系数分别为 M、L_{14}，其中 M 和被测参数直接有关。两光检测器 D_1、D_2 的输出分别为

$$P_{13} = P_1 \cdot L_1 \cdot M \cdot L_3 \cdot A_1 \tag{7.1a}$$

$$P_{14} = P_1 \cdot L_1 \cdot L_{14} \cdot L_4 \cdot A_2 \tag{7.1b}$$

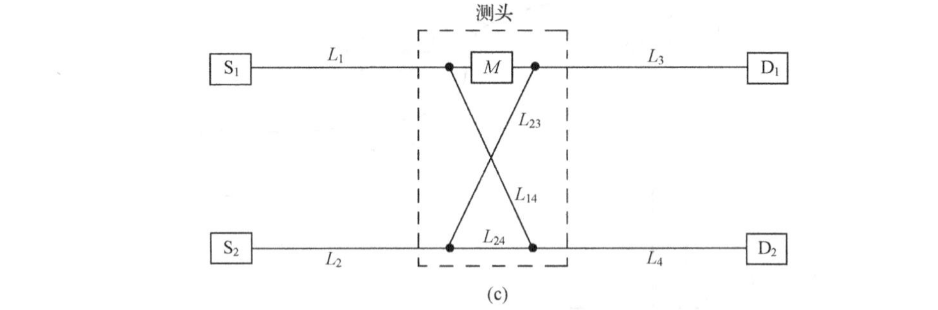

图 7.3　分光束参考方法框图

类似地，光源 S_2 在两光检测器的输出为

$$P_{23} = P_2 \cdot L_2 \cdot L_{23} \cdot L_3 \cdot A_1 \tag{7.2a}$$

$$P_{24} = P_2 \cdot L_2 \cdot L_{24} \cdot L_4 \cdot A_2 \tag{7.2b}$$

式中，P_1、P_2 分别为光源 S_1，S_2 的输出光强，L_1、L_2、L_3、L_4 为连接光源及光检测器光纤的传输系数，L_{14}、L_{23}、L_{24} 为测头内部光纤的传输系数，A_1、A_2 分别为检测器 D_1、D_2 的响应度。

显然，比值 P_{13}/P_{14} 可以消除 P_1、L_1 的影响；比值 P_{23}/P_{24} 可以消除 P_2、L_2 的影响，而且两比值都包含 L_3A_1/L_4A_2，于是，两比值的比值，即

$$R = \frac{\frac{P_{13}}{P_{14}}}{\frac{P_{23}}{P_{24}}} = \frac{P_{13} \cdot P_{24}}{P_{14} \cdot P_{23}} = \frac{M \cdot L_{24}}{L_{14} \cdot L_{23}} \tag{7.3}$$

可以消除 P_1、P_2、A_1、A_2、L_1、L_2、L_3、L_4 的影响，而只和安全探头内部四臂光纤的传输系数有关。尽管上述结果仍受到 L_{14}，L_{23}，L_{24} 波动的影响，但相应的光纤长度可以很短，所以影响不大。上述比值中的四个输出值即 P_{13}、P_{23}、P_{14}、P_{24} 可用分时或分频的办法产生，具体阐述请读者参考相关文献。

(2) 时域参考。

图 7.4(a)所示为一基本的时域参考方法，它由一脉冲光源，两个部分反射镜，强度调制型光纤传感器和光检测器组成，光脉冲经第一反射镜进入光纤传感器，其输出光在第二反射镜部分被光检测器接收，部分被返回传感器，当光脉冲宽度小于光在两反射镜间来回传输的时间时，光检测器将接收到一脉冲串(图 7.4(b))。不难证明，第 n 个脉冲的输出功率为

$$P_n = P_c T_1 T_2 (R_1 R_2)^{n-1} M^{2n-1} L^{2n-1} A \tag{7.4}$$

式中，P_c 为光源输出功率，T_1、T_2，R_1、R_2 分别为反射镜 I，II 的传输系数和反射系数，M 为传感器的强度调制系数，L 为光纤的传输系数，A 为光检测器响应度。

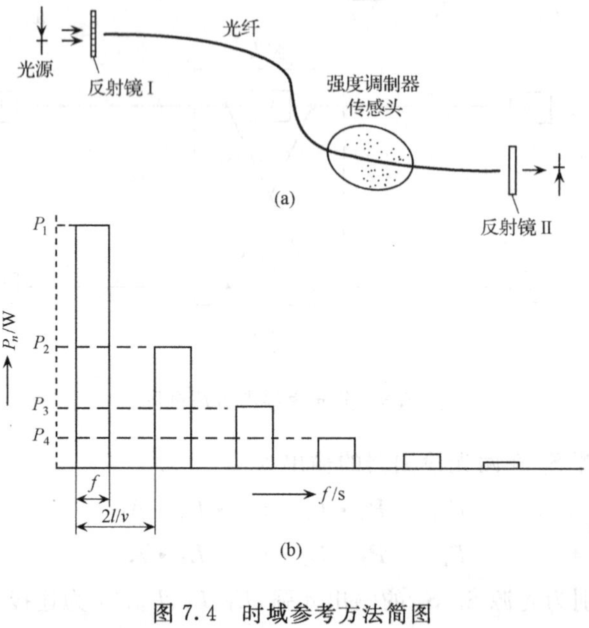

图 7.4　时域参考方法简图

(a) 原理图；(b) 输出信号随时间变化关系

两相邻脉冲功率比值为

$$\frac{P_{n+1}}{P_n} = R_1 R_2 M^2 L^2 \tag{7.5}$$

由此可见，时域参考可以补偿光源、光检测器的波动变化，并能部分补偿传输光纤的波动影响，但仍受两反射镜之间光纤传输系数波动以及反射镜反射系数的影响。另外，由于两反射镜 I 和 II 的使用，光信号大为减弱。

（3）双波长参考。

从上述讨论可知，虽然分光束参考和时域参考能起到一定的补偿作用，但仍然受到部分传输光纤的波动影响。更为彻底的补偿方法是双波长参考。其实，传统的对比吸收测量法便是一种双波长参考。双波长参考方法采用具有不同波长的两部分光，一部分为信号光，另一部分为参考光。由于它们可以通过完全相同的光路，所以它们可实现完全补偿。采用双波长参考的前提条件是：① 两波长的光源光强比值恒定；② 光在光纤中的传输损失和波长关系不大；③ 光检测器灵敏度在两波长相对不变，双波长参考所需的两波长可用两独立光源产生，它们应具有不同的峰值波长，也可使用一宽带光源（如 LED），然后将其分割成两个半宽带光源或用色散元件产生。

根据光纤传感器具体结构和原理的不同，强度调制方法主要有光纤位移型、快门型、微弯型、反射系数型、光纤波导型等。

2. 相位调制型光纤传感器

光纤传感技术中使用的光相位调制大体有三种类型。一类为功能型调制，外界信号通过光纤的力应变效应、热应变效应、弹光效应及热光效应使传感光纤的几何尺寸和折射率等参数发生变化，从而导致光纤中的光相位变化，以实现对光相位的调制。第二类为萨格奈克（Sagnac）效应调制，外界信号（旋转）不改变光纤本身的参数，而是通过旋转惯性场中的环形光纤，使其中相向传播的两光束产生相应的光程差，以实现对光相位的调制。第三类为非功能型调制，即在传感光纤之外通过改变进入光纤的光波程差实现对光纤中光相位的调制。本节只介绍功能型相位调制。

光波通过长度为 l 的光纤，相位延迟为

$$\varphi = \beta l \tag{7.6}$$

式中，β 为光波在光纤中的传输常数，$\beta = nk_0$。其中 n 为纤芯折射率，k_0 为光在真空中的波数，$k_0 = 2\pi/\lambda_0$，λ_0 为光在真空中的波长。

当传感光纤受机械力或温度场作用时，将导致一系列物理效应，使光纤的参数变化，其中的纵向应变效应使光纤的长度 l 变化（Δl）；横向泊松效应使光纤的芯径 2α 变化（$\Delta\alpha$），进而导致传播常数 β 变化（$\Delta\beta$）；弹光效应和热光效应使光纤的纤芯折射率 n 变化（Δn）。传感光纤的上述参数的变化都将引起光纤中的光波相位的变化。

将式（7.6）微分可得

$$\Delta\varphi = \Delta(\beta l) = \beta l\left(\frac{\Delta l}{l}\right) + l\left(\frac{\partial\beta}{\partial n}\right)\Delta n + l\left(\frac{\partial\beta}{\partial\alpha}\right)\Delta\alpha \tag{7.7}$$

式中第一项表示传感光纤长度变化引起的相位差(应变效应或热胀效应),第二项为传感光纤折射率变化引起的相位差(弹光效应或热光效应),第三项为传感光纤芯径变化引起的相位差(泊松效应),由于其值相对很小,一般可忽略不计。式(7.7)可近似为

$$\Delta\varphi = \beta l\left(\frac{\Delta l}{l}\right) + l\left(\frac{\partial\beta}{\partial n}\right) = \beta l\left(\frac{\Delta l}{l}\right) + l\Delta\beta \tag{7.8}$$

或

$$\frac{\Delta\varphi}{\varphi} = \frac{\Delta l}{l} + \frac{\Delta\beta}{\beta} = \frac{\Delta l}{l} + \frac{\Delta n}{n} \tag{7.9}$$

各种类型的光学干涉仪,用光纤代替其干涉光路即可构成光纤干涉仪,即相位调制型光纤传感器。光纤马赫-曾德尔干涉仪是一个典型的例子,它由两根单模光纤组成,一根单模光纤为测量光纤,将其暴露在被测的物理场中,另一根单模光纤为参考光纤,将其与被测物理场隔离。将一个相干光源分成两路并耦合进两根光纤,在输出端,这两根光纤所输出的光重新组合。其原理结构如图 7.5 所示。当两路光的偏振方向基本平行时,所得到的光强信号将随相位的变化而周期性地改变。

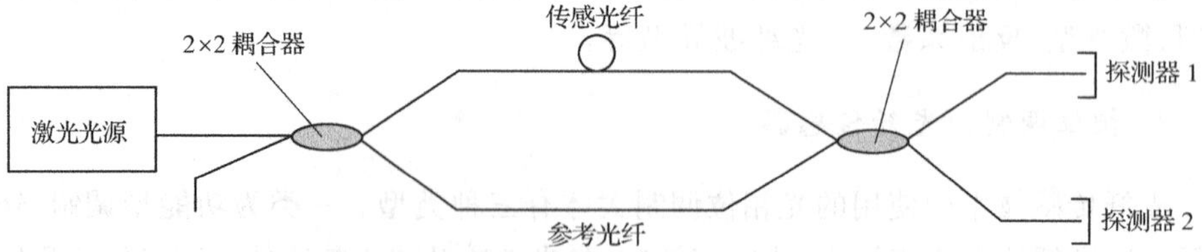

图 7.5　马赫-曾德尔干涉光路原理图

为简化分析,假设光在光纤中传输时偏振态不变,即忽略光纤的双折射效应,此时,检测器 1 和 2 处的电场可表示为

$$E_1 = k_{2c}\exp(i\varphi_R)k_{1c}E_0(\tau_R) + k_{2t}\exp(i\varphi_S)k_{1t}E_0(\tau_S) \tag{7.10a}$$

$$E_2 = k_{2t}\exp(i\varphi_R)k_{1c}E_0(\tau_R) + k_{2c}\exp(i\varphi_S)k_{1t}E_0(\tau_S) \tag{7.10b}$$

式中,φ_R 和 φ_S 分别是参考光纤和测量光纤的相位滞后,τ_R 和 τ_S 分别是参考光和测量光的传播时间,k_{2c}和 k_{2t}分别是定向耦合器 2 的耦合系数和透射系数,k_{1c}和 k_{1t}分别是定向耦合器 1 的耦合系数和透射系数。由于忽略了偏振效应,电场和耦合系数可用标量表示。然而,耦合系数一般为复数,即能引起耦合光的相位滞后。对于理想的 2×2 定向耦合器,耦合光将有 $\pi/2$ 的相位滞后,因此 $k_{ic}(i=1,2)$为虚数,即 $k_{ic}=ik'_{ic}$,其中,k'_{ic}为实数。

在探测器 1 和 2 处的光强为

$$\begin{aligned} I_1 &= \langle E_1 \cdot E_1^* \rangle \\ &= I_0[k'^2_{1c}k'^2_{2c} + k^2_{1t}k^2_{2t} - 2k'_{1c}k'_{2c}k_{1t}k_{2t}\gamma(\tau_S - \tau_R)\cos(\varphi_S - \varphi_R)] \end{aligned} \tag{7.11a}$$

$$\begin{aligned} I_2 &= \langle E_2 \cdot E_2^* \rangle \\ &= I_0[k'^2_{1c}k'^2_{2t} + k^2_{1t}k^2_{2c} - 2k'_{1c}k'_{2c}k_{1t}k_{2t}\gamma(\tau_S - \tau_R)\cos(\varphi_S - \varphi_R)] \end{aligned} \tag{7.11b}$$

式中，$I_0=\langle E_0^2(\tau_S)\rangle=\langle E_0^2(\tau_R)\rangle$为光纤的输入光强，$\gamma(\tau_S-\tau_R)=\langle E(\tau_S)\cdot E_0^*(\tau_R)\rangle/I_0$为光源的相干度。如果定义干涉的可见度为$V=(I_{max}-I_{min})/(I_{max}+I_{min})$，则式(7.11)可进一步简化为

$$I_1=I_{01}[1-V_1\cos(\varphi_S-\varphi_R)] \tag{7.12}$$

式中，$V_1=\dfrac{2k'_{1c}k'_{2c}k_{1t}k_{2t}}{k'^2_{1c}k'^2_{2c}+k^2_{1t}k^2_{2t}}\gamma(\tau_S-\tau_R)$，$I_{01}=I_0(k'^2_{1c}k'^2_{2c}+k^2_{1t}k^2_{2t})$为不相干时耦合到探测器1的光强。由此可见，为达到最好的可见度，可使两个定向耦合器的耦合系数为0.5，即使参考光纤和测量光纤中的光强相等，并使达到检测器时的两路光强也相等。

在式(7.12)中，当光源的时间相干长度$\tau_c\gg\tau_S-\tau_R$时，$\gamma(\tau_S-\tau_R)\approx1$，故当忽略光纤和耦合器的偏振效应时，在$k'_{ic}=k_{it}=1/\sqrt{2}$的条件下，干涉的可见度$V$可达到1。因此，为提高干涉的可见度，应尽量使参考光纤的长度等于测量光纤的长度，以减少$(\tau_S-\tau_R)$。

另一种干涉光路为迈克尔孙干涉光路，如图7.6所示。根据以上同样的分析，可得到探测器处的光强为

$$I_1=I_{01}[1+V\cos(\varphi_S-\varphi_R)] \tag{7.13}$$

式中，$V=2m_Sm_R\gamma(\tau_S-\tau_R)/(m_S^2+m_R^2)$，$I_{01}$为不相干时耦合到检测器处的光强，$m_S$和$m_R$为测量光纤和参考光纤端面的反射率。可见度系数$V$与定向耦合器的耦合系数无关，由于$I_{01}=k_c^2k_t^2(m_S^2+m_R^2)I_0$(其中$I_0$为光纤干涉系统总的输入光强)，为得到较强的光信号，还要尽量使测量光纤和参考光纤中的光强相等，即使$k_c=k_t=1/\sqrt{2}$。

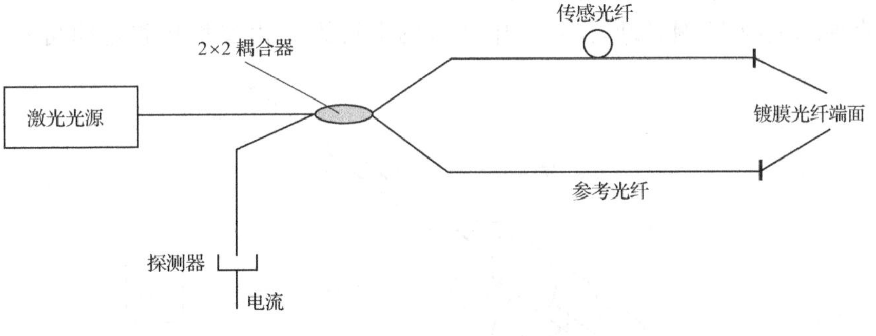

图7.6　迈克尔孙干涉光路

3. 偏振调制型光纤传感器

偏振调制，是指外界信号(被测量)通过一定的方式使光纤中光波的偏振面发生规律性偏转(旋光)或产生双折射，从而导致光的偏振特性变化，通过检测光偏振态的变化即可测出外界被测量。利用被测物理场对两个不同偏振方向上的相位的

影响不同，进行差动测量，在除去被测物理量之外的环境对其两个方向上的偏振光的相位的影响相同的条件下，就能克服串音的干扰。

功能型光偏振调制主要是利用光纤的磁光效应、弹光效应等物理效应来实现外界信号对光纤中光波偏振态的调制。磁光效应导致旋光现象，弹光效应导致双折射。

1) 磁光效应

磁致旋光效应(法拉第(Faradag)效应)是指某些物质在外磁场的作用下，能使通过它的平面偏振光的偏振方向发生旋转。存在磁致旋光效应的物质称为法拉第材料。假设法拉第材料的长度为 l，沿任意方向施加的外磁场强度为 H，则线偏振光通过它后偏振方向旋转的角度为

$$\theta = V_d l H \tag{7.14}$$

式中，V_d 为维尔德常数。当光的传播方向与磁场方向一致时，V_d 取正值，迎着光的传播方向看，偏振面顺时针方向偏转(θ 左旋)；当光的传播方向与磁场方向相反时，V_d 取负值，迎着光的传播方向看，偏振面逆时针方向偏转(θ 右旋)。

式(7.14)说明，偏振面旋转角 θ 与光通过法拉第材料的长度和外加磁场强度成正比。因此，改变法拉第材料的长度或外加磁场强度就能对光纤中的光偏振态进行调制。

法拉第效应反映某些物质的人工旋光性，它与一般旋光物质的自然旋光性不同，是一种非互易光学过程，而一般旋光物质的自然旋光性是互易光学过程。因此，法拉第旋光性的特点是，光束正反两次通过法拉第材料后的总偏振旋转角不为零，而是两次旋转角的叠加，即 2θ。若通过 N 次，则总旋转角为 $N\theta$。

利用光纤的法拉第效应进行偏振调制，测量电流的结构示意图如图 7.7 所示。在长直导线上绕 N 圈光纤，设导线中通过的电流为 i，由安培环路定律可知，导线

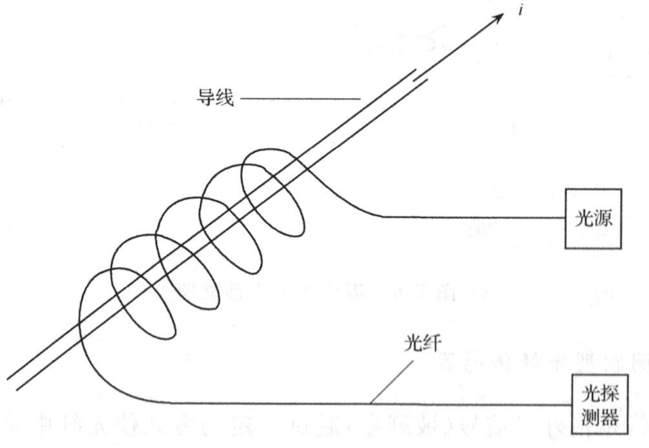

图 7.7　利用法拉第效应测量电流示意图

周围的磁场

$$H = \frac{i}{2\pi R} \tag{7.15}$$

式中，R 为光纤圈的半径。

将式(7.15)代入式(7.14)，得

$$\theta = \frac{V_d l}{2\pi R} \cdot i \tag{7.16}$$

由于光纤在电流导线上绕 N 圈，则 $l=2\pi RN$，代入上式变为

$$\theta = V_d N i \tag{7.17}$$

通过光纤的光偏振面旋转角 θ 与通过导线的电流 i 成正比。

2）弹光效应

弹光效应又称光弹效应，它是一种应力应变引起双折射的物理效应。当传感光纤受轴向应力作用时，应变引起光纤的折射率变化，导致光相位变化，这是一种纵向弹光效应。而在传感光纤的通光正交方向施加应力，在受力部分产生各向异性，引起双折射，是一种横向弹光效应。由应力引起的感应双折射正比于所施加的应力，即 $\Delta n=\rho\sigma$，式中 ρ 为物质常数，σ 为施加的应力。

光纤的这种双折射将使其中的光波偏振态发生相应的变化，实质上也反映光纤中光波相位的变化。设光束通过弹光材料的长度为 l，则光程差为

$$\Delta L = \Delta n l = \rho\sigma l \tag{7.18}$$

相应的相位差为

$$\Delta\varphi = 2\pi\rho\sigma l / \lambda \tag{7.19}$$

式中，λ 为光纤中的光波长。

3）光偏振态的检测

由于探测器不能直接探测光的偏振态，需要将光偏振态的变化转换为光强信号直接测量或转换为光相位移利用干涉法测量。转换为光强信号的办法有两种，一种为单光路法，即正交偏振鉴别法，就是在输出端加置偏振方向与起偏器的偏振方向正交的检偏器对输出偏振光的偏振方向进行鉴别，测试系统如图 7.8(a)所示。

设输入光强为 I_0，则输出光强 I 为 $I=I_0\sin^2\theta$，式中 θ 为偏振面偏转角。

从检测方法看，这种方法与光强调制相似，有的文献将这种偏振调制方法归类为偏振式光强调制。

另一种转换办法为双光路法，即用渥氏棱镜 WP 将偏振器 P_2 输出的正交偏振分量分开两路输出，分别被探测器 D_1 和 D_2 接收，如图 7.8(b)所示。D_1 和 D_2 接收到的光强信号分别为

$$I_1 = I_0\cos^2(45° - \theta)$$
$$I_2 = I_0\sin^2(45° - \theta)$$

经信号处理系统加、减和除后直接得到偏振面的偏转角 θ，即

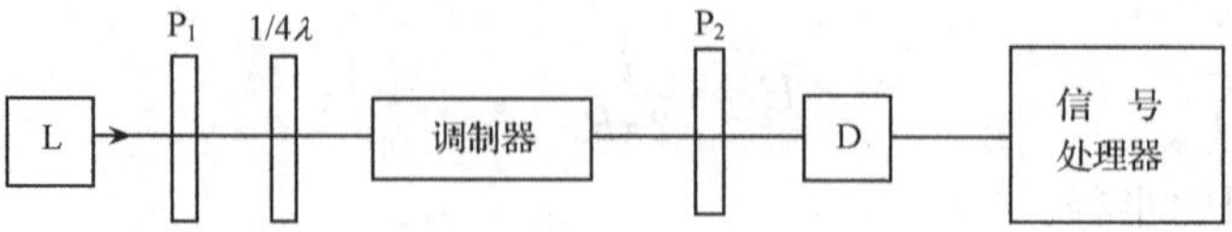

(a)

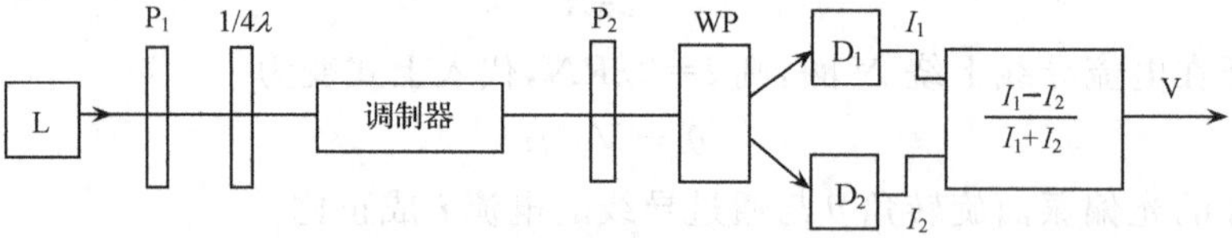

(b)

图 7.8　光偏振态检测系统示意图

$$\theta = \frac{1}{2}\arcsin^{-1}\left(\frac{I_1 - I_2}{I_1 + I_2}\right) \tag{7.20}$$

在实际的光纤干涉仪测量法中，不仅要考虑光路的设计，还要考虑电路问题，以得到最好的信噪比。由前面的分析知道，干涉仪的输出光强一般与参考光路的静态相位差成正比，即

$$I \propto \cos[\varphi_d + \varphi(x)] \tag{7.21}$$

式中，φ_d 为测量光路与参考光路的静态相位差，$\varphi(x)$是由环境引起的测量光路的相位变化。为得到 $\varphi(x)$有两种检测方案，即零差检测（homodyne）和外差检测（heterodyne）。

4. 光波长调制型光纤传感器

外界信号（被测量）通过选频、滤波等方式改变光纤中传输光的波长，测量波长变化即可检测到被测量，这类调制方式称为光波长调制。这类传感器主要有光纤法珀传感器和光纤光栅传感器，在 7.2 节和 7.4 节将作详细的讨论。

目前用于光波长调制的方法主要是光学选频和滤波。传统的光波长调制方法主要有 F-P 干涉式滤光、基于双折射特性滤光及各种位移式光谱选择等外调制技术。近二十多年来，尤其近几年迅速发展起来的光纤光栅滤光技术为功能型光波长调制技术开辟了新的前景。

7.2　光纤法珀传感器

光学法珀干涉仪（FPI），有时也叫作法珀标准器。它是由两个反射系数分别为 R_1 和 R_2 的反射镜组成。两个反射镜之间是长度为 L 的干涉腔。自 19 世纪末期 FPI 发明以来，人们大多采用的还是体积较大的法珀干涉仪，直到 20 世纪 80 年代早期才开始有了对光学法珀干涉仪的报道。到了20世纪80年代末期,光学法珀干涉仪已经被逐步应用到了温度、应力、化合物超声波压力等领域的传感测量中。这些早期的应用实践为FPI更广泛的应用、发展以及商业化奠定了良好的基础。

由于FPI的工作原理是通过两个反射面之间的距离来测量被测点的变化,所以在传感领域,它可以被做得相当小。和其他种类的光纤传感干涉仪,比如马赫-曾德尔干涉仪、迈克耳孙干涉仪、萨格奈克干涉仪等不同,FPI不需要光纤耦合器。这使得FPI成为小型传感结构的理想选择,比如需要把传感器埋入混凝土和钢筋结构中的情况。当然,FPI发展迅猛、应用广泛的另外一个原因是它可以通过空分、时分、频分、相关复用等手段大大降低多点监测的成本。

本节将在介绍几种光纤法珀腔传感器的传感原理及传感结构的基础上,介绍目前用于法珀传感器的信号解调方法以及复用方法,最后简单介绍光纤法珀传感器在桥梁监测中的作用。

7.2.1 光纤法珀传感器的基本原理及分类

1. 法珀传感器基本原理

光学法珀干涉仪就是在间隔为 L 的两块内表面镀上反射膜的平行平板组成的F-P谐振腔(图7.9)。光纤法珀传感器是从图7.9所示的光学法珀干涉仪发展而来的,它是由两块端面镀以高反射膜、间距为 L、相互严格平行的光学平行平板组成的光学谐振腔(简称F-P腔,图7.10)。当一束相干光束射入F-P腔中,大部分光能就在F-P腔中来回多次反射,形成光学谐振。在每次反射过程中,都有少量光能分别从前后两块镜面处透射,且每次透射的光束与前一束透射光束的位相差都恒定。由于光学法珀干涉仪和光纤法珀干涉传感器的原理相同,所以可以采用同样的数学模型进行分析。首先假设每一个反射镜面的反射率和折射率分别为 T_i 和 $R_i(i=1,2)$,并且有 $T_i+R_i=1$。对其余的损耗,比如反射镜对光的吸收或者散射,均忽略不计。那么法珀干涉仪的反射率 R_{FP} 和折射率 T_{FP} 可以分别表示为

$$R_{FP}=\frac{R_1+R_2+2\sqrt{R_1R_2}\cos\varphi}{1+R_1+R_2+2\sqrt{R_1R_2}\cos\varphi} \tag{7.22a}$$

$$T_{FP}=\frac{T_1T_2}{1+R_1+R_2+2\sqrt{R_1R_2}\cos\varphi} \tag{7.22b}$$

式中,R_{FP} 是FPI反射光强与入射光强之比,T_{FP} 是FPI透射光强与入射光强之比。经过干涉仪往返一次所产生的相移大小 $\varphi=\frac{4\pi nL}{\lambda}$,其中,$n$ 为两块反射镜之间的介质的折射率,λ 为入射光在真空中的波长,L 为腔长。考虑到反射镜是电介质,所以可以附加假设光纤每经过一次折射就会在上述相移 φ 的基础上再增加 $\pi/2$ 的相移。若两个镜面的反射率皆为 R,根据经典的多光束干涉公式,F-P干涉仪输出的

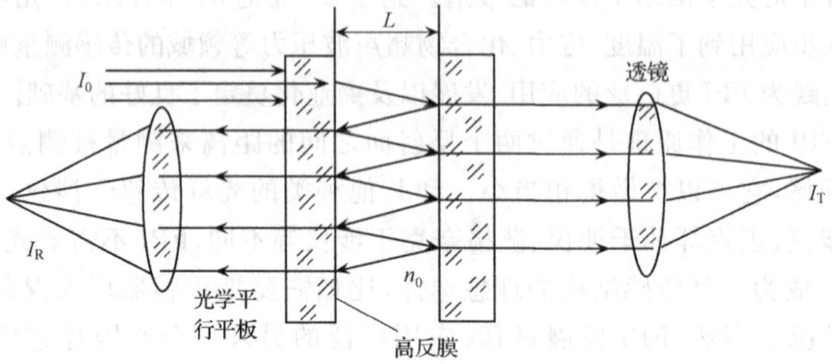

图 7.9 光学法珀干涉仪原理图

反射光强为

$$I_R = \frac{2R\left(1-\cos\dfrac{4\pi nL}{\lambda}\right)}{1+R^2-2R\cos\dfrac{4\pi nL}{\lambda}}I_i \tag{7.23a}$$

透射光强为

$$I_T = \frac{(1-R)^2}{1+R^2-2R\cos\dfrac{4\pi nL}{\lambda}}I_i \tag{7.23b}$$

简单讨论：

1) 当反射率接近1时

从式(7.22b)易得，当$\cos\varphi=-1$，或者$\varphi=(2m+1)\pi$，m为整数时，T_{FP}有最大值。定义$\Delta=\varphi-(2m+1)\pi$，那么在T_{FP}的最大值附近，可以把$\cos\varphi$展开成为$\cos\varphi\approx-(1+\Delta^2/2)$，$\Delta\ll1$。在两个镜面的反射系数相等而且接近1的情况下，式(7.22b)可以简化成为

$$T_{FP} = \frac{T^2}{(1-R)^2+R\Delta^2} \tag{7.24}$$

式中，$R=R_1=R_2$，$T=1-R$。那么，当$\Delta=0$时，法珀腔有最大透射率。定义精细度F为两个峰值透射率对应差值与峰值两侧1/2峰值大小所对应的差值之比。那么F就是一个度量FPI性能好坏的重要指标。由于$\cos\varphi$是以2π为周期的，所以由式(7.22b)所确定的T_{FP}也应该是一个以2π为周期的周期函数。由式(7.23a)容易解得，对于一个反射系数接近1的反射面，当$\Delta=\pm(1-R)/\sqrt{R}$时，T_{FP}下降为峰值的一半。由上述可得$F=\pi\sqrt{R}/(1-R)$，所以，对于一个不计损耗的反射面，当$R=0.9$时，$F=29.8$；当$R=0.99$时，$F=312.6$。

2) 当反射率远小于1时

再次假设两个反射面的反射系数相等，$R=R_1=R_2$。由式(7.22a)、式(7.22b)可得

$$R_{FP} \approx 2R(1+\cos\varphi), \quad T_{FP} \approx 1-2R(1+\cos\varphi)$$

精细度 F 在 $R \ll 1$ 时并不适合于来衡量 FPI 性能，这从 F 的定义以及式(7.22b)就可以清楚地看到。当 $R=0.172$ 时，$F=1$；当 $R<0.172$ 时，并没有对 F 进行定义。此时，对式(7.23a)进行简化可得

$$I_R = 2R\left(1-\cos\frac{4\pi L}{\lambda}\right)I_i \tag{7.25}$$

从式(7.25)可以看出，当入射光强 I_i 一定的时候，传感器的腔长 L 是波长 λ 和输出光强 I_R 的函数，即 $L=f(I_R,\lambda)$。这也就意味着，如果腔长发生变化，将会导致输出光强和波长分布的变化。或者，反过来讲，当我们测量到输出光强或者波长分布发生变化的时候，通过分析、计算，我们就可以得到腔长相应的变化量。

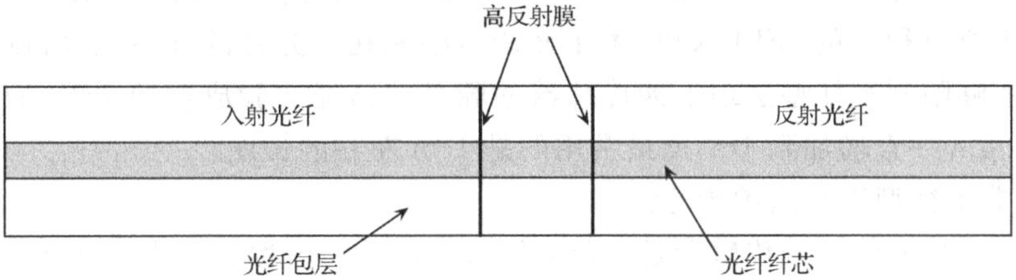

图 7.10 光纤法珀传感器原理示意

2. 光纤法珀传感器分类及特点

根据光纤法珀腔的结构形式，光纤法珀传感器主要可以分为本征型光纤法珀传感器(intrinsic Fabry-Perot interferometer，IFPI)、非本征型光纤法珀传感器(extrinsic Fabry-Perot interferometer，EFPI)、线型复合腔光纤法珀传感器(in-line Fabry-Perot，ILFP)三种。

1) 本征型光纤法珀传感器

最简单的本征型 FPI 是把光纤磨平、抛光的一端作为一个反射镜面，而把光纤本身作为第二个反射镜。研究得最广泛也是最早的一种 IFPI 的两个反射镜都属于光纤本身。当然，布拉格光纤也可以作为干涉腔的反射镜使用。早在 1987 年，人们就开始以本征型 F-P 干涉仪(IFPI)做实验。IFPI 实际上是用一根光纤构成的。在生产过程中，先将光纤截为 A、B、C 三段，并在长度为 A、C 两段的端面镀上高反射膜，然后将它们与 B 段光纤焊接在一起而成(图 7.11)。显然 B 段的长度 L 就是此光纤法珀腔的腔长 L，它除了像其他光纤一样传输光束外，还要作为传感器的敏感元件感受外界作用，因而它是本征型光纤法珀传感器。

法珀传感器干涉腔的反射镜也可以是光纤布拉格光栅。这些光栅利用掺杂光纤的紫外光敏特点，用呈空间周期性的强紫外激光照射掺杂光纤，形成空间上以 Λ 为周期的折射率高低交替分布。FBG 反射镜在空间上以 mm 数量级分布。如果采用多级级联的方式，其长度会比一般的电介质的长度更长。这种反射镜的特点

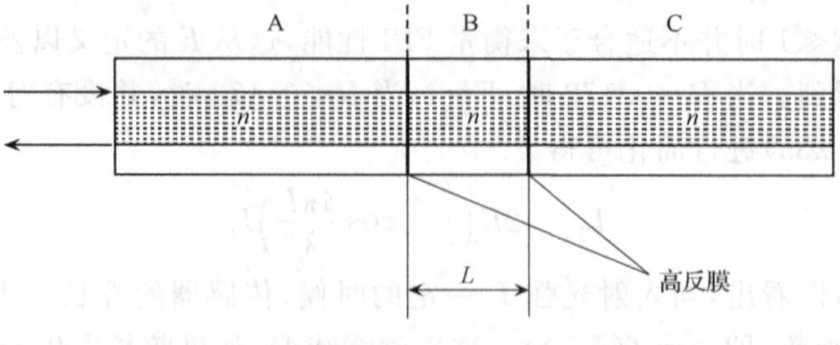

图 7.11　本征型光纤法珀传感器原理示意

在于在一段很窄的光谱范围内(nm 数量级)，反射镜将呈现出很高的反射率，而且它们的额外损耗都很低(<0.1dB)。另外，反射光的光谱中心位于 $2n\Lambda$ 处。

对于所有种类的 IFPI 来讲，由于光线被限制在了光纤的纤芯里，所以衍射现象并不能够限制本征型法珀干涉传感器的腔长。已经实验成功的 IFPI 的腔长可以从 100μm 一直增加到 1m，而最常用的是 1cm 左右的长度。

2) 非本征型光纤法珀传感器

非本征型光纤法珀传感器是目前应用最为广泛的一种光纤法珀传感器。它是由两个端面镀膜的单模光纤，端面严格平行、同轴，密封在一个长度为 D、内径为 d ($d\geqslant 2a$，$2a$ 为光纤外径)的特种管道内而构成(图 7.12)。由于其结构特点，它具有以下优点：

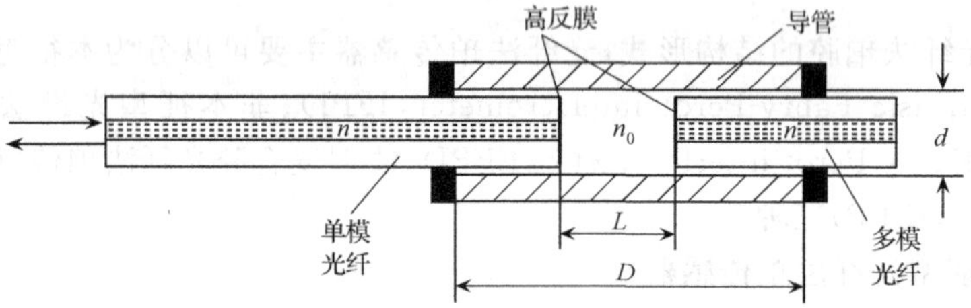

图 7.12　非本征型光纤法珀传感器原理示意

(1)，在 F-P 腔的装配过程中，可以利用特种微调机构调整光纤法珀腔的腔长 L，因此制造工艺较为方便、灵活，能够精确控制腔长。

(2) 由于它的导管长度 D 大于且不等于腔长，且 D 是传感器的实际敏感长度，这就使得制造者可以通过改变 D 的长度控制传感器的敏感性。

(3) 法珀腔是由空气间隙组成的，其折射率 $n_0\approx 1$，可以近似认为是 L 的单参数函数。

(4) 当导管材料的热膨胀系数与光纤相同时，导管受热伸长量与光纤受热伸长量相同，则可基本抵消材料热胀冷缩导致的腔长 L 的变化，故非本征型光纤法珀传感器温度特性远优于本征型光纤法珀传感器，其受温度的影响可以忽略不计。

如果传感器在运输、安装等过程中受到较大拉力，则两光纤间距（即法珀腔腔长 L）将可能变得过长，两端面将可能不再平行，导致光束不能在两端面之间多次反射，更不可能返回原光纤，从而导致传感器失效。为此，可以采用图 7.13 的改进型结构，通过设置过渡的缓冲间隙，解决这个问题。

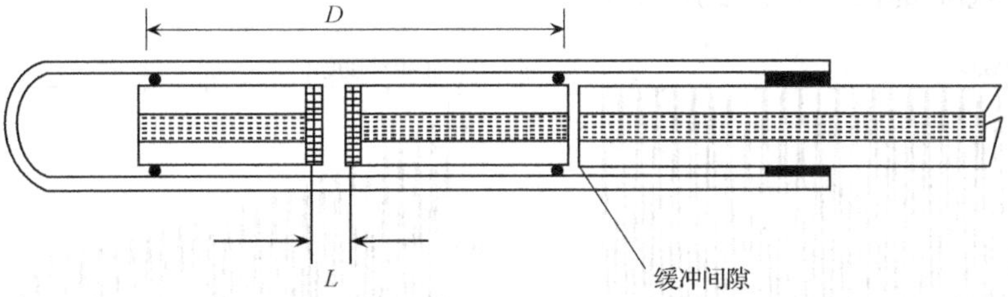

图 7.13　改进型 EFPI 传感器原理

式(7.23a)中，假设了由单模光纤出射的光束为平行光，因而其能够在 F-P 腔内多次反射，并完全返回单模光纤。但实际光线由光纤出射时为发散光束（图 7.14），且是在光纤外部传输，因此只有部分光能返回入射光纤，从而造成反射耦合的损失，而这个损失 $\alpha(L)$ 与单模光纤的芯径 $2a$、接收角 θ_c，以及 F-P 腔的腔长 L 有关。根据波动光学原理，在单色光的条件下，此损耗近似为

$$\alpha(L) = \left(\frac{a}{a + L \cdot \tan\theta_c}\right)^2 \tag{7.26}$$

由于 $\alpha(L)$ 的影响，式(7.23a)化为

$$I_R = \frac{R[1 + \alpha^2(L) - 2 \cdot \alpha(L) \cdot \cos\Phi]}{1 + R^2 \cdot \alpha^2(L) - 2 \cdot R \cdot \alpha(L) \cdot \cos\Phi} I_0 \tag{7.27}$$

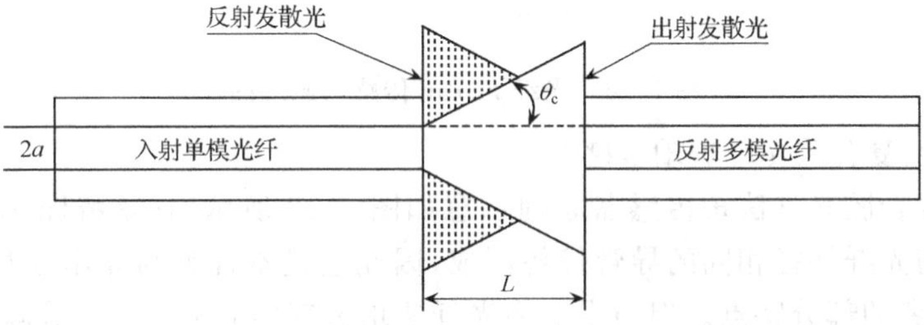

图 7.14　腔长及光纤发散角对 F-P 腔插入损耗的影响

显然式(7.23a)与式(7.27)有明显的差异。两式所对应的输出曲线如图 7.15 所示。从图 7.15 可以看出，实际的非本征型光纤法珀传感器的输出强度会随着腔长的变化而衰减，因而会给后续信号处理带来一定的困难。而本征型光纤法珀传感器由于光束永远在光纤内传播，则不存在这个问题。

3）光纤 Fizeau 传感器

光纤 Fizeau 传感器原理示意如图 7.16 所示，从本质上讲它属于非本征型光

纤法珀传感器，与传统的 EFPI 传感器相比，区别主要在于它的右边反射面镀了一层高反射膜，比如银。其反射率可达 95%，为与普通的 EFPI 传感器相区别，将之称为 Fizeau 传感器，这种 Fizeau 传感器的谐振腔长可以达到毫米级，这为法珀传感器的复用提供了有力的支撑。在法珀传感器的复用部分，我们将简单讨论基于 Fizeau 传感器的波分频分复用系统。

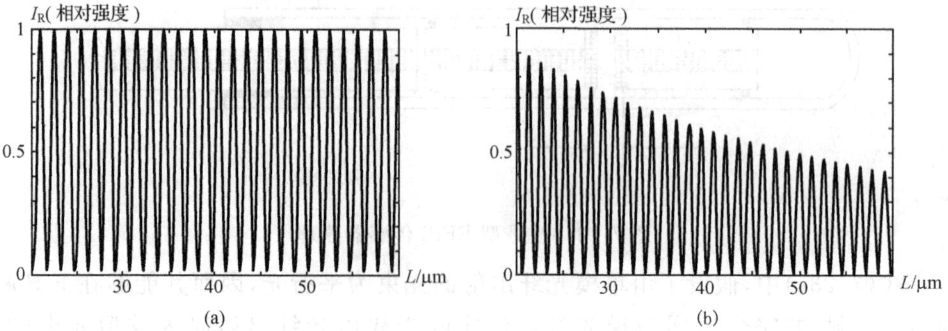

图 7.15　光纤法珀腔的腔长变化对实际输出干涉条纹的影响

(a) 无腔长损耗的理想输出；(b) 考虑腔长损耗的实际输出

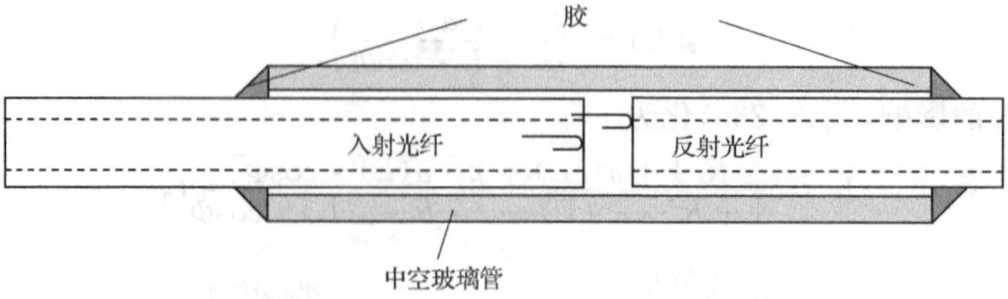

图 7.16　光纤 Fizeau 传感器原理图

4) 线型复合腔光纤法珀传感器

线型复合腔光纤法珀传感器原理示意如图 7.17 所示，它是将图 7.11 中的 B 段光纤用与光纤外径相同的导管代替而成，因此它是本征型与非本征型的复合结构，兼有两者的部分特点。但与本征型光纤法珀传感器的加工工艺难题一样，要将微管的长度 L 加工到微米数量级的精度，其难度同样很大。因此这种传感器实际

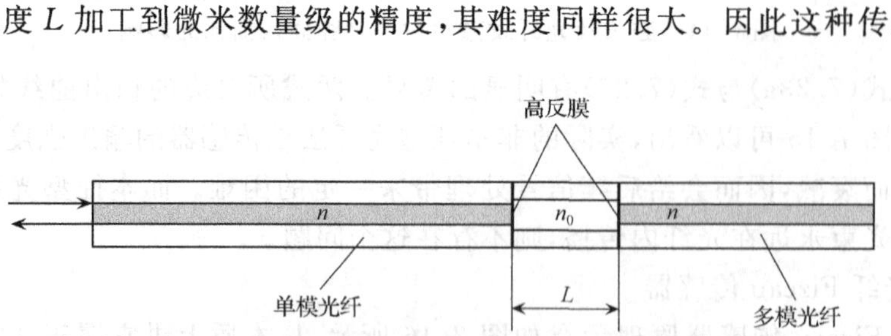

图 7.17　线型复合腔光纤法珀传感器原理图

研究得极少,也几乎没有工程化方面的报道。

7.2.2 光纤法珀传感器的解调方法

由前所述,外界参量作用于光纤法珀腔时,是通过改变传感器的腔长 L 影响其输出光信号 I_R。因此光纤法珀传感器的腔长 L 是反映被测对象的关键参数,而光纤法珀传感器的信号解调,就是由其输出光信号 I_R 求解出腔长值 L。根据解调时所利用的光学参量,光纤法珀传感器的信号解调主要有强度解调与相位解调两大类。强度解调一般利用单色光源(λ 固定),直接利用式(7.22)中的 I_R 求解出 L;而相位解调则是应用宽带或波长可调谐光源,利用输出信号 I_R 随波长 λ 的变化,由式(7.23a)以及式(7.23b),通过 I_R、φ、L 的关系,求出 L。强度解调方法简单,但结果误差较大,是光纤法珀传感器研究早期常用的方法;位相解调则相对较为复杂,但是比较精确,因而是目前较为普遍的方法。

1. 强度解调

如果光纤法珀传感器中的光源是波长为 λ 的单色光源,直接用光电探测器对反射光进行接收,则光电探测器接收到的光强信号可化为

$$I_R = \frac{2R\left[1-\cos\left(\frac{4\pi}{\lambda}L\right)\right]}{1+R^2-2R\cos\left(\frac{4\pi}{\lambda}L\right)}I_0 \tag{7.28}$$

式中 λ、R 为常数,因此强度型光纤法珀传感器的输出 I_R 是腔长 L 的单变量函数。如以传感器腔长 L 为横坐标,探测器探测到的光强 I_R 为纵坐标(归一化),则式(7.28)的曲线为图 7.18(a)所示的一条近似余弦函数。在 R 不太高的条件下,式(7.28)可简化为如下余弦函数

$$I_R \approx 2R\left[1-\cos\left(\frac{4\pi}{\lambda}L\right)\right]\cdot I_0 \tag{7.29}$$

其输出曲线(局部)如图 7.18(b)所示。由图 7.18 及式(7.28)可看出,当腔长 L 是 $\lambda/4$ 的奇数倍,即 $L=(2m+1)\pi/4$ 时,传感器输出 I_R 取得极大值;当腔长 L 是 $\lambda/4$ 的偶数倍,即 $L=2m\pi/4$ 时,传感器输出 I_R 取得极小值零。显然一个光强输出 I_R 对应于多个 L,即 I_R 是 L 的多值函数。因此由输出光强 I_R 无法求出 L。

但如果将传感器腔长 L 的变化限制在小于 $\lambda/2$(图 7.18(b)中 Δ 区域)的较小范围内,则光强 I_R 是 L 的单值函数;进一步将腔长的变化限制在图 7.18(b)中 E 点附近的 $\lambda/4$ 区域内时,光电探测器的输出 I_R 与腔长 L 的关系式可进一步由式(7.28)简化为比例系数为 α 的近似线性关系

$$I_R \approx \alpha \cdot I_0 \cdot L \tag{7.30}$$

由式(7.30)可知,在比例系数 α、初始光强 I_0 已知的条件下,只要用光电探测器获得输出光强 I_R,即可由式(7.30)直接求出腔长 L,从而得出被测对象的数值。

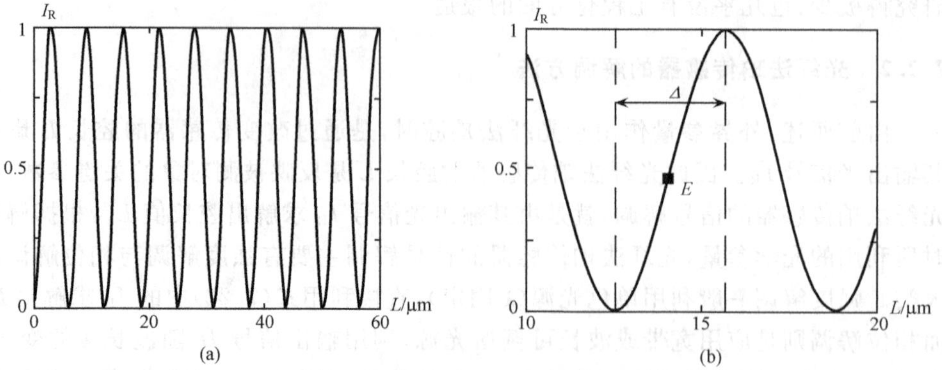

图 7.18　单色光条件下光纤法珀传感器的输出特征

(a) 整体周期性特征；(b) 局部细节

因此强度解调法非常简单、直接、成本低廉。但由于比例系数与光纤、探测器、耦合器等各个环节都有关，因此只要光纤的摆放情况发生改变、探测器老化等任何一个环节出现问题，都会使 I_R 产生波动。此外光源的光强 I_0 或波长也可能随外界环境产生波动。而这两个环节的波动最终都将导致式(7.30)中腔长解调结果 L 的波动，产生测量误差。因此要提高测量精度，就必须配备极高稳定度的激光光源和极复杂的后续处理电路，这将大幅提高系统的成本。因此如何进行强度补偿，以解决光源等因素的波动影响，提高其测量精度，是强度解调法必须解决的一大难题。

另外，由图 7.18 可知，只有在光纤法珀传感器制造过程中精确控制其腔长，使其准确地处在图 7.18 的正点处(腔长为 $L=2m\lambda/4+\lambda/8$ 时)，输出光强 I_R 与腔长 L 之间才满足式(7.30)的线性关系，并有最高的灵敏度。这个要求在实际制造过程中是极端困难的。除此之外，必须将传感器使用过程中的腔长变化范围严格控制在 $\pm\lambda/8$ 以内，这就导致传感器的测量范围十分有限，实用价值大打折扣。因此既控制法珀腔的腔长制造精度，又限制其变化范围，还确保传感器的测量范围，是光纤法珀传感器的强度解调方法必须解决的另一大难题。

2. 相位解调

相位解调是利用 $\varphi=\frac{4\pi nL}{\lambda}$ 的相位关系实现对腔长 L 的求解。具体而言，就是将法珀传感器的输入光源改为宽带光源，并将普通光电接收器改为相位解调系统而成。由于采用了宽带光源，式(7.28)中的光波长 λ 不再是一个恒定的常数，而传感器的输出也变为多个式(7.28)的组合输出

$$I=\int_{-B/2}^{B/2} I_R\cdot \mathrm{d}\lambda=\int_{-B/2}^{B/2} 2R\left[1-\cos\left(\frac{4\pi}{\lambda}L\right)\right]\cdot \mathrm{d}\lambda \tag{7.31}$$

式中，传感器的最终输出 I 不仅与法珀腔腔长 L 有关，还与波长 λ 有关，成了 L 与 λ 的双参数函数。如果以波长 λ 为横坐标，则在不同的腔长条件下的输出光谱结

果如图 7.19 所示。由此式与图可看出，腔长的信息包含在传感器输出的整体光谱当中，不同的腔长 L 对应于不同的光谱分布，不同的光谱分布在相同的区段(图 7.19)内相位是完全不同的，即相位与腔长具有严格对应关系，因此相位解调的核心，就是要从式(7.23a)、式(7.31)、相位关系 $\varphi=\frac{4\pi nL}{\lambda}$ 以及图 7.19 中解调出腔长值 L。由于光谱分布是多个单波长信息的组合，其信息量远大于单波长条件下的光强输出的信息量，因此利用相位解调能够提高解调精度，故在光纤法珀传感器的信号解调中得到广泛的应用。目前最常用的相位解调的方法有条纹计数法、傅里叶变换法、相关法等。在本节中我们只介绍条纹计数法的基本原理及实现方案，其他的方法请读者参考相关文献。

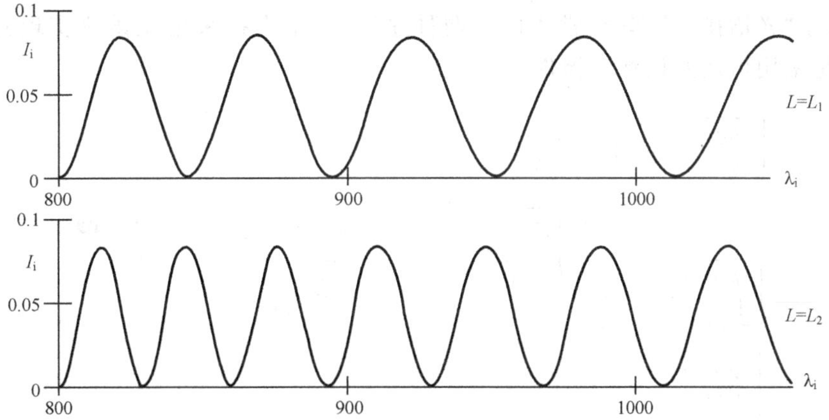

图 7.19　传感器输出的理想光波长分布

1) 条纹计数法解调基本原理

由于图 7.19 本质上是干涉条纹，因而利用干涉条纹计数的标准方法求取腔长 L 就是最简单、直接的解调方法，其原理如图 7.20 所示。若图中干涉条纹的第 m、$m+q$ 级极大值对应的波长分别为 λ_m、λ_{m+q}，则由式(7.28)可得

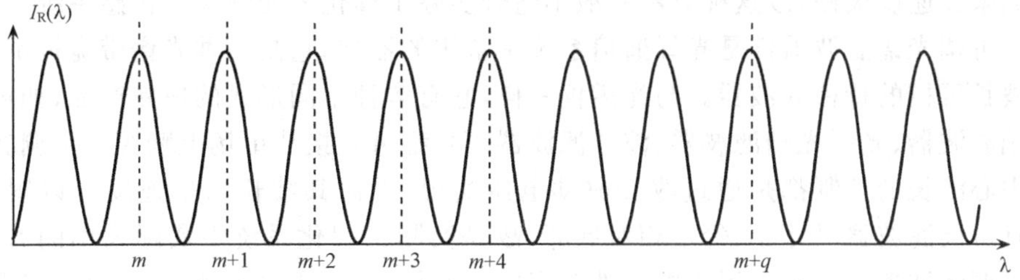

图 7.20　条纹计数原理图

$$L=\left(\frac{m}{2}+\frac{1}{4}\right)\lambda_m \tag{7.32}$$

$$L = \left(\frac{m+q}{2} + \frac{1}{4}\right)\lambda_{m+q} \tag{7.33}$$

将式(7.32)和式(7.33)联立求解，即可得到腔长值 L 为

$$L = \frac{q}{2}\left(\frac{\lambda_{m+q}\lambda_m}{\lambda_m - \lambda_{m+q}}\right) \quad (q = 1,2,3,\cdots) \tag{7.34}$$

由于式(7.34)没有光源光强 I_0 项，因而光源波动对求解出的腔长值 L 无影响。这就解决了强度型光纤法珀应变传感器存在的问题，提高了光纤法珀传感系统的测量精度和稳定性。

2) 条纹计数法解调实现方案

为实现前述图 7.20 的光谱输出，完成式(7.34)计算的目的，需要将相位解调型光纤法珀传感器系统具体化为图 7.21 的"光谱接收"与"处理计算"两个关键部分。对于"光谱接收"部分，常用的有两种途径，一是直接采用光谱仪实现光谱接收，二是采用可调光谱滤波器件。

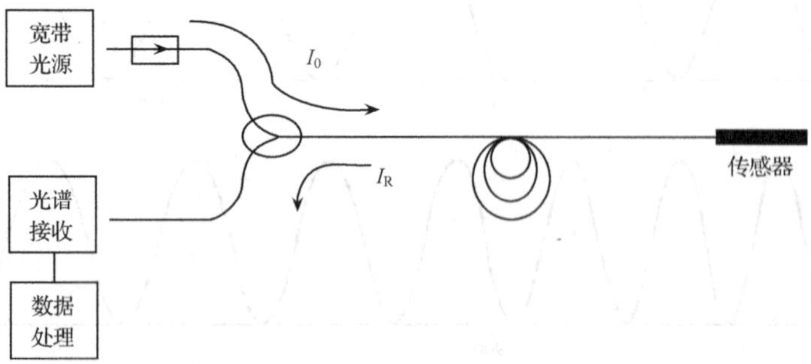

图 7.21 条纹计数法的实现原理图

由于光谱仪是标准的实验室仪器，其使用方便灵活、适应面广，能够直接利用实验室的条件迅速搭建出初步满足要求的系统，并能够根据需要方便地改变系统配置，达到不同的指标。因此利用光谱仪实现光谱接收，并用计算机实现数据处理，是实验室研究过程中普遍采用的方法。但由于光谱仪体积庞大、价格昂贵，且数据采集速度极慢，故这种方案一般不适合实际工程化的光纤法珀传感系统。

可调光谱滤波器件是光纤通信系统中常用的器件，它是一种光谱带宽极窄、中心波长可控的特种滤波器。与光谱仪一样，它有多种不同形式的成熟产品(如可调法珀滤波器、光纤光栅滤波器、波导滤波器等)，都可直接从市场上购买。可调滤波器中心波长的控制都是通过改变驱动电压实现，因而其波长扫描速度可以很快。而且可调滤波器尺寸小、价格相对低廉，故是实际工程化系统中实际采用的器件。但可调滤波器一般都采用压电元件改变中心波长，因此压电元件的非线性、迟滞等特性将影响波长扫描精度，从而使光谱输出产生畸变。为达到所需的解调精度，必须采用一定的补偿技术。目前已经有多种压电元件的非线性补偿技术，可以使基于可调谐光滤波器的波长扫描和测量精度达到甚至超过传统的光谱仪。

7.2.3 光纤法珀传感器的复用技术

光纤法珀传感器的解调是在只有一个传感器的条件下，利用硬件及软件技术，从系统输出光信号中解调出传感器的腔长 L，然后根据腔长 L 与被测对象的关系，求出被测对象的参量值。而光纤法珀传感器的复用技术，则是在同时存在多个光纤法珀传感器的条件下，解调计算出复用的多只传感器各自的腔长。与其他类型光纤传感器的复用技术相比，光纤法珀传感器的复用比较困难，虽然有过多种方案探讨，但比较可行的主要有空分复用、波分复用，以及波分/频分复用等方法。

1. 强度解调型光纤法珀传感器的波分复用

强度解调型光纤法珀传感器是通过传感器输出光强与腔长之间的对应关系实现解调的，因此其复用不能通过信号的强度信息实现，只能通过信号的波长特征进行复用解调。因此强度型光纤法珀传感器的复用方式是波分复用，它是并联复用，其原理如图 7.22 所示。它与图 7.18 所示的标准强度解调系统的差异主要在于将其中的单色光源变为了宽带光源，将普通分束器改为了波分复用器，并在各接收器 D 前边加上了单色滤波器。

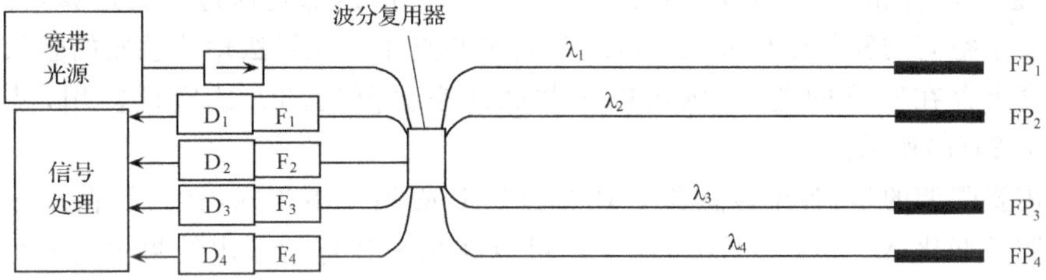

图 7.22 波分复用解调原理示意

2. 光纤 Fizeau 应变传感器的波分/频分复用

光纤 Fizeau 应变传感器波分/频分复用系统的原理见图 7.23。从宽带光源发出的光经 2×2 耦合器后，进入 1×4 CWDM，通过 CWDM 的宽带光被分解成 4 个带宽约为 20nm 的通道，在每个通道上通过分束器接入多个具有不同腔长的 Fizeau 传感器，即实现了波分和频分的同时复用。反射回来的信号通过耦合器进入光谱仪（MICRON OPTICS si720），然后通过计算机采集进行数据处理。系统中的折射率匹配液用来防止光纤端面反射带来的干扰。传感头由石英玻璃管和光导入/反射单模光纤构成，其中导入光纤为将端面切割成平面的普通单模光纤，反射光纤端面镀了一层金属银，形成反射率约 95%的反射面，这就是 7.3.1 节介绍的 Fizeau 腔。

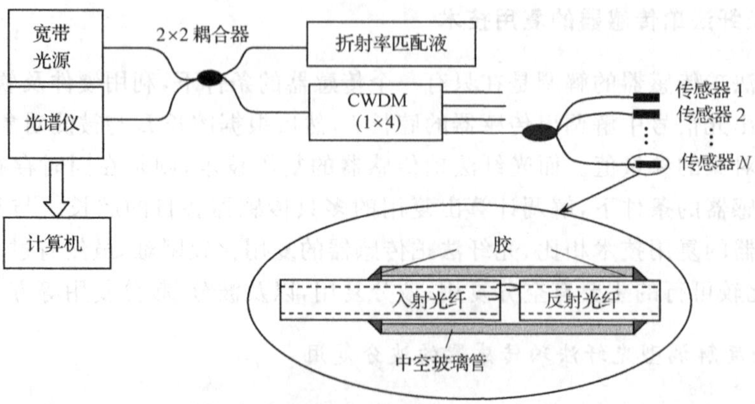

图 7.23　波分/频分复用解调原理示意

3. 相位解调型光纤法珀传感器的空分复用

相位解调型光纤法珀传感器是利用其相位与腔长之间的关系，解调出腔长，因此直接利用位相信息进行解调的条纹计数解调法是无法进行复用的，但利用相关原理(包含软件相关、硬件相关)的各种相位解调方法，都是通过相关运算，将相位变换成了空间的腔长坐标而已。因此只要参与复用的光纤法珀传感器的腔长在空间尺度上存在明显的差异，则可以用并联式空分复用的方式实现复用，其原理如图 7.24(a)所示。

需要强调的是，各个传感器 F-P 的腔长 L 必须互不相同，且它们在测量范围内的腔长变化 ΔL 也互不重叠，这样才可以在相关计算的输出结果中将不同 F-P 腔的腔长完全区分开(图 7.24(b))。当然由于相关峰的宽度比较大，因此光纤法珀传感器的复用数量不是太多。

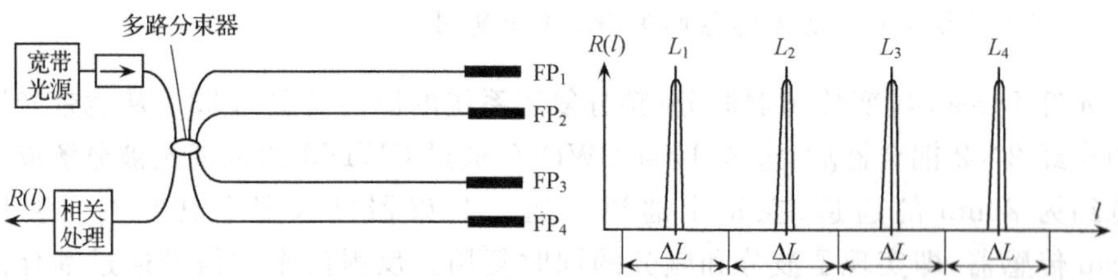

图 7.24　相位解调的空分复用原理示意

(a) 系统硬件构成原理；(b) 输出信号特征示意

7.2.4　光纤法珀传感器的应用

应力/应变(σ/ε)是最基本的力学参量之一，在机械零件与设备的受力分析与故障诊断，桥梁、隧道、大坝、高层建筑等土建结构的健康监测，汽车、轮船、飞行器等运动机械的安全监测等特殊场合，具有广泛的应用前景。由于光纤法珀应变传感器具有良好的长期稳定性，在大型土建结构等长寿命设施的健康监测中，是替代传统的电阻应变片/应变仪等临时设施的理想手段，因此在土建结构、大型设施的长期监测中得到了充分应用。

下面我们简单介绍一个光纤法珀传感器封装及进行应变测量的例子。

1. 封装

为了适应土建结构恶劣的施工条件，采用了各种特殊工艺，将裸光纤法珀腔金属化，以在增强传感器的强度，保护传感器免受损坏的条件下，又保持裸光纤法珀腔原有的敏感特性，这就形成了各种不同的实用化光纤法珀应变传感器产品，图 7.25、图 7.26 分别是比较有代表性的加拿大菲索公司、中国重庆大学与中国重庆渝宇公司的部分光纤法珀应变传感器产品实物照片。显然除了留在坚硬的金属物外边的尾纤外，它们在外形上已经完全看不出光纤传感器的痕迹了。但这种金属化结构却是完全保留了光纤应变传感器应有的敏感特性。

由于应变是结构长度的相对变化量，因此它是光纤法珀传感器腔长的变化量 ΔL 与传感器的测量标距 D 之比。如果通过某种力学手段，将被测对象的局部变形准确地传递给光纤法珀腔，则光纤法珀腔将与结构同步变形，这样测出光纤法珀腔的腔长 L，将其与光纤法珀传感器的初始腔长 L_0 相减，得到 ΔL，再与测量标距 D 相除，则能得到被测对象的应变 ε。如果被测对象的弹性模量 E 恒定不变，则可利用应力与应变的关系间接求出应力 $\sigma = E \cdot \varepsilon$。

将被测对象的局部变形传递给光纤法珀腔的力学手段目前主要有：表面直接粘贴、表面机械固定、内部埋入三种方式。

表面直接粘贴法是针对裸光纤法珀传感器的专用方法。它是用特种黏结剂将裸光纤法珀腔直接粘接在金属、混凝土等结构的被测对象表面(图 7.27)，利用黏结剂作为结构变形传递的力学手段。其使用方法和要求与电阻应变片一样，要求粘接表面平整光滑，且传感器与结构之间的粘接面尽量大、粘接层尽量薄、黏结剂的刚度尽量大。由于光纤法珀传感器的外形为直径 0.1mm 数量级，长度为数毫米至十几毫米的圆柱体，在黏结剂固化过程中，还要将裸光纤传感器紧紧地压在粘接表面以保证紧密接触，因此它在粘接过程中极易折断。另外它与粘接平面之间为线接触而不是面接触，使得它与粘接平面之间的接触面积远远小于电阻应变片，这就难以达到较理想的力学传递效果。因此表面直接粘贴法技术要求很高，成功率较低，一般适应于实验室试验，极少应用于实际工程中。

在实际工程应用中，为适应各种施工工艺过程，一般都采用图 7.25、图 7.26 所示的金属化传感器。由于金属的刚度远大于黏结剂的刚度，而被测的对象也是强度很大的金属或混凝土，因此黏结剂不能保证被测对象的局部形变能够准确地传

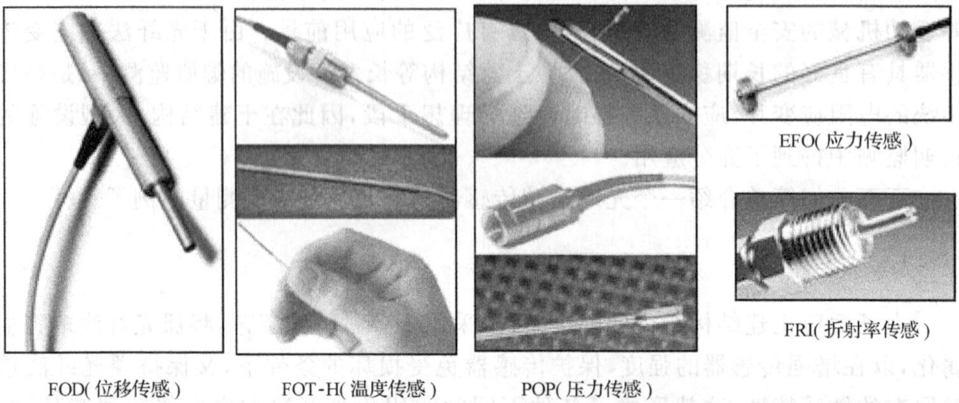

图 7.25　加拿大菲索公司光纤法珀应变传感产品

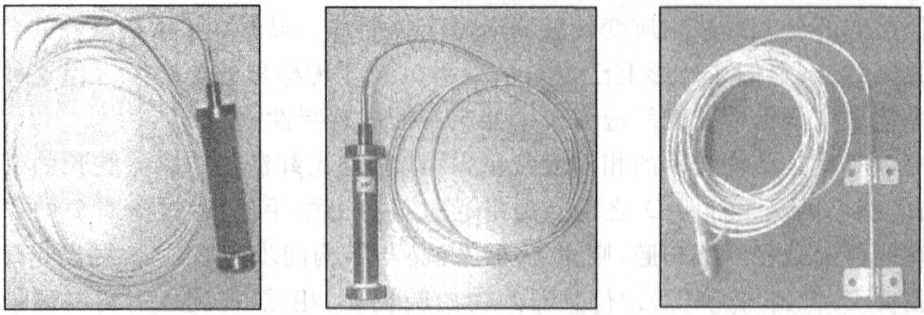

图 7.26　重庆大学与渝宇公司光纤法珀应变传感产品

递给传感器,必须采用表面机械固定法或内部埋入法作为结构变形传递的力学手段。

如果需要监测混凝土结构内部的应力状态,则可采用捆扎方法,在结构建设过程中将埋入式光纤应变传感器预埋在混凝土内部。具体方法是在混凝土结构的钢筋骨架捆扎工序完成后,将传感器捆扎固定在钢筋骨架的空当中,然后浇注混凝土。为保证传感器的埋设与混凝土结构的施工进度相一致,多个传感器必须在不同时间分阶段多次埋入。由于混凝土不断施工,传感器将越埋越深,而光纤传感器尾纤的标准长度一般都不到3m,因此必须采用光缆防水接续盒保护传感器的尾纤接头。待整个混凝土结构施工完毕后,再打开防水接续盒,连接主光缆,并通过光缆接线盒连接光纤应变测量仪,进行光纤应变传感器系统的最终联网布线(图 7.28)。

2. 埋入工艺

法珀传感器作为一种具有很大实用价值的小型传感机构,其最大的特点就在于它可以在固体结构当中或者是其他传感器到达不了的地方工作。同时,由于外部包层的存在,可以使纤芯免受外界的腐蚀或损坏,可以在高温等恶劣环境下长时间稳定工作。FPI 还有一个特点,由于它是在固体结构的内部,所以不需要像其他

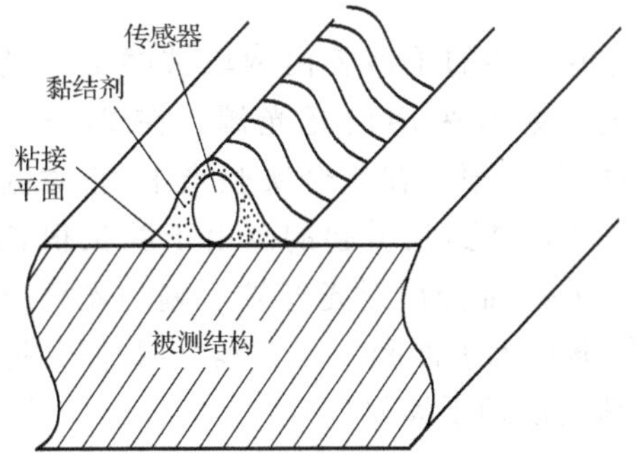

图 7.27　表面直接粘贴法

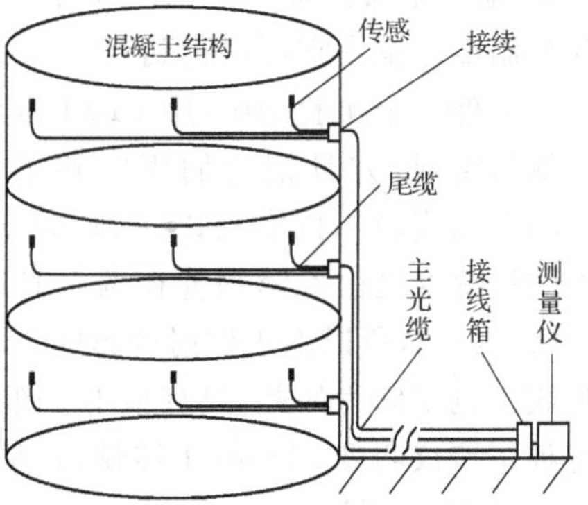

图 7.28　埋入式传感器系统工艺原理

传感器那样通过黏结剂与被测点连接，从而摆脱了黏结剂的限制。*

为了能够让传感器顺利地埋入固体材料中，它必须能够承受很大的机械和热学张力。那是因为在制作混凝土时首先需要对材料施加逐步升高的温度和压力，而当它们冷却到室温条件时这些很大的压缩张力又会被释放出来。

对于混凝土和钢材结构来讲，本征型光纤法珀传感器是一个不错的选择。因为它的反射镜有很好的机械性能，再加上硅制光纤的性能也很好，所以它能够抵抗40kpsi* 左右的张力。这种强度已经满足了实验室的各种基本需求。

3. 应用

法珀干涉仪光纤传感器在绝大多数时候被应用于温度、压力、应力等测量领域，当然还可以用它来对位移、湿度、磁场、液体流速等物理量进行测量。

1）温度测量

光纤传感器对温度的敏感度被定义成干涉仪腔长的变化量 ΔL 与温度之比。对于一个本征型传感器来说，腔长的变化量是由反射率当中的温度系数决定的，而它的值一般比热膨胀系数要大一些。实际上，熔化态的硅在室温条件下的热膨胀系数比工程材料的热膨胀系数要低，甚至有时候降到了热力学零度以下。

有人曾经用反射率为2%的本征型 IFPI 在－200～1050℃的温度范围内进行实验，并没有发现有反射率滞后或者变化的现象。在低温时，灵敏度为最高；在室温或者比室温稍高一些的状态下，反应基本成线性。但是，科学家们也提到在高温条件下光纤会变脆。

在最早的有关于 EFPI 的实验中，有人把硅膜熔接在多模光纤的一端，而把多模光纤的另一端熔接在玻璃片上。硅片的两个端面形成了法珀腔，由于硅的反射率当中的温度系数很大，导致了它对温度具有很高的灵敏度。解调的时候，采用

---

*1psi＝6.894 76×10^3Pa

LED 宽带光源。通过观测两个不同波长的强度之比就可以求得腔长。在 10～60℃ 温度范围内它可以达到 0.02℃ 的温度分辨率。

另外一个实验当中，用 EFPI 做成的温度传感器的干涉腔由两段被磨平的光纤端口组成，并且把它们固定在不锈钢管内。系统采用白光光源。在 27.3～62.5℃ 温度范围内它可以达到 0.006℃ 的温度分辨率。在这个实验当中，它对温度的敏感性是由不锈钢管在两个光纤端口之间的热膨胀引起的。由于腔长很长（≈500μm），所以由于散射的影响，仅仅会有很小一部分出射光纤被后端的光纤所吸收。也正因为如此，只有很小一部分光能能够进入干涉腔。在工程上，我们又把这种干涉仪叫做 Fizeau 干涉仪，它是一种特殊的法珀干涉仪。

2）应变测量

光纤应变的原理是利用光纤在外力作用下产生应变、变形，从而使光纤的传输特性发生变化，再通过探测器进行测量。

光纤径向受压的情况又可以分为两种类型，一种是光纤径向受到来自两个方面的压力，另外一种情况是光纤径向受到来自周围的均匀压力。这两种情况都会使光纤的半径发生变化，从而引起折射率和长度的变化，并造成输出光的相位发生变化。此外，如果有两个方向的压力同时使光纤发生变形，光纤将产生各向异性，从而产生圆偏振光。当光纤的轴向受拉时，也可以观测到折射率的变化。但是引起相位变化的主要原因却来自于光纤长度的变化。如果光纤产生扭曲变形，扭曲产生的各向异性使偏振面发生变化。当光纤受到的外力不均匀时，由于模间耦合而引起的损耗也会增加。如果要利用上述光纤自身弯曲应变引起传输特性变化来监测各种形式的应变，只需要采用某种合适的方式将被测对象的弯曲应变转化为光纤的弯曲应变就可以了。

有人设计了一个在有温度补偿情况下可以达到很高应变灵敏度的实验装置。它有一个非常长的法珀腔。对两个并排放置的 IFPI 装置采用 1.3μm Nd：YAG 激光进行频率扫描和解调。这两个腔中，有一个是熔化的硅纤，而另外一个则是掺氟玻璃光纤。由于在计算相移时，这两种材料的温度系数不同，所以用它们共同提供的数据来进行分析就可以达到很好的温度补偿效果。

3）工程实例

由于有了相对成熟的产品，也有配套的施工技术，光纤法珀应变传感器已经在土建结构长期监测领域得到广泛应用。图 7.29 是光纤法珀传感器在重庆大佛寺长江大桥的应用实例。重庆大学在大佛寺长江大桥主梁施工过程中，在其主梁的 5 个断面上，历时 9 个月，先后埋入了总共 50 只光纤法珀应变传感器，采集到了桥梁部分施工过程的应变变化情况。而全部系统于 2003 年初投入使用后，获取了昼夜温差以及季节温差条件下，该桥梁主梁的内部应变信息，如图 7.29(c)所示。

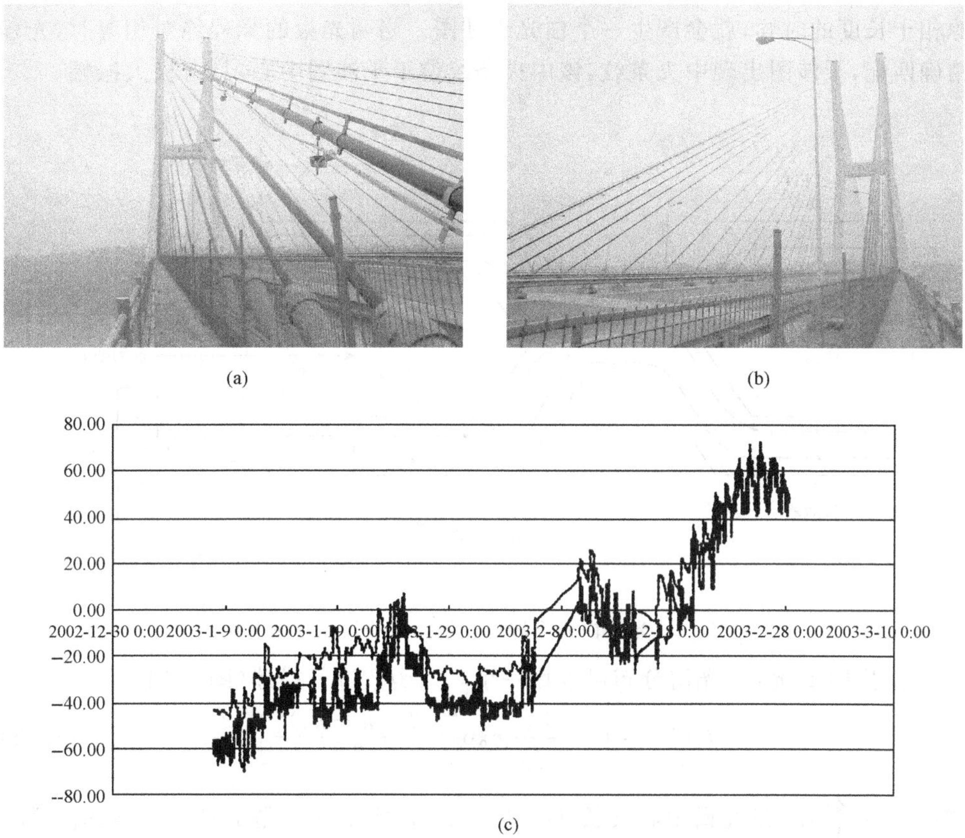

图 7.29　重庆大佛寺长江大桥应用系统

(a) 传感器现场埋入；(b)大佛寺长江大桥全景；(c) 大佛寺长江大桥实际监测结果

7.3　光纤白光干涉传感器

迈克尔孙干涉仪自发明以来一直作为微小空间的位移传感器。使用单色光源干涉仪进行绝对位移测量所存在的主要困难是，仅能实现 360°相位范围内的光程差的测量，超过此范围，干涉仪输出将呈现周期性变化，导致测量结果不唯一。应用宽带光源或称为白光光源，其相干长度很小，其干涉条纹信号中主干涉中央条纹的位置可被精确的判定，因此可实现所谓的绝对测量。

本节主要介绍光纤白光干涉传感器的基本原理、传感原理及简单应用。

7.3.1　光纤白光干涉仪的基本原理

光纤白光干涉原理可用图 7.30 所示的原理图来说明。该干涉仪中，作为参考和传感的两臂通过使用一个 3dB 的耦合器对光进行了分路和合路，干涉仪的光程差(OPD)通过一个扫描反射镜来改变。当参考和传感两光束之间光程差小于光源相干长度的时候,就会产生一个白光干涉图。当两光束的光程绝对相等时,光程精确匹配,干涉图出现中央条纹,该中央条纹位于干涉图中心,具有极大振幅。

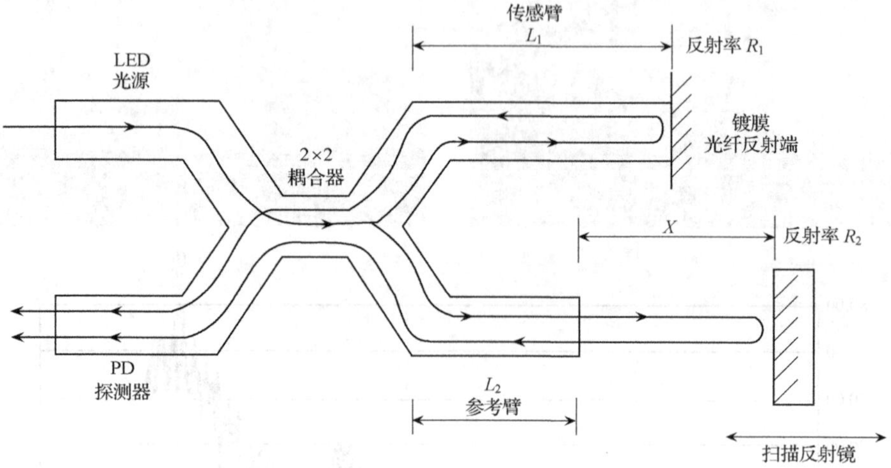

图 7.30　光纤白光干涉迈克尔孙干涉仪原理示意图

对于 LED 光源,光谱分布可以用一个高斯函数进行描述(图 7.31)

$$G(k) = G_0 \frac{L_c}{\sqrt{2\pi}\xi} \exp\left[-\frac{L_c^2(k-k_0)^2}{2\xi^2}\right] \tag{7.35}$$

式中,$k_0=\frac{2\pi}{\lambda_0}$,$\lambda_0$ 是光谱中心波长,G_0 是 $\lambda=\lambda_0$ 处强度值,ξ 是 LED 自身光谱系数,

$$L_c = \frac{\lambda_0^2}{\Delta\lambda} \tag{7.36}$$

L_c 是光源相干长度,其中 $\Delta\lambda$ 是光源半谱宽度(FWHM),如图 7.31 所示。表 7.1 给出了典型的 1300nm 波长 LED 光源的各个参数值。

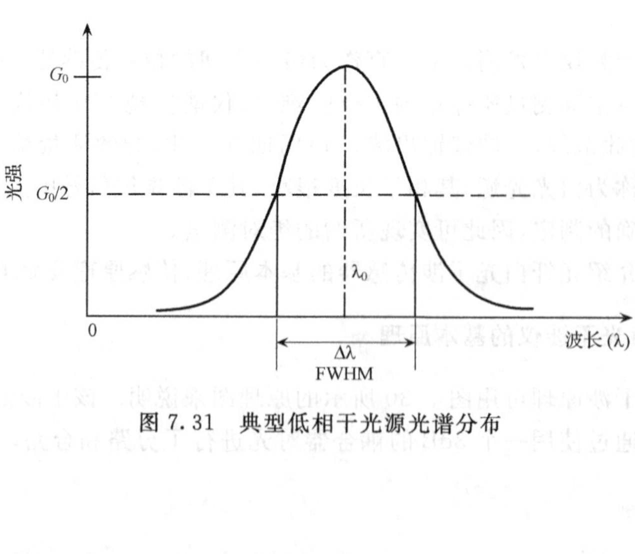

图 7.31　典型低相干光源光谱分布

表 7.1 LED 光源相关参数

物理量	中心波长	光谱半宽(FWFM)	相干长度	光谱系数	相对强度系数
符号	λ_0	$\Delta\lambda$	L_c	ξ	G_0
数值	1310	35nm	49μm	2.8	0.37μW/nm

考虑谱密度为$G(k)$的单色光分量，这里$k=\dfrac{2\pi}{\lambda}$为波数。光纤迈克尔孙干涉仪输出光强与光程差 x 之间的关系可以写成

$$G(k,x)=\alpha R_1G_1(k)+\alpha R_2G_2(k)+2\alpha\sqrt{R_1G_1(k)R_2G_2(k)}\cos(kx) \tag{7.37}$$

式中，x 代表参考臂和传感臂之间的光程差，α 是 2×2 光纤耦合器的插入损耗系数，定义为 α=(输出总光强)/(输入总光强)，R_1 为传感臂光纤端面的反射率，R_2 是补偿臂反射镜的反射率。$G_1(k)$和 $G_2(k)$分别是传感臂和补偿臂的耦合强度。

对于 3dB 光纤耦合器，我们有

$$G_1(k)=G_2(k)=\frac{1}{2}\alpha\cdot G(k) \tag{7.38}$$

假设 $R_1=R_2=R$，则式(7.37)变为

$$G(k,x)=\alpha RG(k)[1+\cos(kx)] \tag{7.39}$$

将式(7.35)代入式(7.39)中，并且从$-\infty\sim+\infty$对光谱进行积分，得到

$$\begin{aligned}I(x)&=\int_{-\infty}^{+\infty}G(k,x)\mathrm{d}k\\&=\int_{-\infty}^{+\infty}G_0\frac{L_c}{\sqrt{2\pi\xi}}\exp\left[-\frac{L_c^2(k-k_0)^2}{2\xi^2}\right]\{\alpha R[1+\cos(kx)]\}\mathrm{d}k\\&=\alpha RG_0\frac{L_c}{2\pi\xi}\int_{-\infty}^{+\infty}\exp\left[-\frac{L_c^2(k-k_0)^2}{2\xi^2}\right][1+\cos(kx)]\mathrm{d}k\end{aligned} \tag{7.40}$$

设 $k=k-k_0$，经整理，式(7.40)变为

$$\begin{aligned}I(x)&=\alpha RG_0\frac{L_c}{\sqrt{2\pi\xi}}\int_{-\infty}^{+\infty}\exp\left(-\frac{L_c^2}{2\xi^2}k^2\right)\{1+\cos[(k+k_0)x]\}\mathrm{d}k\\&=\alpha RG_0\frac{L_c}{\sqrt{2\pi\xi}}\int_{-\infty}^{+\infty}\exp\left(-\frac{L_c^2}{2\xi^2}k^2\right)\\&\quad\times[1+\cos(kx)\cos(k_0x)-\sin(kx)\sin(k_0x)]\mathrm{d}k\\&=\alpha RG_0\left[1+\exp\left(-\frac{\xi^2}{2L_c^2}x^2\right)\cos\left(\frac{2\pi}{\lambda_0}x\right)\right]\end{aligned} \tag{7.41}$$

用表 7.1 中的数据替换式(7.41)中的常数，并假设耦合器的插入损耗 $\alpha=0.95$ 和反射率 $R=91\%$，归一化白光干涉图样如图 7.32 所示。

光纤白光干涉技术作为一种有效的方法，可以对应变和温度导致的光程变化进行测量。考虑图 7.30 中所示的系统，构成传感臂光纤的光程长度是 $S=2nL_1$。参考臂由长度略短的参考光纤 L_2 和参考光纤端面与扫描镜形成的空气间隙 X 组

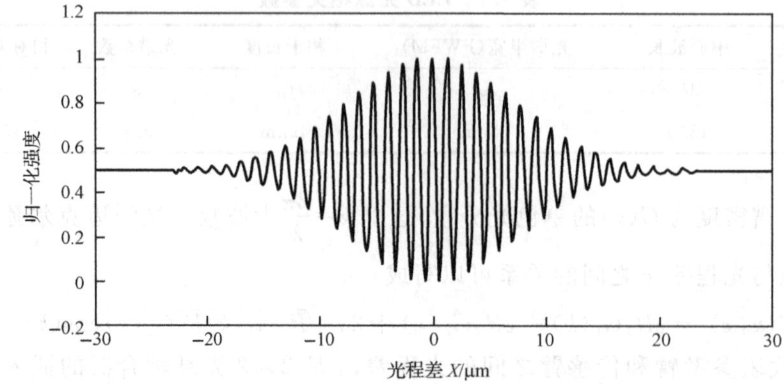

图 7.32　计算得到的白光干涉图样

成。因此,参考臂光程总和为 $2nL_2+2X$。

调整扫描镜的位置,使传感臂和参考臂光程匹配,也就是说满足

$$2nL_1 = 2nL_2 + 2X \tag{7.42}$$

在 $x=2nL_1-(2nL_2+2X)$ 位置附近,出现与图 7.32 类似的白光干涉条纹。其中,零级条纹近似在干涉条纹的中央,具有最大的振幅,对应于两臂光程精确相等处。当传感臂的光程在应变或者周围环境温度变化的作用下导致光程变化时,传感器光程的变化 $\Delta S=\Delta(nL_1)$ 可以通过测量零级中央条纹对应的反射镜位置改变 ΔX 来获得。

7.3.2　光纤白光干涉仪传感原理

1. 传感函数的基本描述

正如 7.3.1 节所讲,白光光纤传感器基本的参数是传感部分的光程。在均匀条件下,它可以表示为

$$S = nL \tag{7.43}$$

式中,n 是光纤芯的折射率,L 是光纤传感器的标称长度。一般地,光程是外加应变和温度(ε,T)的函数,它可表示成为

$$S = S(\varepsilon, T) \tag{7.44}$$

变化产生的增量是

$$\mathrm{d}S = \left[\frac{\partial S}{\partial \varepsilon}\right]_T \mathrm{d}\varepsilon + \left[\frac{\partial S}{\partial T}\right]_\varepsilon \mathrm{d}T \tag{7.45}$$

式中,$\mathrm{d}\varepsilon$ 和 $\mathrm{d}T$ 分别是局部应变和温度产生的变化,$[\partial S/\partial \varepsilon]_T$ 和$[\partial S/\partial T]_\varepsilon$ 分别是 S 对 ε 和 T 的导数。

应用式(7.43),光程的改变可以进一步展开成

$$dS = \left\{ n\left[\frac{\partial L}{\partial \varepsilon}\right]_T + L\left[\frac{\partial n}{\partial \varepsilon}\right]_T \right\} d\varepsilon + \left\{ n\left[\frac{\partial L}{\partial T}\right]_\varepsilon + \left[\frac{\partial n}{\partial T}\right]_\varepsilon \right\} dT \tag{7.46}$$

应用 $d\varepsilon = \frac{dL}{L}$，并引用光纤热膨胀系数 $\alpha_f = \frac{\partial L}{\partial T}$，式(7.46)可重写为

$$dS = nL\left\{ \left(1 + \frac{1}{n}\left[\frac{\partial n}{\partial \varepsilon}\right]_T\right) d\varepsilon + \left(\alpha_f + \frac{1}{n}\left[\frac{\partial n}{\partial T}\right]_\varepsilon\right) dT \right\} \tag{7.47}$$

再应用式(7.43)，式(7.47)可以简化为

$$\frac{dS}{S} = (1 + C_\varepsilon) d\varepsilon + (\alpha_f + C_T) dT \tag{7.48}$$

式中，系数 C_ε 和 C_T 的定义分别为

$$C_\varepsilon = \frac{1}{n}\left[\frac{\partial n}{\partial \varepsilon}\right]_T \tag{7.49}$$

$$C_T = \frac{1}{n}\left[\frac{\partial n}{\partial T}\right]_\varepsilon \tag{7.50}$$

在光纤均匀各向同性、恒温、仅存在轴向应变 ε_z 的条件下，按照 Butter 和 Hocker 的假设，有

$$C_\varepsilon = -\frac{n^2}{2}\{p_{12} - v(p_{11} + p_{12})\}\varepsilon_z \tag{7.51}$$

式中，P_{11} 和 P_{12} 为光纤材料的光弹系数，v 为光纤的泊松比。

对于更一般的应变场，考虑如图 7.33 所示的三个应变分量 $\{\varepsilon_x, \varepsilon_y, \varepsilon_z\}$。这时，对于不同方向的偏振的光($E_x, E_y$)，$C_\varepsilon$ 的值会不一样，分别为

$$C_\varepsilon = -\frac{n^2}{2}[\varepsilon_x p_{11} + (\varepsilon_z + \varepsilon_y) p_{12}] \tag{7.52}$$

$$C_\varepsilon = -\frac{n^2}{2}[\varepsilon_y p_{11} + (\varepsilon_z + \varepsilon_x) p_{12}] \tag{7.53}$$

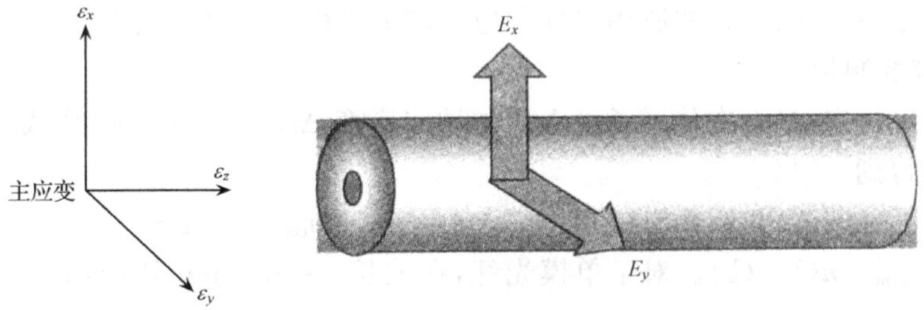

图 7.33　应变矢量图解示意图

2. 白光测量系统

用于实际测量中的光纤白光迈克尔孙干涉仪的组成与图 7.30 所示的结构相比存在一些差别，如图 7.34 所示。在传感光纤的两个端面上，产生两个反射信号。一个来自于传感光纤的前端面，另一个来自传感光纤的后端面，当参考臂的反射器

扫描时，有两组白光干涉条纹出现。这两组条纹分别对应于参考光的光程和两个反射信号的光程相匹配，而两组白光干涉中心条纹所对应的反射扫描器位置的差值($X=X_2-X_1$)与传感器的长度相对应

$$X = X_2 - X_1 = nL_0 \tag{7.54}$$

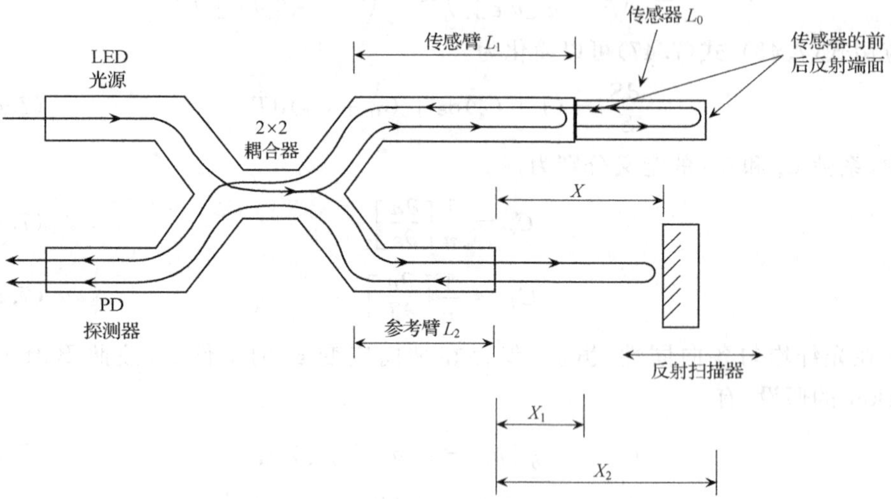

图 7.34　基于迈克尔孙白光干涉仪的光纤传感测量系统

当载荷(应变或温度)作用于传感器时，白光干涉中心条纹的位置将发生移动。式(7.54)变为

$$X' = X_2' - X_1' = (nL_0)' \tag{7.55}$$

式中，“′”表示载荷施加后的值

$$\Delta X' = X' - X = (nL_0)' - (nL_0) = \Delta(nL_0) = \Delta S \tag{7.56}$$

我们定义了 $S=nL_0$，ΔS 和所用温度的应变的关系由式(7.47)或式(7.48)给出。

1) 应变测量

在温度恒定，且仅在传感长度上施加轴向应变 $\Delta\varepsilon_z=\varepsilon_z-\varepsilon_{z_0}$ 时，从式(7.48)和式(7.56)得到

$$\Delta X = \Delta S = (1+C_\varepsilon)nL_0\Delta\varepsilon_z = n_{\text{equivalent}}L_0\Delta\varepsilon_z \tag{7.57}$$

式中，$n_{\text{equivalent}}=n\{1+C_\varepsilon\}$。对于单模光纤，在波长 $\lambda=1300\text{nm}$ 处，参数 $n=1.46$，$v=0.25$，以及 $p_{11}=0.12$ 和 $p_{12}=0.27$，$C_\varepsilon=-0.1332\times10^{-6}/\mu\varepsilon$，$n_{\text{equivalent}}=1.19$。作用在光纤上的应变可以由下式给出：

$$\Delta\varepsilon_z = \frac{\Delta X}{n_{\text{equivalent}}L_0} \tag{7.58}$$

2) 温度测量

在没有应变的情况下，当传感器环境温度从 T_0 变化到 T 时，应用式(7.48)，有

$$\Delta X = \Delta S = L_0 n(\alpha_T + C_T)(T - T_0) = \widetilde{S} L_0 (T_0)(T - T_0) \tag{7.59}$$

或

$$(T - T_0) = \frac{\Delta X}{\widetilde{S} L_0 (T_0)} \tag{7.60}$$

$$\widetilde{S} = (\alpha_f + C_T) n(\lambda, T_0) \tag{7.61}$$

式中，$\widetilde{S}$ 为灵敏度系数。对于标准单模通信光纤，有如下参考数值：波长 $\lambda=1310\text{nm}$ 处 $n=1.4681$，$\alpha_f=5.5\times10^{-7}/℃$，$C_T=0.762\times10^{-5}/℃$；在 $\lambda=1550\text{nm}$ 处 $n=1.4675$，$\alpha_f=5.5\times10^{-7}/℃$，$C_T=0.811\times10^{-5}/℃$。根据这些数据，对于单位长度的光纤在 1310nm 和 1550nm 处，光纤温度传感器的灵敏度系数 $\widetilde{S}$ 分别为 11.99μm/(m·℃)和12.71μm/(m·℃)。

7.3.3 光纤白光干涉传感器的应用

光纤白光干涉传感器除了具有一般光纤传感器的共同特点外，还具有其独特的优点。

(1) 白光干涉传感系统所用的传感光纤一般都是标准的单模光纤，而且对很多应用场合，无需对光纤进行进一步的特别处理。光纤传感器具有尺寸小与材料和结构兼容等特点，适合于嵌入纤维复合材料或混凝土材料内部或贴附在结构表面，而不对材料或结构的机械性能造成大的影响。

(2) 光纤白光干涉传感器的一个特点是传感器长度的可任意选择性。作为传感光纤，其长度可从几十微米到几十千米，根据具体的应用来选择。尺度短的应变传感器适用于检测材料的局域应变状态，并且应该放置在结构预期的高应变临界点处。而对于大型结构(如悬拉桥)需要空间的稳定性，对于变形的测量是非常重要的，并且要求传感器的长度应该具有米的量级或更大。这里，结构失效的临界点与局域状态相比要重要得多，所以局域应变测量就显得不十分重要。如大地的运动导致的桥梁中跨发生的沉降这个形变可以通过降低桥梁桁架应变来改进结构安全。

(3) 对于光纤白光干涉传感器而言，其传感信息可以远距离测量并很容易地实 现多路复用或准分布式测量。多段传感光纤(多个传感器)连在一条或多条光纤总线上，只需要一个扫描问询干涉仪就可对全部传感器进行解调，所需信号处理电路比较简单。传感器部分结构简单、完全无源。光源、问询干涉仪及处理电路等可以通过传输光纤放在离传感区域很远的地方，而且测量性能不受传输光纤长度等变化的影响。

随着光纤白光干涉传感技术的不断发展，该技术日趋完善，同时也有了越来越多的应用。Inaudi 等人发展了低相干大尺度光纤结构传感器，在瑞士工业建筑业中被广泛使用，获得了几个微应变的分辨率，其测量范围超过几千个微应变。有文献报道了基于白光干涉技术的光纤应变计用于监测混凝土试样内部的温度和测量一维、二维应变。在分布式传感器概念的基础上，准分布式光纤白光干涉测量应用系统得到了进一步的发展，Lecot 所报道的实验系统中包含超过 100 个多路复用的温度传感器，用于核电站交流发电机定子发热量的监测。可以预期，这种基于白光干涉技术的绝对应变传感器将在智能结构和材料中起到越来越重要的作用。

7.4 光纤光栅传感器

光纤光栅广泛应用于应变、温度、压力、磁场等多种测量场合。这些应用都基于同样的原理，也即检测由某个被测量所引起光纤光栅波长的变化（绝大部分属于光波长调制型传感，也有利用长周期光纤光栅强度传感的方法）。在过去 20 年里，光纤光栅传感器的制作、封装、检测和多路复用技术都取得了很大的进步，使得它们的应用日趋成熟。

在本节中，我们将重点介绍两类光纤光栅——布拉格光纤光栅和长周期光纤光栅（LPFG）——的传感原理、解调手段、复用方法及简单的应用等。

7.4.1 布拉格光纤光栅传感原理

布拉格光纤光栅（FBG）可以广泛用于应变、温度、压力及动态电磁场测量等领域。测量的基本原理是 FBG 的中心波长总是随着外界环境参数的变化而变化，下面分别介绍几种物理参数的传感原理。

1. 应变

布拉格光纤光栅的波长漂移 $\Delta\lambda_{BS}$ 和它所受的纵向应变 $\Delta\varepsilon$ 的关系为

$$\Delta\lambda_{BS} = \lambda_B(1-\rho_\alpha)\Delta\varepsilon \tag{7.62}$$

式中 ρ_α 是光纤的弹光系数，

$$\rho_\alpha = \frac{n^2}{2}[\rho_{12} - \nu(\rho_{11} - \rho_{12})] \tag{7.63}$$

ρ_{11} 和 ρ_{12} 是光纤的光学应力张量分量，ν 是泊松系数。由于加速度、超声波、力等物理量都可以转化为应变来测量，所以在测量这些参数时式（7.62）和式（7.63）仍然适用。

啁啾光纤光栅的光栅周期沿着光栅的长度而变化，所以它可以反射一系列波长（频率）的输入光（图 7.35）。它作为色散补偿器件时，主要用作波长带通滤波器，而其用作应变传感的主要原理是基于反射点有效折射率 δb 的改变

$$\delta b = -\frac{\lambda}{\Delta\lambda_c}B\zeta\Delta\varepsilon \tag{7.64}$$

这里 ζ 是由光纤光弹效应决定的一个常量，B 是光栅长度，λ 是一个固定光源所发出的光信号波长，$\Delta\lambda_c = \lambda_{B1} - \lambda_{B2}$ 且 $\lambda_{B1} < \lambda_{B2}$，图 7.35 表示了这种关系。在光栅长度 B 给定的情况下，光程的变化由式（7.65）确定

$$\delta l = B\zeta \Delta\varepsilon \tag{7.65}$$

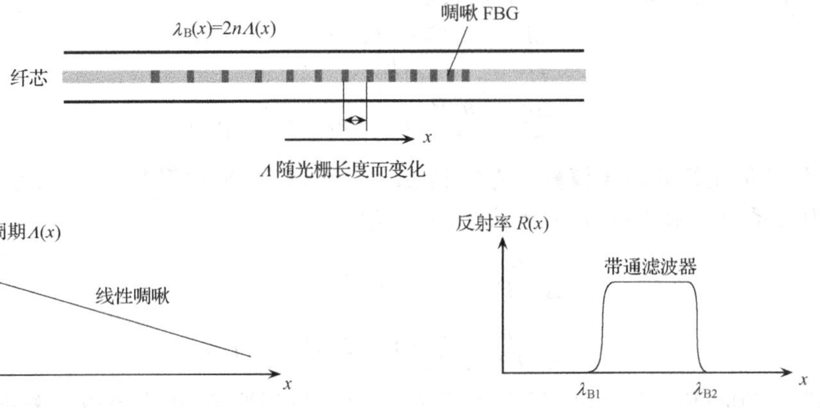

图 7.35　线性啁啾 FBG 传感器

将式(7.64)和式(7.65)等号两边相除得

$$\frac{\delta b}{\delta l} = -\frac{\lambda}{\Delta\lambda_c} \tag{7.66}$$

从式(7.66)可以看出，因为 $\lambda \gg \Delta\lambda_c$，所以 $\delta b \gg \delta l$，即啁啾 FBG 在应变测量中，具有很大的应变转换放大因子，所以线性啁啾 FBG 具有较大的应变测量灵敏度，在动态应变测量中具有极大的潜在优势。

2. 温度

设温度变化为 ΔT，与之相对应的 FBG 中心波长的变化 $\Delta\lambda_{BT}$ 为

$$\Delta\lambda_{BT} = \lambda_B(1+\xi)\Delta T \tag{7.67}$$

这里 ξ 就是光纤的热光系数，表 7.2 给出了不同波长 FBG 的波长-应变和波长-温度灵敏度。

表 7.2　具有不同波长的 FBG 传感器的应变和温度灵敏度

长波	应变灵敏度	温度灵敏度
0.83μm	～0.64 pm/με	～6.8 pm/℃
1.3μm	～1 pm/με	～10 pm/℃
1.55μm	～1.2 pm/με	～13 pm/℃

3. 压力

设压力变化为 ΔP，则与之相对应的 FBG 中心波长的变化 $\Delta\lambda_{BP}$ 由式(7.68)给出

$$\frac{\Delta\lambda_{BP}}{\lambda_B} = \frac{\Delta(n\Lambda)}{n\Lambda} = \left(\frac{1}{\Lambda}\frac{\partial\Lambda}{\partial P} + \frac{1}{n}\frac{\partial n}{\partial P}\right)\Delta P \tag{7.68}$$

由于光纤受压会使得光纤直径发生微量变化，这种变化又会使得光传输延迟发生

微量变化，但这种变化相比于光纤折射率和物理长度的变化常常是可以忽略的。折射率变化的计算关系可用下式表示：

$$\frac{\Delta L}{L} = -\frac{(1-2v)P}{E} \tag{7.69a}$$

$$\frac{\Delta n}{n} = \frac{n^2 P}{2E}(1-2v)(2\rho_{12}+\rho_{11}) \tag{7.69b}$$

这里，E 是光纤的杨氏模量。考虑到 $\Delta L/L=\Delta\Lambda/\Lambda$，平均周期-压力关系和折射率-压力关系分别由式(7.70a)和式(7.70b)给出

$$\frac{1}{\Lambda}\frac{\partial\Lambda}{\partial P} = -\frac{(1-2v)}{E} \tag{7.70a}$$

$$\frac{1}{n}\frac{\partial n}{\partial P} = \frac{n^2}{2E}(1-2v)(2\rho_{12}+\rho_{11}) \tag{7.70b}$$

将式(7.70a)和式(7.70b)代入式(7.68)，可以得到波长-压力灵敏度关系

$$\Delta\lambda_{\mathrm{BP}} = \lambda_{\mathrm{B}}\left[-\frac{(1-2\nu)}{E}+\frac{n^2}{2E}(1-2\nu)(2\rho_{12}+\rho_{11})\right]\Delta P \tag{7.71}$$

4. *动态磁场*

法拉第效应表明，在磁场作用下通过 FBG 的左旋和右旋偏振光的折射率大小会发生微弱的变化。假定沿 FBG 轴向施加磁场 H，左旋和右旋偏振光的折射率变化状况可以表示为

$$B_+ = 2n_+ \tag{7.72a}$$

$$B_- = 2n_- \tag{7.72b}$$

式中，下标“+”和“−”分别代表 FBG 中右旋和左旋的偏振光。对于硅光纤，由于决定法拉第效应灵敏度的是硅光纤固有的韦尔代(偏振光磁旋)常数，而这个常数很小，在 1.3μm 附近，其值约为 0.8rad/T·m，所以，FBG 的法拉第效应灵敏度很小，折射率的变化可以确定为

$$n_+ - n_- = \frac{V_{\mathrm{d}} H\lambda}{2\pi} \tag{7.73}$$

式中，V_{d} 是韦尔代常数，λ 为工作波长。由折射率变化导致的 FBG 反射波长变化如图 7.36 所示，由于磁场而导致的双折射环引起了布拉格谐振峰的分裂。Kersey

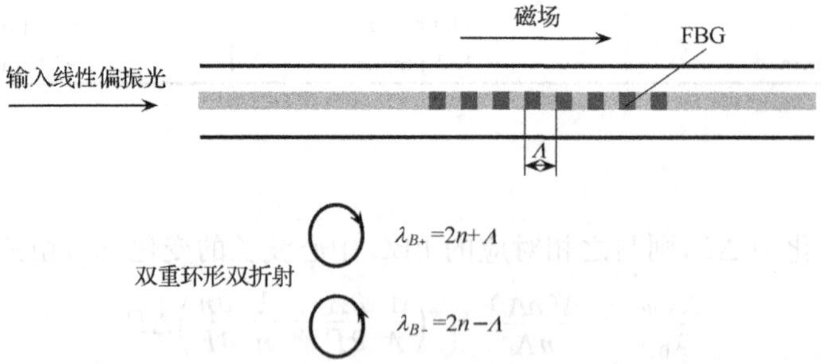

图 7.36 由于磁场而导致的双折射环引起了布拉格谐振峰的分裂

和 Marrone 报道的法拉第效应产生的波长漂移很小，需要通过干涉探测等的方法来提高灵敏度。在他们工作的基础上，可以开展关于大电流和大电压等物理量动态测量的研究。

7.4.2 布拉格光纤光栅传感器解调原理

1. 边缘滤波器法

边缘滤波器法中输入波长漂移量和输出光强度变化量呈线性关系，这种方法是通过探测滤波器的输出光强度来计算输入波长漂移量的变化，原理如图 7.37(a)所示。测量范围和探测分辨率呈反比关系。

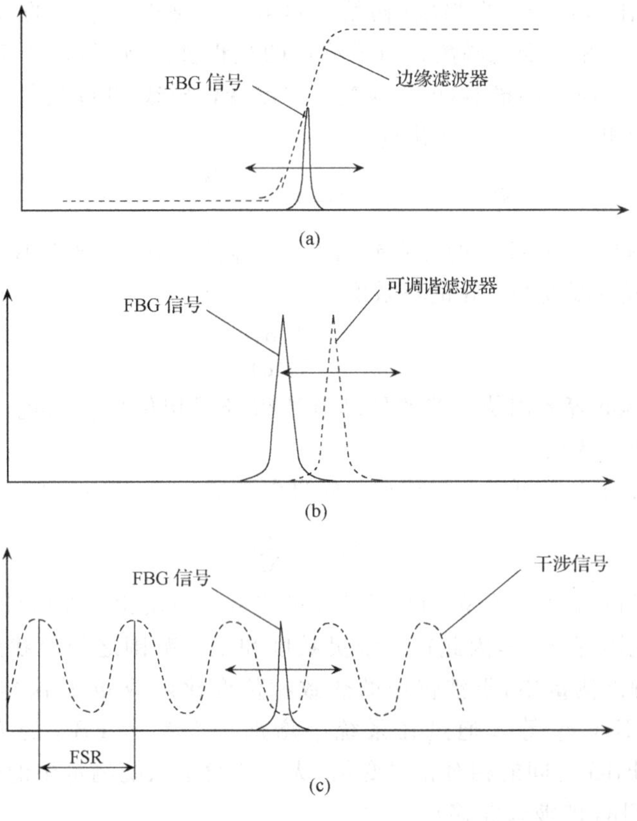

图 7.37

(a) 边缘滤波法原理图；(b) 可调谐滤波法原理图；(c) 干涉仪扫描法原理图

2. 可调谐滤波器法

可调谐滤波器可以用于测试 FBG 的波长漂移，其主要是利用了可调谐滤波器的输出是 FBG 输出谱和可调谐滤波器谱的卷积的原理，如图 7.37(b)所示，当 FBG

输出谱和可调谐滤波器光谱完全匹配时，可调谐滤波器的输出为1，也就是输出达到了最大值。通过测量这个最大点和可调谐滤波器相应的波长变化，就可以求出FBG的波长漂移量。测量的分辨率主要取决于FBG返回信号的信噪比，以及可调谐滤波器和FBG的带宽。这种方法具有较高的波长分辨率和较大的工作范围。

3. 干涉仪扫描法

1992年和1993年，Kersey等人报道了干涉仪扫描法可以用于测量因应变或温度引起的FBG波长漂移量，这种方法在动态及准静态应变测量中具有较高的分辨率。从干涉仪输出的信号(如图7.37(c))可以表示为

$$I/I_0 = 1 + B\cos[\Delta\Phi_B + \Phi(t)] \tag{7.74}$$

式中，I_0是输出信号光的光强度(初始光强度)，B是干涉信号的可见度。$\Phi(t)$是干涉仪中的热致相位变化函数。当干涉仪的光程被调制时，对于FBG而言，干涉仪就相当于一个波长扫描器，由于应变或温度变化导致FBG反射波长的变化就会对干涉信号的相位产生一个变化量

$$\Delta\Phi_B = -\frac{2\pi\Delta L_{SI}}{{\lambda_B}^2}\Delta\lambda_B = -\frac{2\pi\Delta L_{SI}}{\lambda_B}\xi_g\Delta Y \tag{7.75}$$

式中，ΔY是施加在FBG上的应变或温度的变化量，ΔL_{SI}是干涉仪的光程差，ξ_g是FBG对应变或者温度归一化的灵敏度

$$\xi_g = \frac{1}{\lambda_B}\frac{\delta\lambda_B}{\delta Y} \tag{7.76}$$

1982年，Jackson等人用伪外差的处理方法得到了相位变化$\Delta\Phi_B$，利用$\Delta\Phi_B$可求出温度或应变的变化。

FBG的工作范围可以通过干涉仪的自由光谱范围(FSR)大小来设定

$$\mathrm{FSR} = \frac{\lambda_B^2}{\Delta L_{SI}} \tag{7.77}$$

从式(7.77)可以看出，工作范围与干涉仪的光程差成反比。在信号处理上，干涉仪决定的测量范围等于2π，因此在系统灵敏度和工作范围之间要找到一个平衡点。在准静态和静态测量中，干涉仪中的热致相位变化函数$\Phi(t)$决定了系统的稳定度。1993年，Kersey等人通过在系统中增加一个参考FBG的方法，测量传感FBG和参考FBG之间的相对相位变化，从而补偿了系统测量中的热漂移(温度变化导致传感FBG的波长漂移)。

4. 双腔干涉仪扫描法

1996年，Rao等人提出可以在干涉仪中使用长短两个腔，以得到两组干涉条纹，利用这两组干涉条纹可以提高绝对测量范围。由图7.38可见，从光程差较大的腔长输出的相位变化测量分辨率较高(比如范围1)，而光程差较小的腔长输出的相位变化测量分辨率较低(比如范围2)。它可用于确定从长腔得到的条纹数，

相位变化的绝对值可以由($\Delta\Phi_B+2\pi N$)表示,这里 N 是干涉条纹的数目。绝对测量范围的增强因子可以由干涉仪中双腔长度之比来表示如下:

$$M=\frac{\mathrm{FSR}_{\mathrm{short}}}{\mathrm{FSR}_{\mathrm{long}}}=\frac{L_{\mathrm{SI}}}{L'_{\mathrm{SI}}} \tag{7.78}$$

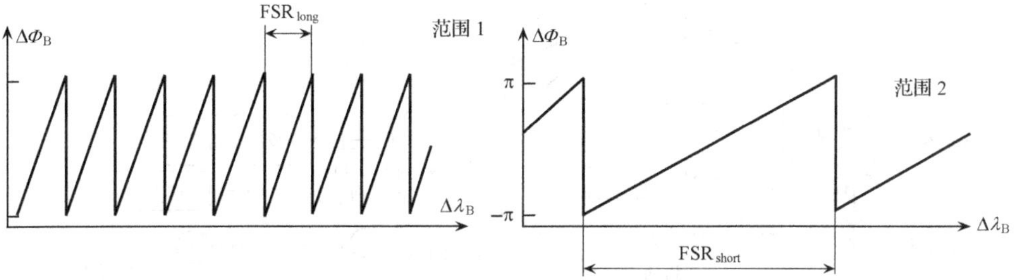

图 7.38　双腔干涉扫描法原理图

这里 L_{SI} 和 L'_{SI} 分别表示干涉仪范围 1 和范围 2 的腔长,也即长腔和短腔长度。从原理上讲,如果干涉仪校准很好,由于干涉仪的腔长可以从数百微米到几个毫米变化,所以 M 值可以很大,然而,实际上 M 一般在 10～100 选择。

7.4.3　布拉格光纤光栅复用技术

在许多实际应用中,为了能够实现物理量的准分布式测量,常常需要采用复用技术将 FBG 传感器进行联网。1996 年,Kersey 指出应用于传统的光纤传感系统的复用方法同样适用于 FBG 传感器的复用。近年来,人们相继报道了波分复用、时分复用、空分复用,以及这几种复用方式的组合复用等方法,其中,WDM 是目前应用最多的一种复用方式。

1993 年,Jackson 等人提出了一种基于 WDM 的并行接收技术,如图 7.39(a)所示。这种技术的主要原理就是给每一个传感 FBG 匹配一个接收 FBG,从而可以实现多点物理量(温度或者应变)的同时测量。

1994 年,Brady 等人在并行 WDM 网络的基础上,提出了一种改进并行 FBG 接收阵列为串行接收阵列的方案。相比于并行网络,在串行网络中,通道中的光功率可以得到更为有效的利用,因此整个传感系统的成本会降低。1995 年,Davis 和 Kersey 提出了另外一种改进方案,即通过直接探测串行 FBG 的输出信号来使得所需要的信号功率最低化,实验框图如图 7.39(b)所示,这种方法降低光功率损耗到接近原来的 1/4,实验测得在低频时其应变动态分辨率约为 $10n\varepsilon(\mathrm{Hz}^{\frac{1}{2}})$。因为用于调节接收 FBG 阵列的伸缩元件的特性决定了并行网络和串行网络的测量精度,所以要达到比较好的性能指标,选择精度较高的驱动伸缩元件是很关键的。

在时分复用网络中,来自于任意两相邻传感器的反射脉冲存在一定的时延差(这个时延差可以通过光纤延迟线得到),利用能够和光延迟相匹配的高速电子开

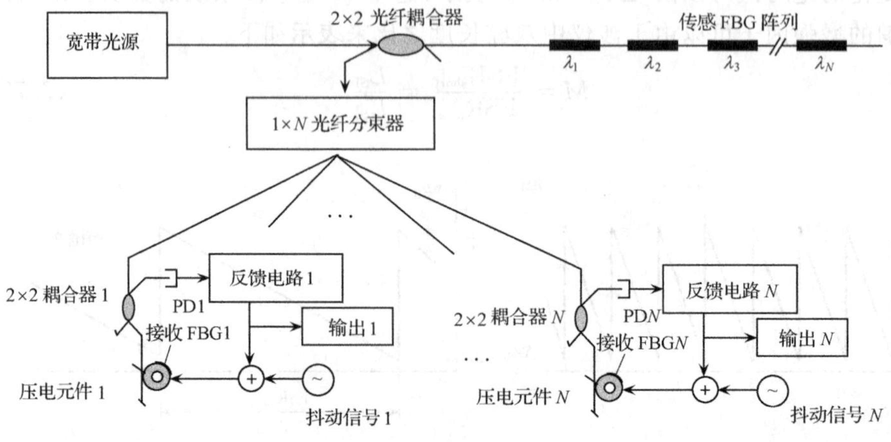

(a)

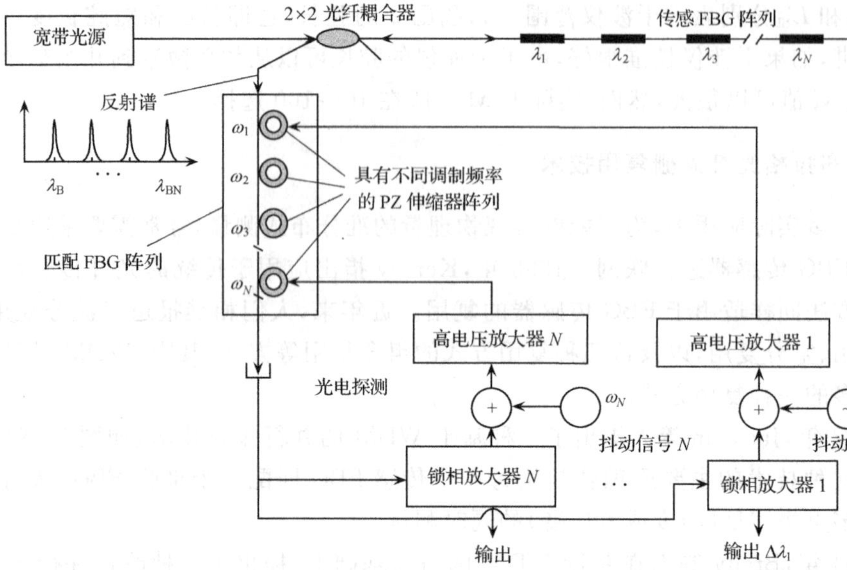

(b)

图 7.39

(a) 基于并行接收 FBG 阵列的 WDM 网络框图;(b) 基于串行接收 FBG 阵列的 WDM 网络框图

关阵列可以分离出具有时延差的反射信号,这就是时分复用的基本出发点。在许多实际应用中需要进行点测量,例如,在航空和安全监测应用中,网络中的 FBG 传感器必须要能独立工作,而且遇到破坏时,可以容易地撤换而不需要进行特别的重新校准,这就要求网络中所有的 FBG 传感器有相同的性能。如果使用串联复用结构,比如说 TDM 和 WDM,可交换性就比较难实现。为此,建立了基于干涉波长漂移测量和低相干干涉测量传感器 SDM 系统平行结构的 FBG 传感器来进行准静态温度和应变的测量。关于时分复用和空分复用更详细的讨论请读者参考相关文献。

7.4.4 长周期光纤光栅传感技术

LPFG 是一种透射型光纤光栅，无后向反射，在传感测量系统中不需隔离器，测量精度较高，并且 LPFG 的周期相对较长，满足相位匹配条件的是同向传输的纤芯基模和包层模。这一特点导致了 LPFG 的谐振波长和幅值对外界环境的变化非常敏感，具有比光纤布拉格光栅更好的温度、应变、弯曲、扭曲、横向负载、浓度和折射率灵敏度。因此，LPFG 在光纤传感领域具有比光纤布拉格光栅和其他传感器器件更多的优点和更加广泛的应用。利用 LPFG 具有体积小，能埋入工程材料的优点，可以实现对工程结构的实时监测，实现所谓的智能结构，这种全新概念的智能结构必将给工程结构的设计和制造带来一次革命性的变化。

在本节中，只是简单介绍一点长周期光纤光栅在温度、应变、折射率、温度和应变同时测量，以及 LPFG/EFPI 复用方面的一些原理，更详细的讨论请读者参考相关文献。

1. 温度传感技术

温度对 LPFG 的影响主要有两方面：一方面是热膨胀导致材料尺度的变化，另一方面是热光效应导致折射率的改变。由 LPFG 的相位匹配条件，导模与包层模耦合的中心波长为

$$\lambda = (n_{\mathrm{co}} - n_{\mathrm{cl}}^{m})\Lambda \tag{7.79}$$

式中，n_{co}和 n_{cl}^{m}分别为导模和 m 阶包层模的有效折射率，Λ 为光栅周期。当光纤参数或光栅周期发生改变时，耦合中心波长的变化为

$$\begin{aligned}\Delta\lambda = \Lambda\Big[&\frac{\partial(n_{\mathrm{co}} - n_{\mathrm{cl}}^{m})}{\partial n_{\mathrm{co}}}\Delta n_{\mathrm{co}} + \frac{\partial(n_{\mathrm{co}} - n_{\mathrm{cl}}^{m})}{\partial n_{\mathrm{cl}}}\Delta n_{\mathrm{cl}}\\ &+ \frac{\partial(n_{\mathrm{co}} - n_{\mathrm{cl}}^{m})}{\partial r_1}\Delta r_1 + \frac{\partial(n_{\mathrm{co}} - n_{\mathrm{cl}}^{m})}{\partial r_2}\Delta r_2 + (n_{\mathrm{co}} - n_{\mathrm{cl}}^{m})\frac{\Delta\Lambda}{\Lambda}\Big]\end{aligned} \tag{7.80}$$

式中，n_{co}和 n_{cl}^{m}分别为纤芯和包层的折射率，r_1 和 r_2 分别为纤芯和包层的半径。由于纤芯、包层的折射率和半径以及光栅周期都将随温度变化而变化，由式(7.79)，耦合中心波长随温度的变化可表示为

$$\begin{aligned}\frac{\mathrm{d}\lambda}{\mathrm{d}T} = \Lambda\Big[&\frac{\partial(n_{\mathrm{co}} - n_{\mathrm{cl}}^{m})}{\partial n_{\mathrm{co}}}\frac{\mathrm{d}n_{\mathrm{co}}}{\mathrm{d}T} + \frac{\partial(n_{\mathrm{co}} - n_{\mathrm{cl}}^{m})}{\partial n_{\mathrm{cl}}}\frac{\mathrm{d}n_{\mathrm{cl}}}{\mathrm{d}T}\\ &+ \frac{\partial(n_{\mathrm{co}} - n_{\mathrm{cl}}^{m})}{\partial r_1}\frac{\mathrm{d}r_1}{\mathrm{d}T} + \frac{\partial(n_{\mathrm{co}} - n_{\mathrm{cl}}^{m})}{\partial r_2}\frac{\mathrm{d}r_2}{\mathrm{d}T}\Big] + \lambda\alpha\end{aligned} \tag{7.81}$$

其中，由于纤芯和包层的热光系数 $\mathrm{d}n_{\mathrm{co}}/\mathrm{d}T$ 和 $\mathrm{d}n_{\mathrm{cl}}/\mathrm{d}T$ 远大于光纤材料的线性热膨胀系数 α，因此，耦合波长的漂移主要是由于温度变化引起光纤折射率变化而引起，而与热膨胀引起纤芯、包层半径和光栅周期的变化关系不大。当 LPFG 纤芯

和包层的热光系数确定后，$d\lambda/dT$ 近似为一常数，即耦合中心波长的漂移与温度变化近似成线性关系，通过测量长周期光纤光栅耦合中心波长的变化即可测出环境温度的变化。

2. 轴向应变传感技术

由弹性力学和弹光效应理论可知，光纤纤芯基模和包层模有效折射率以及光栅周期都是轴向应变的函数，所以由长周期光纤光栅相位匹配条件可得轴向应变与应变 ε 的关系为

$$\frac{d\lambda_{res}^{m}}{d\varepsilon}=\left(\frac{dn_{eff}^{co}}{d\varepsilon}-\frac{dn_{eff}^{cl,m}}{d\varepsilon}\right)\Lambda+\left(n_{eff}^{co}-n_{eff}^{cl,m}\right)\frac{d\Lambda}{d\varepsilon} \tag{7.82}$$

光纤发生轴向应变时，弹光效应将引起纤芯和包层有效折射率的变化，变化的大小与各自的弹光系数有关。

由更进一步的理论分析可以知道，长周期光纤光栅谐振波长的变化与所受的应变有近似线性的变化关系，因此，只要能测出应变所带来的长周期光纤光栅谐振波长的变化，就可以求出施加在光栅上的应变大小。

3. 温度应变同时测量传感技术

应变温度同时测量技术在工程测量中是一门非常重要的技术，这是因为它可以解决实际工程应用中应变和温度的交叉敏感问题。此前应变温度同时测量通常是用一个和多个光纤布拉格光栅的结合或者与其他传感器的结合来实现的。此外运用温度不敏感的应变传感器也可以解决交叉敏感问题。由前面的传感原理可知LPFG 的谐振波长与应变和温度都具有较好的线性关系，因此用单个和多个LPFG 的结合或与其他传感器的结合可实现应变温度同时测量。

LPFG 是纤芯基模耦合到同向包层模的无源器件，通常可以形成多个损耗峰。由前面的理论分析可知 LPFG 不同损耗峰的谐振波长的应变或温度灵敏度不同，有的甚至符号相反。当应变和温度同时作用于 LPFG 时，纤芯基模 LP_{01} 与 LP_{0m} 或 LP_{0n} 包层模耦合形成的损耗峰各自谐振波长的变化 $\Delta\lambda_m$ 和 $\Delta\lambda_n$ 可表示为

$$\begin{bmatrix}\Delta\lambda_m\\ \Delta\lambda_n\end{bmatrix}=\begin{bmatrix}K_{\varepsilon m} & K_{Tm}\\ K_{\varepsilon n} & K_{Tn}\end{bmatrix}\begin{bmatrix}\Delta\varepsilon\\ \Delta T\end{bmatrix} \tag{7.83}$$

式中，$K_{\varepsilon m}$ 和 $K_{\varepsilon n}$ 表示应变单独作用于 LPFG 时谐振波长 λ_m 或 λ_n 的应变灵敏度，K_{Tm} 和 K_{Tn} 表示温度单独作用于 LPFG 时谐振波长 λ_m 或 λ_n 的温度灵敏度。由矩阵论可知，只要系数矩阵满足 $K_{\varepsilon m}K_{Tn}\neq K_{\varepsilon n}K_{Tm}$，式(7.83)就有解。通常实际应用的 LPFG 的不同损耗峰的谐振波长的应变和温度灵敏度是满足这一条件的，因此当应变和温度同时作用于 LPFG，只要测出 LPFG 的损耗峰 Pit_m 和损耗峰 Pit_n 对应的谐振波长的变化 $\Delta\lambda_m$ 和 $\Delta\lambda_n$，就可由式(7.83)解出应变大小 $\Delta\varepsilon$ 和温度变化 ΔT，从而用单个 LPFG 实现应变和温度的同时测量。实际测量时应选择温度或应

变灵敏度相差尽可能大的两个损耗峰来实现应变和温度的同时测量，若有可能最好选择谐振波长的漂移方向相反的两个损耗峰来实现应变和温度同时测量。

4. LPFG/EFPI 复用技术

LPFG/EFPI 集成式光纤传感器的结构如图 7.40 所示。传感器由石英毛细管、光导入/导出单模光纤及其中的 LPFG 构成。LPFG 写入在单模光纤中，在离光栅中心 20mm 的位置将其切断。LPFG 与单模光纤均插入长 60mm、内外直径分别为 128μm 和 300μm 的石英管中，两光纤端面相距约为几十到几百微米。LPFG 和单模光纤构成的 EFPI 位于石英管内略为靠右的位置(因 EFPI 在石英管中的位置对其性能无影响，故对其无特别要求)。在石英管两端，光纤和石英管用 AB 胶粘合在一起。LPFG 在石英管中处于自由状态，不受应力作用，可用于温度监测。导入、导出单模光纤端面构成的 EFPI 腔距在应变作用下将产生相应的变化，可用于应变监测。这样就构成了可同时监测温度和应变的 LPFG/EFPI 集成式光纤传感器。

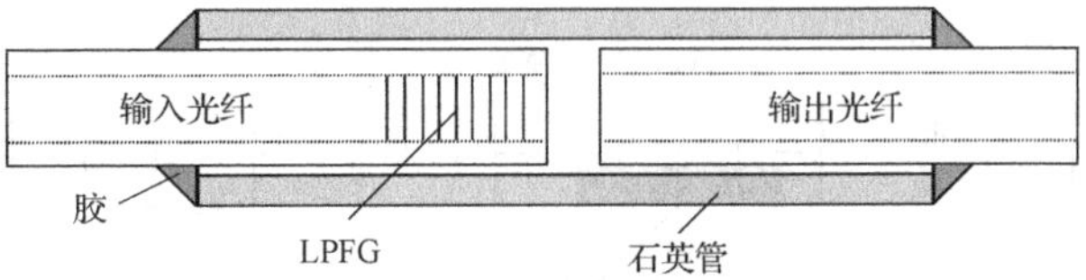

图 7.40 LPFG/EFPI 传感器的结构

LPFG/EFPI 集成式光纤传感器利用 LPFG 监测温度，EFPI 监测应变。由前面温度对 LPFG 的影响可见，耦合中心波长的漂移与温度变化近似成线性关系。

对 EFPI，由多光束干涉理论，透射光强为

$$I_{\mathrm{t}} = \frac{(1-R)^2}{1+R^2-2R\cos\varphi} I_{\mathrm{i}} \tag{7.84}$$

式中，相位差 $\varphi=4\pi t/\lambda$(t 为 F-P 腔的腔距)，I_{t}、I_{i} 分别为透射和入射光强。由式(7.84)可知，在腔距 t 一定时，光强和波长近似成正弦关系。当 t 变化时，特定波长的光强也会随之变化，在光强-波长分布图上，正弦曲线的周期和相位都要变化，即波峰在移动，并且波峰间距也要变化。另外由式(7.84)可知，当满足 $4\pi t/\lambda=2(n+1)\pi(n=0,1,2,3,\cdots)$ 时，透射光强为极小值；当满足 $4\pi t/\lambda=2n\pi(n=0,1,2,3,\cdots)$ 时，透射光强为极大值。设变化前后腔距分别为 t 和 t'，取两相邻的波峰，其干涉级次分别为 n(对应的波长为 λ_n 和 λ_n')和 $n-1$(对应的波长为 λ_{n-1} 和 λ_{n-1}')，可以得出

$$\frac{4\pi}{\lambda_n} t = 2n\pi \tag{7.85}$$

$$\frac{4\pi}{\lambda_{n-1}} t = 2(n-1)\pi \tag{7.86}$$

由式(7.85)和式(7.86)得

$$t = \frac{\lambda_n \lambda_{n-1}}{2(\lambda_{n-1} - \lambda_n)} \tag{7.87}$$

同理

$$t' = \frac{\lambda'_n \lambda'_{n-1}}{2(\lambda'_{n-1} - \lambda'_n)} \tag{7.88}$$

因此，由式(7.87)和式(7.88)可求出应变

$$\varepsilon = \frac{|t - t'|}{l} \quad (l\text{ 为石英管长度}) \tag{7.89}$$

用 LPFG/EFPI 集成式光纤传感器实现温度和应变同时测量的实验系统如图 7.41 所示。宽带光源发出的光通过单模光纤进入 LPFG/EFPI 传感器，先通过 LPFG，再进入 EFPI 产生多光束干涉，光谱仪接收的光谱为 LPFG 和 EFPI 的混合光谱。由光谱仪可测出 LPFG 的中心波长和 EFPI 干涉条纹的两个极大值(或极小值)点波长。将结果送入计算机进行一定的数据处理即可得到温度与应变监测的结果。

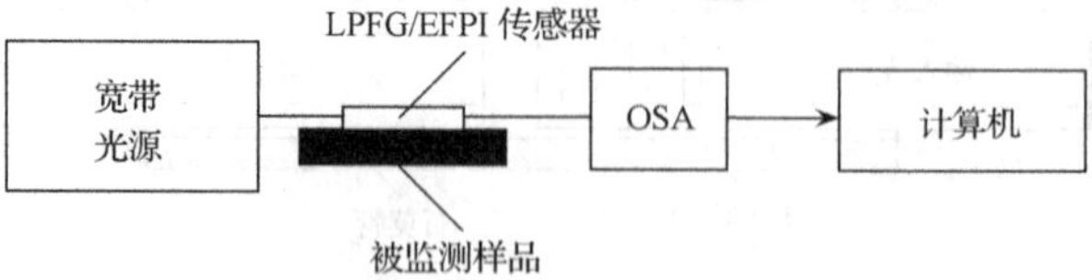

图 7.41　温度及应变同进监测实验系统

上面讨论了普通长周期光纤光栅在传感中的几种简单应用。实际上，长周期光纤光栅具有更为广泛的传感应用，比如用于环境液体折射率的测量、弯曲量的测量等。如果改变长周期光纤光栅的写入方法，比如用高频 CO_2 激光脉冲写入长周期光纤光栅，可以得到折射率变化主要在包层并且变化的折射率在光纤横截面分布不对称的特殊长周期光纤光栅，它在传感中具有许多独特的用途，比如可以用于可辨方向的扭曲量的测量、可辨方向的弯曲量的测量，以及实现温度与横向负荷同时测量的双参数传感等。有兴趣的读者可以参考饶云江撰写的著作《光纤光栅原理及应用》，这里就不进行深入讨论。

7.5　光纤陀螺传感器

光纤陀螺是一种新型角速度敏感元件。与激光陀螺相比，光纤陀螺无闭锁，易于微型化，可用于不同精度应用场合，而保持较低的性能价格比。自 1976 年 Vail 和 Shorthill 首次报道了光纤陀螺后，近二十年来，人们对光纤陀螺中存在的物理现象已理解清楚，一些关键技术问题已经解决。目前，一些低中精度光纤陀螺已在市场上出售，高精度光纤陀螺也正在投入生产。比如由光纤陀螺制成的角速度传

感器已经广泛应用于飞机、船舶的导航、大地的测量和地理纬线的测量等方面。

光纤陀螺分为干涉型和谐振型两种。谐振型陀螺有一些难以解决的技术难题,离实用还有一段距离。本节只简单介绍干涉型光纤陀螺,概述其基本工作原理、基本结构及简单应用。

7.5.1 光纤陀螺的基本原理

1. 光纤陀螺的基本结构及传感原理

干涉型光纤陀螺的基本构成是一个环形双光束干涉仪(图 7.42)。输入光经分束器分为两束,分别沿顺时针和逆时针方向在光纤环中传播,最后又在分束器处会合,发生干涉。围绕垂直于环面的轴的转动将引起两束光之间的相位差(光程差)的变化,因此改变输出干涉图样。相位差(称为 Sagnac 相移 Φ_S)和角速度之间的关系为

$$\Phi_S = \frac{2\pi LD}{\lambda c} \cdot \Omega \tag{7.90}$$

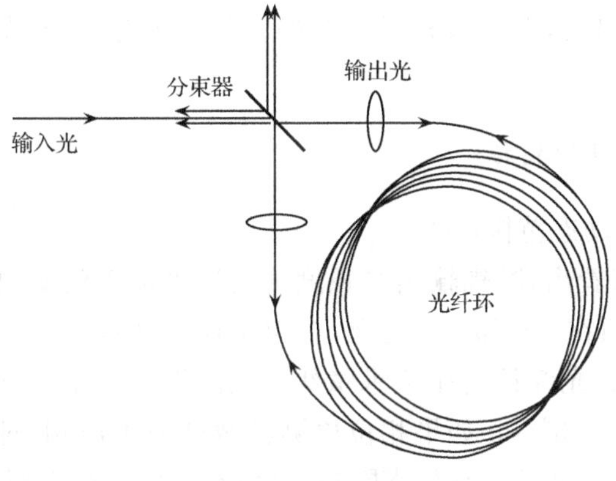

图 7.42 光纤陀螺基本结构

式中,L 为光纤的长度,D 为光纤环的直径,λ 为波长,c 为真空中光的速度,Ω 为角速度。用低损耗单模光纤作波导,L 可长至几百米甚至上千米,这样可大大提高环形干涉仪的灵敏度,即使微小的转动也可以产生能够测量的相移。

和任何其他双光束干涉仪一样,其输出光强可表示为

$$I = I_0(1 + \cos\Phi_S) \tag{7.91}$$

由式(7.90)和式(7.91)可知,输出光强为角速度的余弦函数(图 7.43)。这意味着:①输出光强不能反映转动的方向性,不论 Ω 是正还是负,都给出同样的读数;②小信号灵敏度低,在大多数应用场合,Sagnac 相移很小,而系统的灵敏度 $\mathrm{d}I/\mathrm{d}\Omega$ 在$\Omega=0$ 处等于零。

解决上述问题的方式之一是在两束反向传输光之间人为引入 90°相位偏置,

这时候输出光强度为

$$I = I_0(1 - \sin\Phi_S) \tag{7.92}$$

偏置后的陀螺在 $\Omega=0$ 处灵敏度最大，也能反映转动的方向性。

这里需要强调的是，光纤陀螺除要求光源体积小、寿命长、可靠性高外，还有三点主要要求：短相干长度、宽带宽，以减小瑞利后向散射噪声及偏振交扰的影响；高输出功率，以提高系统的检测阈值；低束散角，以提高与光纤的耦合效率。

目前，比较常用的光纤陀螺光源是半导体超辐射二极管(SLD)，其构形和工作原理与半导体激光二极管(LD)类似，充分吸收了 LD 高输出光功率的优点，同时采用腔内吸收器或 AR 涂层或二者的结合等措施抑制激射，减小了束散角。经对单模光纤中 SLD 的瑞利后向散射信号的测试说明，瑞利后向散射噪声已减少到探测器噪声电平以下。

对于高性能光纤陀螺，现在的趋势是采用掺铒光纤光源。这种光源是由掺铒光纤放大器技术(EDFA)发展而来。其优点是：高功率，一般在 10mW 以上，有利于提高信噪比；非偏振发射，有利于减小偏振交扰；工作波长 1.55μm，为石英光纤的最低损耗窗口，有利于降低光纤的传输损耗。为了提高波长的稳定性，可采用光纤布拉格光栅作反射器，在掺铒光纤光源的宽带自然辐射光谱中选择出一稳定的光谱段。

2. 光纤陀螺的性能指标

1) 光纤陀螺的动态范围

从图 7.43 可以看出，陀螺输出光强度为角速度的多值函数。为了唯一确定角速度的大小，Φ_S 必须在 $-\pi$ 和 $+\pi$ 之间，对应于角速度范围 $-\Omega_\pi<\Omega<\Omega_\pi$。举例来说，对于高精度陀螺，光纤长度在千米量级，假定光纤环直径为 10cm，工作波长为 0.85μm，可得到 $\Omega_\pi=73°/s$。如果相位检测灵敏度为 1 μrad，对应的最小可探测角速度值约为 $\Omega_{min}=0.084°/h$，动态范围在 130dB 量级。对于要求灵敏度较低的陀螺，可以用较短的光纤和较小的光纤环，如 $L=100m$，$D=3cm$ 的光纤环，这时候 $\Omega_\pi=2400°/s$，$\Omega_{min}=2.84°/h$。这说明，在应用同样元器件、信号处理技术等的前提下，通过调整光纤长度和光纤环尺寸，可对陀螺的角速度检测范围作很大调整，以适应不同的应用场合。这是光纤陀螺最重要的优点之一。

2) 光纤陀螺的灵敏度极限

和任何光纤传感器一样，光纤陀螺的灵敏度极限是由光电探测器的散粒噪声 Ω_{min} 决定的。

$$\Omega_{min} = \frac{\lambda_c}{2\pi LD}\left(\frac{2hcB}{\eta I_0\lambda}\right)^{1/2} \tag{7.93}$$

式中，B 为检测带宽，h 为普朗克常量，c 为真空中的光速，λ 为光波长。由散粒噪声决定的灵敏度极限除和照射到探测器上的平均光强度 I_0 有关外，还和探测器量

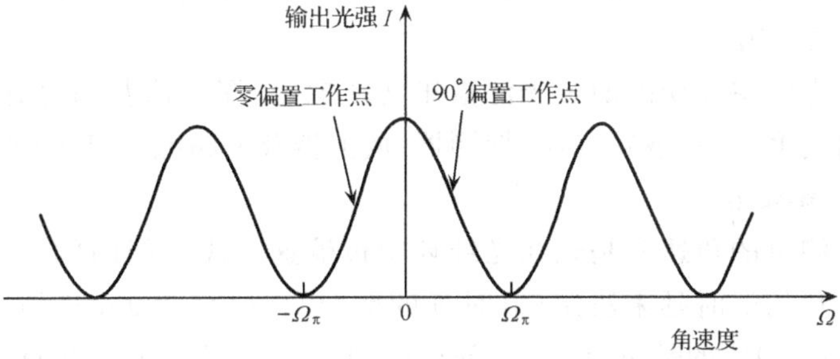

图 7.43　光纤陀螺输出光强与角速度的关系

子效率 η,光纤长度 L 和光纤环半径 R 有关。如果假定 $I_0=10\mu W$,$L=1km$,$\eta=0.55$,$R=5cm$,工作波长 $\lambda=850nm$,则可以计算得光纤陀螺的灵敏度极限 Ω_{min} 的值约为 $0.1°/(h \cdot Hz^{\frac{1}{2}})$。

3) 光纤陀螺的工作波长

石英光纤在常用波段 850nm、1300nm 和 1500nm 附近损耗较低,都可以用作工作波长,对陀螺性能影响不大。和通信相比,光纤陀螺所用光纤长度较短(一般小于 1km),因而 1300nm、1500nm 窗口的低损耗优势也不明显。对大多数应用场合,工作波长的选择主要考虑是否有合适的元器件(如光源和探测器)以及元器件的成本问题。目前,低精度陀螺的工作波长一般选为 850nm,而中高精度陀螺的工作波长选为 1300nm 或 1500nm。

4) 光纤陀螺的线性度和稳定性

光纤陀螺的另一个重要指标是标度因子的线性度和稳定性。如惯导所用陀螺需要的是速率的积分(角度)。任何角速度测量误差都会积累起来,影响角度的测量精度。因此,在保证低噪声、低零漂的同时,还需要精确测量较高的速率。这就要求标度因子的线性度和稳定性要好。不同的应用领域对陀螺的性能有不同的要求,大体来说,陀螺可以分为三级,即惯导级、战术级和速率级,其相应的性能指标见表 7.3。光纤陀螺尤其适于战术级应用,将来也有可能用于惯导级,和已有的激光陀螺竞争。

表 7.3　不同等级陀螺性能指标

	噪声(角随机游走)	零漂(1σ)	标度因子误差(1δ)
惯导级	$<0.001°/h^{\frac{1}{2}}$	$<0.01°/h$	$<5\times10^{-6}$
战术级	$0.5°\sim0.05°/h^{\frac{1}{2}}$	$0.1°\sim10°/h$	$10\sim1000\times10^{-6}$
速率级	$>0.5°/h^{\frac{1}{2}}$	$10°\sim1000°/h$	$0.1\%\sim1\%$

5) 角随机游走

角随机游走(ARW)是光纤陀螺相位噪声的反映。在 FOG 的输出噪声频谱中，通常不存在主要的频带或尖峰，因此角随机游走可看作是“速率白噪声”。角随机游走的单位为°/h。

角随机游走的主要误差源是光源输出功率振荡、探测器及信号处理电路的噪声引起的相对亮度噪声、散粒噪声、探测器、放大器及电路噪声、D/A 噪声等。

6）光纤陀螺带宽

光纤陀螺测量的角速率是光在光纤环中传输这一段时间内的平均值，因而其带宽是由光纤环的群时延来决定(群时延的倒数)。如对 200m 长的光纤环，其传输时间应为 1μs，相应的带宽上限为 1MHz。通常光纤环长度在几百米到一千米，因此光纤陀螺的理论带宽可达几百千赫。后续信号处理电路可能降低陀螺的带宽，但几千赫带宽是可以实现的。然而，大带宽意味着大的噪声。

7.5.2 常用光纤陀螺结构

在图 7.42 所示的陀螺结构中，顺时针方向传输的光在分束器处经过两次透射，而逆时针方向传输的光经过两次反射。透射和反射所经历的相移不一样，这意味着即使在陀螺静止时，两束光之间光程差也不一样。由于环境温度、振动等的影响，两束光之间光程差会发生变化，这就会影响光纤陀螺的稳定性。

现在常用的是图 7.44 所示的光纤陀螺结构，图中仅示出了互易结构的全光纤形式，图 7.44 中的耦合器和图 7.42 中的分束器作用一样，与图 7.42 所示方案相比，互易方案用一个附加耦合器，将返回到光源方向的光分出一部分作为陀螺输出，这样做保证了在陀螺静止时顺时针、逆时针光始终走过同样的路程。另外，两光纤耦合器之间还用了一个偏振器，采用这种方法可保证整个系统工作在单模单偏振状态，从而消除光纤双折射变化对陀螺性能的影响。在图 7.44 中还示出了相位调制器和锁定放大器，下面对其功能进行简单介绍。

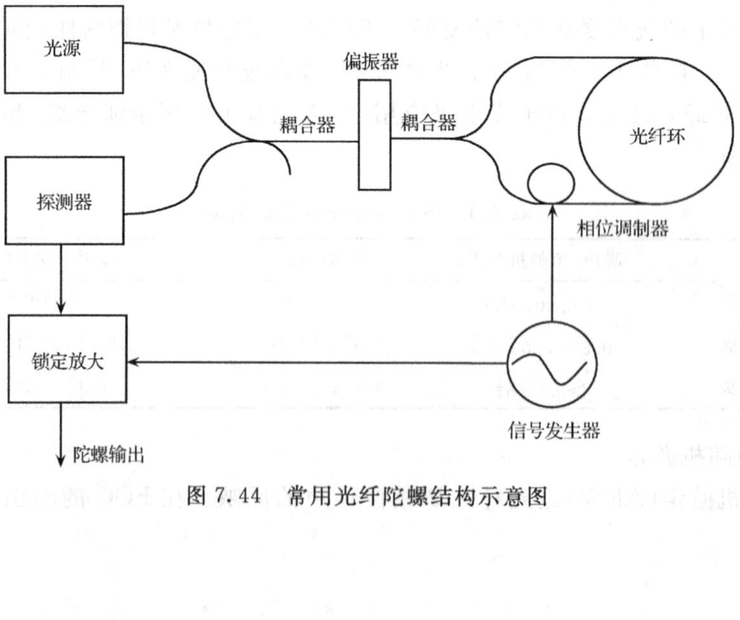

图 7.44 常用光纤陀螺结构示意图

如上所述，为提高陀螺的灵敏度，可以引进 90°相位偏置。现在普遍接受的方法是在光纤环的一端引入一个互易式相位调制器（图 7.44），顺时针、逆时针两束光在不同时间经过同一相位调制器，产生如下相位差调制：

$$\Delta\varphi = \varphi(t) - \varphi(t-\tau) \tag{7.94}$$

其中 τ 为光纤环的群时延。陀螺输出光强可表示为

$$I = I_0[1 + \cos(\Delta\varphi + \varphi s)] \tag{7.95}$$

常用的调制函数有两种，正弦调制和方波调制。对于正弦调制，$\varphi(t) = \varphi_m \sin\omega t$，应用式(7.94)和式(7.95)得到

$$I = I_0\left\{1 + \cos\left[\eta\cos\left(\eta\cos\omega\left(t - \frac{\tau}{2}\right) + \varphi s\right)\right]\right\} \tag{7.96}$$

式中

$$\eta = 2\varphi_m \sin\frac{\omega\tau}{2} \tag{7.97}$$

陀螺静止时，其输出仅包括调制频率的偶次谐波；转动时，将产生奇次谐波（图 7.45(a)）。应用锁定放大器检测一次谐波，可得到陀螺输出为

$$I_\omega = 2KI_0 J_1(\eta)\sin\varphi s \tag{7.98}$$

式中，K 为电增益系数。通常 η 的值选为 1.84rad，这时 $J_1(\eta)$取最大值 0.53。

对于方波调制，方波周期通常选为 2，对应于光纤环的特征频率 $f=1/2$，调制幅度选为 $I/2$（图 7.45(b)）。陀螺静止时，输出光强为常数 $I_0/2$；陀螺转动时，由于 Sagnac 相移，输出光强变为周期为 2 的方波。

常用的相位调制器有压电陶瓷（PZT）调制器和 $LiNbO_3$ 集成光学调制器。PZT 调制器制作简单，将光纤直接绕在 PZT 上即可，可实现全光纤陀螺。然而，这种调制器带宽窄，仅适用于开环陀螺和一些低精度闭环陀螺。PZT 调制器不适用于应用方波调制的光纤陀螺，对精度要求较高的光纤陀螺，尤其是大动态范围的闭环陀螺，需要应用集成光学相位调制器。集成光学调制器带宽很宽，可用于开环、闭环、方波调制器等多种信号处理方案。

7.5.3 信号检测系统

由于干涉型光纤陀螺的输出是“隆起”的余弦响应，为了获得高的检测灵敏度，必须采取相位偏置措施，变换为接近于线性的正弦响应。

干涉型陀螺的干涉信号检测系统按所采用的信号处理电路的形式可以分为模拟式和数字式两大类。模拟式电路的缺点主要是存在由于直流电压波动和环境温度变化引起的严重偏置漂移。数字式电路不但克服了模拟电路偏置漂移严重的缺点，而且易于实现小型化和集成化。是当前光纤陀螺技术发展的趋势。

干涉型光纤陀螺的信号检测系统按对干涉信号的检测方式可以分为开环式和闭环式两大类。开环式系统直接检测干涉条纹的萨奈克相移，由于陀螺输出响应

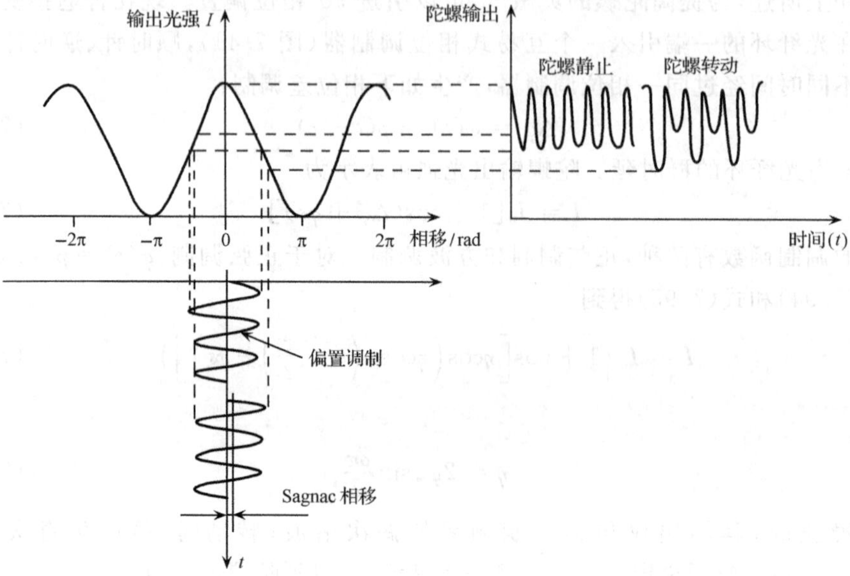

(a)

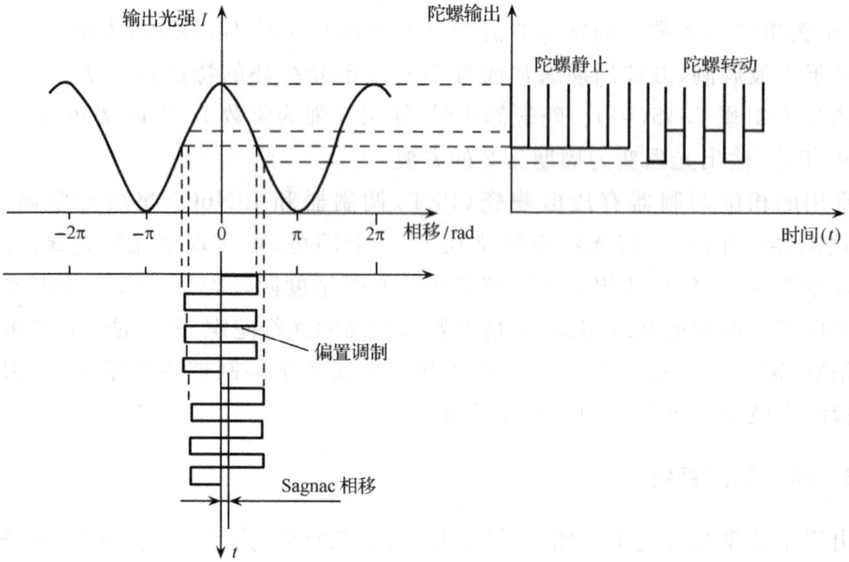

(b)

图 7.45　调制方式

(a) 正弦调制；(b) 方波调制

的非线性，因而动态范围较窄，检测精度低。闭环式系统采取相位补偿（跟踪）的方法，实时抵消萨奈克相移，使陀螺始终工作在零相移状态，通过检测补偿相位移（多转换为频移）来测量角速度，从而避免了陀螺输出的非线性，动态范围广，检测精度大大提高。

开环系统如图 7.46 所示。在系统中光纤环的一端放置一个非互易调制器(PZT),由频率为 f_m 的正弦波或方波激励,使系统工作在正交状态,以提高检测灵敏度。光探测器的输出由工作频率为 f_m 的相敏解调器解调,经低通滤波器后直流输出,直流输出值即是相位差 $\Delta\varphi$ 的正弦函数。也就是说,开环系统直接测量角速度 Ω 产生的顺时针、逆时针两光束的相位差。开环系统的优点是电路比较简单,缺点是解调器的输出与相位差 $\Delta\varphi$ 呈一定的非线性关系,动态范围较小,而且与前置放大器的增益及光源强度有关,因而漂移大。

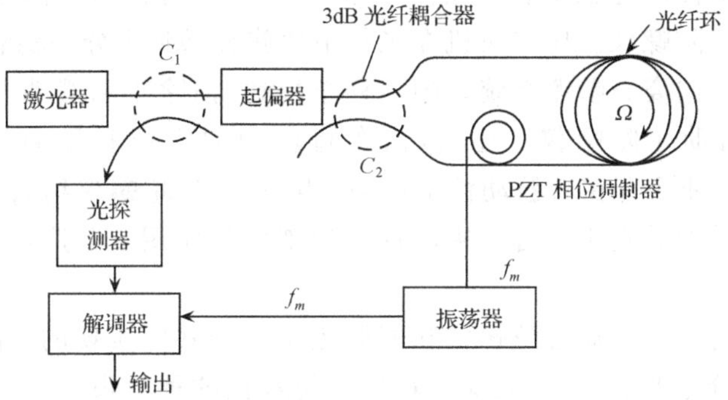

图 7.46　开环检测系统

闭环系统按其闭环的方式分为电路闭环方式和光路闭环方式两大类。电路闭环方式,即采用模拟相位跟踪法或组合波反馈调制法(倍频调制和双频调制)等电路方法实现检测电路的闭环,其中一种系统的原理框图如图 7.47 所示。安置于光纤环一输入端的相位调制器用于保证系统工作于正交状态,以提高检测灵敏度。光路闭环方式,即在光纤环的一输入端引入一个或两输入端各引入一个可控制的

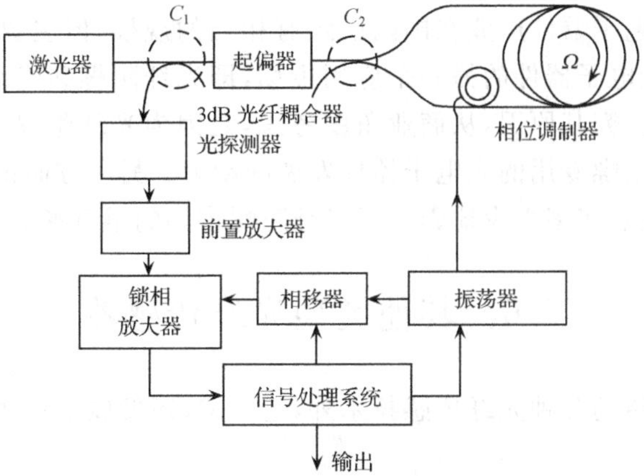

图 7.47　模拟相位跟踪式闭环 I-FOG

相位调制器，使之产生的非互易相移直接补偿光纤环的萨奈克相位移，使光纤陀螺的光路总处于零相位移工作状态。用于相位跟踪的调制器产生的非互易补偿相位移就是转动角速度的度量，即光纤陀螺的输出。

7.5.4 光纤陀螺传感器的应用

陀螺仪的应用在我们周围无处不存在，例如，在国防领域中导弹的精确制导、潜艇长期潜伏在水下的精确导航、行进中的坦克保持火炮和瞄准系统的稳定等都离不开陀螺仪。在国民经济领域中，工程测量的精确定位、石油钻探的精确定向、机器人动作精确控制等也要靠陀螺仪。即使在日常生活中，人们在不知不觉中也已经或将得益于陀螺仪。比如飞机在飞行中使旅客感到十分平稳和舒适是得益于陀螺仪构成的航向姿态参考系统。随着列车提速，消除车厢摆动尤其高速转弯时的摆动，就要借助于陀螺仪。还有，汽车行驶中的定位和导向，在目前主要靠GPS，但GPS的使用存在着被动性的缺点，当GPS与陀螺仪组合在一起时，才使汽车导向和自动驾驶真正具备了主动性。陀螺仪的应用十分广泛，以上的例子只是极少的一部分。

以上列举的应用是通过陀螺仪和伺服控制系统共同实现的，而陀螺仪在其中充当了一个十分重要的、不可缺少的角色。陀螺仪的种类很多，包括机电的、激光的、光纤的、压电的和微机械的等等。各种陀螺仪都具有自身的优点。但到目前为止，在众多类型的陀螺中，光纤陀螺更受到各种应用的关注。

光纤陀螺本质上是由光电子器件组成的光干涉仪系统，没有任何活动部件，这就决定了光纤陀螺具有一系列独特的优点：不怕冲击振动，可以在恶劣的力学环境下应用，对角速率的反应极快；角速率测量灵敏度高，测量速率范围极高，潜在的成本低，加工简单。这些优点是其他陀螺不能比拟的。国内外十分重视光纤陀螺的发展和应用，但目前国内发展速度跟不上需求，主要问题是总体技术未达到应用的要求，而与光纤陀螺相关的光电子器件在技术和数量上又满足不了陀螺总体的设计要求。通信光电子器件产业在国内已经有相当的规模，但主要的市场还是针对光通信行业，而光电子器件的另一个应用市场，即光纤陀螺和光纤传感器，还未被受到足够的重视。究其原因，从商业角度考虑，是因为光纤陀螺市场尚未形成，不能成为推动光纤陀螺专用的光电子器件发展的动力。另一方面也反映了光电子产业发展中的局限性，多多少少地影响了光纤陀螺市场的早日形成。

7.6 其他类型光纤传感器

除了上面介绍的几种光纤传感技术外，近年来，还发展了一些新型的光纤传感技术。

1. 基于光子晶体光纤传感技术

光子晶体光纤是一种新型光纤，在它的包层区域有许多平行于光纤轴向的微孔。根据导光机理，可将 PCF 分为两类，即折射率导光(index-guiding)和光子带隙导光两类。

折射率导光型光纤的纤芯折射率比包层有效折射率高，其导光机理和常规阶跃折射率光纤类似，是基于(改进的)全反射(modified total internal reflection，M-TIR)原理。典型的折射率导光型光子晶体光纤的芯区是实心石英，包层是多孔结构。包层中的空气孔降低了包层的有效折射率，从而满足“全反射”条件，光束缚在芯区内传输。这类光纤包层的空气孔不必周期性排列，也称之为多孔光纤。

光子带隙光纤包层中的孔是按周期排列的，形成二维光子晶体。这种二维周期性折射率变化的结构不允许某些频段的光在垂直于光纤轴的方向(横向)传播，形成所谓的二维光子带隙。二维光子带隙的存在与否，带隙在光频域的位置和宽窄，是和光在轴向的波矢(传播常数)及偏振状态有关的。光子带隙光纤的纤芯可以认为是二维光子晶体中的一个线状缺陷，如果它在包层光子晶体的光子带隙内能支持一个模式，该模式将在轴向传播形成传导模。这一导光原理和常规光纤有本质的不同，它允许光在折射率比包层低的纤芯(如空气芯)中传播。

迄今为止，人们已经能够用石英或其他材料如硫化物玻璃、Schott 玻璃和聚合物等制备光子晶体光纤。折射率导光的光子晶体光纤的芯区可以掺 Ge、B 等以及稀土元素离子，如 Er^{3+}、Yb^{3+}、Nd^{3+} 等，从而改变折射率分布或者制作光纤放大器和激光器等有源器件。光子晶体光纤还有许多其他新的种类，如无限单模(endlessly single mode)、大模场面积单模光纤、高非线性光纤、高双折射光纤、色散可控光纤等。

在传感应用方面，光子晶体光纤可以用于一些气体的检测，可以用于曲率传感，以及用于增强双光子生物传感等。

2. 基于聚合物的光纤传感技术

虽然聚合物光纤研究和发展主要是围绕着其在光纤通信领域的应用，但聚合物光纤在其他工业应用领域如光纤传感、光纤照明等许多方面的潜力很大，应将有重要的发展。

光纤传感是一个重要的现代科技领域，其应用范围十分广泛。目前光纤传感器方面的工作绝大多数是基于石英光纤。无疑，由于石英光纤本身有诸多优良特性，加以成熟的光纤器件和系统技术，使它们在光纤传感器的研究及应用方面发展迅速。

然而，聚合物光纤可有很多显著的特性，如柔软、易弯曲、不易折断、抗振动、抗冲击、耐酸碱、使用安全等，使它们适于各种工业环境下的光纤传感器应用。此外，聚合物、有机材料种类丰富,可供选择的材料多、灵活性大,且有机聚合和材料合成的技术成熟,聚合物光纤材料的机械特性、光学特性、化学特性,甚至生物特性均有可能进行改造和设计。这样针对各种传感器应用,可以通过聚合物性能和功能的设计,有目的地研制特种聚合物光纤。正由于有这许多独特之处,聚合物光纤在光纤传感方面有十分广阔的发展空间与应用前景。

聚合物光纤传感器的研究、发展和商用化已有相当长的历史。目前已研发有各种聚合物光纤传感器,应用在包括辐射检测、生物医学传感和化学传感、结构安全监测等许多方面。这些传感器主要使用多模聚合物光纤,包括普通通信用聚合物光纤以及激光染料掺杂的聚合物光纤、闪烁聚合物光纤、光电聚合物光纤、荧光聚合物光纤等具有特殊功能的聚合物光纤。在这些应用中,聚合物光纤通过纤芯掺杂、包层处理或涂敷特殊材料而获得在光子学、材料科学、化学、生物医学、光谱学、工程建筑等学科中特别的传感与检测功能。这些多模聚合物光纤传感器基本都是强度型的,比较适合于简单的和低成本的应用。

单模聚合物光纤在干涉型光纤传感器和光纤光栅传感器中有很大的应用潜力。这方面的研究和发展才刚刚开始,因而有很大的发展空间。聚合物光纤材料的特殊性能为利用单模聚合物光纤制作干涉型传感器和光纤光栅传感器提供了优越性。在许多与压力或应力有关的应用中,系统灵敏度主要取决于它的机械特性参数——弹性模量。用聚合物光纤或光栅制作的应力型传感器,包括声传感器、水听器和振动传感器等,可有更高的灵敏度。单模聚合物光纤和聚合物光纤光栅的研制在近几年有良好的发展。因此单模聚合物光纤应用于传感器的研究开发已具有一定基础,可望有进一步发展和开拓。

3. 基于光纤激光器的有源腔传感器

基于气体光谱吸收的气体测量技术具有很高的测量灵敏度和气体鉴别能力,是环境监测和工业气体过程控制中的一项重要技术。但是传统的吸收光谱分析通常只能采用在野外或者实际工作环境中采集样本,然后在实验室环境下进行光谱分析。其缺点是工作时间长、仪器对工作环境要求高,因此在实际使用中有一定的局限性,尤其是在环境监测和工业气体过程控制中,此法不能满足实时和在线连续监测的要求。而光纤气体传感器由于其本质安全、受环境影响小、易于成网和适合于远距离测量等优点,在工业、军事和科研等领域受到了越来越多的重视,从而衍生出了许多把传统的气体吸收谱分析技术和光纤传感技术相结合的新颖、实用的气体传感技术。

到目前为止,基于光谱吸收的气体测量技术的检测灵敏度已经达到了相当高的水平。实现这种高灵敏度的检测技术主要有两类:一类是利用波长调制或频率调制的光谱检测技术(WMS 或 FMS)。它是利用调制结合二次谐波检测来获得高灵敏度,一般可达 ppm(10^{-6}) 的数量级,这类传感技术随着各种光通信器件诸如分布反馈式激光器、可调谐窄带激光器和可调谐梳状滤波器等的发展，已经在光纤化和实用化方面取得了长足的进步，并正向工程实用化阶段努力。另一类是利用各种内腔的光谱检测技术。它是采用各种办法，使光多次通过被测气体，从而极大地增加了光与气体的有效作用距离，以得到高灵敏度，一般可达 ppb(10^{-9})量级或更高。内腔的气体测量技术有两种基本类型：Ring-down 腔光谱检测技术和有源内腔激光光谱检测技术。这是目前测量灵敏度最高的光谱吸收检测手段。现在这类技术尚处于实验室研究阶段，离实用化还有一段距离。这种内腔气体测量技术的光纤化对于实现更高灵敏度的气体检测具有很重要的意义，因此基于光纤激光器的内腔气体测量技术成为近来人们关注的研究热点之一。

与其他光纤气体传感技术相比，基于光纤激光器的有源气体传感网络既可以保持一般光纤传感器的优点，又可以极大地增加测量灵敏度。虽然这些技术还处于研究阶段，离实用还有距离，但这种新颖的有源光纤气体传感网络对于一些特殊应用环境如国防(防生化武器)和有害气体的探测等具有实际的研究应用价值。

关于这几种传感器更详细的讨论，请读者参考相关文献。

7.7 小　　结

本章首先介绍了光纤传感器的分类和功能型光纤传感器的三种调制方式，随后详细介绍了光纤法珀传感器、光纤白光干涉传感器、光纤光栅传感器、光纤陀螺传感器等的基本结构、传感原理及简单的应用。希望读者能够由此及彼，较系统地掌握光纤传感器的基本原理和应用，从而为设计新型的传感系统奠定坚实的基础。

思考与练习

1. 功能型光纤传感器有哪几种调制方式？各种调制方式的基本原理是什么？你能应用这几种调制方式设计基本的传感器件吗？

2. 光纤法珀传感器的基本结构和原理是什么？光纤法珀传感器可用于哪些物理量的探测？它的信号解调方法有哪些？

3. 光纤白光干涉传感器的基本原理是什么？相对于单色光干涉，白光干涉具有什么特点？

4. 如果要将光纤法珀的结构和白光干涉的干涉思想结合起来，你能设计出什么样的传感器件？它有什么特点，可用于哪些物理量的传感？

5. 布拉格光纤光栅和长周期光纤光栅在传感方面各具有什么特点？如何具体应用？

6. 光纤陀螺传感器的高精度体现在哪方面？在应用中要注意哪些问题？

7. 你能运用学过的光纤传感器和部分系统控制的基础知识建立起一些物理量如温度、应变、角度等的完整的传感系统吗？请画出设计框图，并详细给出传感部分的基本原理。

8. 总体来说，你觉得光纤传感器将向什么方向发展？

参 考 文 献

靳伟,廖延彪,张志鹏等.1998.导波光学传感器:原理与技术.北京:科学出版社

靳伟,阮双琛等.2005.光纤传感技术新进展.北京:科学出版社

饶云江,王义平,朱涛.2006.光纤光栅原理及应用.北京:科学出版社

Brain Culshaw,John Dakin. 1989. Optical Fiber Sensors: system and applications. Artech House, Vol. 2

Culshaw B J. 1983. Phys. E: Sci. Instrum., 16: 978～986

Culshaw B, et al. 1984. Proc. 2nd Int. Conf. OFS. Stuttgart, 117～120

Giles I P. 1985. J. Phys. E: Sci. Instrum. 18: 502

Lecot C, Guerin J J, Lequime M. 1993. White light fiber optic sensor network for the thermal monitoring of the stator in a nuclear power plant alternator sensor. Proc. 9th International Conference on Optical Fiber Sensors, Florence, Italy, 271～274

McIntyre P D, Snyder A W. 1973. J. Opt. Soc. Am., 63: 1518

Measures R M. 1992. Smart composite structures with embedded sensors. J. Composites Eng., 2: 597～618

Rao Y J, Jackson D A, Zhang L, Bennion I. 1996. Dual-cavity interferometric wavelength-shift detection for in-fibre Bragg grating sensors. Opt. Lett., 21: 1556～1558

Rozzel T C, Johnson C C, Durney C H, et al. 1974, J. Microw. Power, 9(3): 241

Tom McCollum, Garry B. 1994. Spector. Rev. Sci. Instrum, 65(3): 724

Yuan L B, Zhou L M, Jin W. 2000. Recent progress of white interferometric fiber optic strain sensing technologies. Review of Scientific Instruments, 71: 4648～4654

Yuan L B. et al. 2001. Fiber optic 2-D strain sensor for concrete specimen Sensors and Actuators A, 94: 25～31

第 8 章　光纤通信技术

1970 年美国康宁公司拉出第一根损耗为 20dB/km 的光纤，同一年贝尔实验室研制成功室温下可以连续工作的半导体激光器，这两方面技术的进步使得光纤通信开始飞速发展。到如今，光纤通信已经发展到以采用光放大器(optical amplifier，OA)增加中继距离和采用波分复用增加传输容量为特征的第四代系统。单信道商用速率(采用电时分复用 ETDM)可以做到 10Gbit/s，实验室速率可高达 40Gbit/s，几乎达到了电子器件的极限速率。

光纤通信技术不仅已经改变了电信面貌，而且仍在以难以置信的速度继续着这种改变。事实上，因为电信技术对通信能力无止境的需求，最近几年中，商业系统的带宽已经有了超过百倍的增长。单个光纤信道潜在的运载信息能力据估计可以达到每秒 50 万亿比特，但是，从实用的观点来看，商业链路的传输速率要小于 100Gbit/s，这已经是其他传输介质不可能达到的惊人数值。研究人员和工程师仍在勤奋地工作着，继续开发新的技术来使光纤的通信能力更接近其潜在的能力极限。

本章首先介绍光纤通信系统的结构、优缺点及分类，然后逐步介绍一些光纤通信中的新技术，主要包括光复用技术的进展、相干光通信技术的相关原理及关键技术、光孤子通信技术的原理及实验进展情况，最后对全光网技术作一个简单介绍。

8.1　光纤通信系统概述

8.1.1　光纤通信系统的基本结构

光纤通信系统是以光纤为传输媒介，光波为载波的通信系统。主要由光发送机、光纤光缆、中继器和光接收机组成，其基本结构原理如图 8.1 所示。此外，系统中还包含了一些互联和光信号处理部件，如光纤连接器、隔离器、光开关等。目前使用的光纤通信系统普遍采用的是数字编码和强度调制——直接检测(IM-DD)通信系统。图 8.1 中电端机和光端机均包括发送和接收两部分，两者合起来构成发送器和接收器。其中发送光端机是将电信号变换成光信号，接收光端机则是将光信号转换成电信号。

1. 发送器

发送器由发送光端机和电端机构成，其核心是一个光源。光源的主要功能就

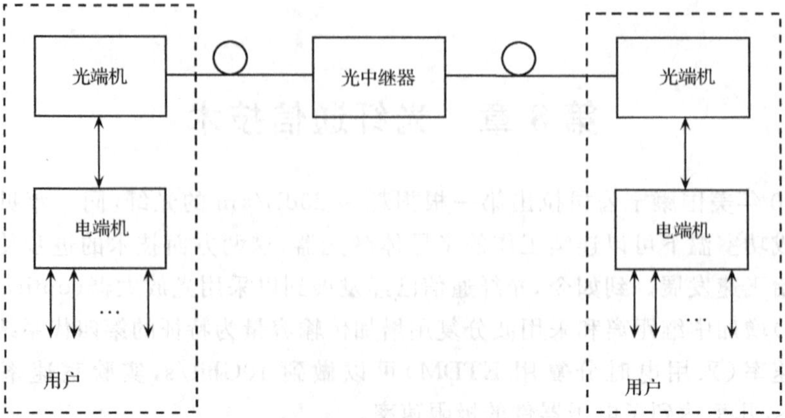

图 8.1　光纤通信系统的基本结构图

是将一个信息信号从电子格式转换为光格式。今天的光纤通信系统采用发光二极管或激光二极管作为光源。两者都是小型的半导体设备,可以有效地将电信号转换为光信号。LD 输出的光功率较大,谱线窄,一般适合长距离、大容量的通信系统,但其寿命较短,价格高;LED 光源发出的光功率较小,光谱线较宽,调制速率较低,输出线性好,寿命长,成本低,适用于短距离和中小容量的系统。另外,它们需要与电源相连并且需要调制电路。

2. 光纤

光纤通信系统中的传输介质是光纤。光纤通信系统中发送器端的光信息信号就是通过光纤传送到接收器端的。实际上,同任何其他通信链路一样,光纤提供发送器和接收器间的连接。同时,光纤对光信号进行传导,就像铜线和同轴线传导电信号一样。它大概和人的头发的粗细相同,为了保护非常脆弱的光纤,使其不受恶劣的外部环境和机械的损害,通常将光纤封装在特定的结构中。裸露的光纤包上保护膜后封装到其他几层中,所有这些就构成了光纤光缆。

3. 接收器

接收器由接收光端机和电端机构成。接收光端机的主要部分包括光检测器、放大器、均衡器、判决器、自动增益控制电路和时钟电路。其中光检测器是接收光端机的核心,光检测器的主要功能就是把光信息信号转换回电信号(光电流)。光纤通信系统中的光检测器主要有 PIN 二极管、雪崩光电二极管(APD)。APD 比 PIN 更灵敏,而且对外部放大功能要求更低。APD 的缺点是具有相对较长的渡越时间以及由于雪崩放大造成的附加内部噪声。

4. 光中继器

光脉冲信号从光发射机输出，经光纤传输一定的距离后，由于光纤的损耗和色散的影响使其幅度受到衰减，波形发生畸变，从而限制了其长距离传输。为此，需要加一个光中继器来放大衰减了的信号和重新恢复畸变了的信号，使光脉冲得到再生。

光中继器分为光再生中继器和光直接放大器两种。光再生中继器是由光电转换的光接收机部分与完成电光转换的光发送机部分组成的。这种中继器在工作时需要进行光电和电光两次转换，这不仅增加了信号的传送损伤，而且设备也较为复杂。目前使用较多的是光放大器，关于各种放大器的原理与应用见第 6 章有源光器件部分。

8.1.2 光纤通信的主要特性

光纤通信在短短的几十年中发展如此迅速，并使得世界上 80%以上的电信业务在光纤通信网中传送，这是与其无可比拟的优越性分不开的。

1. 光纤通信的优点

1）光纤的容量大

光纤通信是以光纤为传输媒介，光波为载波的通信系统，其载波——光波具有很高的频率（约 10^{14} Hz），因此光纤具有很大的通信容量。目前商用系统单信道速率可达 10Gbit/s（相当于一对光纤上同时传送 12 万多路电话），多信道总容量可达 1.6Tbit/s（相当于 1920 多万路电话）。通过计算，光载波的潜在通信容量约为 40000Gbit/s，相当于 6 亿路电话。现在使用的带宽大概只有光纤带宽的 1%。目前使用的 1310nm 和 1550nm 两窗口的带宽之和约 85nm（20THz），如果消除 OH^- 吸收峰，长波长窗口的可用带宽可以达到 210nm（50THz），从 1100nm 到 1700nm 的带宽更宽，达 600nm（140THz）。

2）损耗低、中继距离长

目前，实用的光纤通信系统使用的光纤多为石英光纤，此类光纤在 1.55μm 波长区的损耗可低到 0.16dB/km，比已知的其他通信线路的损耗都低得多，因此，由其组成的光纤通信系统的中继距离也较其他介质构成的系统长得多。

如果今后采用非石英光纤，并工作在超长波长（$>2\mu$m），光纤的理论损耗系数可以下降到 10^{-3}～10^{-5}dB/km，此时光纤通信的中继距离可达数千公里甚至数万公里。这样，在任何情况下光纤通信系统均可以不设中继系统，这对于降低海底通信的成本、提高可靠性及稳定性具有特别重要的意义。

3）抗电磁干扰能力强

我们知道，电话线和电缆一般是不能跟高压电线平行架设的，也不能在电气化铁路附近铺设。这是因为高压电线会辐射出比较强的电磁波，开动的电气列车会产生很强的电火花，它们都会干扰电话线里和电缆里传送的电信号，甚至会使打电话的人听不清对方在说什么。而光导纤维是石英玻璃丝，是一种非导电的介质，交变电磁波在其中不会产生感生电动势，即不会产生与信号无关的噪声。这样，就是把它平行铺设到高压电线和电气铁路附近，也不会受到电磁干扰。因而光纤通信除了可以在邮电通信部门使用外，还特别适合在铁道、电力等部门使用。

4）保密性能好

对通信系统的重要要求之一是保密性好。然而，随着科学技术的发展，电通信方式很容易被人窃听，只要在明线或电缆附近（甚至几公里以外）设置一个特别的接收装置，就可以获取明线或电缆中传送的信息，更不用去说无线通信方式。

光纤通信与电通信不同，由于光纤的特殊设计，光纤中传送的光波被限制在光纤的纤芯和包层附近传送，很少会跑到光纤之外。即使在弯曲半径很小的位置，泄漏光功率也是十分微弱的。并且成缆以后光纤的外面包有金属做的防潮层和橡胶材料的护套，这些均是不透光的，因此，泄漏到光缆外的光几乎没有。更何况长途光缆和中继光缆一般均埋于地下。所以光纤的保密性能好。

此外，由于光纤中的光信号一般不会泄漏，因此电通信中常见的线路之间的串话现象也可忽略。

5）体积小、重量轻

目前常用的光纤的纤芯直径只有几个微米，加上包层以后，光纤的直径是 $125\mu m$，比一根头发丝稍微粗一点。这样的光纤，500m 长也不过 0.05kg。为了保护光纤，同时使它抗拉又抗弯，在制作光纤的时候，还在它的表面加上一层聚丙烯或者尼龙套层，加上这层套层以后，它的直径也不超过 2mm。在实际通信线路中使用的不是单根的光纤，而是把好多根光纤和抗拉的钢丝、塑料和填充材料等组合在一起，外面再套上厚橡胶皮这就是通常所说的光缆。这种光缆比电缆轻多了。有人把含有四根光纤的四芯光缆跟含有四根同轴管的同轴电缆作过比较，同轴电缆的直径是 45mm，而四芯光缆的直径只有 9mm，1km 的四管同轴电缆重 4400kg，而 1km 的四芯光缆只有 200kg 重，是电缆重量的 4.6%。采用这种又细又轻的光缆，不管是运输还是铺设线路，都很方便。另外，这种又细又轻的光缆，还特别适合用在飞机和宇宙飞船上。

6）节省有色金属和原材料

光纤的主要成分是二氧化硅（SiO_2），因此使用光纤可以节约大量的有色金属。我们知道，生产电缆需要大量的铜和铅。比如，生产 1km 四管同轴电缆，需要 500kg 钢、1500kg 铅，这些有色金属在地球上的含量是极其有限的。而二氧化硅在地球上遍地都是，可以说，取之不尽，用之不竭。日本专家预言：将日本本土挖掘 10cm，石英可供日本使用 15 亿年。所以，光纤通信技术的发展应用，既节约了大量的有色金属材料，也不会受到资源的限制。

2. 光纤通信的缺点

事物都是一分为二的，光纤通信有许多优点，因而发展很快，但光纤通信也有以下缺点：

1）抗拉强度低

光纤的理论抗拉强度要大于钢的抗拉强度。但是，由于光纤在生产过程中表面存在或产生微裂痕，光纤受拉时应力全都加于此，从而使光纤的实际抗拉强度非常低，这就是裸光纤很容易折断的原因。为了保护光纤，在光纤制造使用过程中采用了一系列保护措施：①在光纤的生产过程中，给裸光纤增加涂敷层；②在光缆制造过程中，增加特殊的抗拉元件；③在光缆的施工过程中绝大部分拉力应加在抗拉元件上，使光纤基本不受到拉力。

2）光纤连接困难

要使光纤的连接损耗小，两根光纤的纤芯必须严格对准。由于光纤的纤芯很细（只有几个微米），加之石英的熔点很高，因此连接很困难，需要有昂贵的专门工具。

3）光纤怕水

水进入光缆后主要会产生三个方面的问题：①水进入光纤后，会增加光纤的 OH^- 吸收损耗，使信道总损耗增大，甚至使通信中断；②水进入光缆后，会造成光缆中的金属构件氧化，使金属构件腐蚀，导致光缆强度降低；③进入光缆中的水遇冷后，水结冰体积增大有可能压坏光纤。为了保持光纤的特性不致劣化，在光纤和光缆的结构设计、生产、运输、施工、维护中应采取针对性的防水措施。

另外，光纤通信还存在分路、耦合不方便，弯曲半径不能太小等缺点。但应当指出，随着研究的深入和技术的发展，光纤通信的这些缺点都已被克服了，已经不再影响光纤通信的推广和应用。在此介绍这些缺点的目的，是要求我们在实际应用时尽量避免这些问题的发生。

8.1.3 光纤通信系统的分类

根据不同的分类方法，光纤通信系统可以分为不同的类型。

根据调制信号的类型，光纤通信系统可以分为模拟光纤通信系统和数字光纤通信系统。模拟光纤通信系统的调制信号为模拟信号，它具有设备简单的特点，一般多用于广电系统传送视频信号，如有线电视的 HFC 网。数字光纤通信系统的调制信号是数字信号，它具有通信质量高、传输距离远等优点，目前得到了广泛的应用。

根据光源的调制方式，光纤通信系统可以分为直接调制光纤通信系统和间接调制光纤通信系统。直接调制光纤通信系统是用输入电信号直接施加于光源的驱动电路上，对光源的注入电流进行调制，具有设备简单的特点，因此在低速率设备中得到了广泛应用。当直接调制产生的啾啁噪声影响通信系统的性能时，就要采用外调制器将电信号调制在光波上，这种系统就为间接调制光纤通信系统，它具有调制速率高的优点，因此在一些高速系统中经常采用。

根据光纤的传导模数量，光纤通信系统可以分为多模光纤通信系统和单模光纤通信系统。多模光纤通信系统是以多模光纤为传输媒介的光纤通信系统，早期应用较多，目前应用较少，只在部分局域网中还在使用，其传输距离短、带宽窄。单模光纤通信系统是以单模光纤为传输媒介的光纤通信系统，其传输距离长，传输带宽比较宽，目前被广泛应用于长途以及大容量的通信系统中。

根据系统的工作波长，光纤通信系统可分为短波长光纤通信系统，长波长光纤通信系统和超长波长光纤通信系统。短波长光纤通信系统的工作波长为 0.7～0.9μm，由于其线路损耗大，传输距离短，早已不再使用。长波长光纤通信系统的工作波长为 1.1～1.6μm，是现在普遍采用的光纤通信系统，其损耗小，中继距离长。超长波长光纤通信系统的工作波长大于 2μm，采用的光纤为非石英光纤，具有损耗极低、中继距离极长的优点，是光纤通信的发展方向。

根据不同的分类方法，还可以把光纤通信系统分为其他类型，这里不再叙述。

8.2 光复用技术

尽管目前光纤通信单信道实用化系统的传输速率发展到了 10Gbit/s，线路的利用率有了很大提高，但与光纤巨大的带宽潜力相比还微不足道。电复用技术目前在实验室虽可以达到 40Gbit/s 的水平，但受电子迁移速率的限制，进一步提高速率已经十分困难。要克服电复用的这一“瓶颈”，进一步提高光纤频带的利用率，只有采用光复用技术。

本节将介绍光时分复用、光波分复用、光频分复用、光码分复用和光副载波复用等常用的几种光复用技术。特别是对密集波分复用技术，密集波分复用系统的构成、分类和密集波分复用系统的非线性串扰作了较详细的分析。

8.2.1 光复用技术的基本概念

复用技术是为了提高通信线路的利用率而采用的在同一传输线路上同时传输多路不同信号而互不干扰的技术。

在传统的电信技术中，常用的复用技术有“频分复用”、“时分复用”、“副载波复用”、“码分复用”等。频分多路复用和副载波复用常用于模拟通信，如载波通信；时分多路复用常用于数字通信，如 PCM (pulse code modulation)通信。

从另一个角度考虑，一些复用技术(如载波通信、PCM 通信)是把一个“带宽”、“时隙”等固定地分配给各个要求通信的终端，一旦分配确定，不管这个终端是否进行通信，都占用着这个频带或时隙，直到这个终端拆线不用时为止。这种复用方法叫作“静态复用”，也称为“同步复用”。传统的模拟通信、数字通信一般均为“静态复用”。

另一种复用技术称为“统计复用”。它全称叫作“统计时分多路复用”(statistical time division multiplexing,STDM),或称“异步时分多路复用”。它不是固定地对应于公共信道中的某一个时隙,而是“动态地”按需分配公共信道中的时隙。也就是说,只把需要传送信息的终端接入公共信道,把公共信道的时隙实行“按需分配”。这样就使所有的时隙都能得到充分的使用,从而更有效地提高了线路的利用率,起到复用的作用。统计表明,统计复用比静态的时分复用提高传输效率2～4倍。由于这种复用技术的主要特点是动态地分配信道的时隙,所以又叫作“动态复用”。“统计复用”广泛地用于数据通信。

光纤通信经过三十多年的发展,单信道实用化系统的传输速率从1976年的45Mbit/s发展到了10Gbit/s,线路的利用率得到了很大提高(但与光纤巨大的带宽潜力相比这点带宽还微不足道)。现在绝大部分光纤通信设备基本上是在电域完成信息处理(含信号复用),光域完成信号的传输。也就是说,其复用技术还是传统的电时分复用。电时分复用(electrical time division multiplexing,ETDM)技术目前在实验室可以达到40Gbit/s的水平,但是由于电子迁移速率的限制,采用这种方法进一步提高速率已经十分困难。要克服电复用的“瓶颈”,进一步提高光纤线路的利用率,只有采用光复用技术。与电复用技术相对应,光复用技术有:光波分复用技术、光频分复用(optical frequency division multiplexing,OFDM)技术、光时分复用(optical time division multiplexing,OTDM)技术、光副载波复用(optical sub-carrier multiplexing,OSCM)技术、光码分复用(optical code division multiplexing,OCDM)技术等等。

光波分复用技术是在一芯光纤中同时传输多波长光信号的一项技术。其基本原理是在发送端将不同波长的光信号组合起来,并耦合到光缆线路上的同一根光纤中进行传输,在接收端将组合波长的光信号分开,并作进一步处理,恢复出原信号后送入不同的终端。它是目前研究最多、发展最快、应用最为广泛的光复用技术。经过数年的发展和应用,波分复用技术已趋于成熟,而且越来越成为现代通信系统中不可替代的传输技术。目前,波分复用系统的传输容量正以极快的速度增长,直接基于WDM传输的业务也越来越多。

为了进一步提高光纤带宽利用率,相邻两光载波的间隔将越来越小,一般认为:当相邻光载波的间隔小到0.1nm(10GHz)以下时,此时的复用称为光频分复用。它与波分复用在本质上没有什么区别。频率表示每秒出现的波峰数,波长表示此电磁波的一个波峰到另一个相邻波峰的长度,两者互为倒数关系。当光载波间隔比较大时,用波长衡量比较方便,一般称之为波分复用。而当光载波间隔比较小时,用波长来衡量就显得不方便了,习惯称为频分复用系统。

光时分复用技术指利用高速光开关把多路光信号在时域里复用到一路上的技术。其基本原理是在发送端的同一载波波长上,把时间分割成周期性的帧,每一帧再分割成若干个时隙,然后根据一定的时隙分配原则,使每个信源在每帧内只能按指定的时隙向信道发送信号，接收端在同步的条件下，分别在各个时隙中取回各自的信号而不混扰。利用光时分复用技术可以获得较高的速率带宽比，可克服掺铒光纤放大器增益不平坦、四波混频非线性效应等诸多因素限制，而且可解决复用端口的竞争，增加全光网络的灵活性。但由于其关键技术比较复杂，实现这些技术的器件特别昂贵，制作和实现均很困难，并且由于偏振模色散对高速信号的限制，所以这项技术迟迟没有得到很大的发展和应用。

光副载波复用技术是将基带信号首先调制到 GHz 的副载波上，再把副载波调制到 THz 的光载波上。每个信道具有不同的副载波频率，占据光载波附近光谱的不同部分，从而保证各信道上信号互不干扰。副载波信道的复用和解复用是在电域而不是在光域进行的，因此，副载波复用几个信道能够共用一个价格昂贵的光器件，降低设备成本。像电时分复用一样，副载波复用受限于电、光器件的可用带宽，从而限制了最高副载波频率和数据率。要想更多地利用光纤的带宽，副载波复用技术可以与波分复用技术联合使用。

光码分复用技术是 CDM(code division multiplexing)技术和光纤通信技术相结合的产物，在这种复用技术中，每个信道不是占用一个给定的波长、频率或者时隙，而是以一个特有的编码脉冲序列方式来传送其比特信息，如图 8.2 所示。其基本原理是不同信道的信号用互成正交的不同码序列来填充，经过填充的信道信号调制在同一光波上在光纤信道中传输，接收端用与发送方向相同的码序列进行相关接收，即可恢复出原信道的信号。由于采用的是正交码，相关接收时不会产生相互干扰，OCDM 系统的组成如图 8.3 所示。光码分复用技术能极大地改善网络的性能，提高网络的通信容量，提高系统信噪比，增强系统保密性，增加网络灵活性。但 OCDM 实用化还有一些障碍：在非相干光 CDM 方面，由于正交码的数量有限，码间干扰较大，限制了用户数量；在相干光 CDM 方面，存在着激光源的频率稳定度差、光纤极化态不稳定及光脉冲相位难以控制等主要问题。

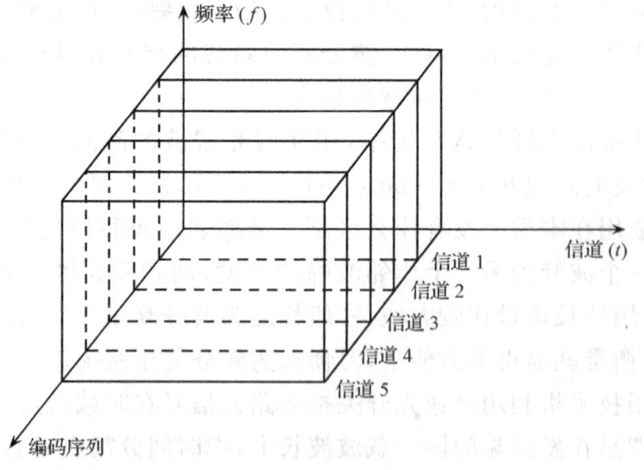

图 8.2 OCDM 复用示意图

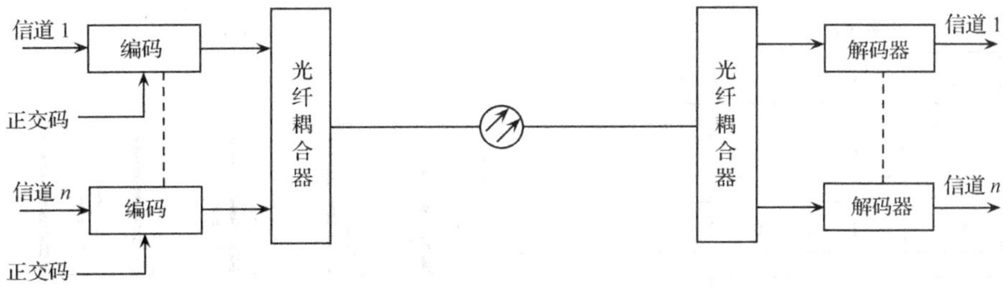

图 8.3 OCDM 系统组成图

光波分复用、光时分复用、光副载波复用和光码分复用都是正在使用和研究的光纤复用技术，这些技术的使用能增加线路容量，提高线路利用率。但是相对于巨大的光纤带宽潜能，单独采用某一复用技术还只能是使用光纤的很小一部分带宽资源，为此，可以复合采用几种复用技术。例如，在每个时隙先采用码分复用，再采用时分复用，然后将时分复用以后的信号再调制在不同的波长上。这是一种趋势，也是充分利用光纤带宽。鉴于现在研究和使用情况，本章对光时分复用和光波分复用再作较详细的介绍。

8.2.2 光时分复用

光时分复用的原理与电时分复用相同，只不过电时分复用是在电域中完成，而光时分复用是在光域中进行，即将高速的光支路数据流（如 10Gbit/s，甚至 40Gbit/s）直接复用进光域，产生极高比特率的合成光数据流。目前能查到的 OTDM 技术实现的单信道最高复用速率为 640Gbit/s（Lucent 公司）。根据每个支复用的比特数的不同，OTDM 可分为比特交错 OTDM 和分组交错 OTDM，这两种复用方式都需要利用帧脉冲信号区分不同的复用数据或分组，如图 8.4 所示。比特交错 OTDM 中每个时隙对应一个待复用的支路信息（一个比特），同时有一个帧脉冲信息，形成高速的 OTDM 信号，主要用于电路交换业务。分组交错 OTDM 帧中每个时隙对应一个待复用支路的分组信息（若干个比特），帧脉冲作为不同分组的界限，主要用于分组交换业务，分组交换业务可以和 IP 相结合，有广阔的前景。

1. 比特交错光时分复用

比特交错光时分复用时，首先由锁模激光器产生窄脉冲周期序列，然后将窄脉冲周期序列分路为 n 路，每路窄脉冲周期序列分别被一路支路数据流（电信号）外调制，对已调制过的第 i 支路光数据流（$i=1,2,\cdots,n$）脉冲通过适当长度的硅光纤延时 $i\tau$（光在硅光纤中传播速度约为 2×10^8m/s，1km 的光纤提供约 5μs 的时延），这样，不同支路光脉冲流延迟时间不同，在时间上复用不会重叠，便于数据流的复

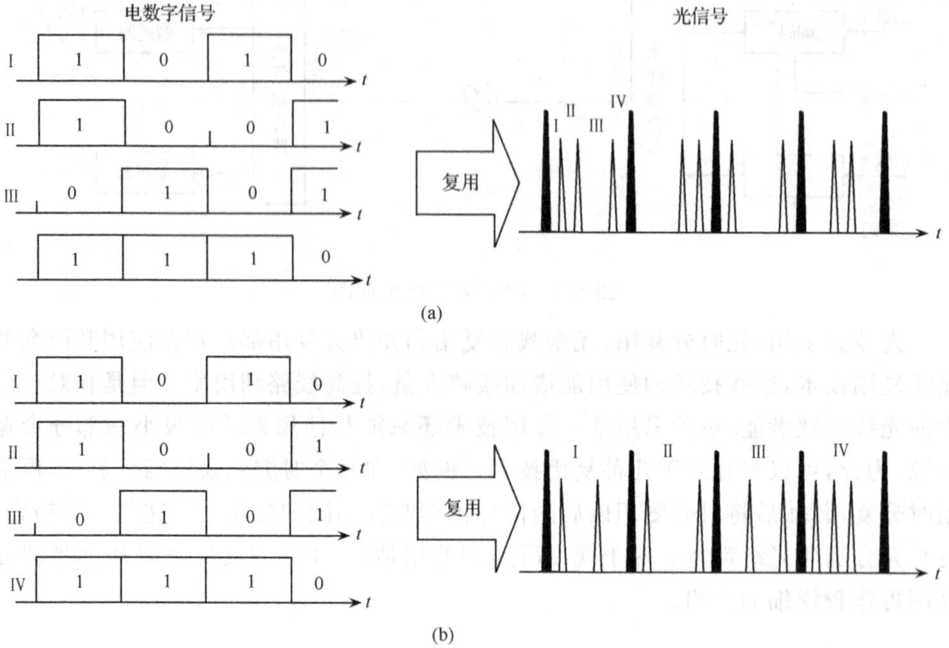

图 8.4 光时分复用原理示意图

(a) 比特交错光时分复用;(b) 分组交错光时分复用

接。无时延的原脉冲作为帧同步脉冲。外调制器的各支路光脉冲流输出与帧光脉冲流相组合得到比特交错光时分复用数据流。帧脉冲功率选择比数据脉冲更高,以利于复用后的数据流的分接。比特交错光时分复用的原理如图 8.5 所示。

从图 8.5 中可以看出,若支路一个比特持续时间(隔离)是 T,要使光信号正确复用,光源发出的窄脉冲必须足够窄。假若 n 个数据流复用,复用过程中还要插入帧脉冲,则窄脉冲间的距离是 $\tau=T/(n+1)$,窄脉冲还要求是归零码,因此光脉冲自身宽度 τ_p 必须远小于 τ,其宽度一般要小到 ps(10^{-12} s)数量级。这样窄的光脉冲要用锁模激光器来产生。同时为了克服光纤色散对脉冲的展宽,必须采用光孤子技术使之传输更长的距离。

接收端若要提取第 j 个支路信号,解复用时,用分路器将接收到的复用信号脉冲流分为两路,将其中一路脉冲数据流延迟 $j\tau$,并进行门限判决,门限的高度为复帧信号中数据脉冲的高度,判决得到的是延迟了 $j\tau$ 时间的帧脉冲,其位置正好对准第 j 个支路的数据脉冲,因此,将帧脉冲数据流与复用脉冲数据进行逻辑与操作,与门的输出便是提取的第 j 个支路的数据流,从而达到解复用的目的。其原理如图 8.6 所示。

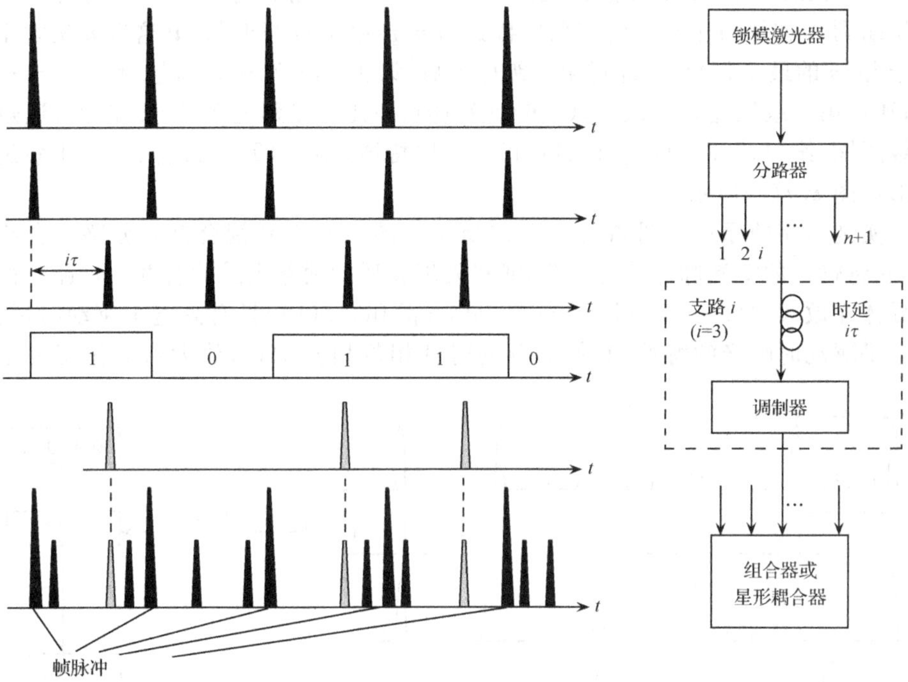

图 8.5　比特交错光时分复用原理图

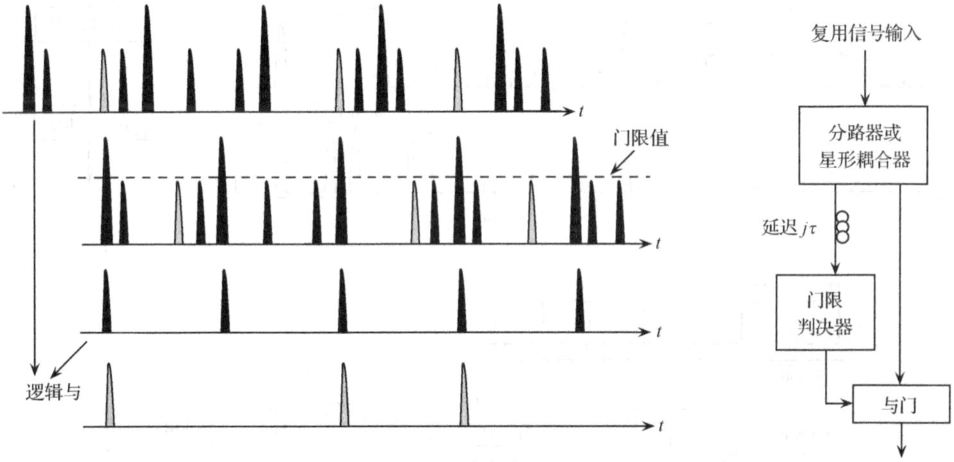

图 8.6　比特交错光时分复用光解复用原理图

2. 分组交错光时分复用

分组交错光时分复用和比特交错光时分复用一样，首先由锁模激光器产生窄脉冲周期序列，然后将窄脉冲周期序列分路为 n 路，每路窄脉冲周期序列分别被一路支路数据流(电信号)外调制。为了减小脉冲之间的间隔以便实现分组交错复用，每条支路外调制后的光数据流需经过一个多级压缩器进行压缩，使脉冲间的距离压缩到 τ，如果每个分组的信息比特数为 n，压缩级数等于 lg2n（这里 n 是大于或等于 lg2n 的最小整数）。通过第一级压缩后，第 1，3，5，7，… 比特被延迟（$T-\tau$）时间；通过第二级压缩，第（1、2），（5、6），（9、10），… 比特被延迟 2（$T-\tau$）时间；通过第三级压缩，第（1、2、3、4），（9、10、11、12），… 比特被延迟 4（$T-\tau$）时间……压缩过程波形如图 8.7(a)所示。

实现压缩的原理框图如图 8.7(b)所示。图中的 3dB 耦合器起分路和合路作用，它将输入的窄光脉冲分为两路，或将处理完后的两路光脉冲合并为一路。两个半导体光放大器（semi-conductor optical amplifier，SOA）具有高电平驱动时透光，低电平驱动时吸光的特性，它们的驱动时钟相位相差 180°，放大器的作用一是对

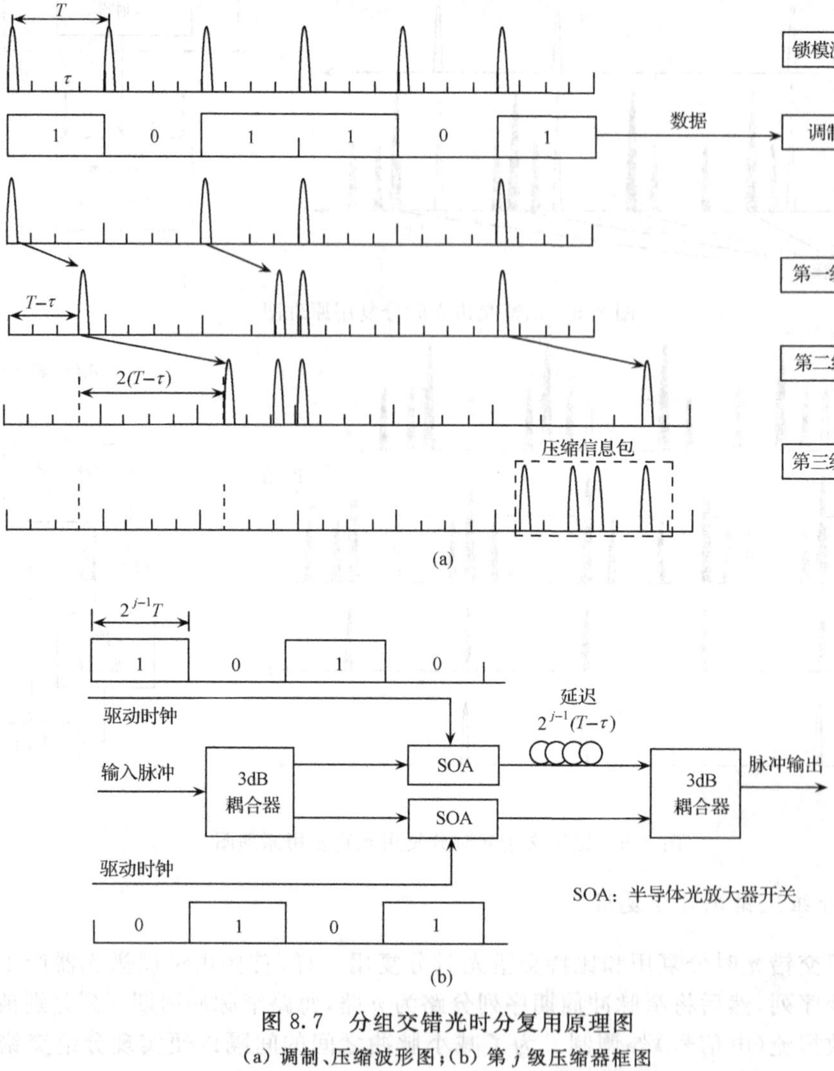

图 8.7　分组交错光时分复用原理图

(a) 调制、压缩波形图；(b) 第 j 级压缩器框图

分路损耗进行补偿，二是在互补的两路时钟驱动下轮流透光，从而将光脉冲流分组（每组的比特数取决于驱动时钟高电平的宽度），使一组通过延迟线，另一组则不通过延迟线，延迟线的作用是将比特组延迟一定的时间。第 j 级压缩的延迟线的延迟时间为 $2^{j-1}(T-\tau)$，半导体放大器的驱动时钟高电平宽度为 $2^{j-1}T$。

为了帮助理解，现以第二级压缩为例来说明压缩器的工作原理。对于第二级压缩，压缩器中延迟线的延迟时间为 $2(T-\tau)$，SOA 的驱动时钟高电平宽度为 $2T$。上面的 SOA 驱动为高电平时，下面的 SOA 驱动为低电平，第 1、2 比特经过上面的 SOA 放大后，再经过延迟线延迟 $2(T-\tau)$；$2T$ 时间后，上面的 SOA 驱动变为低电平，下面的 SOA 驱动变为高电平，第 3、4 比特经过下面的 SOA，直接送到合路器，如此循环，通过第二级压缩，第(1、2)，(5、6)，(9、10)，…被延迟 $2(T-\tau)$时间。这样通过第 k 级压缩后，第 i 个脉冲被延迟$(2^k-i)(T-\tau)$，在$(2^k-i)(T-\tau)+(i-1)$时刻出现在输出端。这样被分组的每组脉冲时间间隔变为 τ，加帧同步脉冲后即可完成分组交错复用。

对于分组交错码的解复用，原则上可以采用解压，即采用分组压缩的逆过程，但这种方法要求放大器开关时间必须在脉冲宽度 τ_p 量级上，实现难度较大。

一种实用的方法是采用与门堆，首先将输入的高速串行的复用数据流变换为低速的并行数据流，然后再进行处理。图 8.8 所示为采用与运算的原理框图。

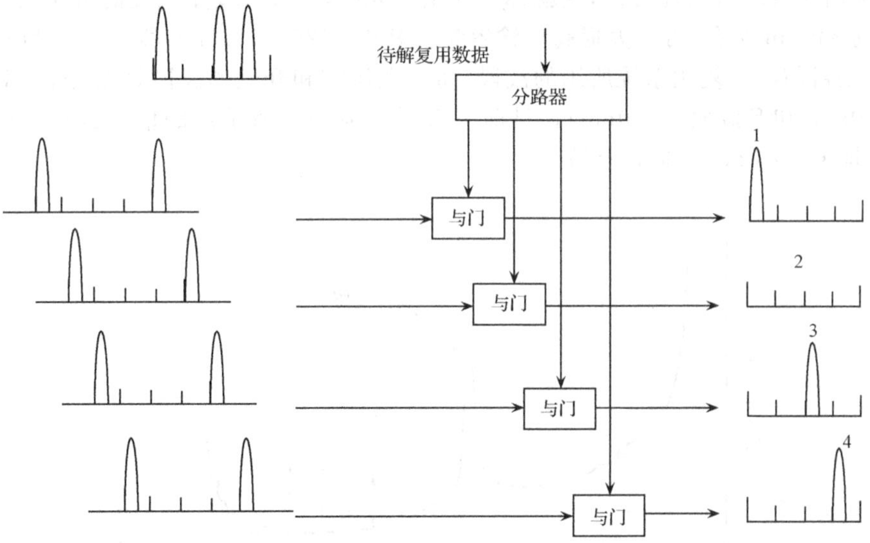

图 8.8 分组交错解复用原理图

图中使用 4 个与门，从而得到 4 个并行低速数据流。采用的方法与分解 4 个比特交错数据流使用的方法相同。每个与门的输入，一个是进来的待解复用的数据流，而另一个是相隔 4τ 的控制数据流。由于每个与门的控制脉冲位置是互相错开的（时延一个 τ 的时间），因而可以选择不同脉冲输出。这样，第一个与门输出的并行信息流包含信息包中的第 1，5，9，…比特；第二个与门输出的信息流包含信息包中的第 2,6,10,…比特等等。

8.2.3 光波分复用

光波分复用技术是在一根光纤中同时传输多个波长光信号的一项技术。其基本原理是在发送端将不同波长的光信号组合起来(复用),并耦合到光缆线路上的同一根光纤中进行传输,在接收端又将组合波长的光信号分开(解复用),并作进一步处理,恢复出原信号后送入不同的终端,因此将此项技术称为光波长分割复用技术,简称光波分复用技术。

早期的波分复用通常是指只具有 1310nm 和 1550nm 两个通道(波长)的系统,由于没有合适的光放大器,它只为一些短距离的应用提供双倍(如 2×2.5Gbit/s)的传输容量。随着工作于 1550nm 窗口的掺铒光纤放大器的实用化,目前波分复用系统是在 1550nm 波长区段内同时使用 8、16 或更多个波长,在一对光纤上或单根光纤上构成的光通信系统,其中每个波长之间的间隔为 1.6nm、0.8nm 或更低,对应约 200GHz、100GHz 或更窄的带宽。在这种情况下,为区别于前者,把在同一窗口(1550nm)中信道间隔较小的波分复用称为密集波分复用(dense wavelength division multiplexing,DWDM)。图 8.9 所示损耗谱中的尖峰是由光纤中的 OH^- 所致,若能消除光纤中的 OH^-,则可在 1280~1620nm 波段内充分利用光纤的低损耗特性,这就称之为全波光纤,使波分复用系统的可用波长范围达到 340nm 左右,可大大提高传输容量。其中 1525~1565nm 段一般称为 C 波段,这是目前波分复用系统所用的波段,而正在研究和开发的波段是 L 波段(1570~1620nm)和 S 波段(1400nm)。目前一般系统应用时所采用的信道波长是等间隔的,即 $k\times0.8$nm,k 取正整数。

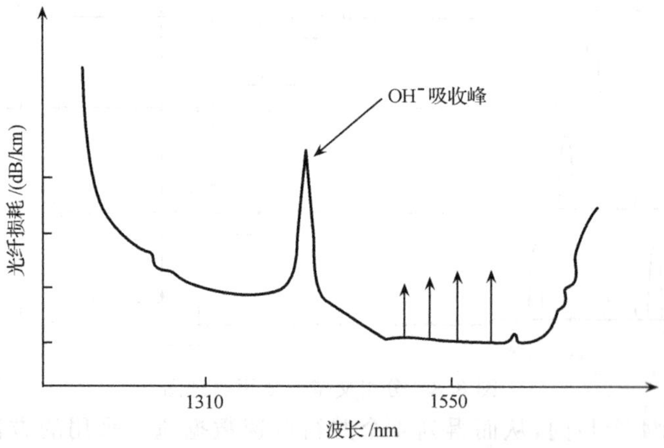

图 8.9 光纤损耗谱图

波分复用技术有以下主要特点:

(1) 可以充分利用光纤的巨大带宽潜力,使一根光纤上的传输容量比单波长传输增加几十至上万倍。例如，Lucent 在贝尔实验室实现了一根光纤上传送 1022 个波长的超密集波分复用，波长间隔是 10GHz。2000 年初，加拿大的 LMGR 演示了在一根光纤上传输 65536 个波长信号，采用的是该公司的"声控光波"专利技术。目前，商用 160 个波长的 DWDM 技术已经成熟，且性价比很高。

(2) N 个波长复用以后在一根光纤中传输，在大容量长途传输时可以节约大量的光纤。

(3) 波分复用通道对传输信号是完全透明的，即对传输码率、数据格式及调制方式均具有透明性，可同时提供多种协议的业务，不受限制地提供端到端业务。

(4) 可扩展性好。加入新的网络节点时，不影响原有的网络结构和设备，降低成本，具有网络可扩展性。

(5) 降低器件的超高速要求。前面已经提到，随着传输信号速率的提高，光电器件的响应速度将成为速率提高的"瓶颈"。采用波分复用技术后，可以降低单路信道的速率要求，而且降低了对一些器件在性能上的极高要求，同时还能达到大容量传输。

因此，WDM 技术对网络的扩容升级、发展宽带业务(如 CATV、HDTV 和 B-ISDN 等)、充分挖掘光纤带宽潜力、实现超高速通信等具有十分重要的意义，尤其是 WDM 加上掺铒光纤放大器更是对现代网络具有强大的吸引力。

如果某一个区域内所有的光纤传输链路都升级为 WDM 传输，我们就可以在这些 WDM 链路的交叉处设置以波长为单位对光信号进行交叉连接的光交叉连接设备(optical cross-connection，OXC)，或进行光波长上/下路的光分插复用器(optical add and drop multiple-xer，OADM)，形成新一代的全光传送网络。

1. WDM 系统基本类型

WDM 系统从不同的角度可以分为不同的类型，常见的分类方法有：从传输方向分，可以分为双纤单向波分复用系统和单纤双向波分复用系统；从光接口类型分，可以分为集成式波分复用系统和开放式波分复用系统。

1) 双纤单向传输

单向 DWM 是指所有光路同时在一根光纤上沿同一方向传送，如图 8.10 所示。在发送端将载有各种信息的、具有不同波长的已调光信号 $\lambda_1, \lambda_2, \cdots, \lambda_n$ 通过光复用器组合在一起，并在一根光纤上单向传输，由于各信号是通过不同波长携带的，所以彼此之间不会混淆。在接收端通过光解复用器将不同光波长的信号分开，完成多路光信号的传输。反方向通过另一根光纤传输，原理相同。

2) 单纤双向传输

同一光波分复用器既可作合波器，又可作分波器，具有方向的可逆性，因此，可以在同一根光纤上实现双向传输。双向 WDM 是指光通路在一根光纤上同时向两个不同方向传输，如图 8.11 所示。所用波长互相分开，以便实现双向全双工通信。

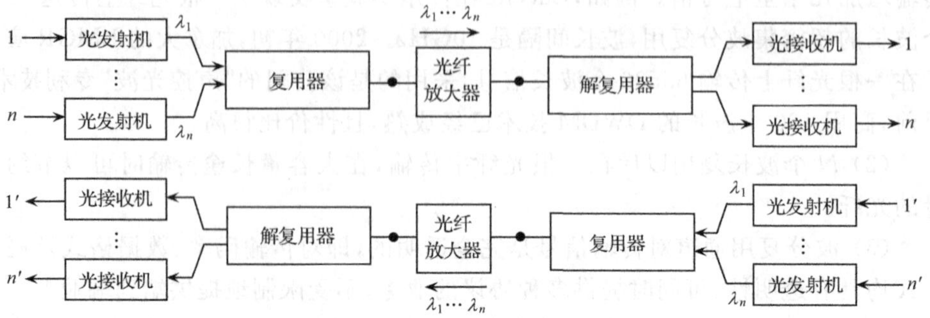

图 8.10　双纤单向传输示意图

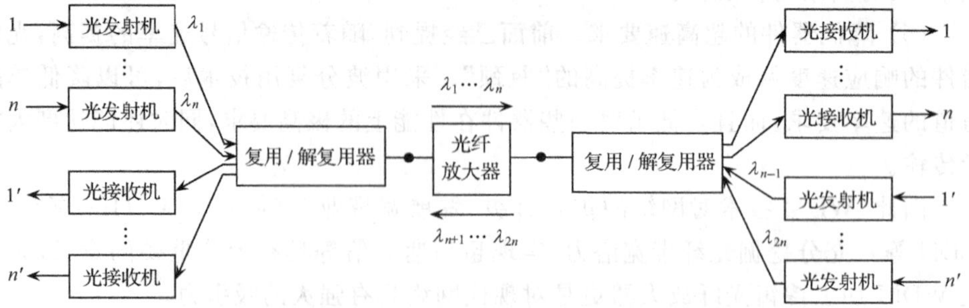

图 8.11　单纤双向传输示意图

双纤单向 WDM 系统在开发和应用方面都比较广泛。单纤双向 WDM 系统的开发和应用相对来说要求更高，这是由于双向 WDM 系统在设计和应用时必须要考虑到几个关键的系统因素，如为了抑制多通道干扰，必须注意到反射光的影响、双向通路之间的隔离、串话的类型和数值、两个方向传输的功率电平值和相互间的依赖性、光业务信道传输和自动功率关断等问题，同时要使用双向光纤放大器。但与单向 WDM 系统相比，双向 WDM 系统可以减少使用光纤和线路放大器的数量。

3) 集成式波分复用系统

考虑到各波长之间的影响最小和更多厂家的设备能互通工作，WDM 使用的激光器发出的光的中心波长、波长间隔、中心频率偏移等均有严格的规定，必须符合 ITU-TG.692 建议。集成式系统就是 SDH 终端具有满足 G.692 建议的光接口：标准的光波长、满足长距离传输的光源。这两项指标都是当前的 SDH 系统不要求的，即把标准的光波长和长色散受限距离的光源集成在 SDH 系统中。整个系统的构造比较简单，没有增加多余设备，如图 8.12 所示。

4) 开放式波分复用系统

开放式系统就是在波分复用器前加入波长转换器(optical transition unit, OTU)，将 SDH 非规范的波长转换为标准波长，如图 8.13 所示。开放是指在同一

WDM 系统中，可以接入不同厂家的 SDH 系统。OTU 对输入端的信号波长没有特殊要求，可以兼容任意厂家的信号。OTU 输出端满足 G. 692 的光接口：标准光波长、满足长距离传输的光源。具有 OTU 的 WDM 系统，不再要求 SDH 系统具有 G. 692 接口，可以继续使用符合 G. 957 接口的 SDH 设备，接纳过去的 SDH 系统，实现不同厂家的 SDH 系统工作在同一个 WDM 系统内。

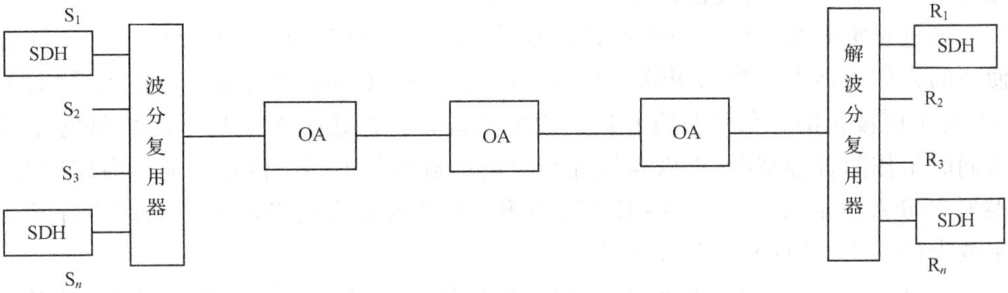

图 8.12　集成式 WDM 系统

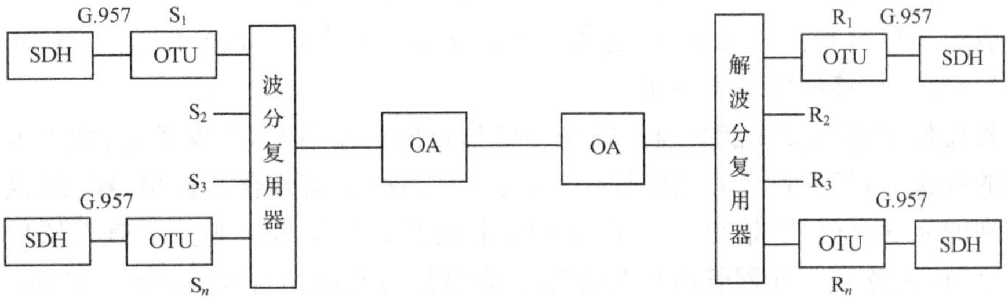

图 8.13　开放式 WDM 系统

2. WDM 系统基本结构与工作原理

一般来说，WDM 系统主要由以下五部分组成：光发射机、光中继放大、光接收机、光监控信道和网络管理系统，如图 8.14 所示。

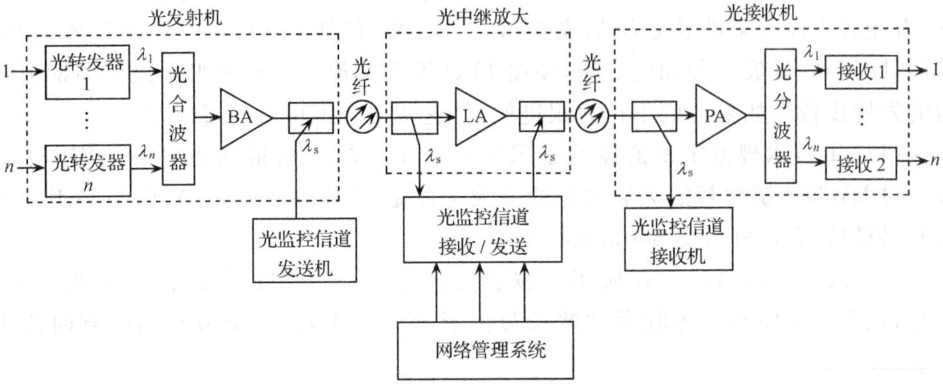

图 8.14　WDM 系统总体结构示意图

光发射机是WDM系统的核心，除了对WDM系统中发射激光器的中心波长有特殊的要求外，还需要根据WDM系统的不同应用(主要是传输光纤的类型和无电中继传输的距离)来选择具有一定色度色散容限的发射机。在发送端首先将终端设备(如SDH端机)送来的非特定波长的光信号利用光波长转换器(OTU)转换成具有稳定的特定波长的光信号，利用合波器多通路光信号合成一路，然后通过光功率放大器(BA)放大输出，注入光纤线路。

经过长距离光纤(80～120km)传输后，需要对光信号进行光中继放大。目前使用的光放大器多数为EDFA。在WDM系统中，必须采用增益平坦技术，使EDFA对不同波长的光信号具有相同的放大增益，同时，还要考虑到不同数量的光信道同时工作的各种情况，能够保证光信道的增益竞争不影响传输性能。在应用时，根据EDFA的放置位置，可将EDFA用作"中继放大或线路放大(LA)"、"后置功率放大(BA)"和"前置放大(PA)"。

在接收端，光前置放大器(PA)放大经传输而衰减的主信道光信号后，利用分波器从主信道光信号中分出特定波长的光信号送往各终端设备。接收机不但要满足一般接收机对光信号灵敏度、过载功率等参数的要求，还要能承受有一定光噪声的信号，要有足够的电带宽性能。

光监控信道主要功能是监控系统内各信道的传输情况，在发送端，插入本节点产生的波长λ_s(1510nm)的光监控信号，与主信道的光信号合波输出；在接收端，将接收到的光信号分波，输出λ_s(1510nm)波长的光监控信号和业务信道光信号。帧同步字节、公务字节和网管所用的开销字节等都是通过光监控信道来传递的。

网络管理系统通过光监控信道物理层传送开销字节到其他节点或接收来自其他节点的开销字节，对WDM系统进行管理，实现配置管理、故障管理、性能管理、安全管理等功能，并与上层管理系统(如TMN)相连。

3. ITU DWDM波长间隔

ITU-T已经在积极制定DWDM的国际标准。一个技术规范是G.692，名为"带有光放大器的多波长系统的光接口"。G.692包括DWDM的许多重要问题。然而，DWDM发展过程如此之快，使得ITU-T和其他标准组织很难跟得上系统能力的发展步伐。如果他们不奋力跟进的话，这些文字很快就会过时了。

ITU-T技术规范主要论述的是采用4、8、16或32通道的点到点DWDM系统。对DWDM链路规定无放大器的最大跨段是160km(100mi*)，而当采用放大器时，链路跨距段则可达640km(400mi)。*

标准波长间隔是建立在所用各波长之间有多个50GHz的间隔的基础上的。同时，也有一个中心参考频率("波长")位于193.1THz。整个波长间隔有时称为

---

*1mi=1.609 34km

“ITU 193THz 波长间隔”。为了沿用 ITU-T 技术规范中引用频率的习惯，所有的波长都用 Hz(频率)来表示，而不是以 nm 来表示。但是波长与频率的转换是很方便的。正如所希望的那样，193.1THz 参考频率的波长是 1553.5nm，正好是在 20 世纪 90 年代窗口的中间。我们计算出 50GHz 间隔所对应的波长间隔大约为 0.4nm。现在所使用的波长范围为 1528.77～1560.61nm。

G.692 建议草案如下：

(1) 4 通道的通道间隔为 3.2nm(400GHz)；

(2) 8 通道的通道间隔为 1.6nm(200GHz)；

(3) 16 通道的通道间隔为 1.6nm(200GHz)；

(4) 32 通道的通道间隔为 0.8nm(100GHz)。

允许选用的监控波长分别是 1310nm、1480nm、1510nm 和 1532nm。在 G.692 草案中允许用户不仅可以使用规定波长间隔上规定的那些波长，而且可以使用规定波长间隔上的任一波长。然而，实用的 DWDM 系统通道数已上升为 128 个通道或 128 个通道以上，而且链路跨距段已能够超过 640km，向 ITU-T 草案发起了挑战。单通道允许的速率是 622.08Mbit/s、2.488Gbit/s 和 9.9Gbit/s。这些单通道速率对应于 SONET/SDH 的速率分别为 OC-12/STM-4、OC-48/STM-16 和 OC-192/STM-64。人们希望使用工作在 1550nm 范围的 EDFA 型的光放大器。除了基本的 50GHz 间隔外，系统允许使用 100GHz(8 个或 8 个以上通道)、200GHz(4 个或 4 个以上通道)、400GHz(仅用于 4 个或 8 个通道)、500GHz(仅用于 8 个通道)、600GHz(仅用于 4 个通道)和甚至于 1000GHz(仅用于 4 个通道)间隔。

可能 ITU-T 波长间隔规定中严格规定的位置是以一个国家为基础的。限制每个国家使用分配给它的波长，这实际上是一个好的想法。当带有光纤放大器的单根光纤环绕全球传输几百甚至几千个波长的那天到来(许多人感到这一天比任何人想到得更快)时，每个国家都要连接到这个全球光纤环上，且绝不担心与其他国家的波长发生冲突。为了与任何其他国家通信，可按接收国分配的通道发送，接收所得到的是返回路径分配的通道。更详细的波长标准请读者参考 ITU-T 的标准资料。

8.2.4 密集波分复用系统的非线性串扰

在单信道的光纤通信系统中，对于光纤特性主要考虑的是损耗和色散，它们限制着传输距离和传输容量。

损耗是指光纤中传输的光信号随着传输距离的增长而逐渐减小的特性。在 1310nm 窗口，单模光纤的衰减约为 0.35～0.45dB/km，在 1550nm 窗口约为 0.20～0.25dB/km。克服的办法主要有：采用高输出功率的激光器，采用高灵敏度的接收器，采用光放大器等。

单模光纤的色度色散主要是指光纤中传输的光信号的不同频率成分有不同的

传输速率，从而引起时延差使脉冲展宽，脉冲展宽会引起码间串扰。目前使用较多的 G.652 光纤最小色散波长为 1310nm，色散位移光纤(G.653)的零色散波长为 1550nm。随着波长的变化色散在两边有不同的极性，如图 8.15 所示。

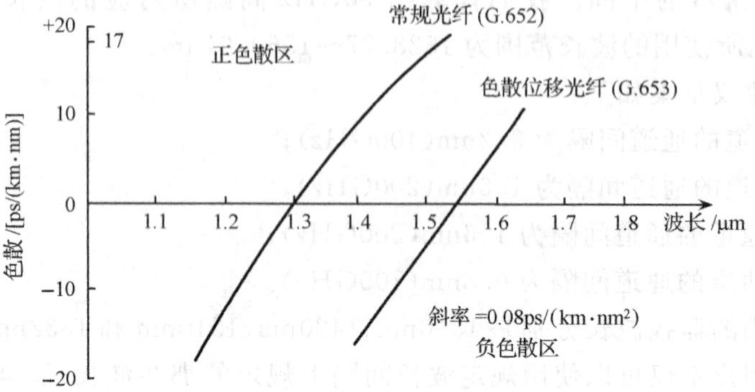

图 8.15　单模光纤的色散特性

(正色散区：红光(波长较长的光)传得较慢；负色散区：蓝光(波长较短的光)传得较慢)

不管正色散还是负色散都会引起信号脉冲展宽，使波形发生畸变。克服的办法一般有：加色散补偿光纤、自相位调制技术、色散支持技术等。

但在 WDM 系统中，每一波长都携带一定的光功率，再加上光纤放大器的应用，注入光纤的光功率较大(14～17dBm*)，高的光功率还会引起光纤的非线性效应，主要包括受激拉曼散射、受激布里渊散射、自相位调制、交叉相位调制和四波混频效应等，这些非线性的存在对于传输信号会引起附加损耗、信道间串话、信号频率移动等不良影响。当然它们也有有利的一方面，在第 7 章中已经作了一些介绍。*

1. 受激拉曼散射串扰

受激拉曼散射可以看作是介质中分子振动对入射光的调制，对入射光产生散射作用。这样当一定强度的光入射到光纤中时会引起光纤材料的分子振动，调制入射光强产生了间隔恰好为分子振动频率的边带，低频边带的斯托克斯波强度高于高频边带的反斯托克斯波。这种效应对波分复用的影响有两点：一是限制波分复用的通路数，因为当两个恰好分离斯托克斯频率的光波同时入射到光纤时，由于 SRS 的影响低频波将获得增益，高频波将被衰减，造成 WDM 系统中短波长通路产生过大的信号衰减；二是 SRS 效应将引入串话，受激拉曼散射过程中短波长(高频)的信道被分子振动调制而将能量转移给长波长(低频)的信道，从而引起信道间的串话。

---

*1dBm＝10lg(1mW)

L 长的光纤输出端因 SRS 而损耗 50％的输入功率时，这个输入功率称为阈值功率。拉曼散射的阈值泵浦功率 P_R 可以表示为

$$P_R \approx \frac{16A_{eff}}{L_{eff}g_R} \tag{8.1}$$

式中，g_R 为拉曼放大系数。纤芯有效面积 A_{eff} 和光纤的有效互作用长度（简称有效长度）L_{eff} 分别表示为

$$A_{eff} \approx \pi s_0^2 \tag{8.2}$$

$$L_{eff} = \frac{1-\exp(-\alpha L)}{\alpha} \tag{8.3}$$

式中，s_0 为单模光纤的模场半径，L 为光纤的长度，α 为光纤的衰减系数。光纤越长，L_{eff} 越长。

从式(8.1)可以看到，受激拉曼散射的阈值泵浦功率近似正比于光纤的有效面积 A_{eff}，反比于光纤的有效互作用长度 L_{eff}。为了提高系统的传输功率，延长无中继传输距离，有必要提高受激拉曼散射的阈值功率，此时采用大有效面积的光纤是有益的。但从式(8.3)中又可以看到，低衰减的光纤会有较长的有效互作用长度，因此，超低衰减的光纤拉曼散射的阈值会很低。对于长光纤，在 1550nm 处，光纤的有效面积 $A_{eff}=50\mu m^2$ 时，受激拉曼散射的阈值大约为 27dBm。

2. 受激布里渊散射串扰

物体内部存在微弱的声子波，其声子频率在千兆赫兹左右。这种声子波在物体内部传播时会引起物质密度分布的起伏。注入光波在密度不均匀的物质中传播时将出现散射现象。由于物体内部的密度起伏是随声子波一起移动的，散射光的频率便因之而产生了多普勒频移，而且相应的斯托克斯反射相对于入射光的频移正好等于物体内部的声子频率，这就是布里渊散射。受激布里渊散射与受激拉曼散射在物理过程上十分相似，相比于普通布里渊散射，其主要特点如下：① SBS 是在入射光束相反方向上传播的激光束；② 强度与入射光的强度同数量级；③ SBS 包含多个频率成分，如果 ω_p 和 Ω 分别为入射光频率和声子频率，m 为整数，则构成($\omega_p+m\Omega$)的频带。即入射频率为 ω_p 的泵浦光将一部分能量转移给频率为 ω_s 的斯托克斯波，并发出频率为 Ω 的声波

$$\Omega = \omega_p - \omega_s$$

受激布里渊散射产生的斯托克斯波传播方向与泵浦波相反。

光纤中的光功率一旦超过阈值，将产生大量的后向传输的斯托克斯波，对通信产生不利影响。这些影响①是消耗了信号功率；②是反向传输的斯托克斯波将反馈给激光器，使其工作不稳定；③是如果光纤中有两个方向的传输信道，而且两个反向传输信道间的频率差别正好满足布里渊频移，受激布里渊散射过程将引起信道间的串话。

光纤中受激布里渊散射的阈值功率可以近似表示为

$$P_B \approx \frac{21A_{eff}}{g_B L_{eff}} \tag{8.4}$$

式中，A_{eff}为光纤纤芯有效面积，L_{eff}为光纤的有效长度，分别如式(8.2)和式(8.3)所示，g_B 为布里渊放大系数。在实际应用中为了简化式(8.4)，G. 350 建议给出了经验式

$$P_B \approx 0.11\left(\frac{A_{eff}}{L_{eff}}\right) \tag{8.5}$$

从式(8.5)中可以看到，受激布里渊散射的阈值功率正比于光纤的有效面积，反比于光纤的有效长度。在波分复用系统中使用大有效面积的光纤对长距离传输是有益的，但较拉曼放大系数 g_R 相比布里渊系数 g_B 大约要大两个数量级，因此，受激布里渊散射的阈值功率较受激拉曼散射的阈值功率小很多，一般在6～20dBm。

受激布里渊散射虽然易于发生(阈值功率较低)，但与受激拉曼散射过程引起的串话相比较，受激布里渊散射引起的串话较易避免。一是因为受激布里渊散射过程串话发生的频率范围很窄(约 100MHz)，只有两信道间隔很小时才发生明显的布里渊串话；二是两信道信号必须在反向传输时才发生 SBS 放大，当所有信道都同向传输时不会产生 SBS 串音。

3. 自相位调制和交叉相位调制

当介质受到光场的作用时，组成介质的原子或分子内的电子相对于原子核会发生微小的位移，使介质极化。这一极化过程由极化强度矢量 $\boldsymbol{P}(r,t)$与电场强度矢量 $\boldsymbol{E}(r,t)$的关系来描述。

$$\boldsymbol{P} = \varepsilon_0 x \boldsymbol{E} \tag{8.6}$$

式中，ε_0 是自由空间的介电常数，x 是介质的极化率。

在强电场作用下，介质呈现非线性，此时 $\boldsymbol{P}$ 随电场 $\boldsymbol{E}$ 发生非线性变化，这种非线性函数可以围绕 $\boldsymbol{E}=0$ 展开成泰勒级数

$$\boldsymbol{P} = \varepsilon_0 x \boldsymbol{E} + 2d\boldsymbol{E}^2 + 4x^{(3)}\boldsymbol{E}^3 + \cdots \tag{8.7}$$

式中，d 为二阶非线性系数；$x^{(3)}$为三阶非线性系数。

由于 d 的数量级在 $10^{-24} \sim 10^{-21}$之间，$x^{(3)}$ 的数量级在 $10^{-34} \sim 10^{-29}$之间，因此当光场较弱时，第一项起主要作用，其余各项可以忽略，只有当光场较强时，高阶项才起作用。

石英光纤的 SiO_2 是对称分子，其二阶非线性系数 d 为零。光纤中的最低非线性效应来源于非线性系数 $x^{(3)}$。它引起三次谐波、四波混频、非线性折射率与自相位调制等现象，光纤中的很多非线性效应都来源于非线性折射率。介质的折射率随光强的变化可以表示为

$$n = n_0 + N_2 I = n_0 + N_2 P/A_{eff} \tag{8.8}$$

式中，n_0 是光纤正常折射率，N_2 是非线性系数，P 是光功率，A_{eff} 是光纤的有效面积。

将式(8.8)写成光频和光场强度的函数有

$$n(\omega, |E|^2) = n(\omega) + n_2 |E|^2 \tag{8.9}$$

式中，$n(\omega,|E|^2)$为总折射率，$n(\omega)$为线性部分，n_2 是与 $x^{(3)}$ 有关的非线性折射率。

当光脉冲在光纤中传播时，其相位改变为

$$\varphi = nk_0L = (n + n_2 |E|^2)k_0L = \varphi_0 + \varphi_{NL} \tag{8.10}$$

式中，$k_0 = 2\pi/\lambda$，L 为光纤的长度。

$$\varphi_0 = nk_0L \tag{8.11}$$

是相位变化的线性部分，而

$$\varphi_{NL} = n_2k_0L |E|^2 \tag{8.12}$$

部分与光场强度的平方成正比，是非线性条件下由于光场自身引起的附加相位变化，这种效应称之为自相位调制(self-phase modulation，SPM)。

这种相位的变化引起信号频率的瞬时变化(频移)为

$$\omega_i = -\frac{d\varphi_{NL}}{dt} = -n_2k_0L\frac{d|E|^2}{dt} \tag{8.13}$$

频移方向与 $d|E|^2/dt$ 的符号有关。当 $d|E|^2/dt>0$ 时，$\omega_i<0$，因而，在脉冲的上升沿频率下移，在脉冲的顶部，频移为 0；当 $d|E|^2/dt<0$ 时，$\omega_i>0$，因而，在脉冲的下降沿频率上移。由非线性引起的这种频率的瞬时变化，在负色散光纤中会引起光脉冲上升沿传播速度变快，下降沿传播速度变慢，从而使光脉冲变窄。因此，自相位调制的真正应用是在光纤中产生光孤子，实现光孤子通信，关于光孤子通信的内容在 8.4 节中有详细的论述。

当两个或多个不同波长的光波在光纤中同时传输时，某特定信道的相移不仅取决于该信道自己场强的变化，也取决于其他相邻信道场强的变化，这种现象称之为交叉相位调制。第 j 个信道的非线性相移为

$$\varphi_j^{NL} = n_2k_0L(|E_j|^2 + 2\sum_{m\neq j}|E_m|^2) \tag{8.14}$$

式中，第一项由自相位调制引起，第二项由交叉相位调制引起，第二项前的系数“2”表示在相同场强的情况下交叉相位调制的影响是自相位调制的两倍。XPM 会逐渐地使共同传输的光脉冲的频谱不对称地展宽，而其展宽程度与通路间隔有关。

在 WDM 系统中，自相位调制和交叉相位调制两种共同作用改变各信道光信号的相位。如果信息通过幅度调制传输，并且采用非相干解调的方式，如直接强度检波，非线性相位改变对系统性能影响不严重。然而，如果用相干技术解调，相位改变就会严重限制系统性能。

4. 四波混频

四波混频是指两个以上不同波长的光信号在光纤的非线性影响下，除了原始

的波长信号外还会产生许多额外的混合成分(或叫边带)。如图 8.16 所示为两个波长(f_1、f_2)的四波混频,从图上可以清楚地看到由于四波混频产生了两个新的频率成分 $2f_1-f_2$ 和 $2f_2-f_1$。N 个原始波长信号经四波混频将产生 $N^2(N-1)/2$ 个额外的波长信号。

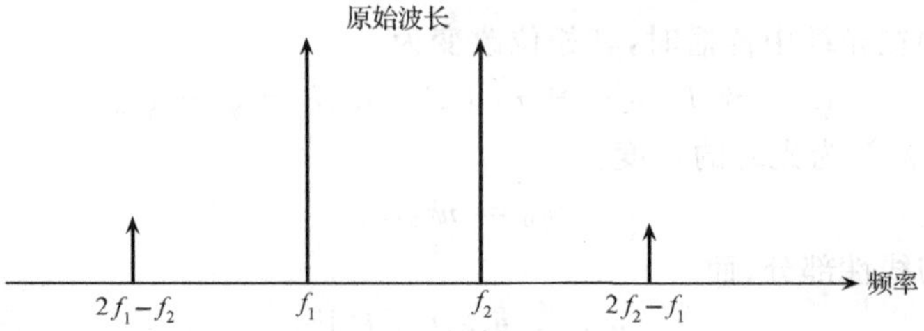

图 8.16 四波混频

四波混频边带的出现会导致信号功率的大量耗散。当各通路按相等的间隔分开时混频产物直接落到信号通路上,会引起信号脉冲幅度的衰减,致使接收器输出的眼图开启程度减小,于是误码性能降低。但四波混频的机理及实验都说明光纤的色散越小,四波混频的效率越高,光纤的色散对四波混频有很好的抑制作用。因此,克服四波混频最有效的方法是采用非零色散光纤或光纤的非零色散窗口。

光纤通路中引起四波混频的阈值功率很低,在 0dBm 左右,必须足够重视。考虑到这些因素,在 WDM 系统中为了克服 SBS 和 SRS,在建议中规定入纤的最大光功率为＋17dBm,尽量低于它们的阈值;四波混频的阈值太低无法避开,可以利用四波混频与色散的关系来克服。G. 653 光纤的 1550nm 零色散窗口不能对 FWM 抑制,故它不能应用在 WDM 系统中。G. 652 光纤设计工作在 1310nm 窗口,它在 1550nm 窗口有足够的色散,故可以抑制光纤的 FWM 的影响,即支持 DWDM 的应用。但是,G. 652 光纤在 1550 nm 处的色散太大,约为 G. 655 光纤的 6～7 倍,会引起过大的波形失真,对长距离或高比特率的传输需要作色散补偿(2. 5Gbit/s 时,约大于 400km;10Gbit/s 时,超过 25km 就需考虑)。非零色散光纤(non-zero dispersion fiber,NZDF)即 G. 655 光纤,在 1550nm 窗口色散为几 ps/(nm · km),既大到对非线性有很好的抑制作用,又小到足以进行长距离的高速传输(2. 5Gbit/s 大于 1000km,10Gbit/s 大于 360km,不需要色散补偿),是 WDM 系统的理想之选。目前还有用改变色散点、采用大芯径单模光纤等来克服四波混频的方法,更详细的知识请读者查看相关文献资料。

8.3 相干光通信

自从光纤通信系统走向实用化以来,所有的系统都是采用强度调制——直接检波的方式,这种系统有很多优点,调制和解调比较容易,成本也很低,是一种应用最广泛也是最成熟的技术。光载波在光频率范围内,频率远比信号频谱高得多,这也就是说光纤的巨大带宽还未得到充分利用。为了进一步利用光纤的宽带宽,提高传输容量,人们开始考虑将无线电通信中使用的外差方式用于光纤通信,因为光波也是一种电磁波。如果充分利用光信号脉冲的参数(幅度、频率、相位等),便可以构成一种新型光纤通信方式——相干光通信。这种通信方式将无线通信中普遍采用的外差接收或零差接收方式和幅移键控(amplitude shift keying,ASK)、相移键控(phase shift keying,PSK)和频移键控(frequency shift keying,FSK)等先进的调制技术应用于光纤通信,实现相干通信。

8.3.1 相干光通信技术基本原理及发展

相干光通信系统可以把光频段划分为许多频道,从而使光频段得到充分利用,即多信道光纤通信。我们知道无线电技术中相干通信具有接收灵敏度高的优点,相干光通信技术同样具有这个特点,采用该技术的接收灵敏度可比直接检测技术高 18dB。同时,相干光接收机可以采用如同外差收音机那样,在其内部设置一台本地激光器。稍微改变本地激光器的光频,就可改变所选择的信道。早期,研究相干光通信时要求采用保偏光纤作传输介质,因为光信号在常规光纤线路中传输时其相位和偏振面会随机变化,要保持光信号的相位、偏振面不变就需要采用保偏光纤。但是后来发现,光信号在常规光纤中传输时,其相位和偏振面的变化是慢变化,可以通过接收机内用偏振控制器来纠正,因此仍然可以用常规光纤进行相干通信,这个发现使相干光通信的前景呈现光明。

与强度调制——直接检测系统不同,相干光纤通信系统在光接收机中增加了外差或零差接收所需的本地振荡光源,该光源输出的光波与接收到的已调光波在满足波前匹配和偏振匹配的条件下进行光电混频。混频后输出的信号光波场强和本振光波场强之和的平方成正比,从中可选出本振光波与信号光波的差频信号。由于该差频信号的变化规律与信号光波的变化规律相同,而不像直检波通信方式那样检测电流只反映光波的强度,因而,可以实现幅度、频率、相位和偏振等各种调制方式。根据本振光波的频率与信号光波的频率是否相等可以将相干光通信系统分为两类:当本振光频率和信号光频率之差为一非零定值时,该系统称为外差接收系统;当本振光波的频率和相位与信号光波的频率和相位相同时,称为零差接收系统。但不管采用何种接收方式其根本点是外差检测。图 8.17 所示为相干光通信系统的结构示意图。

如图 8.17 所示,光源发出频率为 f_s 的光脉冲,通过调制器将已经变成电信号的信号源调制到光脉冲包络上,通过长距离线路传输后,到达接收端,接收端采用外差技术,首先通过耦合器将光信号和本振光源信号同时送到光电检测器接收,本振光源频率为 f_s+f_{IF},信号光和本振光在满足波前匹配和偏振匹配的条件下混频,得到频率为 f_{IF} 的中频信号,该信号经过放大后送到解调器解调,最终到达接收

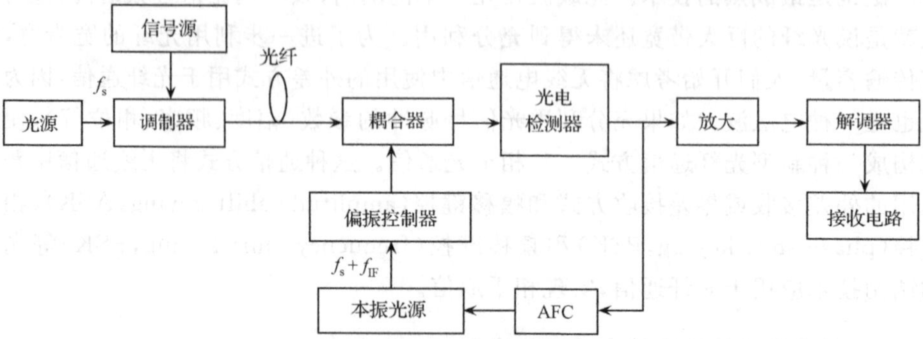

图 8.17　相干光通信系统的结构示意图

电路完成通信过程。耦合器可以使信号光和本振光保持波前匹配，偏振控制器可以纠正本振光的偏振，从而使本振光和信号光保持偏振匹配，自动频率控制电路(auto frequency control，AFC)可以通过用输出的中频信号作为控制源来控制本振光源发出的光使其具有稳定的频率。零外差相干光通信中没有中频，它对光源稳定性的要求非常的高，要求光源谱线非常的窄，否则很难得到满意的结果。

相干光通信系统灵敏度的提高主要是因为它采用了本地振荡得到了一定的增益，根据无线电知识中外差接收技术知识可以得到光电检测器的电流

$$I_s = 2\frac{\eta e}{hf}\sqrt{P_s P_L}\,m(t-\tau_g)\cos[(\omega_s-\omega_L)t+(\varphi_s-\varphi_L)] \tag{8.15}$$

式中，η 为光电检测量子效率，h 为普朗克常量，e 为电子电量，f 为光频率，P_s 为信号光功率，P_L 为本振光功率，m 为调制系数，$(t-\tau_g)$为群延时，ω_s、ω_L 和 φ_s、φ_L 分别为信号光和本振光的角频率和相位。

从式(8.15)中可以看出，接收机检测信号输出电流随本振光功率增大而增大，即所谓的“本振增益”。

同时还可以看到，信号光的角频率和相位以及本振光的角频率和相位有相对随机起伏时均会造成噪声，采用不同的解调方式，这些影响是不一样的。

8.3.2　相干光通信关键技术

1. 光源技术

相干光纤通信系统中对信号光源和本振光源的要求比较高，它要求光源的光谱线窄、频率稳定度高。光源本身的谱线宽度将决定系统所能达到的最低误码率，应尽量减小，同时半导体激光器的频率对工作温度与注入电流的变化非常敏感，其变化量一般在每摄氏度几十吉赫兹和每毫安几十吉赫兹左右，因此，为使频率稳定，除注入电流和温度稳定外，还应采取其他主动稳频措施，使光频保持稳定。为使半导体激光器具有谱线窄、频率稳定度高的特点，人们采取了很多的方法来使光

源满足相干通信的要求。

普通的法布里-珀罗半导体激光器的增益谱线较宽，虽然通过适当的制作工艺基本上能保证基横模工作，但一般都是多纵模运转，且每一纵模的线宽较宽，即使单纵模运转时，它的线宽功率乘积也高达 100～200MHz·mW，远不能满足相干光纤通信系统的要求。为了得到窄线宽的半导体激光器，人们进行了大量的研究，提出了各种不同的解决方案。一种方法是从激光器的内部结构着手进行研究，通过先进的半导体制作工艺，优化半导体激光器内部结构来实现，如多量子阱有源层分布反馈激光器、分布布拉格反射激光器等；另一种方法是从半导体激光器的外部来考虑，应用电负反馈技术来压窄线宽就是其中一种压缩技术。电负反馈技术是从半导体激光器输出光中鉴别出频率的抖动，经负反馈电路控制激光器的注入电流。由于负反馈作用，将使原有调频噪声大大降低。根据鉴别调频噪声的方法不同，电负反馈半导体激光器可分为两类：一类为外差检测方式，主要是用一本振光与待压窄线宽的半导体激光器输出光进行差拍、光电混频，然后对中频信号进行放大、限幅，最后由中频鉴频器提取调频噪声；另一类是利用光学元件，如法布里-珀罗标准具，光纤环形腔等提取调频噪声。前者需要一个窄线宽、频率稳定的本振光源，这本身就比较困难，相比之下后者较简单可行。但从实用的观点来说，外腔半导体激光器和电负反馈半导体激光器不如多电极分布布拉格反射器半导体激光器有发展前景，多电极分布布拉格反射器半导体激光器产生的光不仅谱线窄，而且调频响应平坦，尤其以多量子阱结构为有源层时激光器谱线更窄。

除了窄谱的要求外，相干光通信光源还要求稳频，稳频技术目前一般也可以分为两类：一类是对信号光的绝对稳频，可以采用分子、原子吸收谱线稳频、光电流效应稳频及法布里-珀罗腔稳频等稳频技术，其中应用最多的是法布里-珀罗腔稳频技术。该技术利用法布里-珀罗腔或吸收谱等陡峭的频率特性，将激光器的频率变化变成光电流的变化，通过放大滤波控制激光器的注入电流，使激光器的频率稳定在法布里-珀罗腔或吸收谱的频率基准上；另一种稳频技术是通过本振光频率 AFC 来进行，该技术一般采用射频鉴频器，将中频信号的频率抖动鉴别出来，经过放大、滤波后去控制激光器的注入电流，从而使中频保持稳定。

2. 调制技术

一般相干光通信的光调制有半导体激光器直接调制和光波导型外调制两种。半导体激光器直接调制技术一般是采用具有动态单纵模特性的 DFB 激光器来进行直接调制，采用该技术在调制过程中可以使光谱保持良好的窄谱特性，同时频率也较稳定。也有把激光器制成两段、三段的复杂结构的多电极激光器，可以在各电极分别注入偏置和信号，效果较好。又因为它可以用集成方法制作，故有发展前景。波导型外调制器技术大多是采用 $LiNbO_3$ 外调器来进行调制，由半导体激光器作光源，在 $LiNbO_3$ 调制器电极上施加调制信号。这种方法的优点是调制频率较高，可实现无啁啾噪声调制，但在信号光耦合时的光损耗较大。

相干光纤通信系统中采用的主要调制方式有幅移键控、相移键控、频移键控和偏振移键控等。初期一般采用法布里-珀罗型半导体激光器作为光源，这种激光器的光谱线宽及调频特性不是很理想，所以当时大多采用 ASK 调制方式和包络检波，目前该方式已用得不多。后来随着外腔半导体激光器和 DFB 激光器的发展，逐步开始采用相移键控和频移键控等方式。相移键控方式的接收灵敏度高，但它对光源的谱线宽度要求较高。此外，光信号耦合损耗也比较大。于是有人提出用归零码直接注入激光器进行相移键控调制，这种技术的缺点是占用的频带比较宽，大容量的多路复用技术有所限制。目前应用得最普及的是频移键控和连续相位频移键控(continued phase frequency shift keying，CPFSK)方式，它们的最大优点是可以利用半导体激光器注入电流进行频率调制，而且可根据光源线宽的不同，选择不同的解调方式和双滤波解调、单滤波解调、差分-延迟解调等。尤其是 CPFSK 技术，它不仅可以采用直接注入电流进行频率调制，而且它的调频谱非常紧凑，适合 WDM 通信方式，此外，它的接收灵敏度高，几乎等于相移键控系统的灵敏度。

3. 接收技术

相干光通信的接收技术包括两部分，一部分是光的接收技术，另一部分是中频之后的各种制式的解调技术。解调技术实际上是电子的 ASK、FSK 和 PSK 等的解调技术，不需详述，这里着重介绍光的接收技术。

1) 平衡接收法

在 FSK 制式中，由于半导体激光器在调制过程中难免带有额外的幅度调制噪声，利用平衡接收方法可以减少调幅噪声。平衡法的主要思想是当光信号从光纤进入后，本振光经偏振控制以保证与信号的偏振状态相适应，本振光和信号光同时经过方向耦合器分两路，分别输入两个相同的 PIN 光电检测器，使得两个光电检测器输出的是等幅度而反相的包络信号，再将这两个信号合成后，使得调频信号增加一倍，而寄生的调幅噪声相互抵消，直流成分也抵消，达到消除调幅噪声影响的要求。

2) 相位分集接收法

除了调幅噪声外，如果本振光相位和信号光相位有相对起伏，就将产生相位噪声，严重影响接收效果。针对这种影响，可以采用相位分集法克服相位噪声。三相相位分集法主要是将信号和本振光分成三路，本振光的三路信号相位分别为 0°、120°、240°，因此，尽管信号与本振光之间有相对相位的随机起伏，将三路信号合成后，仍能保持恒定，可以减免相位噪声的影响，同时这种技术可以用于零差接收系统而不采用光锁相。

3) 偏振控制技术

前面已经指出：相干光通信系统接收端必须要求信号光和本振光的偏振状态相同，才能取得良好的混频效果，提高接收质量。信号光经过单模光纤长距离传输后，偏振态是随机起伏的，为了解决这个问题，人们提出了很多方法，如采用保偏光纤、偏振控制器和偏振分集接收等方法。光在普通光纤中传输时，相位和偏振面会随机变化，保偏光纤就是通过工艺和材料的选择使得光相位和偏振保持不变的特种光纤，但是这种光纤损耗大，价格也非常昂贵；偏振控制器主要是使信号光和本振光同偏，这种方法响应速度比较慢，环路控制的要求也比较高；偏振分集接收主要是利用信号光和本振光混频后，由偏振分束元件将混合光分成两个相互垂直的偏振分量，本振光两个垂直偏振分量由偏振控制器控制，使两个分量功率相等，这样当信号光中偏振随机起伏时也许造成其中一个分支中频信号衰落，但另一个分支的中频信号仍然存在，所以该系统最后得到的解调信号几乎和信号光的偏振无关，该技术响应速度比较快，比较实用，但实现比较复杂。

8.4 光孤子通信技术

孤子的概念是 20 世纪非线性科学的重要发现，其起源可追溯到 1834 年英国海军工程师 Scott Russel 观察到河面上船过后隆起的水波可以保形传输，从此揭开了孤子理论的研究序幕。光孤子概念产生于 1973 年，Hasegawa 在解决光纤通信中色散问题时，发现了光纤非线性包络与电子回旋波之间的相似性，与 Tappert 一起从理论上证明了光孤子脉冲能在光纤中保形传输这一现象，这种发现诱发了人们将光孤子作为一种信息载体用于高速通信的遐想。光孤子显示出其潜在的价值后，立即引起了人们的巨大兴趣，目前已经成为新型光纤通信，尤其是长距离越洋通信研究的新方向。本节主要介绍光孤子脉冲的理论基础、光孤子源、光孤子传输过程的影响因素以及目前国际光孤子通信的研究现状。

8.4.1 光孤子通信技术的基本原理

前面的章节已经介绍过，光脉冲在光纤中传输时有两种作用影响脉冲的传输，一种是光纤色散作用，光纤色散使脉冲在时域上展宽，展宽到一定程度后将引起相邻脉冲的叠加，产生误码。另一种是光纤的非线性作用，这种作用将引起光脉冲在频域上展宽，在时域上压缩，也影响光通信。也就是说单独的色散作用和单独的非线性作用都将影响光通信，而且两种影响作用效果刚好是相反的。如果能将这两种影响综合起来相互抵消，将使光脉冲保持原形传输。光孤子就是一种具有双曲正割形状的光脉冲，这种脉冲在光纤中传输是利用光纤的群速度色散(group velocity dispersion，GVD)和非线性作用中的自相位调制，两种影响达到平衡，从而能保持原来形状传输。

1. 非线性薛定谔方程及解法

根据光学知识，光脉冲可以用下列式子表示：

$$E(z,t) = A(z,t)\exp[\mathrm{j}(\omega_0 t - \beta_0 z)]$$

式中，$A(z,t)$是脉冲包络，对于常用的直接检波光通信系统我们主要关心光脉冲的包络情况。在考虑色散作用并引入光纤非线性效应中自相位调制作用时，光脉冲包络的传输方程可写为下式：

$$\frac{\partial A}{\partial z}+\beta_1\frac{\partial A}{\partial t}+\frac{\mathrm{j}}{2}\beta_2\frac{\partial^2 A}{\partial t^2}-\frac{1}{6}\beta_3\frac{\partial^3 A}{\partial t^3}=\mathrm{i}\gamma\mid A\mid^2 A \tag{8.16}$$

式中，$A(z,t)$为脉冲包络，$\beta_1=1/\nu_g$，β_2 为群速度色散系数，β_3 为高阶色散系数，γ 是代表自相位调制效应的非线性系数。对该方程引入下列归一化参数：

$$\tau=\frac{T}{T_0}=\frac{t-\frac{z}{\nu_g}}{T_0},\quad U(z,t)=A(z,t)/\sqrt{P_0} \tag{8.17}$$

忽略高阶色散项 β_3 的作用，则式(8.16)可写为

$$\mathrm{i}\frac{\partial U}{\partial z}=\frac{\mathrm{sgn}(\beta_2)}{2L_D}\frac{\partial^2 U}{\partial\tau^2}-\frac{1}{L_{NL}}\mid U\mid^2 U \tag{8.18}$$

式中，T_0 为脉冲初始脉冲宽度，P_0 脉冲峰值功率，$L_D=T_0^2/\beta_2$ 为色散长度，$L_{NL}=1/\gamma P_0$ 为非线性长度，如果令 $N^2=L_D/L_{NL}=\gamma P_0 T_0^2/|\beta_2|$，并令 $\xi=z/L_D$，则式(8.17)可变为

$$\mathrm{i}\frac{\partial U}{\partial\xi}=\frac{\mathrm{sgn}(\beta_2)}{2}\frac{\partial^2 U}{\partial\tau^2}-N^2\mid U\mid^2 U=0 \tag{8.19}$$

该方程就是描述光孤子脉冲传输的重要方程——非线性薛定谔方程。该方程是一个非线性方程，常规的方法很难求出其解，求解该方程常用的方法有逆散射方法、Hirota 法、Backlund 变换法、Darboux 变换法以及变分法等，限于篇幅原因，在此不一一叙述，有兴趣的读者可参考相关文献。上述的非线性薛定谔方程是一种特殊的偏微分方程，常规方法很难求解，利用逆散射法已经证明，只有当 N 为整数时，方程解才存在。日本著名学者 Satsuma 等人用逆散射方法研究了非线性薛定谔方程中的初值问题，即设初始条件

$$U(0,\tau)=N\mathrm{sech}\tau$$

当 $N=1$ 时，式(8.18)有优美的形式解

$$U(\xi,\tau)=\mathrm{sech}\tau\cdot\exp(\mathrm{i}\xi/2) \tag{8.20}$$

该解称为基本孤子，或称为一阶孤子。显然我们可以看出该解的包络与传输距离 ξ 无关，也就是说一阶孤子脉冲能在光纤中保形传输。当 $N=2$ 时，式(8-18)的解为

$$U(\xi,\tau)=\frac{4[\cosh(3\tau)+3\exp(4\mathrm{i}\xi)\cosh\tau]}{\cosh(4\tau)+4\cosh(2\tau)+3\cos(4\xi)}\exp(\mathrm{i}\xi/2) \tag{8.21}$$

该解称为二阶孤子，可以看出该解的包络是随传输距离成周期变化的。当 $N=3$ 时，式(8.19)解的表达式更为复杂，但解依然是和传输距离成周期变化的，此时的解称为三阶孤子。

一般地说当 $N\geqslant 2$ 时，所得式(8.19)的解都称为高阶孤子。图 8.18 是一阶、

二阶、三阶孤子脉冲的对比图。

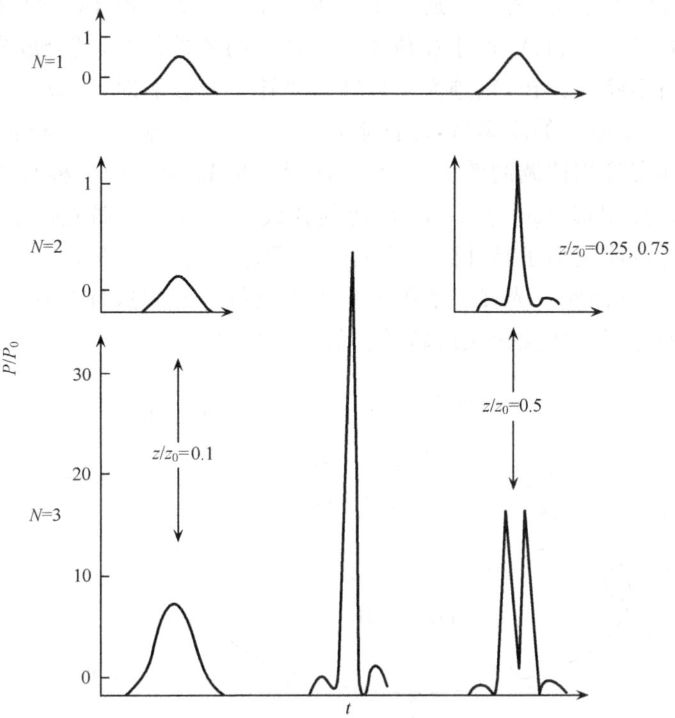

图 8.18　一阶、二阶、三阶孤子脉冲对比图

在高阶孤子中，$\xi_0=\pi/2$ 为孤子周期，该周期也可用 $z_0=\pi/2L_D$ 来表示。对 $N=2$ 的二阶孤子，当 $\xi=\xi_0/2$ 时，孤子脉宽最窄，当 $\xi=\xi_0$ 时，脉冲恢复原始脉宽。对 $N=3$ 的三阶孤子脉冲，当 $\xi=\xi_0/4$ 时，孤子脉宽最窄，当 $\xi=\xi_0/2$ 时，孤子脉冲分裂为两个子孤子脉冲，当 $\xi=\xi_0$ 时，恢复原始脉宽。

由 $N^2=\gamma P_0 T_0/\beta_2$ 的表达式我们可以看出，只要控制好输入脉冲的初始功率和脉宽，并选择具有合适色散和非线性度量的光纤，可以得到 $N=1$ 时的一阶孤子脉冲，该脉冲在光纤中传播的时候，如果忽略光纤损耗，其脉冲包络的幅度和形状都不会发生变化，这是光波通信的理想通信方式。

2. 常见的光孤子源

作为理想情况下的光通信，孤子脉冲应该具有很好的确定的形状、宽度、功率和能量，为了解决这样的问题，已提出了几种解决方案。

1) 自锁模掺铒光孤子激光器

自锁模掺铒光孤子激光器原理如图 8.19 所示。自锁模掺铒光纤激光器主要是利用光脉冲在光纤中传输时所产生的非线性偏振旋转效应制成的。非线性偏振旋转效应是一个非常重要的效应，在图 8.19 中，PC_1 和 PC_2 是偏振控制器，光通过 PC_2 后起偏为线偏振光，然后再通过 PC_1 后，将光分解为沿 PC_1 快轴和慢轴的偏振光 A_e 和 A_o，当 A_e 和 A_o 产生相位差 σ 不是 π 的整数倍时，其合成光矢量的偏振态沿传输方向不停地旋转，轨迹为一椭圆。当输入光较弱时，可以不计光的非线性效应，每经过一个波长的距离后，偏振态就旋转一周；当输入光比较强的时候，由于自相位调制和交叉相位调制效应的影响，使 A_e 和 A_o 间产生一种与光强和传输距离有关的非线性相移 $\Delta\varphi = f(A^2, L)$，使其合成光的旋转与弱光传输时不同，通过对光纤的设计可使光孤子脉冲强度高的部分透过率高，强度低的部分透过率低，具有强滤波功能，从而实现光孤子的整形。为了更好地理解这种非常重要的效应，作者从理论上推导了非线性偏振旋转效应的产生机理。

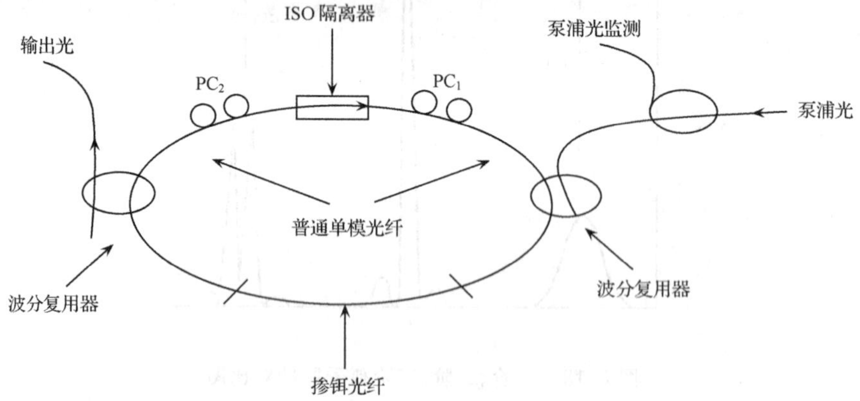

图 8.19　自锁模掺铒光孤子激光器

设非线性偏振旋转效应的光轴方向与起偏器的方向的夹角为 θ，将输入的线偏振光沿 PC_1 的快、慢轴分解得到 A_e 光和 A_o 光，经过 PC_1 后，光此时已变为椭圆光，A_e 光和 A_o 光分别为

$$A_e = A_{in}\cos\theta\exp[i(\omega t + \varphi'_e)]$$
$$A_o = A_{in}\sin\theta\exp[i(\omega t + \varphi'_o)]$$

式中，A_{in} 为输入线偏振光振幅，φ'_e 和 φ'_o 分别为经 PC_1 后产生的相位变化，其差 $\varphi'_e - \varphi'_o = \sigma$，当采用 1/4 波片作为 PC_1 时，$\sigma = \pi/2$，A_e 和 A_o 通过光纤时，由于光纤 SPM 和 XPM 的作用，其输出光强变为

$$A'_e = A_{in}\cos\theta\exp[i(\omega t + \varphi'_e + \varphi''_e)]$$
$$A'_o = A_{in}\sin\theta\exp[i(\omega t + \varphi'_o + \varphi''_o)]$$

式中的 φ''_e 和 φ''_o 均是由 SPM 及 XPM 产生的非线性相移

$$\varphi''_e = \frac{\gamma L}{3}\left(|A_e|^2 + \frac{2}{3}|A_o|^2\right) = \frac{\gamma L}{3}|A_{in}|^2\left(\cos^2\theta + \frac{2}{3}\sin^2\theta\right)$$
$$\varphi''_o = \frac{\gamma L}{3}\left(|A_e|^2 + \frac{2}{3}|A_o|^2\right) = \frac{\gamma L}{3}|A_{in}|^2\left(\cos^2\theta + \frac{2}{3}\sin^2\theta\right)$$

式中，γ 为光纤非线性系数，L 为光纤长度。当该光强再次通过 PC_2 时，椭圆光又起偏为线偏振光，从 PC_2 输出的光强为

$$\begin{aligned}|A_{out}|^2 &= |A'_e\cos\theta + A'_o\sin\theta|^2 \\ &= |A_{in}|^2[\cos^4\theta + \sin^4\theta + 2\sin^2\theta\cos(\sigma - \Delta\varphi)]\end{aligned} \tag{8.22}$$

式中，$\Delta\varphi = \varphi''_e - \varphi''_o = \gamma L/3A^2(\cos^2\theta - \sin^2\theta)$，由于 PC_1 采用 1/4 波片，及 $\sigma = \pi/2$，根据式(8.22)可得非线性偏振旋转效应传输数 T 为

$$T = \frac{|A_{out}|^2}{|A_{in}|^2} = \cos^4\theta + \sin^4\theta + 2\sin^2\theta\cos^2\theta\sin(k|A_{in}|^2)$$

式中，$k = \lambda L/3(\cos^2\theta - \sin^2\theta)$。可见，当 $0 < k < \pi/2A_{in}^2$ 时，T 是随着 A^2 的增大而增大，$A^2 = 0$ 时，T 最小；$A^2 = \pi/2k$ 时，T 最大；当 $A^2 > \pi/2k$ 时，T 出现饱和，随着 A^2 的增大而减小，并呈周期变化特性。当 $\theta = 30°$ 时，$T_{max} = 1$，$T_{min} = 5/8$，A^2 在 $0 \sim \pi/k$ 区间变化时，T 在 0.63～1 变化。这一特性显示非线性偏振旋转效应对弱光传输的系数低，对强光传输的系数高，但过高的光强，传输系数也具有强滤波器的特点。

2）法布里-珀罗光纤孤子激光器

图 8.20 所示为被动锁模法布里-珀罗光纤孤子激光器的原理图。实验所用光纤数值孔径 NA=0.12，色散 D=17ps/(nm·km)，有效模面积等于 124μm^2，泵浦源采用波长为 980nm 的钛宝石激光器。

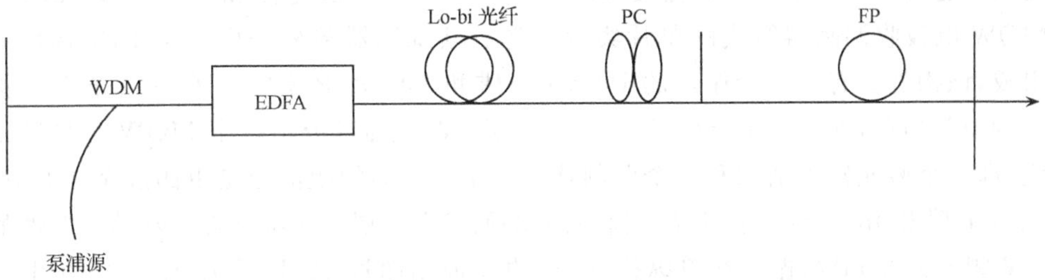

图 8.20　被动锁模法布里-珀罗光纤孤子激光器原理图
（*WDM* 为波分复用器；*PC* 为偏振控制器；*FP* 为光纤偏振器；
Lo-bi；光纤为低双折射光纤）

当泵浦光功率增加到高于 450mW 的锁模阈值后，激光器进入锁模区并产生窄的锁模脉冲。一经激发后，甚至泵浦功率在 25mW 以下时，激光器仍能工作。当然 450mW 的阈值功率是比 8 字形和环形孤子激光器的阈值功率（一般为 20～30mW）要高一些。

根据泵浦功率和偏振控制器的调节，观察到两个锁模区。在“方形脉冲”区，观察到在腔内的往复频率为 2MHz，脉宽为 7200ps 的方脉冲。在孤子区和高的泵浦功率区（450mW 左右），激光器产生紧密相接的孤子束，当泵浦功率降下来后，孤

子束产生分裂，产生稳定的间隔无规则的孤子束。

3) DFB激光器/外调制孤子源

目前最简单也用得比较多的孤子源是如图8.21所示的DFB激光器/外调制孤子源。它的原理是利用一个DFB激光器去驱动外调制器，并利用压缩光纤组成重复频率为10GHz的孤子源系统。本质上说，该激光器是由外调制器形成所需要的脉冲宽度和重复频率，如果适当改变施加于外调制器上的光频率和光功率，并施加一些啁啾，可以使孤子脉冲的宽度得到一些压缩，压缩和去啁啾功能是通过一根长度约为4km的普通单模光纤来实现的，该光纤的色散系数在1557nm波段处为17ps/(nm·km)。

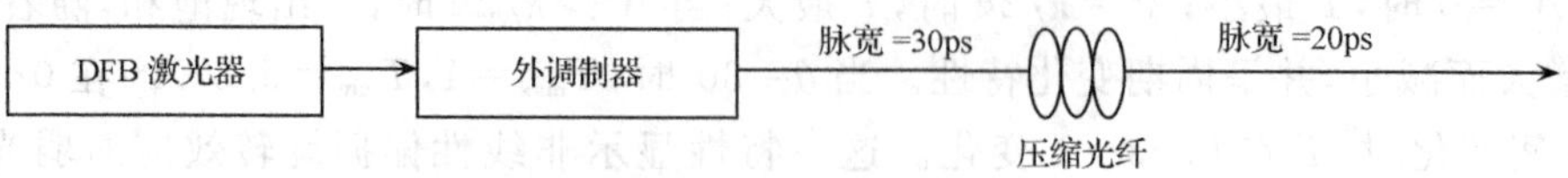

图8.21　DFB激光器/外调制孤子源

4) DFB激光器/集成调制孤子源

理想情况下，孤子脉冲源应该是集成在单个芯片上的，有关文献报道说，用单个半导体器件集成的多量子阱DFB激光器/调制器已经得到脉冲重复频率为20GHz、脉宽为7ps的变换限制孤子脉冲。图8.22给出了相关文献中所使用的激光器的轮廓图，它是由一个应变InGasP MOW DFB激光器和一个应变InGasP MQW电吸收调制器组成的单片集成光源。其调制器部分是由一个PIN构件所组成，该构件具有一8个循环的InGaAsP阱和InGaAsP垒的i-区，p-掺杂和n-掺杂的InP包层，即一个p-InGaAsP的覆盖层。激光器部分由两个MQW波导层组成，即一个激光器激活层和一个调制器的芯层。上面的激活层是由四次循环的InGaAsP阱和InGaAsP垒组成，调制器的端面镀有一层0.1%的消反射膜。器件的CW阈值为20mW，振荡在单纵模状态，边模抑制超过40dB，在注入100mA电流的情况下，当调制器为0偏置时，输出功率为5mW，调制器为反偏时，输出功率降

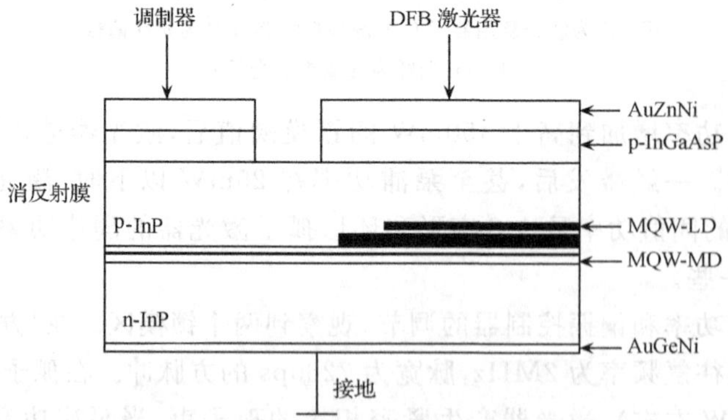

图8.22　DFB激光器/集成调制孤子源轮廓图

至0.5mW。这种器件紧凑、稳定和简单，重复频率很容易由调节射频来控制，是一种用于未来系统中极有前途的孤子源。

8.4.2 光孤子通信技术的新进展

光孤子通信从理论的提出到20世纪80年代在实验中发现孤子，并提出将光孤子作为一种信息载体用于高速光纤通信已有几十年的时间了，经过广大科研工作者的不懈努力，光孤子通信系统取得了许多新的进展。

1. 理论研究进展

首先，在理论方法方面，基于标准非线性薛定谔方程和逆散射理论，深入研究了理想孤子解的基本结构和特征；基于光孤子通信系统的实际结构和扰动非线性薛定谔方程，建立了研究光孤子传输特性的各种扰动理论方法，深入研究了光孤子的动力学过程、动态演化特性、稳定性及稳定传输的条件和能力；基于光孤子的粒子性，建立了分析孤子相互作用的各种理论方法，揭示了光时分复用、波分复用系统中光孤子相互作用的机制和规律。

其次，在光孤子通信系统分析设计模型方面，基于不同系统结构、运行条件和性能要求，研究了光孤子传输方案和理论模型，建立了平均孤子或导引中心孤子模型及动态孤子和绝热孤子传输方案，确立了系统结构的基本模式。

最后，在光孤子通信系统能力的评价方面，研究了限制通信容量的各种因素和机制，包括光源的非标准特性、放大器的噪声、相邻孤子相互作用、高阶色散与高阶非线性及系统参量的随机变化。基于孤子的粒子性和扰动非线性薛定谔方程的可控性，提出和研究了光孤子通信的传输控制方案和方法，包括频域滤波控制(固定导频和滑频)、时域有源控制(同步调幅和同步调相)、非线性增益(强度滤波)控制、色散补偿控制及相位共轭控制，建立了系统的理论方法。

2. 色散管理孤子

经过十余年对孤子脉冲传输研究，探索了各种实验系统方案和系统设计方法，解决了许多关键技术。脉冲在光纤中传输时所产生的色散、损耗和非线性是公认的三大影响孤子脉冲传输的因素，掺铒光纤放大器问世后，损耗问题已经得到很好的解决，但是随着孤子脉冲源脉宽的越来越窄，色散作用越来越影响孤子的传输，于是对色散进行补偿成为一个紧要的技术，现在光孤子通信系统的色散补偿大体有两类技术：一类是弱色散和局部色散补偿，这种方案可使普通孤子通信系统(恒色散)的性能获得显著的改善，但系统中传输的仍是经典孤子，波形仍为sech形；另一类是周期性全局强色散补偿，这是非绝热补偿方案，这种方案中传输的脉冲已不是经典的sech孤子，而是一种形状为高斯形的脉冲，从孤子传输控制的角度看，可以称这种孤子为色散管理孤子(dispersion management soliton，DMS)。

光纤孤子通信系统中的色散补偿技术一般是通过在光纤线路中加入色散性质不同的光纤或色散元件和 EDFA 构成。常用的方式有如下几种：

(1) 将等长的正负色散光纤与 EDFA 周期性串接形成系统，既可采用预补偿，也可采用后补偿，一般采用负色散光纤领前，正色散光纤殿后，EDFA 一般置于正色散光纤段始端或中间，但以始端为佳，可达到较高的能量增长因子和较低的定时抖动。

(2) 将不等长正负色散光纤与 EDFA 周期性串接形成系统，一般在一个补偿周期中都采用长而低的负色散光纤领前，短而高的正色散光纤殿后，这是一种后补偿方案。

(3) 在长的负色散光纤中，周期性地插接进短而高的正色散，当所有正色散光纤的色散参数和每补偿段光纤的平均色散相等时，称为普通正色散补偿方案；当相邻补偿正色散光纤和相邻补偿段的平均色散周期变化时，称为交替平均色散补偿方案，此方案传输距离更长。

(4) 色散递减光纤补偿系统方案，采用周期性色散指数递减或色散分级递减的光纤段串接，此方案特别适用于 WDM 光孤子系统，但光纤选配和组合将显得比较麻烦一些。

DMS 上述动态演化特性，一般可以利用变分法和扰动分析法来分析扰动非线性薛定谔方程，求得 DMS 的幅度、脉宽、啁啾、频率、中心位置和相位随传输距离的变化。与采用恒色散的普通孤子系统相比，DMS 的主要特点是功率增长因子大、信噪比高、平均色散低、G-H 定时抖动小、高斯波形前后沿下降快、相邻孤子相互作用弱、脉冲间距小、比特率高；强色散补偿时，相邻信道相位匹配条件难以维持、四波混频效应弱、WDM 信道间孤子碰撞导致的定时抖动低，复用信道数高、光纤谱效率高。从商业应用角度看，不仅可在专门设计的新建高速、大容量长途越洋系统中应用，而且比普通孤子系统具有更长的光中继距离，可达 120～140km，而普通孤子系统仅为 30～50km，同时光孤子通信也可在中短距离的陆地广域网、城域网和局域网中应用，特别是对已建光纤通信网的扩容升级。

如采用如图 8.23 所示的实验装置：增益开关 DFB 激光器产生 5GHz 脉冲串，啁啾参量$C=-2.29$，并采用普通单模光纤(single-mode fiber，SMF)和色散补偿光纤搭配进行孤子脉冲传输，其中 SMF 长度为 30km，$D=17$ps/(nm・km)；DCF 的长度为 8km，$D=-62$ps/(nm・km)，通过利用 DCF 补偿色散，传输 38km 以后的孤子脉冲仍能保持原来的形状，并且啁啾参量$C=-1.57$，也就是说经过色散补偿后的 DMS 改善了脉冲的传输质量。

色散补偿技术的引入使孤子通信系统设计更简单，性能更优良，更便于实用。1997 年 NTT 的一项研究中，采用 50kmSMF、9kmDCF 和 EDFA 周期串接的 472km 的环路中，DMS 稳定地传输了 6000km 距离。若在环路中接入一偏振扰码器，传输距离可达到 10600km。当调整到线路平均色散为零时，归零码脉冲和非归零码脉冲分别可传输 3800km 和 4800km。在另一实验中，除采用色散补偿技术

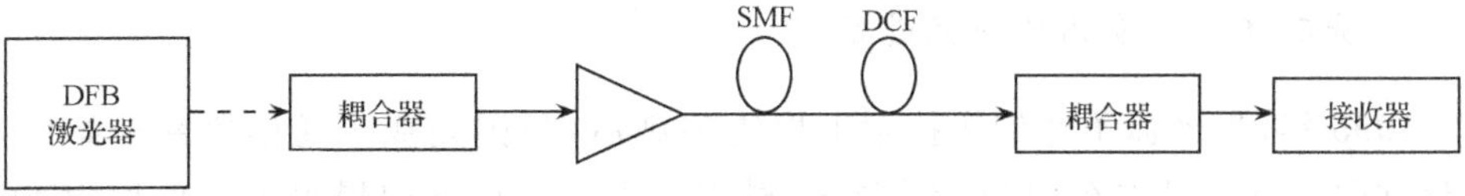

图 8.23　5GHz,38km 色散管理孤子传输试验图

外,再接入同步幅度调制器和光滤波器,实现了 40Gbit/s、70000km 的无误码传输。在色散补偿系统中,若再加入色散斜率补偿技术,可有效进行色散管理孤子的 WDM 系统研究。1997 年贝尔实验室的一项研究中采用色散斜率补偿技术在 SMF 上实现了单波长速率 26Gbit/s,10 个信道 WDM 系统的 DMS 1000km 无误码传输。采用类似系统结构,也实现了单波长速率 5Gbit/s,20 信道 WDM 系统的 DMS 9100km 传输。1998 年 KDD 实现了单波长速率 20Gbit/s,8 信道 WDM 系统的 DMS 9000km 传输。如果系统中接入控制机构,速率和距离将进一步提高,1999 年 CNET 实现单波长速率 20Gbit/s,51 信道 WDM 系统的 DMS 1000km 传输。上述试验结果充分显示了 DMS 通信技术的潜力。表 8.1 所示为几个 DMS 系统的实验数据情况。

表 8.1　DMS 系统的实验数据情况

试验时间	试验单位	比特率/(Gbit/s)	系统长度/km	放大器间距/km	光孤子源	光孤子脉宽/ps	色散参数/(ps/(nm·km))	系统结构方案
1991	NTT	10	10^6	50	GS-DFB-LD	36～42	0.7～2.2	环型+同步调幅+滤波控制
1993	贝尔	10×2 MDM	13000	26	MQW DFB-LD	18	0.45	环型+滤波控制
1994	NTT	20	3000	50	MQW DFB-LD	11～12	0.4	线性无控制
1994	KDD	20	3000	50	GS-DFB-LD	11～12	0.4	线性无控制
1994	贝尔	10	3500	26	ML-FRL	16	0.45	环型+滑频滤波
1995	CNET	10×2 WDM	19000	35	EAM-LD		0.37	环型+偏振复用
1995	NTT	10	3000	50	EAM-MQW-LD	15	0.27	环型+信号频率滑动控制
1995	CNET	10	10^6	105	EAM-MQW-LD	16	0.53	环型+信号调幅+滤波控制
1996	NTT	10×4 WDM	10000	140	EAM-MQW-LD	22～25	0.2～0.5	环型+同步调幅+滤波控制
1996	CNET	40	500	50	EAM-MQW-LD	10	0.16	线性无控制
1997	NTT	20×2 WDM	10000	50	EAM-MQW-LD	11～12	0.4	环型+同步调幅+滤波控制
1998	NTT	40	70000	50	ML-FRL	2	0.04	环型+同步调幅+滤波控制

3. 光孤子通信实用化研究进程

1995 年，当光孤子通信在技术上取得突破后，各国光孤子通信研究开始向实用化方向进发。日本在 1996 年制定的科学技术行动计划中提出了一项称为 Star Project 的项目，日本几家大公司和多所大学均参与了该项发展计划，其目标旨在采用孤子技术构建全球距离的 Tbit/s 全光网，以满足急剧增长的多兆比、多媒体业务的需求，要求传输比特距离积比现有网提高 10 倍。美国 MIT 林肯实验室起动了超快孤子、高吞吐量多接入网研究计划，网络总容量 100Gbit/s，并能向非均匀用户群、高速终端用户、高速 Video 业务、Tbit/s 媒体群以及超级计算机网等提供智能化、可变带宽和分组业务，支持大数据信息的快速转移，低速用户的灵活接入。欧共体各国协同组建了多项孤子发展项目，欧洲各相关光通信公司、研究所和大学基本上都参加了其项目研究。

20 世纪 90 年代前，孤子技术虽然取得巨大进步，但几乎所有试验都是在实验室完成的，而且大多数是利用环路模型来完成孤子的长距离传输，1995 年后开始现场试验和实用化研究。

光孤子通信技术自诞生以来，随着在理论和试验中均取得重大进展后，现已经日趋成熟并已引起工业界和电信运营商的高度重视，孤子系统固有的优点必将推动人们去为该系统的实用化而继续努力，它将是下一代光纤通信的主流方式。

8.5 全光通信网

8.5.1 全光网概述

随着社会的进步，可以极大丰富和改善人们通信效果和质量的宽带视频、多媒体业务、基于 IP 的实时/准时业务等新兴数据业务的社会需求不断增长。由于新兴业务占用的带宽资源较多，高速宽带综合业务网络已成为本世纪通信网络的发展趋势。同时我们对大容量、高速率需求的依赖性也越来越大，现在大量的争论焦点主要集中在未来的网络技术到底应该采取哪种网络机制——ATM 机制、SDH 机制还是基于 WDM 的全光网技术。目前串行电信号传输速率上限为 40Gbit/s，而一根光纤可提供的理论传输带宽约为 150THz，也就是说即使用此速率在光纤上传输，也仅利用了光纤容量的微不足道的一部分。由于受限于器件工作上限速率 40Gbit/s，难以完成高速宽带综合业务的传送和交换处理，网络中还会出现带宽“瓶颈”，为了克服电子器件的“瓶颈”，提出了基于 WDM 的全光网技术。全光网络(all-optical networks，AON)技术是指光信息流在网络中的传输及交换始终以光的形式存在，信息在传输的过程中始终在光域进行。简言之，信号直接在光域上运行、处理的网络就是全光网。在全光网中，高性能路由器通过光分插复用器

OADM 或 WDM 耦合器直接连至 WDM 光纤，光纤内各波长是链路层互连的。高性能路由器取代传统的基于电路交换概念的 ATM 和 SONET/SDH 电交换与复用设备，成为关键的统计复用设备，用作主要的交换/选路设备，由它控制波长接入、交换、选路和保护。因此，全光网是一个真正的链路层数据网，可以通过指定波长作旁路或直通连接，网络的业务工程(traffic engineering)可以只在 IP 层完成。它具备更强的可管理性、灵活性、透明性，与传统通信网和现行的光通信系统相比，它具有以下多种优点：

(1) 可提供更大的带宽，因为全光网对信号的交换都在光域内进行，可最大限度地利用光纤的传输容量。

(2) 具有传输透明性，因为采用的光路交换以波长来选择路由，因此对传输码率、数据格式以及调制方式具有透明性，即对信号形式无限制，允许采用不同的速率和协议。

(3) 具有更高的处理速度和更低的误码率。

(4) 具有良好的兼容性，不仅可以与现有的通信网络兼容，而且还可以支持未来的宽带综合业务数字网以及网络的升级。

(5) 具备良好的扩展性能，网络可同时扩展用户、容量和种类，新节点的加入并不会影响原来网络结构和原有各节点设备。

(6) 具备可重构性，可以根据通信容量的需求动态地改变网络结构，可进行恢复、建立、拆除光波长的连接。

(7) 由于采用了较多光无源器件，省去了庞大的光/电/光转换的设备及工作，可大幅提升网络整体的交换速度，提高可靠性。

全光网的基本结构主要由核心网、城域网和接入网三层组成，三者的基本结构相类似，由波分复用系统、光放大器、光分插复用器和光交叉连接设备组成，有星形网、总线网和树状网三种基本类型。全光网的协议问题目前多个国家都在研究，从已提出的这些方案来看，它们的基本结构大体一致，可以分为光网络层和电网络层。光网络层(光链路相连的部分)采用了 WDM 技术，使一个光网络中能传送几个波长的光信号，并在网络各节点之间采用 OXC，以实现多个光信号的交叉连接。光网络层通过光链路与宽带网络用户接口和局域网相连。

8.5.2 全光网关键技术

1. 光交叉连接设备 OXC

光交换/光路由属于全光网络中关键光节点技术，主要完成光节点处任意光纤端口之间的光信号交换及选路，它所完成的关键工作就是波长变换。由于实质上是对光的波长进行处理，所以更确切地说，光交换/光路由应该称之为波长交换/波长路由。全光网络的几大优点如带宽优势透明传送、降低接口成本等都是通过该技术体现的。从功能上划分，光交换/光路由、OXC、OADM 是顺序包容的，即 OADM 是 OXC 的特例，而 OXC 是光交换/光路由的特例。由于 OXC 和光交换/光路由还在发展之中，目前对光交换/光路由的命名比较混乱。有的公司把现有的 OADM、OXC 都称为光交换系列(optical switching，OS)，有的又称之为光路由器。所以目前的光交换/光路由大多以 OXC 基于 OADM 暂时充当。通常 OXC 有三种实现方式：光纤交叉连接、波长交叉连接和波长变换交叉连接。其中，光纤交叉连接以一根光纤上所有波长的总容量为基础进行交叉连接，容量大，但不灵活；波长交叉连接可将任何光纤上的任何波长交叉连接到使用相同波长的任何光纤上。比如，波长 λ_1、λ_2、λ_3 和 λ_4 从输入端 1 号纤输入，波长交叉连接可以将这 4 个波长选路到输出端口的 1、2、3、4 号纤上去。现在也有人将这种波长交叉连接称为光无源路由器，它的波长可以通过空间分割实现重用。波长的选路路由由内部交叉矩阵决定，一个 $N\times N$ 的交叉矩阵可以同时建立 N^2 条路由；波长变换交叉连接可将任何光纤上的任何波长交叉连接到使用不同的波长的任何光纤上，具有最高的灵活性，它和波长交叉连接的区别是可以进行波长转换。从 OXC 的结构可以分为以下三种类型：空分交换 OXC 结构，分送耦合交换 OXC 结构，波长交换 OXC 结构。

1) 空分交换 OXC 技术

不含波长变换器的 OXC 结构如图 8.24 所示，它由输入输出光纤、星形耦合器(star coupier，SC)、可调光滤波器、空间开关矩阵(space-switching matrix，SSM)等模块组成。该结构中 N 根输入光纤中每根光纤上均复用 M 个波长信道，这些信道信号通过星形耦合器和滤波器在空间上分开，然后通过光开关矩阵路由的输出端口下路到 DXC。该结构需要 M 个$(N+1)\times(N+1)$空间光开关矩阵，每个矩阵有$(N+1)$个输入端口和$(M+1)$个输出端口，$M\times(N+1)$个可调光滤波器，每$(N+1)^2$个空间光开关矩阵有$(N+1)^2$ 个交叉点，结构共有 $M\times(N+1)^2$ 个交叉点。图 8.25 所示的空分交换 OXC 是含波长变换器的，它需要 $M\times(N+1)$个波长变换器。

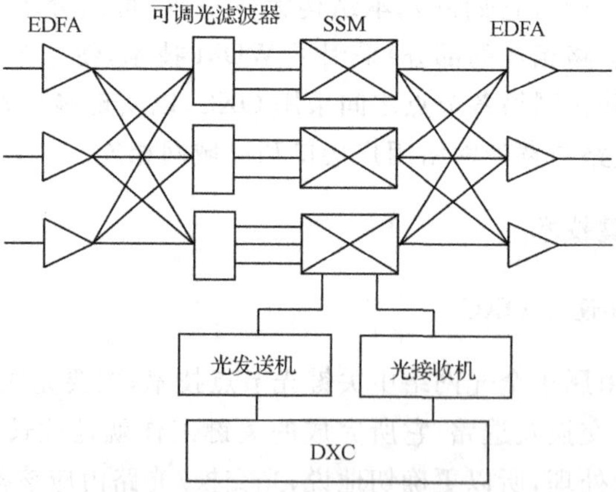

图 8.24　不含波长变换器 OXC

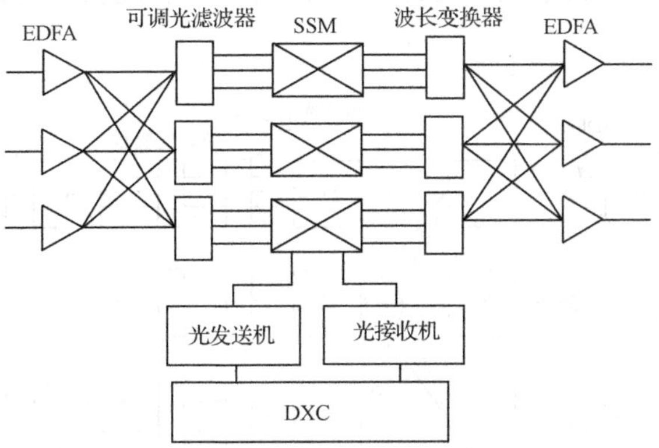

图 8.25　含波长变换器 OXC

2）分送耦合交换 OXC 结构

分送耦合交换 OXC 的基本单元是星形耦合器和光开关，图 8.26 所示为分送耦合交换 OXC 的结构示意图，图中的波长变换器具有波长选择功能，也可以起到滤波的功能。

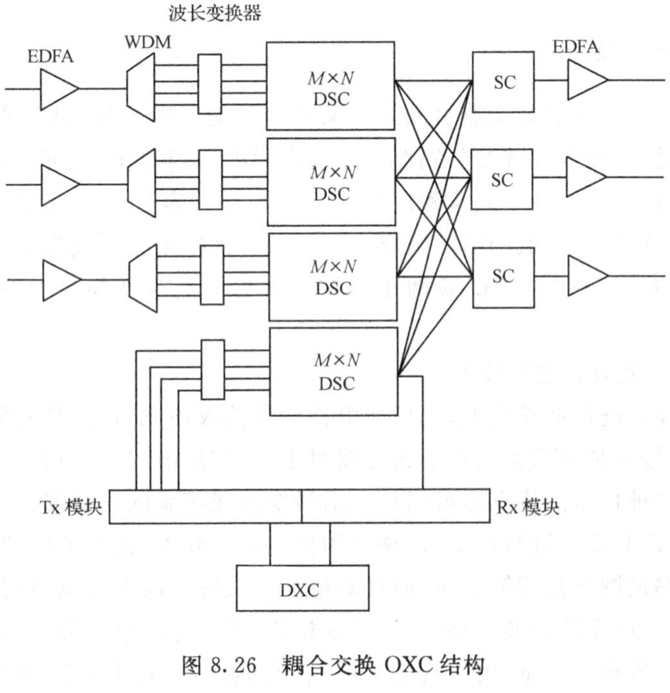

图 8.26　耦合交换 OXC 结构

3）波长交换 OXC 结构

波长交换 OXC 结构如图 8.27 所示。这种交换结构方案的交换机制主要是在频域进行的，交换通过波长来完成。该结构具有严格的无阻塞特性，如果在设计星形耦合器数量的时候,留下足够的冗余,该结构还具有波长和链路模块性,便于网络的升级扩容。

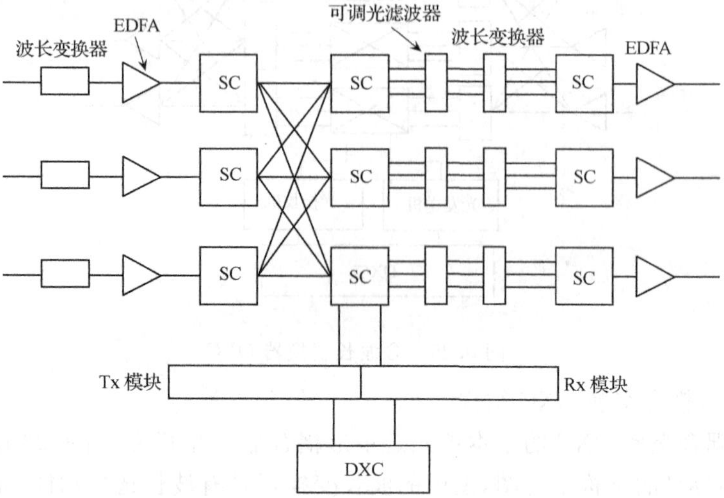

图 8.27 基于波长交换 OXC 结构

2. 波长变换技术

全光网在干线网的交叉点引入光交叉连接和波长变换器,从而形成端到端的"虚波长"通道,只要各段链路分别存在未被占用的空闲波长,就可以通过波长变换建立通信路由,大大提高了波长利用率。尤其是对大容量、多节点的网状网,波长变换器的加入能大大降低网络的阻塞率。波长转换技术已经成为光通信基础研究的一项热点,并在一些全光试验网中采用。常见的波长变换技术主要有以下几种类型。

1) 光/电/光波长变换技术

采用该技术进行波长变换,先用光电检测器接收该光信号,将光信号变成电信号,然后将信号调制到所需波长的激光发射出去,实现电/光(E/O)转换,从而实现波长变换。这种技术的优点是可以将光信号变换成精确的需要波长以满足通信和器件需要,可以对信号进行再生、再整形和再定时。此外,该系统原理简单,在较宽的输入光功率范围下都能够适应,而且对偏振不敏感。缺点是电路结构相对复杂,同时,经过光/电/光的转换,原先光信号的相位、幅度等信息会丢失,无法实现光信号的完全透明传输。但是,由于其技术成熟、性能稳定,几乎是目前所有厂家实现 WDM/DWDM 系统的共同手段。

2) 全光波长变换技术

全光波长变换技术不需要经过光/电处理,而是直接在光域内将某一波长的光信号直接转换到另外的一个波长上。避开了光电转换过程中的瓶颈问题，可以大大提高转换速率。全光波长变换技术主要是依靠光的非线性效应，目前通常实现全光变换的器件主要有：半导体光放大器(semiconductor optical amplifier，SOA)、饱和吸收双稳态激光器、注入锁定Y型激光器、强度调制(或频率调制)的DBR激光器、基于光波混频的铌酸锂($LiNbO_3$)波导或铝镓砷(AlGaAs)波导、非线性光纤环镜等。在这些实现方案中，用SOA实现的波长变换方法具有比较好的使用前景，同其他器件相比，它具有如下优点：响应速度快、偏振敏感度低、频率转换范围大、所需泵浦功率低、结构紧凑便于集成。SOA技术实现波长变换主要有以下几种原理：

(1) 基于光混频原理的波长变换器主要包括差频和四波混频。这种变换方式的优点是：转换速率高、对信号格式透明、能同时转换多个波长、混频产生的光波保留了信号光的相位和幅度信息，是目前唯一能够实现严格透明的波长变换的技术。利用该技术可以将WDM系统中的一组信号同时进行频率搬移，实现全光波长变换。它的主要缺点是：输出特性与转换间距相关。输出特性主要包括噪声、转换效率、信噪比恶化等指标，器件转换效率比较低，典型值为-20dB。

(2) 基于光调制原理的波长变换器。基于光调制原理的波长变换器主要是利用交叉增益调制和交叉相位调制。它实质上是通过光信号和连续光(探测光)信号的交叉调制，将输入信号所携带的信息转移到另外一个波长上再输出。这种波长变换方式只适用于强度调制的信号，所以说是达到有限的透明性，不能实现严格透明。利用该原理具体实现的波长变换器主要有两种：基于半导体光放大器交叉增益调制的波长变换器和基于半导体光放大器交叉相位调制的波长变换器，分别称为SOA-交叉增益调制和SOA-交叉相位调制全光波长变换器。

SOA-交叉增益调制波长变换器结构简单、与偏振无关、转换速率快(40Gbit/s左右)，缺点首先是输出的信号与输入信号的极性正好相反，信号向短波长方向变换容易获得较高的消光比，信号向长波长方向变换时消光比明显下降，一般只有8dB左右。变换后信号的消光比是一项重要的指标，因为每次变换后的光信号如果有较大的恶化，经过几次变换后，光信号的质量就不能为用户所接受。另外，SOA的自发辐射噪声系数比较大(7～8dB)，导致信噪比明显下降，波长变换会带来啁啾和信号幅度畸变。SOA有源区载流子密度的变化将导致变换信号的啁啾加大，加剧色散对传输系统的影响。

采用SOA-交叉相位调制波长变换器可以克服交叉增益调制波长转换中消光比降低的缺点。它实际上是由马赫-曾德尔干涉仪及其臂上的两个SOA组成。由于SOA有源区的折射率同载流子密度有关，输入光信号强度的变化会使SOA的折射率随之改变，导致相差的产生。SOA-交叉相位调制波长变换器的另外一个重要优点是：对有较小消光比的输入信号，变换后信号的消光比可以得到提高。另外，全光波长变换技术还有非线性光纤环行波长变换器和光纤光栅外腔波长变换器等。

波长变换器是充分发掘现有光通信设备的潜力，实现 WDM/DWDM 通信网的必要手段，也是解决未来全光网中波长路由竞争的关键器件。世界各国都在开展全光波长变换技术的研究，波长变换技术的进展对于光分插复用、光交叉连接以及全光网的发展都有极其重要的推动作用。

8.6 小 结

本章首先对光纤通信系统的结构、分类及优缺点进行了简单的介绍，然后简单介绍了几种光纤通信中的新技术，主要包括：①光复用技术，主要介绍了光复用技术的现状与发展，光时分复用与波分复用技术，特别对密集波分复用中的非线性效应进行了较为深入的分析；② 相干光通信技术，介绍了相干光通信的原理及关键技术；③ 光孤子通信技术，主要介绍了光孤子通信的原理及实验进展情况，孤子通信是未来光通信的应用技术之一，也是目前国内外学者进行理论研究的热点之一。最后本章对全光网技术作了简单描述。

思考与练习

1. 请画出光纤通信系统的原理图，并简单描述其基本功能。
2. 请列举光纤通信的主要优缺点。
3. 光波分复用的基本原理是什么？请列举在实际生活环境中你见到过的利用光波分复用技术的实例。
4. 受激拉曼散射和受激布里渊散射的基本原理和区别是什么，它们怎么影响光通信系统的通信质量？
5. 请描述相干光通信的基本原理。
6. 光孤子是如何产生的？用光孤子通信具有什么优缺点？
7. 你认为有必要发展全光通信网吗？它有什么优点？
8. 请列举一些你知道的全光通信网的关键技术。
9. 结合实际光通信系统的实例，比如你们城市的光通信网络，你能画出它们的结构原理图，并进行简单的描述吗？
10. 试给出未来人类通信网络的大体框架？可以实现吗？

参 考 文 献

邓大鹏等. 2003. 光纤通信原理. 北京：人民邮电出版社
纪越峰. 2001. 光波分复用系统. 北京：北京邮电大学出版社
李玲. 1995. 光纤通信. 北京：人民邮电出版社
杨祥林. 2000. 光纤通信系统. 北京：国防工业出版社
杨祥林. 光孤子通信技术的发展. 全国第十次光纤通信大会及第十一届集成光学学术会议 OFCIO2001，262

张宝富等. 2002. 全光网络. 北京:人民邮电出版社
Jeff Hecht,2004. 光纤光学. 贾东方,余震虹等译. 北京:人民邮电出版社
L G 卡佐夫斯基,S 贝勒迪多等. 1999. 光纤通信系统. 北京:人民邮电出版社
Mollenaure L F et al. 1980. Experimental observation of picosecond pulse narrowing and soliton in optical fibers. Phys. Rev. Lett. ,45:1095
Walter Goralski. 2003. 光网络与波分复用. 胡先志,罗杰等译. 北京:人民邮电出版社